생각은 어떻게 → 행동이 되는가

생각은 어떻게 행동이 되는가

목표를 세우고 성취하는
인지조절의 뇌과학

데이비드 바드르 지음 | 김한영 옮김

On Task

해나무

나의 가족에게

차례

1장 → 아는 것과 행동하는 것

On Task

커피 한 잔에는 엄청난 신비가 들어 있다. 커피의 분자 구조가 그렇다거나, 아침에 마신 커피 한 잔의 화학적 상호작용이 그렇다거나, 내가 구입한 싸구려 원두의 원산지가 그렇다는 게 아니다. 물론 원두 알갱이 하나하나가 수수께끼긴 하다. 커피가 신비한 것은 그 한 잔이 어떻게 해서 완성되었는지를 과학자들이 알지 못하기 때문이다. 누군가가 커피를 내린 건 분명하다. 물론 그렇지만, 우리는 그 커피가 나오기까지 거치는 수많은 단계가 사람의 뇌에서 어떻게 성공적으로 조율되는지 만족스럽게 설명하지 못한다. 커피 내리기 같은 어떤 목표를 정할 때, 뇌는 그 목표에 도달하는 데 필요한 구체적인 행동들을 어떻게 계획하고 수행할까? 다시 말해, 우리는 어떻게 그 과제를 해내는 것일까?

인간이란 어떤 존재인가라는 물음에 다가서는 이런 질문은 나를 사로잡는다. 인간에게는 생산적이고 종종 기발한 방식으로 생각하고 계획하며 행동하는 독특한 능력이 있다. 게다가 일들을 해내는 우리의 정신적 장치는 어찌 됐든 범용적이다. 즉 우리는 정확한 목표에 따른 정확한 상황을 경험하지 않았어도 일을 해낸다. 일을 해내는 이 능력이 지능과 성격이라는 인류의 공통 개념을 추동한다. 우리는 야심찬 목표를 성취하는 사람을 높이 평가하고, 어떤 목표를 이루기 위해 애쓰는 사람을 안타깝게 여긴다. 하지만 올림픽에 출전한 운동 선수나 영특한 수학자가 보여주는 특별한 성취는 이 책의 주제가 아니다. 이 책의 주제는 커피 한 잔이다. 우리가 오늘 한 일을 이야기하고자 하는 것이다. 평범하기 그지없는 날에 우리가 성취하는 일들은 다른 어떤 종도 도전할 수 없고, 세상에 나온 어떤 로봇도 흉내 낼 수 없다. 그리고 과학은 여러분이 그 일을 해낸 방식을 이제 겨우 풀어내기 시작했으니, 앞으로도 오랫동안 수수께끼로 남을 것이다.

예를 들어, 누군가가 오늘 아침에 했음 직한 일을 생각해보자. 그녀는 아침 5시 30분에 일어나 조깅을 하겠다던 계획이 다소 과했다고 생각하면서 스마트폰 알람을 10분 뒤로 늦췄을 것이다. 몇 번을 그렇게 한 뒤에 결국 침대에서 일어나 커피 한 잔을 내리기 위해 주방으로 걸어가고, 그러는 동안 그날 있을 회의에 대해 생각했을 것이다. 그녀는 거의 자동적으로 주방에 도착한다. 커피를 내리는 익숙한 과정을 시작하기 전에 토스터에 베이글 하나를 넣는다. 바로 그때 언니에게 이메일을 보내기로 한 기억이 떠오른다. 주택을 구입하려 하는데, 언니가 집을 살 때 상담한 대출 담당자가 믿을 만한지 물어볼 참이다. 그녀는 일단 나중에 메일을 보내야겠다고 다짐한다. 어쩌면 그녀는 하고 있던 모든 일을 멈추고 당장 전화기를 들어 메시지를 보내는 사람일 수도 있다. 지금 문자 메시지를 보내지 않으면 나중에는 잊어버릴 게 분명하니까. 커피가 완성되자 그녀는 몸을 돌려 깨끗한 머그잔을 찾고, 그런 뒤 찬장 앞으로 가서 베이글이 담길 접시를 꺼낸다. 오늘은 커피에 설탕을 넣지 않기로 한다. 그렇게 하면 조깅을 건너뛴 게 만회될 테니까. 그때 아이들이 큰 소리로 다투면서 거실을 가로질러 달려오는 소리가 들린다. 문을 바라보면서 폭풍이 들이닥치길 기다리는 사이, 그녀는 손가락을 움직여 싱크대 모서리에서 안쪽으로 커피 잔을 슬쩍 밀어 넣는다.

평상시 우리의 정신 활동은 경이롭기 그지없는 일종의 목표 관리 활동이다. 우리의 머리는 늘 목표, 계획, 전략, 전술을 운용하면서 바쁘게 돌아간다. 깨어 있는 동안에는 항상 목표들이 떠오르고 가라앉는데, 한 번에 하나 이상의 목표가 떠오를 때가 많다. 우리의 목표는 주택 매입처럼 추상적이고 언제든 바뀔 수 있는 것에서부터 크림을 찾는 일처럼 즉각적이고 사소한 것에 이르기까지 광범위하다. 우리는 상황이 변하거나 욕구가 변하거나 혹은 자신의 한계를 다시 설정할 때(이메일을 보내겠다는 생각이 나중에 기억날까?) 그에 기초하여 자신의 목표를 재평가한다. 어떤 목표는 예기치 않았거나 원하지 않았는데도 끼어든다. 예를 들어, 겨자 얼룩이 묻기도 전에 '겨자 얼룩이 묻은 셔츠를 빨아야겠다'는 식으로 계획하는 사람은 없지만, 그런 목표는 언제든 끼어든다. 일상생활의 과정과 진로는 대체로 우리의 목표, 그리고 그 목표를 이루기 위해 취하는 다양한 행동으로 이루어진다고 할 수 있다.

사람의 뇌에는 웅성거리고 흥얼거리는 그 모든 목표를 관리하는 놀라운 능력이 있다. 행동 과정을 효율적으로 계획하고 실행하기 위해서다. 실제로 우리의 뇌는 그 일을 너무나 잘해서, 우리는 매일의 일과를 그저 일상으로만 본다. 그러니 누구도 커피로 시작하는 매일 아침을 주제로 거창한 블록버스터를 제작하지 않는다. 우리는 대부분 일을 해내는 능력을 아주 당연히 여기고, 그래서 어려움을 겪거나 실패하는 드문 경우에만 그 능력에 주의를 기울인다. 하지만 사실 이 능력은 아주 이례적이고 경이로우며, 그와 동시에 안타까우리만치 허약하다.

뇌는 계획을 세우고, 그 계획을 계속 추적하고, 여러 단계의 뇌 상태에 영향을 미쳐 우리의 목표를 정확한 행동과 일치시키는데, 이를 위해서는 정교하고 빼어난 신경 메커니즘이 필요하다. 과학자들은 이 메커니즘과 그 지원 아래서 이루어지는 과정들을 **인지조절**cognitive control 또는 **집행기능**executive function이라 부른다. 이 두 단어는 용법과 의미에서 몇 가지 차이가 있지만, 일반적으로 같은 정신 기능을 가리킨다. 나는 주로 인지조절이라는 용어를 사용할 것인데, 두 이름을 구분하려는 것이 아니라 단지 오늘날 인지신경과학자들이 그 단어를 주로 사용하기 때문이다.

하지만 뭐라고 부르든 인지조절을 규정하는 일은 일반인은 물론이고 과학자에게도 몹시 어렵다. 뒤에서 보겠지만 그 이유 중 하나는, 기억이나 개념 또는 동작과는 달리, 인지조절에 관해서는 직관적으로 통찰할 방법이 없기 때문이다. 인지조절 과정은 아는 것과 행동하는 것 사이의 어두한 공간에 숨어 앎을 행동으로 바꿔줄 뿐 어느 쪽에도 속하지 않는다. 그러나 인지조절은 앎이나 행동과 분리된 실재의 기능이며, 뇌의 자체 시스템으로 유지된다. 이에 대한 가장 확실한 증거로 뇌 질환이나 장애 때문에 인지조절 기능을 잃어버린 사람들의 사례를 들 수 있다. 그 환자들을 관찰하면, 인지조절이 사라지는 경우 우리의 일상생활은 물론이고 유능한 행동 주체로서 우리의 이미지가 얼마나 처참하게 망가지는지 알게 된다.

전전두피질이 하는 일

뇌 질환이나 손상의 사례들은 일상생활을 성공적으로 영위하는 데 인지조절이 꼭 필요하다는 사실뿐 아니라 인지조절 기능이 얼마나 쉽게 망가질 수 있는지를 명백히 보여준다. 인지조절 기능은 뇌졸중에서부터 파킨슨병, 알츠하이머병, 자폐증에 이르기까지 다양한 신경계 질환 및 정신 질환을 겪는 과정에서 허약해진다. 인지조절 능력의 손실은 이런 질병과 장애로 인해 전두엽, 특히 **전전두피질**prefrontal cortex이 손상을 입었을 때 가장 흔히 찾아온다.

인지조절을 포함한 우리의 최상위 정신 기능에 전전두피질이 매우 중요하다는 것은 널리 알려져 있다. 실제로 이 생각은 대중의 상상을 사로잡았다. 경찰이 등장하는 영화와 텔레비전 드라마는 비이성적이고 폭력적인 행동에서부터 성격 변화에 이르기까지 그 모든 것을 전두엽 손상 탓으로 돌리곤 한다. 어느 건강 사이트에서는 가령 "저글링 배우기" 같은 엉뚱한 과제를 포함하여 "전전두피질을 위한 10가지 운

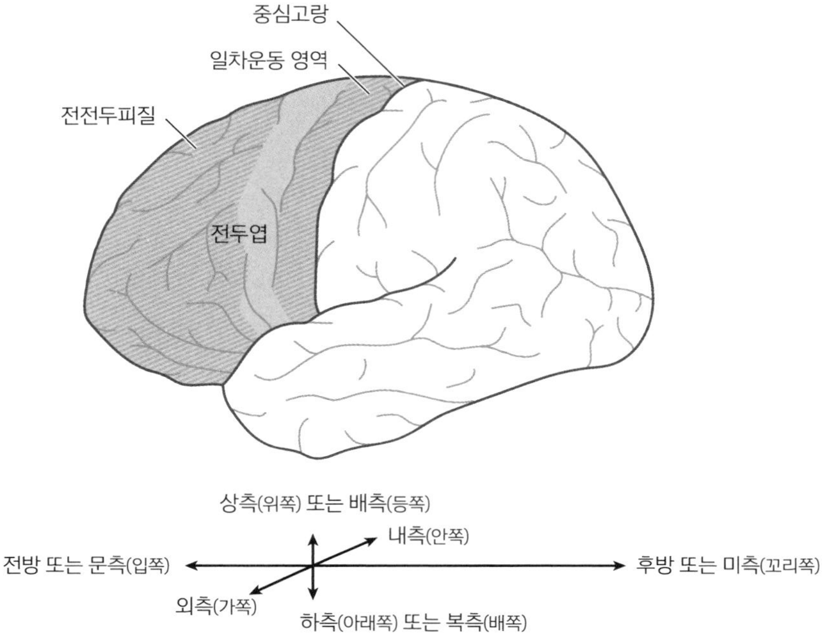

그림 1.1 사람 뇌에서 전두엽과 전전두피질의 위치를 보여주는 좌측외측면. 아래 방위표는 해부학 용어들이 가리키는 상대적인 방향을 보여준다. 예를 들어, 전방 또는 문측이라는 용어는 머리 앞쪽을 뜻하고, 배측은 머리 위쪽을 의미한다.

동"을 하면 "집중력과 사고력 향상"에 도움이 된다고 광고한다.[1]

오늘날에는 받아들이기 힘든 이야기지만, 한때 과학자들은 전전두피질이 실제로 아무 기능이 없거나 기껏해야 보조적이거나 미미한 기능밖에 하지 않는다고 추정했다. 19세기 말과 20세기 초에 신경과학자들은 뇌의 각 부위가 어떤 역할을 하는지 알아내기 위해 동물의 뇌 부위를 정확히 찾아 망가뜨리거나 '손상'시키기 시작했다. 뇌를 절제한 뒤 동물이 특정한 기능을 잃어버리면 손상된 그 부위가 그 기능에 필요하다고 추론할 수 있었다. 그와 함께 치료 과정에서 사람의 뇌 부위를 외과적으로 절제한 의사들 또는 뇌졸중, 두부 외상, 그밖의 원인으로 뇌가 손상된 환자를 진료한 임상의들 역시 기능 상실로부터 그와 비슷한 추론을 끌어내고자 노력했다. 하지만 기이하게도 이런 초기 연구자들은 전전두피질이 손상된 환자에게서는 고도의 인지 기능을 잃었을 때와 같은 극적인 변화를 관찰할 수 없었다. 실은 어떤 기능이 사라진 것인지 특정하기도 대단히 어려웠다.

환자들, 특히 전전두피질에만 손상을 입은 환자들은 신경학적 검사 결과 감각과 운동 기능은 정상으로 나왔다. 전전두피질 손상 환자들은 과거 경험이나 잘 아는 주제를 놓고 의사와 정상적으로 이야기했고, 다른 환자 그룹에서는 정신 기능의 쇠퇴를 민감하게 포착하는 침상검사bedside test나 임상검사를 아주 잘 통과했다. 하버드 대학교 심리학 교수 윌리엄 제임스William James는 자신의 기념비적인 교과서 『심리학의 원리*The Principles of Psychology*』(1890)에서 한 장을 할애하여 당시에 알려진 뇌 기능들을 검토하고, 전전두피질을 다루는 것이 얼마나 당혹스러운 일인지 이야기했다.[2] 그는 전두엽을 "수수께끼"라고 부른 뒤 다음과 같이 설명했다. "예를 들어 전방전두엽anterior frontal lobes은 지금까지 알려진 바로는 명확한 기능이 없다. 〔…〕 전전두엽을 자극하거나 적출해도 아무런 증상도 발생하지 않는다."

신경과학자들은 전두엽의 기능이라는 수수께끼를 두고 반세기 넘게 논의했다. 많은 사람이 전두엽은 중요한 지적 기능을 전혀 하지 않거나, 기껏해야 보조적인 기능만 한다고 생각했다. 1945년에 저명한 신경과학자 도널드 헵Donald Hebb마저도 전두엽을 제거한 뒤 오히려 나아진 것처럼 보이는 어느 환자에 대해 그렇게 묘사했다.[3] 이 환자는 제재소에서 일어난 사고로 전두엽이 손상되었다. 헵에 따르면, 환자는 수술 전에는 충동적이고 못 미더운 사람이었으나, 수술 후에는 두 달마다 직장을 바꾸는 이상한 경향을 보이긴 해도 모범적인 시민으로 변했다는 것이다.[4]

애석하게도, 1950년대에 전두엽 절제술이 정신병 치료법으로 널리 사용된 데는 전전두엽의 기능에 대한 이런 불확실성이 어느 정도 깔려 있었다. 어쨌든 전전두피질이 불필요하다면, 그것을 잃었을 때 치를 사소한 손실보다는 정신의학적인 주요 증상이 완화된다는 잠재적 혜택이 확실히 커 보였다. 하지만 전두엽은 쓰다 버릴 수 있는 물건이 아니었다. 비극적이게도, 뇌엽 절제술은 미국에서만 약 4만 건이 이루어지고 사람들이 그에 따른 고통을 호소한 뒤에야 중단되었다. 병원 바깥에서는 일찍부터 전전두엽 손상 환자들이 그들의 삶으로 가슴 아픈 이야기를 써내려가고 있었다.

1928년 43세의 어느 여성이 몬트리올신경학연구소로 보내졌다. 20세 무렵부터 주기적으로 반복된 발작 때문이었다. 그녀는 의사들에게 "가족을 뒷바라지해야 하는데, 정신적으로 스스로의 기준에 못 미친다"라고 말했다. 의사 중에는 선구적이고 뛰어난 신경외과 의사인 와일더 펜필드Wilder Penfield가 있었다. 펜필드는 수술 중에 깨어 있는 환자의 뇌에 전기 자극을 가해 제거해야 할 발작의 진원지뿐 아니라 건드리지 말아야 할 정상 피질의 위치를 알아내는 '몬트리올 수술법Montreal Method'을 개발하고, 이를 통해 뇌전증 치료에 혁명을 일으킨 주인공이다. 그러나 그에게 이 환자는 결코 평범하지 않았다. 환자는 펜필드의 하나뿐인 누나였다.

의사들이 수술 중에 그녀의 두개골을 절개하자 우측 전두엽에 자리 잡은 커다란 종양이 드러났다. 종양이 넓은 부위에 침투했으므로, 그걸 잘라내려면 운동피질 앞 1센티미터 정도까지 우측 전두엽을 거의 다 제거해야 했다. 펜필드의 누나는 수술을 받고 회복한 뒤 퇴원했고, 1920년대의 생활방식으로 돌아가 한 남자의 아내이자 여섯 살 난 아이의 엄마로서 살아가려 했다. 하지만 슬프게도 종양이 다시 자라는 바람에 몬트리올신경학연구소에서 처음 진료를 받은 지 약 2년 만에 눈을 감았다.

개인적 관계 때문에 괴롭긴 했지만, 펜필드는 누나의 사례를 의학계에 보고하기로 했다.[5] 사례를 자세히 기록하면 후세에 더없이 중요한 자료가 되리라 생각한 것이다.

초창기에 전두엽 손상 환자들이 겪는 문제를 이해하기 힘들었던 이유 중 하나는 참고할 기준이 없다는 점이었다. 환자들은 이미 문제가 발생한 뒤에, 예를 들어 종양이 생기고 몇 년이 지난 뒤에 의사를 찾아갔고, 그래서 환자를 관찰해도 그 결과를 발병 이전의 행동과 비교하기가 어려웠다. 하지만 펜필드는 어려서부터 누나가 어떤 사람인지를 익히 알았고, 따라서 자신이 본 변화를 개인적이고도 애정 어린 문장으로 기록할 수 있었다. 그의 기록 속에는 쾌활하고 지적이지만,

몇 해 전 같으면 쉽게 해냈을 일상적인 활동들을 좀처럼 해내지 못하는 여성이 묘사되어 있었다.

전두엽 조직을 상당량 제거한 뒤에도 펜필드의 누나는 자신을 진료하는 의사들에게 예의 바르고 정중한 태도로 좋은 인상을 남겼다. 그녀를 진찰한 콜린 러셀Colin Russel 박사는 펜필드에게 보낸 편지에 그녀와의 만남을 이렇게 묘사했다.

> 그녀는 내가 바쁜 와중에도 〔그녀를 보기 위해〕 호의로 시간을 내주었다고 여기고서는 더할 나위 없이 정중하게 감사를 표하여 깊은 감동을 주었습니다. 그녀는 자신이 구경거리가 되는 바람에 당신이 속상할까 봐 걱정된다고 했으며, 내가 그녀에게 도움이 되었다고 말했습니다. 내가 본 유일한 구경거리는 가장 용기 있는 모습이었고, 그 모습을 보게 된 것이 행운이었다고 말하자 그녀는 더없이 세련되게 감사를 표했습니다. 그 바람에 과연 전두엽이 고도의 연합 과정들과 얼마나 긴밀히 관련되어 있는지 의심하지 않을 수 없었습니다.

러셀 교수는 그녀의 지적 기능, 특히 뛰어난 기억력과 읽고 있던 책에 대해 자신과 나누었던 수준 높은 대화에 깊은 인상을 받았다. 전두엽 조직을 많이 제거해서 기능 손실을 겪은 사람으로는 보이지 않았다.

하지만 그녀 자신은 상황을 아주 다르게 인식했다. 펜필드에게 보낸 어느 편지에서 그녀는 이렇게 말했다. "테일러 박사가 나에게 정신적 활동이 나아지고 있는지를 물어봐서 '그렇다'고 대답은 했단다. 사실, 매번 그렇게 스스로 용기를 내보지만, *실제로는 아주 바보같이 행동할 때가 있는 것 같아.*" 그녀가 느끼는 지적 능력의 상실은 지식이 눈에 띄게 사라지거나 어떤 기능이 마비되는 것이 아니었다. 그녀 자신의 말을 빌리자면, 그녀는 일상생활을 이루는 복잡하지만 틀에 박힌 활동에 거듭 실패하여 좌절을 느끼고 있었다.

예를 들어 어느 날 그녀는 펜필드를 포함해 다섯 명의 손님을 저녁 식사에 초대했다. 펜필드는 집에서 본 그녀의 고통을 이렇게 묘사했다.

> 누나는 즐거운 시간을 고대하며 온종일 만찬을 준비했다. 10년 전이었다면 아무것도 아닌 일이었다. 약속 시간이 되었을 때 그녀는 주방에 있었고, 음식은 모두 거기 있었으며, 한두 가지는 스토브 위에서 데워지고 있었지만, 샐러드는 준비되지 않았고, 고기는 시작도 하지 못했다. 홀로 온종일 애를 쓴 누나는 괴로워하고 어쩔 줄을 몰라했다. 누나 혼자서는 한 번에 모든 걸 준비할 수 없을 것만 같았다.

결국 그녀는 진땀을 흘리며 모든 음식을 준비했고, 몇 가지는 보글보글 끓기도 했다. 하지만 그녀 혼자 했다면 만찬 준비라는 조화로운 행위는 완성되지 못했을 것이다. 몇 사람분의 음식을 한꺼번에 준비해본 사람은 잘 알겠지만, 그럴 땐 한 가지 요리를 완전히 끝내 한쪽으로 밀어둔 뒤 다음 요리로 넘어가지 않는다. 여러 가지 요리를 동시에 하면서 전체를 통일성 있게 조율해야 한다. 한 가지 요리를 하다 중간에 멈추고 다른 요리로 이동하는 것이다. 또 주방에서 벌어지는 병목현상을 관리해야 한다. 틈틈이 진행 과정도 확인해야 한다. 그렇게 식사의 다양한 요소들을 거의 동시에 마무리하여 어떤 요리도 너무 뜨겁거나 너무 차갑지 않게 해야 한다. 이것은 노련한 아마추어 요리사에게도 어려운 과제다. 펜필드의 누나처럼 인지조절 능력이 없는 환자에게는 넘을 수 없는 산과 같다.

인지조절 체계가 고장 나면 실질적인 손실이 발생한다. 어떤 일을 해내기가 어려워진다. 펜필드의 누나에게 만찬을 준비하는 것은 기억상실 증후군 환자가 새로운 사실을 기억하거나 실어증 환자가 말을 하는 것처럼 아무리 애를 써도 해낼 수 없는 일이었다. 하지만 그녀는 이 경험을 수행의 문제로 보지 않고, 자신이 "바보 같다"며 지적 능력을 잃었다고 묘사했다.

이때 그녀가 표현한 정신 능력의 감퇴가 중요한 지식 그 자체의 손실과 무관하다는 점을 명확히 해야 한다. '지식'의 일반적인 의미, 다시 말해 뇌에 저장된 사실, 경험, 믿음, 주변 세계에 대한 의식적 이해라는 의미에서는 분명히 무관하다. 사실, 인지조절과 관련된 문제는 지적 능력이 지극히 정상이거나 심지어 그 이상인 환자에게서도 나타날 수 있다.

이 역설이 극적으로 밝혀진 것은 또 다른 환자의 사례를 통해서였다. 1986년에 폴 에슬링거Paul Eslinger와 신경학자이자 신경과학자인 안토니오 다마지오Antonio Damasio는 EVR이라는 환자의 사례를 보고했다.[6] EVR은 다마지오의 보고서가 나오기 약 10년 전에 전두엽 종양 제거 수술로 내측전두엽medial frontal lobe과 복측전두엽ventral frontal lobe의 큰 부분을 잃은 44세의 회계사였다. 병원에서 실시한 여러 검사에서 EVR은 수술을 받고 10년이 지났을 때도 우수한 지능을 보여주었다.

지능검사로 널리 사용되는 웩슬러성인지능검사Wechsler Adult Intelligence Scale, WAIS에서는 최상위 레벨(97~99퍼센트)에 들었다. 대화할 때는 풍부한 기초 지식을 토대로, 예를 들어 레이건의 신연방주의 정치철학에 관한 깊이 있는 식견을 보여주었다(어쨌든 1980년대였다). 심지어 전두엽의 기능 장애를 탐지하는 기존의 신경심리학 검사에서도 정상 범위에 들었다.

EVR이 모든 의사의 테스트에서 우수한 점수를 받는 중에도 병원 바깥에서의 삶은 엉망이 되고 있었다. 뇌 손상 이전에 EVR은 두 아이를 둔 존경스러운 가장으로 동네 교회에서 열심히 활동하고 건설회사에서 회계 감사 지위에 올라 있었다. 하지만 종양이 자라 전두엽을 압박하고 수술로 그 종양을 제거한 뒤로는 변화가 찾아왔다.

EVR은 수술 후 직장에 복귀했지만 시간을 어기기 일쑤에 일을 체계적으로 진행하지 못한 탓에 회사에서 짤리고, 이후의 몇몇 일자리도 잃고 말았다. 그리고 미심쩍은 동업자와 무모한 사업을 벌여 평생 모은 돈을 날려버렸다. 17년 동안 함께 산 아내는 이혼한 뒤 두 아이를 데리고 그의 곁을 떠났다. 재혼, 이혼, 재혼이 되풀이되었다. 다마지오의 보고서가 나올 무렵 EVR은 부모와 함께 살면서 여러 가지 무모한 돈벌이 계획을 짜고 있었지만, 어느 것 하나 끝까지 해낸 것이 없었다.

EVR은 일상생활에서도 무능하기만 했다. 예를 들어, 그는 아침에 일어나 하루를 준비하기까지 두 시간이 걸렸고, 머리 감는 일로 꼬박 하루를 보내기도 했다. 저녁에 외출 계획을 세워도 허사가 되기 일쑤였다. 후보 레스토랑들 사이에서 갈팡질팡하거나 메뉴를 반복해서 읽고 또 읽었다. EVR은 장기적인 목표, 심지어 레스토랑 외식 같은 미래의 계획을 대충 말로 표현할 수는 있었지만, 그 목표를 이룰 행동은 계획하지 못했다. 단기 목표와 중기 목표를 조직하고 관리하는 일을 하지 못한 것이다. EVR은 자신이 진창에 빠졌다고 느꼈다. 목적지를 떠올릴 수는 있지만, 그곳에 가기 위해 선택할 수 있는 다양한 경로에 당황하고 압도되었다. 또는 무엇부터 시작해야 할지 가려낼 능력이 없었다.

전두엽 손상이 어떤 기능을 앗아갔는지 확인할 때 신경학자와 신경과학자가 왜 그토록 고전했는지 우리는 이제야 비로소 이해하기 시작했다. EVR이나 펜필드의 누나도 그랬지만, 전두엽 환자들은 대화를 유창하게 하고, 총명하고, 순간 대응에 능하다. 게다가 그들의 일상적인 문제 중 많은 것이 매우 건강한 사람에게서 종종 볼 수 있는 성격 특성과 좀처럼 구별되지 않는다. 행동신경학자 프랭크 벤슨Frank Benson은 전두엽 관련 사례를 연구하면서, 신경학자들이 전두엽 환자를 묘사할 때 공통으로 사용하는 단어들을 수집했다.[7] 다음 표에서 볼 수 있듯이 벤슨이 수집한 "전두엽 관련 증상"에는 유치함, 잘난 체, 음란한 대화 같은 특성들이 있지만, 이는 파티에서 사람들을 짜증 나게 하는 누군가의 특성일 수도 있다. 다른 점은, 이런 특성이 전두엽 장애와 함께 일관되고 엉뚱하게 나타나서 종종 당사자의 성격 변화를 반영한다는 것이다.

성격 특성에서 볼 수 있는 바와 같이 인생의 어떤 불행한 사건이나 사업의 실패가 뇌 손상의 결과인지, 아니면 그저 운이 없었던 탓인지, 혹은 모나거나 무절제한 성격 탓인지 가려내기란 쉽지 않다. 사업상

표 1.1 벤슨이 정리한 전전두엽 손상 징후(전두엽 관련 증상)

무미건조
무절제한 행동
낮은 사회적 관심
익살스러움
경박함
비첼주흐트Witzelsucht(부적절한 농담)
다행증Moria(근거 없는 어리석은 행복감)
잘난 체
과대망상
낮은 진취성
주의력 결핍
건망증
기억력 감퇴
무관심
무감각증
옅은 정동
자발성 결핍
의지상실[생각, 운동, 말이 느려짐]
무력증[에너지 부족]
운동불능증[운동 자발성 상실]
작업의 질 저하
우울증
시무룩한 불만
불안정
    망상:
    과대망상(힘, 부, 지성)
    허무주의
    편집증
    건강염려증
성마름
탈억제
천박함
운동 과잉증
운동 기능 감소증
격분
유치한 태도
사교적 우아함의 탈억제
부적절한 성적 접근
성적 노출증
음란한 대화
호색적 행동
행복감
계획 능력 결핍
미래에 대한 관심 저하
변덕
이론적 태도 상실
미적 감각 상실
충동적 행동
주의 산만
자극 의존
사실에 얽매임
고집

D. F. Benson, *The Neurology of Thinking*(New York: Oxford University Press)의 표 11.1을 개조함.

의 어리석은 결정, 시간관념의 부재, 빈번한 이직, 결혼과 이혼의 반복이 그 자체로 전두엽 장애의 징후는 확실히 아니다. 하지만 전두엽 손상 이후에 일어나는 불행한 사건들의 원인과 뚜렷이 증가하는 빈도를 고려해보면, 하나 또는 몇몇 기능이 약해져서 그런 패턴에 더 쉽게 빠질 수 있는 상태였다고 추론할 수 있다.

오늘날 임상 연구자들은 대규모 환자군을 대상으로, 앞서 본 것과 같은 사례들이 무엇을 가리키는지 확인하고 있다. 평균적으로, 이런 사례 연구에 포함된 전두엽 손상 환자들은 업무 능력과 학업 성적이 떨어지고, 가사 활동이나 자신을 관리하는 일에 어려움을 겪는다. 또한 경제적인 어려움이나 법적인 문제에 부딪힐 때가 많고, 일상적인 일을 해내지 못하는 바람에 많은 경우 입원하거나 다른 사람의 보살핌을 받게 된다.[8]

그럼에도 과학자와 의사는 환자들이 일상에서 겪는 이런 문제들을 간과하고 지나간다. 이들이 사용하는 여러 평가 수단 역시 마찬가지다. 실제로 인지조절을 평가하는 수단으로 널리 인정할 만한 표준은 아직 없다.[9] 몇몇 연구에 따르면, 현재 가장 광범위하게 사용되는 검사법들조차 환자들이 일상에서 경험하는 문제와 관련하여 환자들 간의 편차를 18~20퍼센트밖에 설명하지 못한다고 한다.[10]

이 방법들은 왜 실제 세계에서 일어나는 일을 그렇게 부실하게 예측할까? 몇 가지 이유가 있지만, 한 가지 분명한 문제는 실험실에서 진행하는 대부분의 테스트가 너무 단순하다는 것이다. 그 테스트들은 우리가 현실 세계에서 계획하고 실행할 때 부딪히는 무한한 복잡성을 반영하지 못한다. 팀 섈리스Tim Shallice와 폴 버지스Paul Burgess는 1991년에 실시한 연구를 통해 현실 세계와 실험의 단절을 날카롭게 들여다보았다.[11] 외상성 두부 손상으로 전두엽이 손상된 환자 세 명이 건강한 사람들로 이루어진 대조군과 함께 실험 대상이 되었다. 환자 세 명은 표준화된 지능 및 인지조절 검사를 잘 수행했다. 하지만 세 명 모두 일상생활에서 인지조절 능력을 발휘할 때는 문제를 드러냈다. 예를 들어, 한 환자는 치료 도중에 양해를 구하고 커피 한 잔을 가지러 간 뒤 사라져서는 한참 만에 골프 코스에서 발견되었다.

연구자들은 환자 세 명과 대조군에게 약간의 돈을 주고 혼자 런던을 돌아다니면서 빵을 사거나 어제 날씨를 확인하는 등 몇 가지 과제를 수행하게 했다. 연구자들이 확인하고자 한 것은 환자들이 이런 일을 할 줄 아는지뿐 아니라 얼마나 효율적이고 정확하게 그 일을 수행하는지였다. 예를 들어, 평범한 사람은 물건 두 가지를 한 번에 살 수 있는 가게를 선택하지, 가게 두 곳을 따로 가지는 않는다. 연구자들은 환자들이 그렇게 효율적으로 계획을 세우는 데 어려움을 겪으리라고 예상했다. 이 가설을 테스트하기 위해 그들은 정교한 평가 방법을 고안했다. 환자들이 과제를 몇 개나 완수하는지 보는 것 외에도, 과제들을 얼마나 효율적으로 수행하고 그 과정에서 규칙을 몇 개나 어기는지 점수를 매긴 것이다.

하지만 결과적으로 연구자들은 이렇게 복잡한 평가 방법을 고안할 필요가 없었다. 세 환자 중 두 명은 주어진 과제 여덟 개 가운데 절반을 간신히 수행했다. 대조군 피험자들은 거의 하나도 놓치지 않았다. 남은 환자 한 명은 모든 과제를 간신히 완수했지만 대단히 비효율적이었고, 중간에 규칙을 몇 개 어겼다. 예를 들어, 이 환자는 하루 지난

신문을 보고 날씨를 확인하는 데는 성공했지만, 값을 치르지 않아 가게 점원이 쫓아왔다.

환자들은 단지 뭘 해야 할지 몰랐기 때문에 모든 과제를 완수하지 못했을까? 아니다. 셜리스와 버지스는 해석을 실패한 것에도 점수를 매겼는데, 환자들 중 누구도 해석을 실패하는 것과 같은 오류를 범하지 않았다. 그들은 해야 할 목표가 무엇인지 알고 있었다. 따라서 실패의 원인은 비효율성, 규칙 어기기, 또는 목적지에 도달하지 못한 것 따위였다.

결론적으로, 뇌의 인지조절 체계가 손상되면 일을 효율적이고 깔끔하게 해내는 능력에 결핍이 생긴다. 이 기능 결핍은 다른 환자 집단에서 볼 수 있는 여느 결핍 못지않게 발생률이 높고 치명적이다. 의사와 과학자를 골치 아프게 하는 부분은 따로 있다. 우리 뇌에 인지조절이 설계된 까닭은, 실험실 바깥에 펼쳐지는 복잡한 세계에서 어떤 목표를 이루려고 할 때 도움이 되기 위해서라는 것이다. 실험실 바깥의 세계, 바로 이곳이 인지조절의 니치niche(진화생물학적 틈새 공간—옮긴이)다. 인지조절이 정말 필요하고 그 결핍이 꾸준히 목격되는 것은 바로 이곳에서다.

아는 것과 행동하는 것 사이

전두엽 환자들은 기본적인 일상 과제를 어째서 제대로 수행하지 못할까? 무엇이 사라진 것일까? 이 질문에 답하기는 쉽지 않다. 단일

하고 규격화된 '수행장애 증후군'이나, 인지조절의 전반적인 상실 같은 것은 없다. 앞으로 이 책에서 살펴보겠지만, 사실 인지조절은 움직이는 여러 부분으로 이루어진 하나의 복잡한 체계이므로, 어느 한 부분이 잘못되면 일을 해내는 능력이 다양한 경로로 타격을 입게 된다. 그래서 환자 두 명이 완전히 다른 이유로 한 과제에 똑같이 실패할 수도 있다. 하지만 구체적인 이유가 무엇이든 그 환자들에게는 지식과 행동을 연결하지 못한다는 공통점이 있다. 물론 이 말은 지식이나 행동에 속한 어떤 것이 사라졌음을 의미하는 것이 아니라 이 두 극단 사이에 놓인 특수한 종류의 어떤 것이 사라졌음을 의미한다. 하지만 그런 것이 존재한다는 증거가 과연 있을까?

첫째, 안다는 것만으로는 적절한 행동을 하기에 부족하다는 건 분명하다. 머릿속에 있는 생각을 타인에게 전하려고 할 때 우리는 이 단절을 자주 경험한다. 말하거나 쓰고 싶은 게 있는데도 요점을 전달할 만한 적절한 단어를 찾지 못하는 일이 종종 일어난다. 이 점에 있어서는 언어가 대표적이다. 하지만 좀더 일반적인 목표나 의도 그리고 그걸 실현하는 행동 사이에서도 우리는 그와 비슷한 단절을 경험한다. 예를 들어, 나는 인터넷을 검색해 파스닙 수프 조리법을 배웠고 그대로 요리하면 그 모양과 맛이 어떨지도 아주 정확히 알고 있지만, 실제로 그런 수프를 만들기 위해서는 상당한 정신노동을 추가해야 한다.

따라서 가장 잘 형성된 세계 이미지, 행동 규칙에 대한 명확한 인식, 결과를 얻으려는 절박한 욕구가 있을지라도, 뇌는 그렇게 '알고 있는 것'을 실행할 방법을 알아야 한다. 이 말은, 추상적인 목표를 순간순간 복잡하게 이어지는 행동으로 바꿀 수단이 있어야 한다는 뜻이다.

그렇다면 지식과 의도가 온전할지라도 온전한 행동을 보장하기에는 부족하다는 결론이 나온다. 실제로 전두엽 환자들은 과제의 규칙을 있는 그대로 진술할 수는 있지만, 어떤 상황에서는 그 규칙을 따르지 못한다.

1964년 신경심리학자 브렌다 밀너Brenda Milner는 전두엽 환자 71명을 대상으로 연구를 진행한 후에 이 역설을 처음 언급했다. 그녀는 테스트의 규칙을 말로 표현하는 능력과 그 규칙을 따르는 능력 사이에 "흥미로운 분리" 양상이 보인다고 설명했다.[12] 그녀의 환자들은 위스콘신카드분류검사Wisconsin Card Sorting Test를 수행하고 있었다. 이 검사에서 환자는 몇 가지 그림이 몇 가지 색으로 인쇄된 카드들을 보면서 그림의 형태나 색 또는 개수에 기초하여 카드를 분류한다. 예를 들어 색에 따라 분류하는 환자라면 그림의 모양이나 개수에 상관없이 빨간색, 파란색, 노란색에 주목하여 카드를 나누고 쌓아 올릴 것이다.

각각의 카드에는 세 가지 특징이 모두 인쇄되어 있지만, 검사자는 환자에게 정확한 분류 규칙을 말해주지 않는다. 따라서 환자는 검사자의 피드백에 기초하여 올바른 분류 규칙을 확인해야 한다. 예를 들어, 그 규칙이 형태에 따라 분류하는 것인데 환자가 색에 따라 분류하기 시작하면 검사자는 환자에게 "틀렸습니다"라고 말한다. 그 말을 듣고 환자가 방법을 바꿔 형태에 따라 분류하기 시작하면 검사자는 "맞습니다"라고 말한다. 이 말을 듣고 규칙을 알게 된 환자는 계속해서 형태에 따라 분류한다. 대개 전두엽 환자들은 건강한 사람들 못지않게 최초의 분류 규칙을 빠르게 알아챈다. 하지만 환자가 규칙을 알아내 한동안 분류하고 있을 때, 갑자기 검사자가 환자에게 알리지 않고 규칙을 바꾼다. 그때까지 옳았던 규칙에 근거하여 분류하던 중 갑자기 검사자에게서 "틀렸습니다"라는 말을 듣게 되는 것이다.

건강한 사람들은 이런 변화에 매우 빨리 적응해, 규칙을 바꾸어도 몇 번 안에 새 규칙을 간파한다. 하지만 전두엽 환자들은 "틀렸습니다"라는 말을 계속 들으면서도 이전의 규칙에 따라 카드를 분류한다. 이렇게 전에는 유효했지만 지금은 쓸모없게 된 행동을 멈추지 못하는 증상을 신경심리학자들은 **보속증**perseveration이라고 부른다. 하지만 밀너는 보속증을 보이는 환자 중 일부가 거듭되는 실수에 좌절감을 점점 강하게 표현하면서도 계속해서 이전의 규칙을 따른다는 사실에 주목했다. 그 환자들은 과제의 규칙을 알았고, 묻지 않았는데도 "색깔이나 형태나 개수를 봐야 하는군"이라고 말했다. 그들은 자신이 잘못된 행동을 하고 있다는 걸 알고 있었고, 심지어 검사자가 "틀렸습니다"라고 말하리라는 것도 알고 있었다. 하지만 그들은 그 지식을 이용해 자신의 행동 방식을 고쳐나갈 줄은 몰랐다.

단기 사례를 풍부하게 제시한 문헌에서 프랭크 벤슨은 일상에서 그런 행동을 보이는 전두엽 환자의 일화를 소개했다.

> 검사자는 요붕증diabetes insipidus(정상인보다 많은 양의 소변을 자주 보고, 또한 물을 많이 마시게 되는 병—옮긴이) 여부를 확인해야 하는 환자에게 "물을 마시지 마세요, 급수대 근처에 가지 마세요"라고 지시했다. 몇 분 지나지 않아 그 환자는 급수대에 가서 물을 마셨다. 방금 무슨 지시를 들었느냐고 검사자가 묻자 그는 즉시 대답했다. "물을 마시지 마세요. 급수대 근처에 가지 마세요."[13]

물론 전두엽 환자들만 이런 단절 증상을 보이는 것은 아니다. 얼마나 많은 부모가 아기와 다음과 같은 대화를 나누었겠는가?

"마리아, 제발 그 콘센트 만지지 마렴."

"알았어, 엄마." 하면서 아이는 콘센트를 만진다.

"마리아! 내가 뭐라고 했니?"

"콘센트 만지지 말라고."

많이 들어보지 않았는가? 우리는 일반적으로 이런 대화를 어린아이의 반항이나 자립심의 표출이라고 해석한다. 물론 가끔 그렇기도 하지만, 그런 해석은 암암리에 다음과 같은 가정을 내포한다. 만일 아이가 규칙을 말로 되뇔 정도로 잘 알고 있다면, 그 아이는 자기가 원할 때 그 규칙을 따를 줄 알아야 한다고 말이다. 알아들었으면 규칙을 따라야 할 것 아니냐고 성이 난 부모는 생각한다. 하지만 아이의 뇌는 아직 발달 중이며, 어떤 경우 아이들은 규칙을 모르지 않거나 심지어 규칙을 지키겠다는 의지를 갖고 있다. 정작 아이들에게 없는 건 그것을 실행하는 데 필요한 성숙한 인지조절 과정이다.

우리는 자신이나 남들이 어떤 일을 해내지 못하는 걸 보고 그것을 해석할 때 보통 이 간극을 간과한다. "탄산음료가 몸에 얼마나 해로운지 삼촌이 알기만 한다면, 하루에 세 병씩 마시지 않을 텐데. 삼촌에게 이메일로 당뇨병을 다룬 기사를 하나 더 보내주자." 삼촌은 학교에서 설탕과 비만의 위험에 관한 수업을 받지 못한 것으로 보인다. 하지만 수업을 받았더라도 꾸준히 실천하도록 자신의 삶을 조직하지 못했을지 모른다. 요컨대, 안다는 것은 그 싸움의 절반일 수 있지만, 나머지 절반도 우습게 여겨서는 안 된다.

반면에 인지조절이 행동 그 자체와 혼동되는 경우가 있다. 하지만 지식의 경우와 마찬가지로, 온전한 행동이나 심지어 복잡한 행동을 실행하기만 하는 데는 온전한 인지조절이 필요치 않다. 잠재적인 전두엽 장애를 확인할 때 신경학자들이 사용하는 침상검사를 생각해보자.[14] 환자 앞에 안경이 놓여 있다. 신경학자는 자기 얼굴에 안경을 끼는 듯한 동작을 간단히 해보인다. 그 동작을 보자마자 전두엽 환자는 테이블에서 안경을 집어 쓴다. 이 현상을 **모방 행동**imitation behavior이라 하는데, 안경을 집어서 쓰는 동작이 온전한 행동임을 보여준다. 그 동작은 뇌 속 어딘가에 미리 편집된 과정으로 담겨 있으므로, 환경에서 적절한 자극이 주어지면 즉시 끌려나온다. 일단 촉발되면 그 행동은 좀더 다양한 상황과 무관하게 튀어나온다. 그 안경이 자기 것이 아니거나, 안경을 쓸 필요가 없거나, 이미 안경을 쓰고 있어도, 신경학자의 동작으로 방아쇠가 당겨지면 환자는 그 행동을 멈추지 못한다.

심리학자들은 이런 행동을 "자동 행동(반사 행동)"이라 부르기도 한다. 자동 행동이란 생각하지 않고 할 수 있는 행동을 말한다. 그런 행동은 빠르고 힘이 들지 않으며 일단 촉발되면 반드시 하게 된다. 또한 습관과 비슷해서, 계획이나 목표 또는 행동에 담긴 더 다양한 맥락과 무관하게 이루어진다. 따라서 적절한 자극이 주어지면, 그렇게 하려고 마음먹지 않아도 반사적으로 행동한다. 예를 들어, 인터넷에서 "Senator Hatch removes glasses that aren't there안경이 없는데도 안경을 벗는 해치 상원의원"을 검색해보라.

자동 행동은 안경을 쓰는 것과 같은 단순한 행동에 국한되지 않는다. 일련의 사례에서 신경학자 F. 레르미트F. Lhermitte는 스스로 "사용 행동utilization behavior"과 "환경 의존 증후군environmental dependency syndrome"이라 명명한 몇 가지 놀라운 사례를 보고했다.[15] 레르미트의 환자들은 복잡하고 긴 행동 루틴을 수행했다. 그 행동을 촉발시키는 것은 주변에 있는 물체나 단서였는데, 그 물체나 단서는 더 다양한 상황에서 보면 완전히 부적절했다.

예를 들어, 레르미트 박사는 환자 한 명을 자신의 집에 데려왔다. 환자는 침실에 들어가 침대 위에 펼쳐진 시트를 보자마자 겉옷을 벗고 속옷 바람으로 침대에 들어갔다. 잠을 자는 데 필요한 복잡한 행동을 순차적으로 어려움 없이 수행한 것이다. 하지만 단지 침실에서 침대를 봤다는 이유로 그렇게 하는 것은 분명히 부적절하다. 신경학자의 침대는 말할 것도 없고 다른 사람의 침대에 뛰어들 수 있으려면, 그전에 강력한 사회적 규범과 조건이 충족되어야 한다. 하지만 이 환자는 분명 더 다양한 상황이나 올바른 행동 규칙이 무엇인지 착각하지 않았다. 누가 묻는다면 그는 여기는 신경학자의 집이고 그 침대는 자기 것이 아니라고 대답했을 것이다. 마찬가지로, 아무 침대나 보이는 대로 뛰어드는 행동은 사회적으로 적절하지 않다고 단언했을 것이다. 그렇다면 대체 그는 왜 그랬을까?

이 남자가 한 일련의 행동은 그가 밤마다 실시하는 의례였다고 가정해볼 수 있다. 취침 시간을 무수히 경험하면서 그런 의례가 뇌에 고착된 것이다. 하지만 뇌 손상 때문에 이제 이 환자는 더 다양한 상황을 참조하여 침대와 침대로 들어가는 행동의 강한 연관을 끊지 못했다. 자동 행동을 할 때는 인지조절을 깨울 필요가 없지만, 그걸 규제할 때는 인지조절이 필요하다. 인지조절 덕에 우리는 언제 잠자리에 드느냐와 같은 문제를 결정할 때 맞닥뜨릴 더 다양한 상황에 관해 우리가 알고 있는 것을 고려할 수 있다.

내가 강의 시간에 이런 사례를 얘기하면, 어떻게 그런 일이 일어날 수 있느냐는 질문이 나오곤 한다. 상원의원이 청문회에서 쓰지도 않은 안경을 벗는 행동과, 옳지 않다는 걸 알면서도 침대에 들어가는 행동은 아주 다르다. 그 환자는 어쨌거나 의식이 있었다. 하지만 우리도 가끔 전두엽 환자처럼 행동한다. 무심결에 찬장에 우유를 넣거나 냉장고에 통조림통을 넣은 적이 있지 않은가? 출근할 때 늘 똑바로 가던 버릇 때문에 친구 집에 들러야 한다는 걸 깜빡한 적은 없는가? 1890년에 윌리엄 제임스도 우리의 행동을 이끄는 습관의 힘을 얘기하던 중에 그 점을 언급했다.

> 낮에 조끼를 벗을 때 무심코 시계태엽을 감은 적이 없거나(19세기에는 조끼에 회중시계를 매달았다—옮긴이), 친구 집 앞에 도착해서 자기 집 열쇠를 꺼내보지 않은 사람이 누가 있을까? 만찬용 야회복을 입으려고 침실로 들어가서는, 옷을 하나씩 벗은 뒤 침대에 눕는 정신없는 사람들도 있다고 한다. 처음 몇 번의 동작으로 형성된 습관이 나중에 튀어나오기 때문이다.[16]

요즘에는 시계태엽을 돌리거나 만찬용 야회복을 입지는 않지만, 우리는 제임스가 무슨 말을 하는지 정확히 안다. 사실, 제임스의 사례에 등장하는 정신없는 사람의 행동은 우리 환자와 아주 비슷하다. 어떤 상황에 처했을 때 일련의 복잡한 행동이 습관적으로 튀어나온다. 하지만 차이가 있다. 건강한 사람은 정신을 집중하기만 하면 자동 행동을 제어할 수 있다. 전두엽 환자는 그걸 하지 못한다.

목표를 이루기 위해서는 우리 뇌가 지식과 행동 사이에 놓인 커다란 간극에 다리를 놓아야 한다. 온전히 안다고 해서 온전히 행동한다는 보장은 없다. 이 둘을 통합하려면 머릿속에 있는 지식에 따라 행동을 계획하고 선택하고 시간적으로 배열하고 관찰하는 인지조절 과정들이 필요하다. 더 나아가 인지조절은 지식이나 행동과 뚜렷이 구별되는 동시에, 지식과 행동 사이의 간극에 다리를 놓아 둘을 연결하는 독립된 정신 기능이다. 그렇다면 인지조절 과정은 어떻게 이루어질까? 다음 절에서 이 문제를 파헤쳐보자.

바나나를 먹기 위해 하는 일

지금까지 우리는 지식과 행동 사이에 커다란 간극이 있다는 것을 보았다. 어떤 것을 안다고 해서 그에 따라 행동하기가 충분하지 않다는 사실은 쉽게 드러나지 않고, 이론적으로 설명하기도 쉽지 않다. 실제로 심리학자들은 오랫동안 그 사실을 이해하지 못했다. 오히려 정반대의 가정, 즉 뇌로 들어가는 입력 정보가 행동이라는 적절한 출력과 직접 연결되어 있다는 가정이 대다수 심리학자의 생각을 지배했다. 이 사고방식은 윌리엄 제임스로 거슬러 올라가고, 그 후 20세기

초반에 심리학을 주도한 주요 심리학파들이 그 바통을 받았다.

어떤 기계가 일을 제대로 하려면 제어 구조가 필요하다는 사실을 인지심리학자들이 알게 된 것은 생각하는 기계, 즉 현대적인 컴퓨터를 만들고 나서였다. 컴퓨터를 통해 심리학자들은 자기 자신을 제어할 수 있는 행위자의 사례를 보았고, 제어 과정이 어떤 것인지를 처음으로 접하게 되었다. 그것은 바로 컴퓨터 프로그램의 제어흐름control flow이었다.

오늘날 우리 주변에 널려 있는 컴퓨터, 태블릿, 스마트폰, 자동차, 커피머신, 세탁기, 그 외 컴퓨터 칩이 들어 있는 것은 모두 프로그램에 기초하여 작동한다. 프로그램은 기본적으로 컴퓨터에 할 일을 명령하는 문장의 목록이다. 그 목록은 무척 방대할 수 있다. 예를 들어, 간단한 아이폰 애플리케이션 하나에 약 1만 줄의 코드가 있으며, 매킨토시 OSX의 운영체제에는 8000만 줄 이상이 있다. 구글의 인터넷 서비스를 모두 합치면 20억 줄 이상이 될 것으로 추산된다. 프로그램들이 이렇게 긴 까닭은 컴퓨터가 말을 곧이곧대로 듣기 때문이다. 컴퓨터는 사람이 시키는 일의 요점을 모른다. 컴퓨터가 어떤 일을 하려면 명령이 정확하고 명료해야 한다. 따라서 컴퓨터 프로그래밍 덕분에 심리학자들은 아는 것이 실제 행동으로 이어지는 과정이 얼마나 어려운지 분명히 알게 되었다.

예를 들어 설명해보겠다. 컴퓨터에 숫자 두 개를 주고 그걸 더하게 하고 싶다. 그때 우리는 컴퓨터에 다음과 같은 명령어를 준다.

첫 번째 숫자를 입력하라

첫 번째 숫자를 X에 할당하라

두 번째 숫자를 입력하라

두 번째 숫자를 Y에 할당하라

저장된 덧셈표에서 X+Y를 찾아라

결과를 변수 ANSWER에 할당하라

ANSWER의 값을 출력하라

프로그램을 종료하라

나는 이 모든 것을 프로그래머들이 말하는 "의사코드pseudo-code"라는 것으로 표현했다. 의사코드란 프로그램과 비슷하지만, 가령 C++나 파이썬Python 같은 컴퓨터 언어의 참-거짓 문법에는 없는 일련의 명령어를 말한다. 실제 코드는 위와 다르고 훨씬 더 명료할 것이다. 하지만 내가 만든 의사코드는 제어흐름 덕분에 컴퓨터가 어떻게 과제를 수행하는지 보여주기에 충분하다. 이 꼬마 프로그램을 사용하면 원하는 숫자 두 개를 X와 Y에 할당하여 더할 수 있고, 그러고 나서 내 컴퓨터의 룩업테이블lookup table(순람표)에 새로운 항목이 하나 저장된다.

숫자 두 개를 더하고 싶을 때마다 이 명령어들을 쓰고 또 써야 한다면 짜증이 날 것이다. 이런 공통 업무를 유용하게 처리하는 요령이 있다. 하나의 서브루틴subroutine으로 저장했다가 다른 프로그램들이 필요로 할 때 불러내는 것이다. 숫자 두 개를 더하는 꼬마 프로그램이 있으므로, 나는 여기에 "add_2"라는 이름을 붙여 서브루틴으로 저장할 수 있고, 숫자 두 개를 더하고 싶을 때마다 언제든 불러낼 수 있다.

하지만 대부분의 과제에서는 서브루틴을 마음대로 불러낼 수가 없다. 서브루틴은 특별한 때 그리고 종종 특별한 조건에서 불러야 한다. 예를 들어, 내가 "금전등록기" 업무를 할 때만 꼬마 프로그램이 숫자 두 개를 더하게 하고 싶다면 어떻게 할까? 그럴 땐 제어 과정인 "if" 조건문을 사용할 수 있다. 이를테면, 다음과 같은 코드를 쓸 것이다.

```
사용자로부터 과제를 입력하라
과제를 TASK라는 변수에 할당하라
만일 TASK의 값이 "금전등록기"이면
  그때 add_2를 구동하라
그렇지 않으면
  "나는 그 업무를 할 수 없다!"를 출력하라
프로그램을 종료하라
```

사용자가 컴퓨터에 과제가 "금전등록기"라고 말하면, 꼬마 프로그램은 add_2 서브루틴을 실행한다. 다른 과제가 주어지면 즉시 항의한다. 이것은 분지형branching 제어 구조를 설명한 것이다. 두 갈래 길 앞에서 꼬마 프로그램은 지정된 상황에서는 이쪽 길로 가고, 그렇지 않은 상황에서는 다른 길로 간다.

제어흐름을 잘 다루면 컴퓨터에 훨씬 더 복잡한 업무를 시킬 수 있다. 예를 들어보자. 현재 우리의 금전등록기 프로그램은 상당히 초라하다. 계산대에서 주어지는 두 항목을 더하기만 한다. 항목을 늘리고 싶다면 명령을 수정해야 한다. 금전등록기가 순서와 상관없이 무한정

물건 값을 더하게 하고 싶다면, 또 다른 제어 구조인 "루프loop"를 추가해야 한다. 그러면 add_2 서브루틴을 계속 불러낼 수 있고, 금전등록기는 멈추라고 할 때까지 새로 추가되는 물건 값을 모두 더해 총합을 낼 수 있다.

컴퓨터에는 지식을 저장할 수 있는 메모리가 있는데, 이 경우에는 덧셈표가 그 역할을 한다. 컴퓨터에는 키보드와 터치패드 같은 입력 장치가 있고, 화면과 스피커 같은 출력 장치가 있다. 또한 다양한 연산 기능과 add_2 같은 서브루틴이 있는데, 이 서브루틴은 우리의 반사 행동 루틴과 유사하다. 하지만 컴퓨터에 금전등록기 같은 일을 시키려면, 적절한 때 적절한 조건 아래서 제어가 하나의 서브루틴에서 다른 서브루틴으로 넘어가야 한다. 제어는 연산이 적절한지, 실행하는 데 시간이 얼마나 걸리는지, 중단해야 하는지 아닌지를 결정한다. 엄밀히 말해서, 이런 제어 명령들은 과제 자체를 수행하지는 않는다. 분지(가지 뻗기)와 루프 작업을 하는 제어 구조들은 숫자를 더하거나 결과를 출력하지 않는다. 그 대신 제어 과정은 데이터 처리의 흐름을 유도함으로써 컴퓨터의 전체 목표에 봉사한다. 작은 부분들을 조율하여 부분의 총합보다 더 큰 과제를 하게 하려면 이렇게 흐름을 제어할 필요가 있다.

인지심리학자들은 인간의 인지조절을 설명할 때 컴퓨터 프로그램과 그 제어 구조에 빗대왔다. 초기 개념 중 가장 눈에 띄는 것은 조지 밀러George Miller, 유진 걸렌터Eugene Galanter, 카를 프리브람Karl Pribram이 제안한 테스트-작업-테스트-종료Test-Operate-Test-Exit, TOTE다.[17] TOTE는 인간 행동의 제어 구조가 무엇과 같은지 보여주었으며, 모든 인지조절 체계에 공통된 몇 가지 특징을 잘 설명했다. 그림 1.2의 A는 기본적인 TOTE의 구조를 보여준다.

TOTE는 기본적으로 인간 행동에 루프를 적용한 구조다. 첫 단계인 "테스트하라"에서는 시스템에 입력된 정보를 특정 조건과 비교한다. 만일 그 조건이 충족되지 않으면, 원하는 조건과 입력된 정보의 불일치로 "작업하라"가 구동된다. 그 작업이 끝나면 다시 한번 "테스트"에 들어간다. 만일 불일치가 여전히 존재하면 작업이 다시 실행되며, 결국 테스트 조건이 충족되면 그때 루프는 "종료하라"가 되고, 제어는 다음 TOTE로 넘어간다.

이 제어 시스템이 어떻게 작동하는지 알고 싶다면, 그림 1.2의 B를 보면서 '바나나 먹기'에 적용될 수 있는 TOTE 구조를 그려보자. 먼저 테스트를 할 필요가 있다. 그걸 '배부름 테스트'라고 하자. 만일 배가 고프다면 배고픈 상태와 배부름 테스트 조건이 불일치하고, 그로 인해 "바나나를 먹어라"라는 작업이 구동된다. 이 루프에서는 배가 부를 때까지 계속 바나나를 먹게 된다. 배가 부른 시점에 다시 배부름을 테스트하면 TOTE는 종료된다. 이렇게 해서 언제 그리고 얼마나 오래 바나나를 먹을지 결정하는 간단한 제어 구조가 만들어진다.

누가 봐도 이 TOTE 구조는 지나치게 단순하다. 우리 뇌에서 실행되는 '바나나 먹기' 계획이 실제로 이럴 것 같지는 않으며, 현재 어떤 심리학 이론도 밀러, 걸렌터, 프리브람이 묘사한 TOTE를 토대로 삼지 않는다. 하지만 이렇게 간단한 그림에서도 TOTE 구조는 제어 체계의 기본 구조에 담긴 핵심 요소 몇 가지를 밝혀준다.

첫째, TOTE 구조를 통해 우리는 어떤 일을 하고 싶다고 생각하는

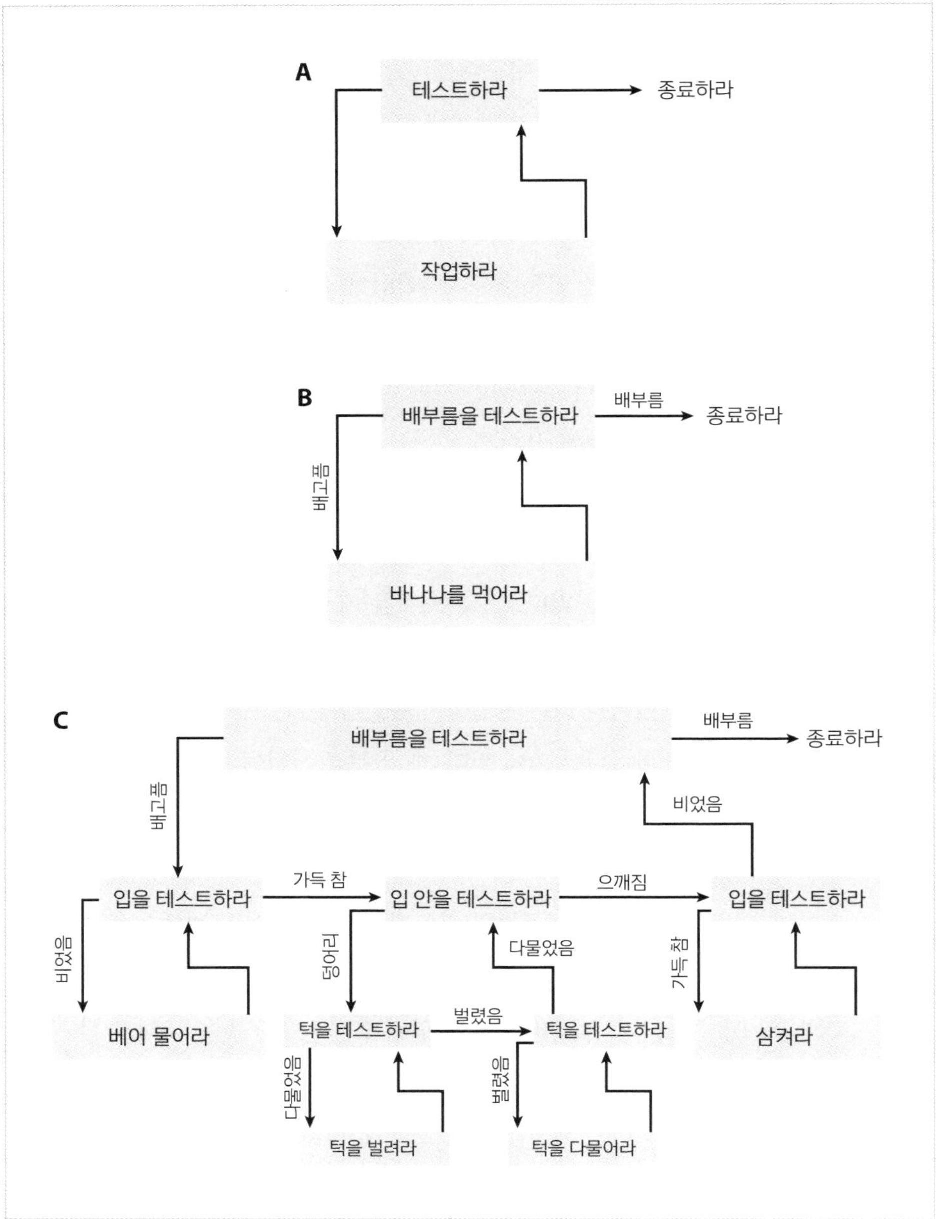
A
테스트하라
종료하라
작업하라
B
배부름을 테스트하라
배부름
종료하라
배고픔
바나나를 먹어라
C
배부름을 테스트하라
배부름
종료하라
배고픔
비었음
입을 테스트하라
가득 참
입 안을 테스트하라
으깨짐
입을 테스트하라
비었음
덩어리
다물었음
가득 참
베어 물어라
털을 테스트하라
벌렸음
털을 테스트하라
삼켜라
다물었음
벌렸음
털을 벌려라
털을 다물어라

것만으로는 왜 충분하지 않은지 이해할 수 있다. 그렇게 하려면 공들여 행동 계획을 짜야 한다. 이 행동 계획은 예를 들어, 테스트 조건을 체계적으로 업데이트하고, 적절한 때 '바나나 먹기' 같은 작업을 할 수 있도록 제어흐름을 유도하는 것이어야 한다. 조건들은 반드시 애초의 목표와 같을 필요가 없으며, 다음 상황으로 넘어갈 때 바뀔 수 있다. 따라서 행동을 조직화하기 위한 모종의 제어흐름이 있어야 한다.

둘째, TOTE에는 중요한 개념이 내포되어 있다. 조건 테스트와 피드백을 묶으면 제어흐름을 동적으로 제어할 수 있다는 개념이다. 다시 말해서, TOTE는 세계의 조건에 기초하여 작업자를 선택한다. 작업자의 행동 결과로 조건이 변하는 한에서, 그 조건은 작업자를 제어하는 수단이 된다. 엔지니어들이 잘 알고 있듯이, 피드백을 조절 수단으로 도입하면 시스템을 효과적으로 제어할 수 있다.

셋째, TOTE는 언제 일을 중단해서 한 TOTE에서 다른 TOTE로 제어를 넘겨야 하는지 결정하는 중단 규칙의 중요성을 강조한다. 뒤에서 보겠지만, 중단 조건을 알아채는 것 그리고 행동을 억제하거나 제어를 새로운 행동으로 넘겨 그 중단을 실행하는 것은 뇌의 조절계를 규정하는 중요한 특징이다.

넷째, TOTE는 다른 TOTE 안에 끼워져서 위계 구조를 이룰 수

그림 1.2 밀러, 걸렌터, 프리브람이 제안한 TOTE 구조의 도식(1960). (A) 테스트-작업-테스트-종료의 제어흐름을 보여주는 기본적인 TOTE. (B) 바나나 먹기에 적용한 간단한 TOTE의 예. (C) 바나나 먹기의 TOTE 제어흐름을 정교하게 위계적으로 보여주는 그림. "바나나 먹기"라는 작업이 여기서 세 가지 서브-TOTE의 흐름으로 표현되었다. 가운뎃줄 서브-TOTE의 씹기 작업은 턱을 조절하는 두 개의 서브-서브-TOTE로 한층 더 정교해졌다.

있다. 앞의 TOTE에서, "바나나를 먹어라"라는 작업 단계를 분해해보면, 바나나를 베어 물고 씹고 삼키는 서브-TOTE들이 위계 구조를 이루는데, 그 덕분에 우리는 흐름을 제어하면서 바나나를 먹는다.

그림 1.2의 C는 바나나 먹기 TOTE를 정교하게 구성한 것이다. 물론 우리는 이 서브-TOTE 작업 단계를 서브-서브-TOTE로 지정할 수 있다. 예를 들어, 그림 1.2의 C에서 씹기 작업자는 하위에 있는 두 개의 턱-조절 TOTE 간의 흐름으로 구체화될 수 있다. 첫 번째 TOTE는 다물어졌는지를 테스트해서 턱을 벌리게 하고, 두 번째 TOTE는 벌려져 있는지를 테스트해서 턱을 다물게 한다.

이런 위계 구조 능력은 제어흐름을 더 세밀하게 계속 구체화할 수 있다는 것을 의미한다. 각각의 작업 단계에 또 다른 하위 TOTE를 만들어 넣을 수 있고, 그 하위 작업에 또 다른 하위 TOTE를 끼워 넣을 수 있기 때문이다.

TOTE의 위계 구조는 행동의 위계 구조와 일치한다. 어떤 과제든 그 과제는 여러 단계의 추상화로 설명할 수 있다. 예를 들어, 모닝커피를 내리는 루틴은 대략 다음과 같은 순서로 이루어진다. 그라인더에 원두를 넣는다. 그라인더를 돌린다. 유리병에 물을 받는다. 물을 통에 붓는다. 커피 가루를 여과지에 넣는다. 드립머신을 켠다. 기다린다. 각각의 단계를 더 세밀하게 쪼갤 수 있다. 예를 들어, 커피 가루를 여과지에 넣는 일은 찬장에서 여과지를 꺼내는 일, 여과지를 펼치는 일, 커피를 그라인더에서 여과지로 옮겨 담는 일 등으로 나뉜다. 이 서브-서브-과제들은 각각 더 세밀한 서브-서브-서브-과제들로 나뉘고, 그 결과 우리는 대단히 구체적인 최종 시퀀스에 도달한다. 이렇게 행동을 위계적으로 조절하는 능력은 모든 제어 시스템에 존재하는 특징이다.

마지막으로 TOTE 같은 위계적 제어 구조는 계획을 세밀하게 지정할수록 더 정밀한 모니터링이 필요하다는 걸 보여준다. 바나나 먹기 같은 간단한 예에서도 이 점을 분명히 볼 수 있다. 바나나 먹기 TOTE를 그림 1.2의 B에서 C로 정교화하는 과정에서 테스트와 작업의 수가 얼마나 늘어났는지 비교해보라. TOTE 트리가 밑으로 뻗어갈수록, 작업보다 테스트를 더 많이 추가해야 한다. 그 이유는, 끼워넣기를 할 때마다 작업은 다른 것으로 바뀌기만 하지만 테스트는 새롭게 추가되기 때문이다. 행동을 세밀하게 계획할수록 그 모든 테스트를 관리하고 추적하고 실행할 필요는 더 커진다. 뒤에서 보겠지만, 우리의 인지조절 체계도 이와 유사하다. 인지조절의 대부분은 어떤 작업을 언제 실행할 것인지 결정하는 적절한 테스트 조건을 설정하는 것이다.

인지조절 이론이 풀어야 할 과제

밀러, 걸렌터, 프리브람은 TOTE 구조를 이용해 지식과 행동 사이에 무엇이 놓여 있는가라는 질문에 처음으로 가상의 답을 제시했다. 과제나 목표가 기본적으로 비위계적이고 까다로운 개념이라면, 그들이 제시한 제어 구조 덕분에 그 개념은 엄밀하고, 시간 간격이 정확하고, 생물물리학적으로 제약되는 운동 체계의 위계 구조로 바뀌었다.

하지만 인간의 인지조절에 관한 이론으로서 TOTE 같은 생산 시스템은 몇 가지 중요한 면에서 문제를 지나치게 단순화한다. 예를 들어, 이 테스트와 작업 루프에는 동기나 정신적 노력이 들어올 자리가 없다. 앞에서 예로 든 TOTE에서는 바나나를 먹을 뿐이다. 사람이 그 바나나를 왜 먹는지, 얼마나 절실하게 먹고 싶어 하는지, 비용이 얼마인지는 그 구조에 포함되지 않는다.

더 나아가 조절 과정의 가치를 인식하거나 그것의 기능 수준이 어떤지 이해하려고 할 때 컴퓨터에 비유하는 것은 대단히 유용하지만, 그렇다 해도 여기에는 한계가 있다. 마음은 컴퓨터 프로그램이 아니며, 뇌는 디지털 컴퓨터가 아니다. 인간의 뇌나 마음이 맥락과 무관한 연산이라고 볼 수 있는지는 확인되지 않았다. 현대 컴퓨터 프로그래밍 언어들의 연산은 맥락과 무관하기 때문에 적절한 명령만 주어지면 어떤 과제든 척척 해낸다. 그러므로 우리는 인지조절을 향해 첫걸음을 떼기 전에 먼저 인지조절 문제와 그에 딸린 특유의 난제들을 좀더 깊이 살펴볼 필요가 있다.

초기의 여러 심리학 학파들은 몇 가지 이유로 인지조절 기능이라는 개념을 거부했다. 그중 하나는, 그렇게 하면 손쉬운 이론에 빠져 호문쿨루스homunculus 문제에 봉착할 것처럼 보였기 때문이다. 행동을 계획하고 수행하는 인지 과정을 가정한다면 결국 머릿속에 든 작은 인간, 즉 호문쿨루스와 어떤 관계를 맺고 그 일들을 해내는지 설명하는 것으로 귀결될지도 모른다는 걱정이 있었다. 호문쿨루스는 가용한 정보가 주어졌을 때 어떻게 행동해야 하는지를 선택하고, 그 행동을 취하기 위한 과정을 수행하는 존재다. 그렇다면 그 작은 인간의 머릿속에서 무슨 일이 일어나고 있는지 설명해야 하고, 그 작은 인간의 머릿속에 그보다 훨씬 더 작은 다른 인간이 들어 있다고 가정해야만 하는 식으로 같은 추론이 무한히 계속된다.

TOTE 같은 개념과 컴퓨터 비유는 이런 무한 퇴행을 깨뜨리는 데 기여했다. 1967년에 최초의 기념비적인 인지심리학 교과서를 저술한 울릭 나이서Ulric Neisser는 기본적인 호문쿨루스 문제를 언급하면서, 스스로 프로그래밍할 수 있는 컴퓨터가 등장하기 전까지 집행하고 계산하는 행위자의 분명한 사례는 인간뿐이었다고 말했다.[18] 하지만 컴퓨터는 적절한 결과를 알려주면 기계도 스스로 제어할 수 있으며, 이때 호문쿨루스 같은 것은 필요하지 않다는 사실을 입증했다. TOTE 같은 모델들은 작은 마법사를 머릿속에 두지 않아도 집행자가 만들어질 수 있다는 것을 보여주었고, 그럼으로써 호문쿨루스 문제를 조금씩 무너뜨리기 시작했다. 하지만 이 모델로는 호문쿨루스를 완전히 몰아낼 수 없었다.

바나나를 먹는 TOTE를 예로 들어보자. 이 모델은 턱과 바나나를 정확하게 조율하기 위해 우리 머릿속에서 다양한 레버와 버튼을 작동시키는 작은 인간을 필요로 하지 않는다. TOTE의 루프와 서브루프에 제어 방침들이 지정되어, 줄을 당기는 조종자 없이도 테스트-작업 사이클을 통해 정확히 그 행동이 나온다. 하지만 이 TOTE는 애초에 어떻게 시작되었을까? 바나나와 턱을 그런 식으로 테스트하는 방법을 어떻게 알았을까? 만일 턱 벌리기 테스트, 턱 다물기 테스트의 작업 단계들을 너무 휙휙 바꾼다면, 우리는 결국 입을 열지 못하거나 어마어마하게 침을 흘려버릴 것이다.

물론 그 TOTE가 그런 식으로 구성된 연유는, 그렇게 작성했기 때문이다. 이런! 우리는 또다시 호문쿨루스를 가정하고 말았다. 하지만 이번 호문쿨루스는 꼬마 프로그래머로서, 새로운 상황을 만날 때 뭘 해야 할지 생각해 머릿속에 적절한 결과와 제어 규정을 열심히 설정한다. 이로써 우리는 처음 출발했던 곳으로 돌아왔다.

따라서 호문쿨루스를 완전히 추방하려면 우리 이론에는 제어뿐 아니라 학습도 할 수 있는 메커니즘이 필요하다. 인지조절 이론은 경험을 통해 우리가 사용하는 규정과 계획을 획득할 수 있는 믿을 만한 방법을 필요로 한다. 물론 그 규정과 계획은 적절한 상황에서 인출될 수 있어야 하고, 구체적인 상황에서 인지조절 체계가 사용할 수 있도록 상세하게 설명되어야 한다. 이와 관련하여 학습 이론은 일반화에 대해 설명해야 한다. 구체적인 상황에서 학습을 한 뒤 그렇게 학습한 것을 다른 여러 상황에 적용해야 하기 때문이다.

인지조절 이론이 풀어야 할 두 번째 근본적인 과제는 확장성scaling 문제다. 다시 한번, 전두엽 환자에 관한 연구에서 중요한 교훈이 나온다. 인지조절은 현실 세계에서 운용하는 문제이며, 환자들의 문제는 실험실에서 검사하는 단순한 과제가 아니라 무한히 복잡한 일상에서만 명확히 드러난다는 것이다. 하지만 나를 포함하여 인지조절 이론을 전개하는 과학자들은 실험실 과제를 연구하는 데 진력한다. 예를 들어, 고전적인 스트루프 효과Stroop effect를 다룬 논문만 3000건 이상이 발표되었다. 스트루프 효과는 어떤 단어가 인쇄된 글자 색과 다른 색을 가리킬 때(예를 들어, 흰색이라는 단어가 빨간색으로 인쇄되어 있을 때), 그 단어의 글자 색을 식별하기 어려워하는 현상을 말한다. 이 과제를 수행하려면 그 단어를 무의식적으로 읽는 경향이 간섭당할 때 인지조절 기능이 튀어나와 그 글자 색에 대응해야 한다. 하지만 이 과제는 전두엽 환자들이 일상생활에서 보이는 인지조절 문제를 제대로 예측하지 못한다.[19] 환자들은 스트루프 과제에서 다른 사람들과 비슷한 성적을 올린다. 하지만 환자들이 스트루프 과제에서 올리는 성적으로는 그들이 심부름을 해내거나 한 직장에 꾸준히 다닐 가능성을 일관되게 예측하지 못한다.

오늘날, 과학계는 이런 단순한 과제에 초점을 맞추는 완전히 잘못된 길을 걷지 않는다. 하지만 우리는 여전히 환원주의라는 고전적인 과학 전략을 추구하고 있다. 스트루프 같은 과제는 실험실 안에서 쉽게 규정하고 통제할 수 있도록 단순화한 모델—인지조절 실험 모델—이다. 그렇게 단순하기 때문에 사람들은 그 이론에 쉽게 현혹된다. 문제는 이 환원주의적 프로그램이 끝까지 가지 못한다는 점이다. 이런 단순한 사례에서는 멋진 모델이 나오지만, 모델의 규모를 늘려 현실에서 볼 수 있는 개인의 행동을 설명하기는 사실상 힘들다. 사실, 단순 과제를 설명하는 많은 이론이 확장성이 없다. 일단 문제가 복잡해지면, 단순한 문제를 설명했던 그 이론이 새로운 문제에는 무용지물이 된다. 이런 이론들은 어째서 현실 세계의 수준으로 쉽게 확장되지 못할까? 여러 이유가 있지만, 여기서는 큰 문제 세 가지를 살펴보기로 하자. **차원의 저주**curse of dimensionality, **자유도의 문제**degrees of freedom problem, **시간적 추상화의 문제**temporal abstraction problem다.

차원의 저주란 우리를 둘러싼 세계에는 우리의 행동에 중요할 수도 있는 특징 또는 "차원"이 많다는 사실을 말한다. 여러분의 방을 한

번 둘러보고 거기에 있는 모든 특징을 생각해보라. 많은 물건이 있을 것이고, 다양한 색, 형태, 음영, 소리, 냄새 등이 있을 것이다. 그 물건들을 사용하는 방법에 관한 구체적인 사전 지식이 전혀 없는 외계인이라면, 이 중에 어느 특징이 바로 지금 당신의 행동과 가장 관련이 있다고 여길까? 문의 어느 부분이 그 물건을 여는 데 가장 중요할까? 만약 회백색 벽이 당신이 걸어 다니는 방식에 어떤 중요한 것을 의미한다면? 이 같은 조합은 무궁무진할 것이다.

인지조절 학습 모델이라면 어느 지점에서 이 문제를 반드시 해결해야 한다. 인간은 세계 안에 있는 모든 특징을 알아야 하거나, 그 특징이 가능한 모든 행동의 테스트 조건으로서 적절한지를 알 필요는 없기 때문이다. 우리는 '나는 오늘 카펫 위에서 낮잠을 자는 방향이 내가 머리를 넘기는 방식과 무관하다는 걸 알게 됐어' 같은 생각을 하지 않는다. 가능한 모든 사례를 테스트해야 한다면 인간의 비교적 짧은 발달 기간은 말할 것도 없고, 기나긴 생애가 여러 번 지나야 할 것이다. 따라서 뇌는 선택지를 추리면서 이 세계의 어떤 정보가 우리 행동에 중요한지를 정제해내야 한다.

인지-행동 연속체의 반대편 끝에도 확장성 문제를 일으키는 것이 있다. 이른바 자유도의 문제다. 기본적으로, 자유도 문제는 똑같은 일을 해낼 방법이 여럿이라는 것을 고급스럽게 표현한 말이다. 그렇다면 우리는 과연 어떻게 구체적인 방법을 골라 그것을 실행할까?

과학자들이 이 문제를 처음 알아본 것은 기본적인 운동 제어를 연구할 때였다. 이는 우리가 계산대 반대편으로 머그잔을 미끄러뜨려 전달하는 단순한 동작을 할 때, 팔이 그것을 해결할 수 있는 가상의 방법이 여러 개라는 사실을 가리킨다. 하지만 우리가 행동의 위계에서 더 추상적인 차원으로 올라가 더 추상적인 목표에 집중할수록, 자유도의 문제는 더 복잡하고 제약이 적고 정의하기가 어려워진다. 예를 들어, 커피를 내리는 방법은 아주 많다. 그 가운데 어떤 선택들은 최종 목표에 별로 중요하지 않고, 어떤 선택들은 아주 중요하다. 커피 가루를 붓기 전에 드립머신을 켠다면 엉망이 될 것이다. 하지만 물병에 물을 채우기 전에 원두를 갈아야 할까? 그건 최종 결과에 중요하지 않겠지만, 그럼에도 뇌는 주어진 일을 할 수 있는 수많은 방법 중 단 하나를 선택해야 한다. 그에 따라 인지조절 이론은 계획을 어떻게 구체화할지 그리고 그 일을 해낼 방법이 여럿인 경우에도 구체적인 상황에서 어떻게 행동할지 설명해야 한다.

마지막으로, 우리는 장시간에 걸쳐 꾸준히 하는 일을 일반화하므로, 확장 가능한 인지조절 이론은 이 일반화가 어떻게 일어나는지, 다시 말해서 시간적 추상화라고 일컬어지는 능력이 어떻게 일어나는지 설명할 수 있어야 한다. 실험실에서 하는 단순 과제는 대개 일련의 짧은 에피소드로 이루어져 있고, 각 에피소드에는 특정한 자극에 반응하는 한 가지 결정과 행동만이 있다. 실험자들이 쓰는 은어로 이 에피소드를 **시행**trial이라 한다. 시행들은 대개 서로 관계가 없다. 하나의 시행에서 어떻게 반응하든 다음 시행에서 일어나는 일에 영향을 미치지 않는다. 결과적으로 실험자들은 순서에 상관없이 이 시행들을 무작위로 배열할 수 있다.

시행을 재배열하는 것은 과학 실험을 설계할 때 유용한 특징이지만, 일상생활의 과제들은 아주 다르다. 실험실 바깥에서 하루를 살아가는 동안 우리에게 이유도 없이 에피소드가 무작위로 던져지지는 않는다. 마치 운명의 주사위를 굴려가면서 지금 점심을 먹을지 혹은 샤워를 할지 결정하듯, 우리는 하나의 결정에서 다음 결정으로 비틀거리며 넘어가지 않는다. 대신에 우리가 살아가면서 하는 과제들은 시간에 따라, 다시 말해 초 단위가 아니라 분이나 시간 단위에 걸쳐 유의미하게 펼쳐진다. 따라서 행동을 효과적으로 제어하려면, 뇌의 인지조절 체계는 그 구조를 활용하는 동시에 어떤 과제를 해야 한다는 신호가 세계로부터 오지 않을 때도 지속적으로 감각을 유지해야 한다. 게다가 과제들은 종종 종착점까지 이르는 확실한 경로나 계획 없이 그냥 개방되어 있다. 우리는 대개 하고 싶은 것을 대략적으로 생각하면서 일을 시작한 뒤 세부 사항은 그때그때 처리한다. 따라서 시간적 추상화를 관리하는 조절 과정들은 삶의 연속성과 흐름 그 자체에 기여하고, 유능하고 목표 지향적인 사람이 될 수 있는 토대가 된다.

인지조절 문제는 복잡한 세계에서 지식과 행동의 간극에 다리를 놓는 것이다. 이 문제를 좀더 분명히 알게 되었으므로, 우리는 이 책의 나머지 장에서 그 문제를 해결하는 뇌의 메커니즘을 살펴볼 것이다. 최근 몇 년 사이에 인지과학과 뇌과학은 이 메커니즘을 가리키는 중요한 단서를 많이 제공해왔다. 우리는 지금까지 나온 증거 및 이론의 힘과 한계를 두루 주시하면서 그 발견들을 논의할 것이다.

이 책 전반부에서 나는 인지조절 기능을 이해하는 데 필요한 이론적 토대를 놓을 것이다. 먼저, 인지조절이 마음과 뇌에 들어오게 된 진화적 기원을 살펴보고, 특히 가상의 미래를 자세히 생각하고 행동을 구성적으로 설계하는 능력이 우리 조상들에게 생긴 경위에 초점을 맞출 것이다. 다음으로는, 인지조절 기능의 토대를 이루는 인지 및 신경 메커니즘을 소개하고, 그런 뒤 충동을 거부하고 실수를 피하고 정확한 행동 방침을 선택할 때 그 메커니즘이 어떤 역할을 하는지 살펴볼 것이다. 또한 뇌가 어떻게 이 기본 메커니즘을 정밀하게 운용하여 시간 및 장소와 함께 위계적으로 변하는 복잡한 과제들을 매끄럽게 해결해내는지 알아볼 것이다.

이런 이론적 배경 아래 이 책의 후반부는 인지조절이 우리의 일상에서 어떻게 기능하는지 여러 각도에서 살펴볼 것이다. 우선 우리가 멀티태스킹에 약하다는 사실은 물론 왜 그런지도 알아볼 것이다. 또한 억제 문제, 즉 바라지 않는 행동이나 바라지 않는 생각을 스스로 중단하는 문제를 들여다볼 것이다. 동기화(동기부여)와 인지조절의 밀접한 관계를 살펴보고, 우리가 조절계를 통해 어떻게 원하는 목표를 달성하는지, 그리고 더 나아가 원하는 목표와 싫어하는 수단이 어떻게 균형을 이루는지도 파헤쳐볼 것이다. 인지조절이 어떻게 기억에 작용하는지도 살펴볼 것이다. 끝으로, 인지조절 메커니즘이 유년기에서 성년기를 지나 노년에 이르기까지 일생에 걸쳐 어떻게 변하는지 살펴볼 것이다.

우리는 이 모든 과정에서, 인간이 왜 그와 같은 일들을 하며 사는지 깨닫게 될 것이다. 또한 조절계가 말을 듣지 않게 되는 경위 그리고 조절계를 개선할 수 있는 방법을 알게 될 것이다. 우리는 인간의 마음과 뇌에 관한 몇 가지 중요한 개념과 마주치게 될 텐데, 그 개념들은 놀라운 동시에, 널리 퍼져 있지만 옳지 못한 믿음들을 효과적으로 격파한다. 모든 것을 종합할 때 우리는 일상생활에서 인간이 생각과 행동을 어떻게 연결하는지 포괄적으로 이해하게 될 것이다.

마지막으로, 독자 여러분에게 당부하고 싶은 것이 있다. 지금까지 언급한 목표들은 하나같이 어려운 것들이다. 이 모든 문제를 해결할 만한 권위 있고 통일된 인지조절 이론은 아직 존재하지 않는다. 이 책에 담긴 주제들을 구성하는 이론적 개념 역시 마찬가지다. 솔직히 말하자면, 여러분은 내가 지금부터 말하는 거의 모든 것에 반대하는 사람을 만날 가능성이 매우 크다. 어떤 개념들은 충분한 데이터가 나타나 든든히 뒷받침해주기를 기다리고 있으며, 또 어떤 개념들은 이미 상반되는 증거를 만났다. 하지만 실망하기엔 이르다. 이런 불확실성과 논쟁이야말로 건강한 과학의 기준이기 때문이다. 또한 인지조절의 신비, 커피 한 잔의 미스터리는 중요하기 때문에, 골치 아픈 난제들과 뒤얽혀 있음에도 이 문제는 통일된 방식으로 탐구해볼 가치가 있다. 앞에서 보았듯이 인지조절은 우리 삶의 흐름과 과업 그 자체에 영향을 미친다. 그러므로 인지조절을 좀더 잘 이해하고자 하는 과정에서 우리는 우리 자신에 대한 깨달음을 얻게 될 것이다.

2장 → 인지조절의 탄생

On Task

약 50만 년 전, 현재는 영국 웨스트서식스주 박스그로브 행정 교구의 채석장인 곳에 덥수룩하고 팔다리가 가느다란 이족보행 동물이 쪼그려 앉아 있다. 왼손에는 망치로 쓰는 돌이 들려 있고, 오른손에는 주먹도끼 형태로 대충 다듬어진 돌이 쥐어져 있다. 주먹도끼를 날카롭게 다듬어 완성하려 하는 것이다. 우리가 호모하이델베르겐시스*Homo heidelbergensis*, 즉 하이델베르크인이라 부르는 이 호모사피엔스*Homo sapiens*의 조상은 쪼그리고 앉아 망치로 자신의 도끼를 깎아 다듬기 시작한다. 먼저 재료를 정밀하게 살펴보고 툭툭 쳐본 뒤 정신을 집중하고 일격을 가해 크고 얇은 돌조각을 떼어낸다. 그가 만들고 있는 도끼를 고고학자들은 양면 석기biface라 부른다. 양면이 대칭이기 때문이며, 한쪽 끝은 뾰족하고 반대편은 뭉툭해서 손에 쥐고 휘두르기에 적당하다. 도구로 치자면 이 도끼는 홍적세 중기의 스위스 군용 칼이라 해도 손색없다. 이 도끼는 재료를 자르거나 베거나 갈거나 벗기거나 빻을 수 있었으니, 초기 호미니드의 삶에 대단히 중요했을 것이다.

도끼 제작 그 자체가 힘든 과정이었을 것이다. 박스그로브의 도끼 제작자가 망치질을 할 때마다 얇은 파편들이 튀어 가랑이 사이에 쌓이고, 앞쪽으로 부챗살 모양으로 흩어진다. 이따금 더 크고 독특한 모양을 한 조각이 벗겨져 떨어진다. 그때마다 제작자는 일을 멈추고 그 조각을 집어 근처의 더미에 놓는다. 나중에 잘 살펴보기 위해서다. 이 큰 조각들은 온갖 종류의 다른 용도로 쓰일 수 있으니, 이 더미를 잘 살펴보면 날카로운 도끼만이 아니라 쓸 만한 것을 더 챙길 수 있다. 작업을 마친 제작자는 새로 얻은 도구들을 챙겨 어디론가 떠난다. 작업의 흔적과 먼지만 남긴 채.

고고학자 마크 로버츠Mark Roberts와 사이먼 파피트Simon Parfitt는 약 50만 년 전 어느 날 어떤 하이델베르크인이 벌인 이 일련의 사건을 망치를 든 오른손까지 세밀하게 재구성했다.[1] 두 사람이 그렇게 할 수 있었던 것은 그 하이델베르크인이 남긴 돌 먼지와 파편들이 다른 동물이나 호미니드의 활동에 오염되지 않고 놀라우리만치 잘 보존되었기 때문이다. 두 고고학자의 손에 놓인 그 파편들은 순차적인 작업의 증거, 목표를 달성하기 위해 긴 시간 동안 펼쳐진 계획의 증거가 되었다.

이 고대 조상이 한 일을 떠올려보자. 그의 작업에서 과제를 해내는 우리 능력이 메아리친다고 상상하면 마음속 깊은 곳에서 흥미가 솟구친다. 그 작업은 분명 복잡하고 목표 지향적인 행동의 기본 특징을 어느 정도 갖추고 있다. 인간은 정교한 주먹도끼라는 목표를 미리 예상하고, 다양한 사건과 상황을 거쳐서 그 목표를 추구할 수 있다는 것이다. 사실, 그 도끼는 애초에 박스그로브 유적지에서 만들어진 것이 아니라, 정교하게 다듬기 위해 다른 장소에서 가져온 것이었다. 주먹도끼를 정교하게 다듬겠다는 목표는 시간과 장소의 변화를 견디면서까지 지속할 만큼 충분히 추상적이었다.

도끼를 만드는 과정은 순차적이며, 제작자는 다양한 하위 작업과 하위 목표를 관리해야 한다. 이 양면 석기는 고고학자들이 말하는 아슐리안Acheulean 석기 제작, 즉 이전의 단순한 올도완Oldowan 제작법에서 부분적으로 진보하여 복잡한 다단계 공정에 이른 떼어내기 제작의 사례다(그림 2.1). 이렇게 발달한 형태의 주먹도끼를 제작하려면 조율, 계획, 관찰, 기술이 필요한데, 이런 양상은 다른 종은 물론 심지어 도구를 사용하는 동물에서도 볼 수 없다. 인류학자 셸비 퍼트Shelby Putt는 뇌 영상 실험을 통해, 현대인이 단순한 올도완 석기를 만들 때보다 떼어내기 작업으로 아슐리안 도끼를 만들 때, 인지조절 기능과 관련된 전두엽과 두정엽의 네트워크가 더 많이 활성화되는 것을 보여주었다.[2]

박스그로브의 도끼 제작자가 나중에 살펴보려고 한쪽에 쌓아둔 파편 더미는 도끼 그 자체보다 훨씬 더 흥미롭다. 인지고고학자 토머스 윈Thomas Wynn과 프레더릭 쿨리지Frederick Coolidge는 이 더미가 초기 멀티태스킹의 증거라고 추정한다.[3] 그들의 해석에 따르면, 이 하이델베르크인에게는 적어도 두 가지 목표가 있었다. 하나는 도끼를 다듬는 것이고, 다른 하나는 그 과정에서 쓸 만한 파편을 찾아내는 것이었다.

도끼를 두드려 다듬는 동안 그는 크고 좋은 파편이 나오는지 관찰했다. 당연히 파편 더미 그 자체는 나중에 쓸 만한 돌조각을 찾기 위해 잘 뒤져보겠다는 의도를 암시한다. 따라서 이 해석에 따르면, 하이델베르크인은 적어도 두 가지 목표를 동시에 추구하는 능력과 통찰력을 갖고 있었다.

이날 도끼 다듬기에 열중한 영리한 하이델베르크인과 보존된 파편 형태에만 의지해 그날을 재구성한 영리한 현대인을 어떻게 구분할 수 있을까? 이는 중요한 질문이다. 현대인의 뇌에서 작동하는 인지조절

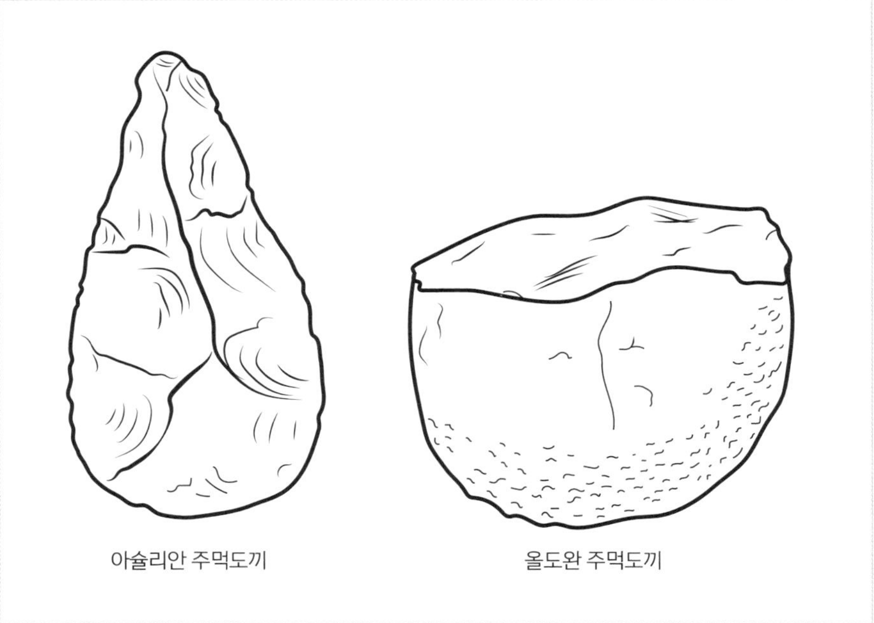

그림 2.1 고대 석기 제작의 예. 홍적세 초기에서 중기 사이에 제작된 아슐리안 주먹도끼(왼쪽)는 한쪽 면에 날이 두 개 있는 것이 특징이며, 더 오래된 올도완 주먹도끼(오른쪽)보다 세련되고 기술 수준이 높다.

과 그 메커니즘에 관한 아이디어에 유용한 맥락을 제공할 수 있기 때문이다.

생물학에서 진화를 고려하지 않으면 어떤 것도 의미가 없다는 말은 이젠 진부하게 들린다. 그럼에도 이 금언에 담긴 통찰을 잊어서는 안 된다. 인간의 인지조절 능력이 어떻게 그리고 왜 출현했는지를 생각함으로써 우리는 인지조절 기능에 대한 생각을 체계화할 수 있다. 인지조절의 목표는 무엇일까? 적응상 이점은 무엇일까? 어떤 대가를 치러야 할까? 이에 대한 답은 이 책 후반부에서 살펴볼 조절 메커니즘에 중요한 뼈대가 된다. 이번 장에서는 비록 증거가 부족하고 한계는 분명하지만, 인간의 조절 기능이 왜 그리고 어떻게 진화했는지 들여다볼 것이다.

인간 행동의 두 가지 특성

뇌의 인지 기능에 어떤 변화가 일어났기에 인지조절이 진화한 것일까? 인지 기능이 진화한 역사를 추적하는 것은 어려운 일이다. 날개나 발톱의 진화에 관심이 있다면, 화석을 연대순으로 나란히 놓고 그 구조가 여러 세대에 걸쳐 어떻게 변해왔는지 상당히 구체적으로 볼 수 있다. 하지만 땅을 파도 생각은 발굴되지 않고, 목표의 파편에서 먼지를 털어낼 수도 없다. 대신 고고학자들은 우리 조상들이 남긴 흔적에 의존하여, 그 흔적을 만들어내는 데 필요했을 법한 행동과 인지 과정을 추론해야 한다.

물론 이 접근법에는 한계가 많으며, 고고학자들과 인류학자들은 그걸 익히 알고 있다. 예를 들어, 아슐리안 주먹도끼처럼 어떤 정교한 물건을 만들었다는 것만으로는 높은 지능이나 고등한 인지조절 기능을 충분히 입증하는 증거가 되지 못한다. 많은 생물 종이 고등한 인지조절 기능이 없는데도, 그들의 행동 레퍼토리에는 복잡한 구조물을 만드는 행동이 포함되어 있다.

거미집을 생각해보자. 거미집은 감탄스러울 정도로 정교하고 효과적인 포식 수단이다.[4] 어떤 종들은 2차원 디자인으로, 또 어떤 종들은 3차원 디자인으로 집을 짓는다. 어떤 거미집은 에어필터처럼 고정되어 있고, 어떤 거미집은 바람에 실려 그물처럼 이동한다. 하나의 거미집에는 기둥 역할을 하는 강한 실부터 부드럽고 끈적끈적한 포획용 실까지 다양한 기술이 담겨 있다. 가장 흔한 "둥근 그물orb web"을 짓는 일에는 중심, 뼈대, 바큇살을 축조하는 일련의 정교한 행동이 따른다. 집을 짓는 거미들은 마치 목적에 따라 움직이듯, 최단거리로 이동하고, 비계용 실을 잣고, 다 지은 뒤 그 실을 제거한다. 그리고 그 과정에서 작업을 정정하고 수정한다. 심지어 지역에 따라 식물, 기후, 먹이의 종류가 다르면 그 차이를 감안해 그물코의 밀도와 설계 구조를 변경한다.

만일 하이델베르크인이 영장류에 어울리는 크기의 거미집을 지었다면, 우리는 다음과 같은 주제를 다룬 감동적인 글을 상상해볼 수 있다. 선사시대에 어느 영장류가 지은 이 집은 미래에 완성할 집을 머릿속에 그리고, 그 이미지에 따라 계획을 세우고 행동한 증거임이 분명하다. 기억이 충분히 발달해야 집을 짓는 계획을 실현하는 데 필요한 모든 단계를 머릿속에 저장할 수 있다. 거미집 디자인 전체를 관찰하면서 뼈대, 바큇살, 그리고 나선형 건물의 여러 작업을 관리하려면 분명 인지조절 능력이 필요했다. 그리고 입술에 남은 벌레의 찌꺼기를 자랑하고 최신식 거미집 디자인에 관해 친구들과 이야기하고 싶은 욕구에서 언어가 진화했을 것이다.

물론, 거미의 뇌가 이렇게 고등한 인지 능력을 처리한다고 주장하는 사람은 없을 것이다. 사실 거미집 짓기는 몇 가지 단순 규칙만으로 대단히 복잡한 행동이 이루어질 수 있음을 보여주는 좋은 예다. 예를 들어, 과학자들은 가장 최근에 건드린 줄만으로 행동을 결정하는 가상의 거미를 사용하여 환경 변화에 적응하여 둥근 그물을 짓는 시뮬레이션을 할 수 있다.[5] 따라서 그 거미는 심오한 계획을 세우거나 인지를 조절하거나 원하는 그물을 목표로 삼을 필요가 없다. 4억 년의 진화 과정을 거치면서 거미는 특수한 감각 장치에 지도처럼 새겨진 행동 지침 세트를 갖게 되었다. 이 규칙을 따르기만 하면 거미는 자신의 필요를 충족해주는 복잡하고 적응력 있는 거미집을 지을 수 있다.

따라서 구체적인 행동 또는 도끼나 거미집 같은 행동의 산물을 들여다보고, 그 일을 하는 데 어떤 인지 과정이 필요한지 확실하게 추론하는 것은 불가능하다. 인간이 인지조절을 이용해서 과제를 해낸다는 이유로, 다른 종들 역시 인지조절을 이용해서 그 과제를 해낸다고 생각할 수는 없다. 좀더 확실한 추론 한 가지는 인류의 가장 가까운 조상 하나가 인간과 비슷한 방식으로 과제를 수행하고, 인간과 비슷한 뇌 체계를 사용했을 거라는 점이다. 하지만 엄밀히 보자면, 현대인이 인지조절 체계를 사용하여 아슐리안 주먹도끼를 만든다는 이유로, 인류의 조상도 틀림없이 그렇게 했으리라고 추론하는 것은 비약이다. 만일 거미집을 짓고 있는 인간의 뇌를 촬영한다면, 그 사진에는 당연히 인지조절과 관련된 전두엽과 두정엽 부위들이 활성화되어 있을 것이다. 솔직히 말해서, 우리의 신경 및 인지 구조가 특별하게 분화했다는 점을 고려하면, 거미집 짓기 같은 어렵고 낯선 문제에 우리는 인지조절 체계를 사용할 것이다. 하지만 거미는 사정이 전혀 다르다.

고고학적 증거를 해석하기 위해서는 진화의 결과물로 보이는 기능이 무엇인지 확실히 알 필요가 있다. 조상의 제작 과정에서 주목해야 할 인지조절의 특징은 구체적으로 무엇일까? 무엇보다, 적절한 재료와 도구 그리고 욕구가 있으면 인간은 실제로 거미집을 계획하고 지을 수 있다는 사실을 간과해서는 안 된다. 거미에게 마주 보는 엄지손가락이 있다고 해도, 절대 돌도끼를 만들지는 못한다. 사실, 미래에 그런 물건의 주인이 될 것이라는 생각이 거미에겐 절대로 떠오르지 않는다.

바로 여기에 기본적인 차이가 있다. 인간의 인지조절 시스템은 범용적이며, 두 가지 기본 요소로 이루어져 있다. 첫째, 우리에게는 자신 또는 조상의 일생에 한 번도 경험하거나 생각해보지 않은 미래의 상황과 목표를 상상하는 능력이 있다. 둘째, 우리의 조절계는 그 미래를 이루는 데 필요한 복잡한 행동을 마음에 그려볼 줄 안다. 우리는 생각과 행동을 쉽게 연결 짓는다. 다른 종들은 시행착오를 통해 어떤 행동을 발견하거나, 해결책이 마련될 때까지 진화하기를 기다려야 한다. 따라서 거미집이라는 목표가 없는 거미와는 달리, 인간은 그렇게 하겠다는 목표를 세운 다음에 인지조절을 통해 그 최종 생산물에 도달할 방법을 계획함으로써 거미집을 지을 수 있다.

이 차이는 오늘날 인공지능Artificial Intelligence, AI의 한계에서 명백히 드러나는 동시에, 다가오는 AI 디스토피아를 걱정하지 않아도 되는 이유가 된다. 최근에 AI가 이룬 업적은 괄목할 만하다. 컴퓨터가 차를 운전하고, 체스와 바둑에서 인간을 이기고, 말speech을 인식한다. 기계는 불과 5년 전만 해도 하지 못했던 일을 해내고, 심지어 인간보다 더 잘할 때도 있다.

이는 분명 AI의 인상적인 성취로, 이에 기초하여 테슬라Tesla와 스페이스엑스SpaceX의 CEO 일론 머스크Elon Musk는 이것이 우리의 운명을 좌지우지할 인공 초지능artificial superintelligence을 향한 거침없는 진화의 시작이라고 생각한다. 언젠가는 우리가 만든 AI가 우리가 만드는 것보다 더 나은 AI를 만들고, 그 AI가 애초의 AI보다 훨씬 더 나은 AI를 만드는 날이 올 것이다. 그때가 되면 그다음 일은 우리가 어찌할 수 없다.

하지만 이런 공포는 시기상조다. 인간의 지능과 비슷한 제너럴리스트 지능generalist intelligence은 아직은 먼 이야기다.[6] 그에 비해 거미의 지능과 비슷한 스페셜리스트 지능specialist intelligence은 한결 수월하게 만들 수 있다. 일례로, 우리는 특수한 AI를 만들어 1976년의 브레이크아웃Breakout 게임과 비슷한 아타리Atari 게임을 정복할 수 있다. 이 게임에서 플레이어는 화면 하단 중앙에 있는 직사각형 패들을 좌우로 조종한다. 이 패들로 공을 맞혀 튀어 오르게 하면, 튀어 오른 공은 화면 상단에 있는 여러 색의 블록들을 깨뜨려 제거한다. 게임의 목표는 되돌아오는 공을 밑으로 빠뜨리지 않고 모든 블록을 제거하는 것이다. 대형 신경망을 이용해 AI 시스템을 만들면 이 게임을 정복할 수 있을 뿐 아니라, 어떤 인간보다 높은 점수를 기록할 수 있다. 하지만 그렇다고 해서 우리가 알파콤플렉스Alpha Complex(TRPG 게임 〈파라노이아〉의 배경인 거대한 미래 도시—옮긴이)의 컴퓨터The Computer에 지배당하기 시작했다는 말은 결코 아니다. 그 이유는 무엇일까?

우선, 이 브레이크아웃 프로그램은 블록 격파는 아주 영리하게 수행하지만, 그것이 가진 지능의 한계는 딱 거기까지다. 전적으로 그 과제만 수행하도록 특화되었기 때문이다. 인간은 브레이크아웃을 배우고 게임을 할 뿐 아니라, 게임이 끝나면 커피를 들고 컴퓨터를 향해 졌다며 한 마디 툭 던지고, 저녁을 먹으러 집으로 간다. AI는 이런 것들을 못 한다.

게다가 브레이크아웃을 전문으로 하는 AI는 우리 생각보다 훨씬 더 전문화되어 있다. 많은 AI가 그냥 브레이크아웃이 아니라 정확한 버전의 브레이크아웃에 맞추어져 있다. 이런 AI는 알고 있는 게임에 아주 작은 변화만 발생해도 계속 수행하기를 버거워한다.[7] 예를 들어, 바를 기본 위치에서 몇백 픽셀 정도 올린다고 상상해보자. 인간이라면 기껏해야 몇 초 정도 당황할 것이다. 반면에 AI의 경험에 그런 일이 한 번도 일어나지 않았다면, AI는 거의 초보 수준으로 퇴행할 것이다.

AI는 이런 변화에 엉망이 되고 마는데, 인간은 왜 끄떡없을까? 우리에게는 과제를 그 구성 요소들의 합으로 생각하는 능력이 있기 때문이다. 1장에서 보았듯이, 과제의 위계는 여러 가지로 이루어져 있다. 그에 따라 우리 인간은 과제를 구성 요소에 맞춰 생각하고 계획하고 추론한다. 그래서 우리는 과제의 나머지 부분에 대한 지식을 바꾸지 않고도 변화에 대처하여 과제를 부분적으로 수정할 줄 안다. 우리는 공의 물리적 성질이나 게임의 목표에 대한 지식을 그대로 간직한 채 새로운 패들의 위치에 적응할 수 있다.

또한 구성하는 능력compositinality 덕분에 우리는 과제 전체를 다시 학습하지 않고 필요에 따라 이전 과제의 유용한 하위 부분을 새 과제에 적용한다. 예를 들어, 브레이크아웃을 정복한 인간 플레이어는 퐁Pong 게임도 쉽게 정복한다. 퐁 게임에서 패들은 수평이 아닌 수직으로 서 있지만, 기본적인 제어는 동일하다. 패들로 공을 튕겨내 화면 반대편에 있는 상대방의 선을 통과하면 된다. 인간은 패들의 조종법과 네모난 공의 물리적 성질에 대한 이해를 브레이크아웃으로부터 가져와 퐁에 거의 즉시 적용한다.

심리학자들은 이런 능력을 **전이**transfer라 부른다. 방금 예를 든 경우는 한 맥락에서 학습한 것을 새로운 맥락에 유익하게 적용할 수 있기 때문에 이 전이는 긍정적이다. 게다가 여기서 우리는 이전 과제의 한 요소, 즉 패들 조종법만 새 과제로 가지고 온다. 만일 우리가 구성적으로 생각하지 못한다면, 다른 종류의 전이, 이른바 **부정적 전이**를 보게 될 것이다. 예컨대, 브레이크아웃 게임의 목표를 퐁으로 가져와 반대편에 있는 사각형을 깨려 한다면, 브레이크아웃을 한 번도 해보지 않았을 때보다 퐁을 더 못할 것이다!

인지조절 덕분에 우리는 *생산적*으로 과제를 수행한다. 한 번도 해본 적이 없고, 진화적으로 내장된 프로그램이 없는 과제들도 상상하고 실행할 수 있는 것이다. 인지조절의 생산성은 새로운 임무를 수행하기 위해 이전에 수행한 임무에서 먼저 수집한 부분을 결합하고 재결합하여 구성적 행동 구조가 작동할 때 이루어진다.

특히 생산성과 구성성이라는 두 성질은 인간 특유의 또 다른 적응 기능인 언어의 특징이기도 하다. 이 유사성은 우연의 일치가 아닐 것이다. 언어와 인지조절은 관계가 밀접하며, 이 둘이 적응 과정에서 성공한 것은 어느 정도는 다른 쪽의 사정에 달려 있을 것이다. 실제로 둘이 완전히 분리된 체계인지 아닌지를 두고 오랫동안 논쟁이 이어지고 있다.

미래의 이야기를 꾸미는 능력

여기서 중요한 것은, 구성적인 행동은 이야기의 절반에 불과하다는 점이다. 생산적이고 구성적인 행동 체계에는 짝이 있다. 새롭고, 기상천외하고, 사실에 반하고, 가설적인 시나리오를 상상하는 능력이 그것이다. 인지신경과학자들은 이 능력을 **일화적 미래 사고**episodic future thought라 부른다.[8]

내년 생일이 어떨지 잠시 상상해보자. 우리 모습을 최대한 생생하게 그려보자. 그날의 장면과 장면 속에서 움직이는 사람들을 묘사해보자. 그때 벌어지는 일들 사이를 거닐어보자. 우리는 사람들에게 무슨 말을 할까? 그들은 어떻게 대답할까? 음식은 차려져 있나? 하루 중 언제인가? 이제 파티 중에 재미있는 일이나 창피한 일이 일어난다고 생각해보자. 사람들은 저마다 그 일에 어떻게 반응하고, 그 후로 파티가 어떻게 될지 상상해보자.

다가올 생일을 얼마나 자세하게 상상할 수 있을까? 대부분 더없이 풍부하고 상세하게 상상했을 것이다. 실제로 일어나지 않은 사건을 딱 집어 자세하게 떠올리는 것은 우리 인식의 경이로운 면모다.

인간은 가깝든 멀든 가상의 미래를 머릿속에 그려내는 대단한 능력을 갖고 있다. 심지어 결코 일어날 수 없는 미래를 생각하기도 한다. 우리 자신이 화성에서 식민지를 개척하거나, 물고기가 되어 개구리가 우글우글한 연못을 헤엄쳐 다니거나, 토스트 기계가 되었다고 상상할 수도 있다. 모두 불가능한 일인데도 우리는 아주 상세한 이미지들을 그려낸다. 그뿐 아니라 다양한 수준으로 그 미래를 계획할 수 있다. 우리는 가상의 사건을 누비고 다니면서 머릿속에서 정교하게 작은 시뮬레이션들을 진행한다. 또 마음만 먹으면 미래의 상태를 더 거칠게 예측할 수 있고, 심지어 세부 사항을 거의 무시하고 가능한 결과만 추측할 수도 있다. 예를 들어, 내일 친구와 즐겁게 점심을 먹을 것이라고 예측할 때는 그 사건의 모든 순간을 시뮬레이션할 필요가 없다. 우리는 어떻게 이런 일을 해낼까?

첫 번째 단서는, 이처럼 자세한 미래 사고가 개인의 과거를 기억하는 능력, 즉 일화기억episodic memory과 밀접한 관계가 있다는 것이다.[9] 일화기억은 특정 시간과 장소에 관한 일화나 경험을 그 특징까지 아주 자세하게 기억하는 능력을 가리킨다. 더 나아가 이렇게 기억된 일화는 의식적인 재경험, 즉 그 과거 속에 있다는 친밀하고 개인적인 느낌을 수반한다. 다시 말해서, 일화기억을 떠올릴 때 우리는 나 자신이 그곳에 있으며, 그 일이 남이 아닌 나 자신의 경험이라고 생각한다.

일화기억은 뇌의 좌우 측두엽 깊은 곳에 있는 해마hippocampus에 부분적으로 의존한다.[10] 해마가 손상되면 기억상실증amnesia이 생길 수 있다. 일화기억에 장애가 발생한 것이다. 여기서 기억상실증이란 말은 혼란을 일으킬 수 있다. 진짜 기억상실증은 유명한 스릴러 영화 〈본 아이덴티티Bourne Identity〉에 나오는 기억상실증과는 완전히 다르기 때문이다. 유명한 환자 HM(뇌전증을 치료하기 위해 뇌엽절제술을 받은 후 평생 기억상실증에 시달린 환자—옮긴이)을 비롯해 진짜 기억상실증 환자도 과거의 기억을 잃기는 한다.[11] 하지만 영화 속의 기억상실증과는 달리, 그들이 잘 잃어버리는 기억은 이름이나 직업 같은 오래된 기억이 아니라 최근의 기억이다. 또한 진짜 기억상실증 환자들은 새로운 일화기억을 형성하지 못한다. 기억이 의식의 즉시성(순간적인 의식)에서 벗어나는 순간 그 기억은 영원히 사라진다.

하지만 기억해야 할 점은 우리의 기억이 구체적인 시간과 공간을 담은 스냅사진이 아니라는 점이다. 우리는 기억이 유의미하고 유용하도록, 세계에 관한 전반적인 앎과 부합하는 이야기 안에 일화를 위치시킨다. 따라서 단지 서류함을 열어 거기 들어 있는 서류를 꺼내듯 과거를 기억하지 않는다. 대신에 많은 추리 과정을 거쳐 개개의 기억을 짜 맞추어 그럴듯한 과거의 모델을 만든다. 과학자들은 때로 이 모델을 **스키마**schema라 부른다.[12]

스키마가 기억하는 데 효과적인 이유를 알아보자. 오래된 결혼사진 앨범이 있다고 상상해보자. 모든 사진은 각각의 기억과 같다. 모든 사진은 특정 장소에서 카메라 셔터를 눌렀을 때 거기 있는 사람과 사물을 포착한 한순간의 지식이다. 이때 해마는 그 순간이 담긴 사진을 집어 들어 의식으로 불러들이는 일을 한다고 생각할 수 있다. 하지만 상자 안에 흩어져 있는 상태의 사진은, 사진기가 주어진 순간을 담은 것 이상의 의미는 없다.

이제 시간별, 주제별로 사진을 분류하여 앨범에 정리한다고 상상해보자. 어느 사진에서 삼촌이 행복한 표정으로 춤을 추고 있다. 나중에 찍은 사진을 보니 삼촌은 테이블 앞에 앉아 무릎에 아이스 팩을 대고 있다. 사진에 남아 있지는 않지만, 불쌍한 삼촌에게 무슨 일이 일어났는지 추측할 수 있다. 한 장 한 장의 사진만으로는 파악하기 어려운 이야기가 두 사진을 구성함으로써 펼쳐진다. 기억의 힘은 이렇게 기억의 구성적 성질에서 나온다.

기억을 구성해서 얻는 지식은 개별 사진의 총합보다 크다. 사진과 사진 사이에는 이야기가 있다. 이 형태의 스키마는 앨범처럼 생산적이다. 우리에게는 세계에 관한 전반적인 앎이 있어서, 개별 기억에는 없지만 틀림없이 일어났을 일들을 추론할 수 있다.

뇌 안에서, 스키마는 해마와 복내측전전두피질ventromedial prefrontal cortex로 이루어진 넓은 신경망에 의존한다. 기능적자기공명영상fMRI으로 뇌 영상 실험을 하면, 사람이 스키마를 이용해 추론을 끌어내고 기억에 기초하여 결정을 내릴 때, 복내측전전두피질이 해마를 비롯한 그 밖의 뇌 영역들과 상호작용한다는 것을 알 수 있다.[13] 마찬가지로, 복내측전전두피질에 손상을 입은 환자들은 조밀한 기억상실증을 보이는 것이 아니라, 스키마를 사용할 때 문제가 생긴다.[14]

일례로, 복내측전전두피질 손상 환자들은 종종 이야기를 지어낸다.[15] 작화증confabulation은 일어난 적이 없고 현실과 어울리지 않는 사건들을 기억해내는 기억 왜곡이다. 작화증 환자는 주차할 공간을 찾지 못해서 진료 시간에 늦었다고 설명한다. 이때 그 환자에게 운전면허증이 없고 차도 없다는 사실을 지적해도 환자는 개의치 않는다. 또한 작화증 환자는 깁스를 하거나 다친 흔적이 전혀 없는데도 팔이 부러져 불편하다고 불평을 늘어놓는다. 지어낸 이야기는 터무니없는 내용이 대부분이지만, 거짓말을 하거나 남을 속일 의도로 하는 것은 아니다. 지어낸 이야기는 과거나 현재의 현실을 잘못 또는 기괴하게 재구성한 결과다. 뇌가 손상되었기 때문에 환자들이 자신의 기억을 그럴듯한 세계 모델에 넣고 평가하지 못하는 것이다.

작화증 환자들은 우리 모두가 경험하는 기억의 일반적인 측면을 극단적인 형태로 보여준다. 바로 거짓기억false memory이다.[16] 거짓기억에 빠지면, 참석한 적도 없는 행사에 갔다고 하거나 들은 적이 없는 사실을 들었다고 기억한다. 드문 경우지만 실제로 거짓기억은 상당한 고통과 부당한 결과를 야기한다. 비영리단체 이노센스프로젝트Innocence Project가 집계한 통계 수치에 따르면, DNA 증거로 뒤집힌 잘못된 판결 중 4분의 3 가까이가 목격자 오인, 즉 범인에 대한 잘못된 기억 때문이었다고 한다.[17]

우리의 기억 체계는 왜 그렇게 왜곡에 취약하도록 진화했을까? 그에 따른 대가를 치르면서까지 말이다. 어떤 면에서 거짓기억은 망각보다 더 나쁘다. 적어도 잊어버리면 아무것도 기억나지 않는다. 하지만 틀리게 기억하면 그로 인해 문제가 발생할 수 있다.

한 가지 대답은 우리의 기억 체계는 과거를 정확히 재구성하도록 진화한 게 아니라는 것이다. 해마와 복내측전전두피질을 비롯한 기억 체계의 요소들은 스키마를 축조할 수 있게 진화했다. 스키마는 그럴듯한 과거를 재구성하는 데 유용할 뿐 아니라, 가능한 미래를 구상하는 데도 대단히 중요하다. 명시적 기억(혹은 외현 기억)은 미래에 대한 정보를 제공하기 위해, 즉 과거의 사건을 끌어내 그럴듯한 미래의 모델을 만들기 위해 존재한다. 우리의 기억 체계를 진화하게 한 적응적 특징은 개인의 과거를 정확히 회상하는 능력이라기보다는 미래를 모델화하는 이런 능력이다. 지난번에 마주친 호랑이의 줄무늬가 정확히 몇 개였는지 잊었다고 해서 번식에 실패하지는 않는다. 하지만 용케 살아난 그 만남을 이용하여 다시 호랑이를 만나는 가상의 모델을 만들어내지 못한다면, 번식에 실패할 가능성이 높다. 거짓기억은 생산적인 기억 체계에 따른 대가다.[18]

만일 기억에 대한 이러한 관점이 옳다면, 중요한 가설이 나온다. 자세한 일화적 미래 사고는 일화기억이 의존하는 것과 동일한 해마-복내측전전두피질 체계에 의존할 거라는 가설이다. 뇌 영상 실험에서 나온 증거는 이 가설과 일치한다. 과거 사건을 기억하든 미래 사건을 미리 예상하든 동일한 뇌 신경망이 계속 활성화된 것이다.[19] 게다가 기억상실증 환자들에게 미래에 펼쳐질 일을 상상해보라고 하면, 그들이 그리는 미래는 나이와 교육 수준이 비슷한 건강한 사람들이 그려내는 미래보다 세부 사항이 더 적고, 생생함이 결여되어 있다.[20] 작화증 환자들 역시 개인적인 미래 계획을 세우는 데 어려움을 겪는다. 예를 들어, 한 작화증 환자는 나중에 무얼 할 것이냐는 질문에, 쇼핑을 하거나 저녁 식사를 준비할 거라고 대답했다. 하지만 그런 장애를 갖게 된 이후로 그녀는 쇼핑을 하거나 요리를 한 적이 없었다.[21]

우리가 나은 계획을 세우고 목표를 정할 수 있는 것은 이 일화적 미래 사고 때문이다. 풍부한 일화적 미래 사고 덕분에 사실과 경험이 저장된 광범위한 지식의 창고를 활용하여 거미집 짓기 같은 미래의 일을 구상할 수 있다. 목표를 만들어내는 이 능력은 목표 달성을 위해 이용하는 인지조절 체계가 진화한 과정을 이해하는 데 중요할 것이다. 그리고 일반적이고 가설적이고 심지어 사실에 반하는 생각에 몰두하는 우리의 엄청난 능력은 어느 정도 우리 종의 고유한 특징일 것이다.

오늘날 어떤 능력이 인간에게 고유하다고 주장하면 논란이 일곤 한다. 일화적 미래 사고도 예외가 아니다. 분명 다른 동물도 일화기억을 이용해서 계획을 세운다는 증거가 있다.[22] 그리고 몇몇 경우 기억을 이용해 미래를 예견한다.[23] 예를 들어, 미국어치는 나중에 먹기 위해 벌레를 숨겨놓고 그 장소를 기억하며, 썩은 벌레한테는 다시 안 가고, 벌레를 숨기다 다른 어치에게 들키면 장소를 옮겨 벌레를 숨긴다. 하지만 미국어치를 포함하여 비인간 종의 선견력을 보여주는 사례는 대부분 벌레 은닉 같은 한 영역에만 작용하다. 이는 일반적인 능력이라기보다 특수하게 진화한 적응 행동으로 보인다. 그럼에도, 일화적 미래 사고가 다른 동물에서도 발견되고, 인간처럼 일화기억 체계에 의존한다는 생각은 분명히 설득력이 있다.

다른 종에게 미래를 생각하는 능력이 있다 해도, 인간처럼 크고 깊고 넓게 미래를 계획하는 종은 찾아볼 수가 없다. 인간 사회는 결코 오지 않을 것 같은 행성 충돌이나 대기근에 대비하여 비상 계획을 세운다. 아이들은 다양한 단추와 쪽지를 상자에 담아 미래의 어떤 사람이 몹시 흥미로워할 거란 희망을 품고 그 상자를 땅에 묻는다. 어쩌면 그 사람이 50년 후의 그 아이일 수도 있다. 어치가 벌레 대신 타임캡슐을 땅에 묻는 날, 우리는 이 문제를 심각하게 재고해야 할 것이다.

대체로 이런 비교는 터무니없다. 미래의 시나리오와 가능성을 생생하게 그려내는 일에 인간은 타의 추종을 불허하는 뛰어난 능력을 갖고 있다. 하지만 과학자로서 우리는 말을 하지 못하는 생물 종이 일화적 미래 사고를 할 때와 하지 못할 때를 구체적으로 확인해야 한다.

심리학자 토머스 서든도프Thomas Suddendorf는 인간을 다른 동물과 구분하는 능력이라는 관점에서 일화적 미래 사고에 초점을 맞추어왔다.[24] 그는 일화적 미래 사고가 모든 동물에 있는지 테스트할 때 적용할 합리적인 극소 조건을 제시했다.[25] 첫째, 문제의 동물은 반복이나 시행착오를 겪지 않고 단번에 문제를 해결할 줄 알아야 한다. 둘째, 문제의 동물은 그 자신(그리고 조상들)이 한 번도 부딪혀보지 못한 새로운 맥락에서 문제를 해결할 줄 알아야 한다. 이 규칙들을 적용하면 미국어치가 벌레를 숨기는 행동 같은 니치 특수화niche specialization의 경우는 제외된다. 비슷한 이유로, 시간적·공간적으로 다양한 맥락에서 복수의 테스트를 진행해야 한다. 예를 들어 계획을 세울 때 몇 초, 몇 분, 몇 시간, 심지어 하루가 넘게 걸리는 목표를 설정해야 한다.

유인원에 관해 보고된 몇 가지 흥미로운 일화를 제외하고 나는 서든도프의 모든 기준을 충족하는 비인간 종을 보지 못했다. 반면에, 인간에게는 4세 무렵에 서든도프의 기준을 충족하는 일화적 미래 사고가 나타난다.

일례로 한 실험에서 서든도프와 조너선 레드쇼Jonathan Redshaw는 아이들이 손을 뻗으면 닿을 만한 거리에 Y자 모양의 관을 거꾸로(구멍 하나가 위로 가고 구멍 두 개가 아래로 가도록) 보여주었다.[26] 그리고 위쪽 구멍으로 집어넣은 인형이 아래쪽 구멍 중 하나로 나오는 것을 아이들에게 몇 차례 보여주었다. 그런 다음 아이들이 관 아래로 나오는 인형을 잡으면 그 인형을 가질 수 있게 했다.

2세 아이들은 계속 한쪽 구멍으로만 손을 뻗었다. 그 결과 그 아이들은 인형을 절반밖에 잡지 못했다. 하지만 4세 아이들은 첫 번째 시도부터 양쪽 구멍에 손을 내밀었다. 인형이 두 구멍 중 한쪽에서 나오리라는 것을 예상한 것이다.

침팬지와 오랑우탄을 같은 조건에 놓고 장난감 대신 맛있는 음식으로 테스트하자, 2세 아이들과 비슷하게 행동했다. 첫 시도 때 두 구멍에 모두 손을 대는 경우는 없었다. 여러 번 시행해도 대부분 방법을 알아내지 못했다. 심지어 한동안 양손을 사용했던 녀석도 결국에는 한 손으로 돌아갔다.

인간에게는 일화적 미래 사고가 유년기 초기에 출현한다는 증거가 하나 더 있다. 4~5세 아이들은 미래의 결과가 얼마나 신뢰할 만한가를 기준으로 행동을 조절한다.[27] 이 시기의 아이들은 자신의 미래 감정을 예측할 줄 알고,[28] 다른 사람의 관점에서 보는 등 사회적 추론의 초기 형태를 보여준다.[29] 이 아이들은 존재하지 않는 세계나 상황을 가정하고 가상 놀이(소꿉놀이 같은 역할 놀이—옮긴이)에 몰입한다.[30] 만일 아이가 비행기 흉내를 내면서 두 팔을 벌리고 마당을 뛰어다닌다면, 나중에 커서 비행기가 되었을 때를 대비해 본능적으로 연습하고 있는 것이 아니다. 아이가 미래를 위해 무언가를 연습하고 있다면 그것은 아마도 일화적 미래 사고 능력일 것이다.

서든도프가 인지조절과 특히 관련이 있다고 강조한 4~5세 아동의 능력이 하나 더 있다. 바로 의도적으로 연습하는 능력이다.[31] 의도적 연습이 흥미로운 이유는, 미래에 겪게 될 가상의 자기 자신을 향상시키는 것이 그 일차적인 목표이기 때문이다. 사실, 연습은 즉각적으로 긍정적인 결과를 주는 것이 아니어서 미래의 자신이 온전히 그 동기로 작용할 수 있다.

침팬지가 개미탑에 막대기를 쑤셔 넣어 개미를 잡는 것을 반복하다가 결국 그 기술이 더욱더 정교해졌다고 상상해보자. 이것은 의도적인 연습이라고 보기 어렵다. 침팬지의 수행에 동기를 부여하는 것은 세계적인 수준의 유명한 개미 사냥꾼이 되어 모두에게 존경받는 미래의 자기 모습이 아니라, 그저 맛있는 개미다. 반면에 아이들이 콘을 세워놓고 축구공을 몰며 드리블을 연습하는 이유는, 그렇게 하는 것이 정말 재미있어서라기보다 자신의 미래를 리오넬 메시Lionel Messi처럼 멋있는 이미지로 그리고 있기 때문이다. 4세 무렵에 아이들은 미래의 보상에 도움이 될 기술을 열심히 연마한다. 7세가 될 무렵 아이들은 의도적인 연습의 이점을 이해하고, 최종 목표에 자극을 받아 스스로 연습한다.[32]

게다가 인간의 연습은 전체 기술보다 그 구성 요소를 습득하는 데 맞추어질 때가 많다. 피아니스트는 곡 중에서 어려운 소절만을 골라 완벽해질 때까지 반복 연습한다. 테니스 선수는 서브를 넣기 전에 공을 높이 던지는 연습을 반복한다. 무용수는 하나의 동작을 몸에 익을 때까지 되풀이한다. 기술의 일부분을 연습하는 이 능력은 우리의 행동 표상이 합성적으로 구성되어 있다는 것을 반영한다. 우리는 기술을 몇 가지 하위 기술로 분할하여 그 단위로 생각하면서 연습을 계획할 줄 안다. 이렇듯 미래의 시나리오를 상상하는 능력과 행동 표상의 구성적 본성 사이에는 연결고리가 있으며, 양자는 상호 작용하면서 기술을 연마하고 과제를 완수한다. 이 조합은 현재의 우리에게 그러듯 우리 조상에게도 정말 효과적이었을 것이다.

인간의 인지조절은 언제 출현했을까?

지금까지 우리는 인간의 과제 수행이 진화하는 과정에서 두 가지 능력이 중요한 역할을 했다는 것을 강조해왔다. 풍부한 일화적 미래 사고, 그리고 그와 짝을 이루는 구성적 행동 조절이다. 인류의 조상들 중에서 이 두 가지 능력의 증거는 언제 출현했을까?

현생인류의 지능이 언제 출현했는지는 학자들 사이에서 아직도 논란이 많다. 해부학적으로 현생인류에 속하는 최초의 화석은 15만 년 전에서 20만 년 전으로 거슬러 올라간다.[33] 하지만 이미 100만 년 전에도 초기 호미니드 사이에서 늘어난 두개골 용량과 발달된 도구 제작이 발견되었다.[34] 일부 과학자는 현대적인 인지 능력이 빠르게 나타나게 된 대전환이 최근에 있었다고 주장한다. 우리의 가까운 조상들 사이에서 유인원 같은 원시적 지능이 대대적으로 업그레이드된 일이 있었다는 것이다.[35] 반면에 그 과정이 점진적이었다고 하는 과학자들도 있다. 더 이른 조상들에게 정교한 능력들이 생겨난 뒤 문화 전

달을 거치며 서서히 합쳐진 결과 현재와 같은 인지 능력이 탄생하게 되었다는 것이다.[36]

하지만 우리의 인지 능력이 언제 어떻게 나타났든 대부분의 학자는 그 능력이 5만 년 전에서 8만 년 전 사이에 형성되었다고 본다. 이 후기 구석기의 특징은 도구와 도구의 재료가 훨씬 더 다양하고 변화무쌍해졌다는 것이다.[37] 새로운 문제를 해결하기 위해 새로운 도구가 많이 만들어졌을 뿐 아니라, 같은 문제를 더 잘 해결하기 위해 다양한 종류의 도구가 생겨났다. 이렇게 풍부한 가변성은 이전 시기에 유행한 도구 제작과 극명하게 대비된다. 예를 들어, 호모에렉투스*Homo erectus* 같은 초기 호모속은 아슐리안 양면 도끼 같은 효율적인 석기를 다른 영장류에서는 볼 수 없을 정도로 정교하게 제작했다. 그러나 그 디자인과 기본 제작 방법은 대략 100만 년 동안 큰 변화 없이 그대로 유지되었다. 기본 디자인에 혁신이 일어나고 그런 뒤 거의 끊임없이 변하기 시작한 것은 후기 구석기에 이르러서였다. 따라서 호모사피엔스가 그 조상들과 다른 것은 정교하고 구성적인 방식으로 도구를 제작했을 뿐만 아니라 그렇게 하는 과정에서 명백한 창의력을 발휘했다는 점이다.

이 시기에 호모사피엔스 집단은 살아가는 환경을 크게 확장하고, 그에 따라 자신들의 음식, 관습, 생활 패턴을 새 환경에 맞춰 변화시켰다. 그들은 유럽, 아시아, 오스트레일리아 전역에 성공적으로 정착하고, 네안데르탈인을 포함한 현지의 사람 종들과 이종교배를 했다. 또한 고기 잡이, 토지 관리, 목축과 같은 새로운 수렵·채집 행동을 발전시켰다. 신속한 적응 능력 덕에 그들은 여러 세대에 걸쳐 진행되는 자연선택의 속도보다 훨씬 빠르게 새로운 문제의 해결책을 찾아냈다. 그리고 각각에 대한 적응은 장거리 이주와 혁신을 낳았다.

예를 들어, 4만 년 전 중국에 살던 호모사피엔스의 발뼈 화석은 형태와 강도가 이전과 다른데, 이 변화는 그들이 평소 신발류를 착용하여 발을 보호했다는 사실을 증명한다.[38] 보호용 신발을 이용함으로써 인간은 더 추운 환경으로 이주할 수 있었으며, 시베리아 북부의 추위를 뚫고 힘들게 이주한 끝에 결국 1만 5000년 전에서 2만 년 전 사이에 북아메리카를 식민지로 만들었다.

이렇게 약 4만 년에 걸쳐 호모사피엔스는 아프리카와 아시아의 좁은 지역을 벗어나 지구상의 일곱 대륙 중 여섯 대륙에 성공적으로 정착했다. 4만 년은 긴 시간이지만, 그전에 호미니드가 진화한 수백만 년에 비하면 눈 깜짝할 사이에 불과하다.

이렇게 다양한 환경에서 빠르게 성공할 수 있었던 것은 의심의 여지 없이 호모사피엔스의 범용적인 인지 능력 덕분이다. 예컨대, 추운 환경으로 이주한 호모사피엔스는 동물의 가죽과 털 그리고 보호용 신발을 사용하며 그 환경에서 생존하고 번식할 수 있었다. 다시 말해서, 그들은 두꺼운 외투를 입게 될 미래를 상상한 것인데, 이는 그때까지 그들 자신이 아닌 다른 동물에게서만 볼 수 있었다. 그 이미지를 머리에 담고서 그들은 사냥부터 제작에 이르기까지 외투를 현실로 만드는 데 필요한 과제와 하위 과제를 제대로 수행할 줄 알았다. 만일 그들이 한 해 겨울만이라도 생존했다면, 여러 세대를 거칠 필요 없이 1년 안에 이 목표에 도달했을 것이다.

이 시기에 호모사피엔스의 독창성을 제외하고, 인간이 사실에 반하거나 가상의 미래를 상상할 줄 알았다는 다른 증거는 없을까? 이 질문의 답은 이 시기에 출현한 예술과 추상적 기호에서 찾을 수 있다. 후기 구석기는 현생인류 계열이 예술, 상징적 인공물, 뚜렷한 종교적 도상을 통해 추상적 사고 능력을 확실하고 보편적으로 드러낸 최초의 시기다. 이때 제작된 미술품들은 눈에 보이는 세계를 항상 사실적으로 묘사하거나 직접적으로 표현하지는 않았다. 가령, 독일의 홀렌슈타인-슈타델 동굴에서 발견된 사자인간 조각상은 약 3만 년 전에 제작된 것으로 보인다.[39] 이 조각상이 그것을 만든 사람들에게 어떤 의미가 있었는지는 알 수 없지만, 존재하지 않는 대상을 표현했다는 점에서 대단히 흥미롭다. 이 상을 조각한 사람들은 분명 사자인간을 본

그림 2.2 호모사피엔스가 약 3만 5000년에서 4만 년 전 사이에 제작한 홀렌슈타인-슈타델 동굴 사자인간 조각상. 조각상의 목적과 의미는 밝혀지지 않았지만, 추상적인 가상의 대상을 표현하고 있다.

적도 없고, 사자인간을 사냥하거나 잡아먹을 계획도 없었고, 그것과 결혼할 생각도 아니었으며, 그것에게 위협을 당하지도 않았을 것이다. 하지만 그들은 사자인간을 상상했고, 그 개념을 사용하여 일련의 행동을 계획하고 상상한 것을 조각했다.

마찬가지로, 용도가 분명한 도구나 인공물과 달리 이 물건의 형태와 구조는 조각한 사람이 원했을 법한 어떠한 용도에도 직접 구속되어 있지 않다. 도끼의 형태는 대부분 휘두를 수 있고 재료를 쪼갤 수 있어야 한다는 목적에 얽매여 있다. 그래서 효율적인 도낏자루는 손에 쥘 수 있을 만큼 길고 가늘면서도 충격을 받거나 땅에 털썩 내려놓아도 부러지지 않을 만큼은 두꺼워야 한다. 도끼의 머리는 재료를 쪼개야 하므로, 힘을 모으고 증폭해서 넓적한 끝에 전달할 수 있도록 쐐기꼴로 만드는 것이 가장 좋다. 이런 제약들은 만든 사람의 생각 바깥에 존재한다. 따라서 도끼의 디자인은 바라던 목적에 부합할 때까지 시행착오를 거쳐 탄생했을 것이다. 시간이 충분했다면, 계획이나 설계 개념이 없는 동물이라도 적절한 형태를 우연히 발견했을 것이다. 반면에 홀렌슈타인-슈타델의 사자인간이나 그와 비슷한 인공물들은 제작자가 순전히 상상에 기대 제작했다는 것 외에는 설명하기가 어렵다. 이 조각상의 구체적인 형태를 제약하는 것은 거의 없다.

그렇다면 약 6만 년 전에 어떤 변화가 있었기에 이렇게 창의성이 폭발했을까? 인지조절 능력이었을까? 어쩌면 이 질문은 타당하지 않을 수 있다. 모든 정신 기능과 마찬가지로 우리의 인지조절 능력도 자연선택의 과정을 거쳐 진화했다. 따라서 나는 다른 수많은 인지 체계와 상호작용하는 인지조절 같은 복잡한 인지 기능이 갑자기 변했다고 주장하는 이론에는 상당히 회의적이다. 진화는 점진적 과정이다. 각각의 변화가 이전 상태에서 시작되어 진행되는 것이다. 인간에게 갑자기 나타난 어떤 과정이나 정신 기능을 찾으려는 시도는 대개 헛수고로 끝난다.

예를 들어, 약 6만 년 전에 고등 작업기억이 갑자기 나타났다고 주장하는 유력한 가설이 있었다.[40] **작업기억**working memory이란 소량의 정보를 짧은 시간 동안 활성 상태로 유지하는 능력을 말한다. 그 정보를 유지하고, 머릿속에서 조작하고, 그에 따라 행동하기 위해서다. 작업기억은 인지조절의 핵심 개념이므로 다음 장에서 자세히 다룰 것이다. 하지만 생쥐를 비롯해 많은 동물도 작업기억 능력이 있다. 그렇다면 인간의 작업기억을 "고등한" 것으로 만드는 특별 양념이 무엇인지 구체적으로 밝힐 필요가 있다. 그렇지 않으면 단지 새로운 호문쿨루스, 즉 손쉬운 이론에 빠지게 되고, 다시금 그걸 해명해야 한다. 결국 우리는 이론의 꼬리만 좇을 뿐 실제로는 아무것도 설명하지 못한다.

단일한 과정이 갑자기 나타났다는 이론의 문제점은 더 있다. 6만 년 전보다 훨씬 이전에 출현한 인지조절이 점진적으로 향상되고 있었다는 점이다. 예를 들어, 고등 작업기억의 잠정적 이점은 여러 가지 목표를 동시에 관리할 수 있다는 것이다. 이 능력은 내가 인간 행동 체계의 특징이라고 강조한 구성성에 꼭 필요한 조건이다. 하지만 이번 장 앞머리에 등장한 박스그로브의 도끼 제작자를 기억해보자. 그 하이델베르크인은 5만 년 전에 도끼를 만드는 동안 하나 이상의 목표를 관리하는 멀티태스킹의 증거를 보여주었다. 게다가 아슐리안 도끼의 기본 디자인은, 후기 구석기의 '폭발'에 비하면 느리겠지만, 더 깊은 곳에서 구성적인 구조가 서서히 발전한 것처럼 보이는 변화를 겪었다.

인류학자 디트리히 스타우트Dietrich Stout와 동료들은 박스그로브에서 출토된 홍적세 중기의 인공물과, 능숙한 인간 제작자 및 신출내기 제작자의 인공물을 비교했다. 연구자들의 목적은 그들의 제작에 기여했을 목표 구조를 분석하는 것이었다.[41] 그림 2.3에서 볼 수 있듯이, 후기 아슐리안 도끼를 제작하는 데는 아슐리안 전기에 만든 도끼보다 더 깊은(다층적인) 목표 위계와 더 많은 하위 목표가 필요했다. 더 깊은

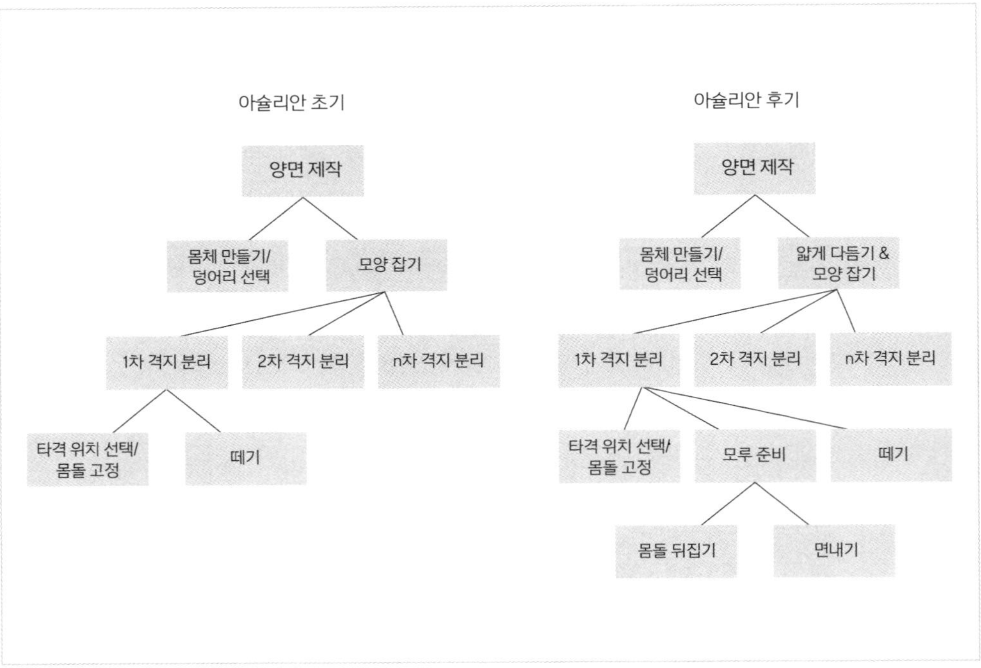

그림 2.3 아슐리안기 초기와 후기의 석기 제작에 필요한 목표 위계의 발전. Stout et al. (2014)의 그림 11을 수정함.

목표 위계와 더 풍부한 구성성을 향한 이 변화는 갑작스럽다기보다는 점진적이고 연속적이었을 것이다. 게다가 이 변화들은 이미 약 50만 년 전인 홍적세 초기에서 중기 사이에 발생하고 있었다.

조절계가 이렇게 점진적으로 발달했다면 인지조절 능력의 출현은 홍적세 후기의 "대약진great leap forward"에서 비롯된 것은 아닐 테니, 우리는 인간과 여타 영장류 사이의 인지 심연을 만들어낸 단 하나의 기능을 다른 곳에서 찾아야 한다. 사실, 이 늦은 시기에 갑자기 나타난 것은 작업기억이나 인지조절이 아니라 일화적 미래 사고로, 이 시기에 발생한 예술과 상징적 인공물에서 확실한 증거를 볼 수 있다.

하지만 앞에서 언급했듯이, 일화적 미래 사고를 뒷받침한다고 알려진 신경 체계는 일화기억을 자세히 떠올릴 때 필요한 신경 체계와 동일하다. 이 체계는 다른 포유동물에서도 그와 비슷한 기억 기능에 사용된다. 실제로 생쥐는 몇몇 의사결정과 길 찾기 과제를 할 때 재생 기능을 사용한다.[42] 이것으로 보아, 일화적 미래 사고는 비록 인간에게 널리 확산된 능력이지만, 그와 동시에 미래의 행동에 정보를 제공하기 위해 과거의 사건을 검색하는 아주 오래된 체계에 뿌리를 둔 것이라고 추정할 수 있다. 따라서 일화적 미래 사고는 초기 호미니드에게 존재한 어떤 고등하지만 퇴화한 형태로부터 서서히 진화했을 것이다.

이런 점들을 고려하여 나는 과학적 증거와 점진적 진화의 관점, 양쪽 모두와 일치한다고 보는 또 다른 가능성에 마음이 끌린다. 홍적세 후기에 폭발적으로 일어난 마지막 혁신은, 아마도 점진적으로 확장하던 인지 능력들 사이의 상호작용이 문화 전달을 최대한으로 활용할 수 있도록 한 결과일지 모른다. 특히 일화적 미래 사고의 체계와 1장에서 살펴본 구성적 행동 조절의 체계를 생각해보자. 각 체계는 다른 체계를 보완한다. 일화적 사고는 우리에게 더 정교한 미래 목표를 상상할 수 있게 하고, 우리의 조절계는 그 사고 과정을 체계화하고, 목표를 새롭고 정교한 행동에 맞춘다. 각 체계는 독자적으로 서서히 변할 수도 있지만, 둘이 동시에 변하면 일을 해내는 능력에 가속적인 변화가 일어난다. 하지만 이 변화는 점진적인 것처럼 보일 수도 있다.

인지조절의 출현을 이해하는 데 도움이 될 만한 또 다른 데이터의 원천은 우리 뇌에 있다. 물론 조상들의 뇌를 발굴하기는 어렵다. 인간 뇌의 진화에 관해 우리가 아는 것은 대부분 인간의 뇌와 다른 종의 뇌를 해부학적으로 신중하게 비교한 데서 나왔다. 여러 종을 비교할 때 인지조절 능력 및 더 높은 지능과 상관관계가 있는 해부학적 특징은 무엇일까? 영장류의 뇌와 다른 포유동물의 뇌, 유인원의 뇌와 기타 영장류의 뇌, 그리고 물론, 우리와 가장 가까운 유인원의 뇌와 우리의 뇌는 어떻게 다를까?

가장 일관되게 언급되는 종간 차이 중 하나는 뇌의 전체 크기다. 인간은 다른 영장류보다 뇌가 크다. 직관적으로 볼 때 뇌가 크면 지능도 높을 것이다. 뇌가 크면 뇌를 구성하는 물질이 많고, 그만큼 신경세포도 많을 것이다. 신경세포가 많다는 것은 연결부인 시냅스가 더 많다는 말이고, 그만큼 복잡한 계산을 하는 능력이 더 클 것이다. 실제로 종들 사이에 뇌의 크기와 발현된 지능에는 개략적인 상관관계가 있다. 고양이의 뇌는 쥐보다 크지만 원숭이보다 작고, 원숭이의 뇌는 유인원보다 작다.

하지만 뇌의 크기 자체를 기준으로 삼는 것은 문제가 있다. 뇌가 큰 동물은 그에 비례하여 몸집이 크다.[43] 사실, 인간은 동물계에서 뇌가 가장 큰 종이 아니다. 전혀 아니다. 인간의 뇌는 약 1.4킬로그램인데, 이는 코끼리 뇌의 4분의 1, 향유고래 뇌의 6분의 1에 해당한다. 향유고래는 오징어보다 영리하지 않기 때문에, 뇌의 크기는 지능을 결정하는 유일한 요인이 될 수 없다.

하지만 몸 크기와 뇌 크기를 비교하는 상대 성장 연구에 따르면, 인간 뇌의 몇 가지 특징이 영장류를 포함한 다른 동물들보다 월등히 큰 수준이라 한다. 인간의 체중 대비 뇌 무게는 다른 동물보다 크다.[44] 그뿐 아니라 뇌의 다른 부위에 대한 신피질의 부피 역시 다른 동물보다 월등히 크다.[45]

신피질neocortex은 뇌의 대부분을 차지하고 있으며 고등한 지각, 운동, 인지 기능을 담당하는 외투층을 말한다. 신피질은 포유동물이 지닌 두드러진 특징인데, 비교적 최근에 발달한 진화적 적응 기관이라서 접두사 '**신**neo'이 붙게 되었다. 따라서 인간의 뇌에 신피질이 넓게 퍼져 있다는 사실은 우리 종이 인지 능력에 상대적으로 많이 투자했다는 것을 가리킨다.

하지만 뇌의 크기는 물론이고 신피질의 크기 역시 여전히 거친 기준이다. 신피질의 부피는 인지조절 능력에 적용되기도 하지만, 저차원의 감각과 지각부터 운동에 이르기까지 다른 뇌 기능의 대부분에도 적용된다. 다른 특징을 찾아 인간의 뇌와 다른 동물의 뇌를 구분하려는 시도는 더 많은 논란을 일으켜왔다. 이런 논쟁의 중심에 전전두피질의 크기가 있었다.

여러분은 이 논쟁이 비교적 쉽게 해결되리라고 생각할 것이다. 신경과학자들이 항상 취급하는 물건, 즉 선반 위에 놓인 큰 병 안에 둥둥 떠 있는 뇌 몇 개를 손에 쥐어보라. 인간의 전전두피질과 다른 동물의 전전두피질의 크기를 재보라. 그리고 전체 뇌 부피에 견주어 수치를 조정하라. 자, 어때? 이걸 발표하는 거야.

하지만 이 일은 그리 간단하지 않다. 전전두피질의 경계를 구분하기가 매우 까다롭기 때문이다. 사실, 전전두피질의 경계를 말해주는 보편적인 해부학적 정의는 합의되지 않았다. 더 심각한 문제는 뇌의 주름과 관련이 있다. 인간의 신피질이 다른 동물보다 주름이 많다는 점을 고려할 때 그 부피를 재려면 각기 다른 주름 패턴을 설명해야 한다. **회백질**substantia grisea이라는 피질 외투층에 리본처럼 늘어선 세포체들과 **백색질**substantia alba이라는 피질 중심부에 있는 세포 간 연접부를 구분할 수 있다면 문제는 간단히 해결되겠지만 말이다.

이 논쟁을 해결하려고 워싱턴 대학교의 신경해부학자 데이비드 반 에센David Van Essen과 그의 팀은 자기공명영상법을 이용해 사람 60명, 침팬지 29마리, 짧은꼬리원숭이 19마리를 촬영했다.[46] 그런 뒤 연구자들은 뇌 사진을 부풀리고 나란히 배열한 뒤 크기를 측정했다. 데이비드 밴 에센이 여러 뇌를 풍선처럼 부는(가끔 불기를 멈추고 숨을 들이마시는) 모습을 상상하는 것은 재미있지만, "부풀리다"라는 말은 정확하지 않다. 여기서 그 말은 주름진 뇌 영상을 매끄러운 표면의 구로 바꾸는 수학적 절차를 의미한다. 이렇게 영상을 부풀리면 과학자들은 복잡한 주름 패턴으로 인한 문제를 피하면서 구면기하학를 이용해 그 뇌들을 정렬하여 표면적을 측정할 수 있다.

이 방법으로 밴 에센의 팀은 전전두피질의 범위를 확정했고, 그 결과는 분명했다. 인간의 전전두피질은 다른 영장류보다 월등히 컸다. 인간의 전전두피질은 외피 회백질이 짧은꼬리원숭이보다 약 90퍼센트 컸고, 침팬지보다 약 20퍼센트 컸다. 백색질에서는 차이가 훨씬 두드러졌다. 인간의 전전두 백색질 부피가 짧은꼬리원숭이보다는 140퍼센트 정도, 침팬지보다는 70퍼센트 정도 더 컸다. 이렇게 인간의 전전두피질은 가장 가까운 포유류 친척들의 전전두피질보다 크게 확장되어 있다. 이런 진화적 팽창이 인간의 특별한 인지조절 능력을 뒷받침한다고 가정하는 것은 합리적이다.

사람의 뇌에서 회백질보다 백색질이 훨씬 더 확장되었다는 관찰 결과는 특히 흥미롭다. 회백질은 신경세포체로 이루어진 반면, 백색질은 신경세포 간 연접부로 이루어져 있다. 인간의 뇌에서 전전두 백색질이 더 많이 팽창했다는 것은 우리의 진화 경로가 가장 가까운 영장류 사촌들의 경로와 다르다는 것을 말해준다. 단지 신경세포가 더 많은 것이 아니라 신경세포 간 연접부가 월등히 많다는 것이기 때문이다. 게다가 많은 종에서 전뇌의 앞쪽으로 갈수록 신경세포의 밀도는 감소하는 반면, 신경세포 간 소통에 쓰이는 시냅스는 증가한다는 보고가 있는데, 이 패턴은 다른 영장류보다 인간의 뇌에서 특히 두드러진다.[47]

뇌는 전체적으로 연결되어 있기 때문에, 이 전전두 영역의 연접부 역시 인지조절에 도움이 되는 위계 조직을 향해 진화했을 것이다. 이 내용은 4장에서 논의하겠다. 신경해부학자들은 영장류의 뇌를 대상으로 오래된 영역에서 새로운 영역까지 축을 따라 진화의 변화 양상을 연구했다. 그들은 전후측과는 상관없이 복측(배쪽)으로 뻗은 진화와 배측(등쪽)으로 뻗은 진화가 다른 경향을 보인다고 설명했다. 전두엽 뒤쪽에 있는 오래전에 진화한 영역들은 뇌 전체에 걸쳐 감각, 기억, 감정, 계획 세우기의 영역 등과 넓게 연결되어 있다.[48] 반면에 앞쪽에 있는 나중에 생긴 영역들은 주로 전두엽 그 자체 안에서 비교적 제한적으로 연결되어 있다.

이 설명에 따르면, 전방전전두피질anterior prefrontal cortex이 가장 최근에 형성된 구역일 것이다. 이 부위는 또한 이전 연구에서 반 에센이 짧은꼬리원숭이에 비해 인간의 뇌에서 월등히 확장된 피질 영역이라고 확인한 전두엽의 영역과 일치한다.[49] 4장에서 살펴보겠지만, 전전두피질의 전방 부위는 깊은 목표 위계를 사용하는 과제를 수행할 때 결정적으로 중요하고, 합성적인 행동을 할 때나 일화적 미래 사고에 사용되는 기억 체계와 접속할 때도 필수적이다. 그렇다면 우리가 앞서 논의했던 내용을 고려할 때 최근의 독특한 확장은 대단히 주목할 만하다. 이렇게 확장된 영역은 일화적 미래 사고의 체계와 인지조절 체계의 상호작용을 뒷받침하는 것이 분명하기 때문이다.

요컨대, 인간 지능의 확장은 뇌의 대규모 팽창, 특히 전전두피질 그리고 이 피질과 두정엽 부위의 연결망이 팽창한 것과 궤를 같이한다. 앞으로 여러 장에서 살펴보겠지만, 이런 식으로 위계 구조가 잘 갖추어진다면 인지조절, 그중에서도 특히 추상화의 정도가 다르거나 여러 시간대에 걸친 다수의 목표에 따라 행동하는 것을 뒷받침하기에 안성맞춤일 것이다.

인지조절과 일화적 미래 사고의 공진화

6만 년 전, 어쩌면 그보다 훨씬 이전에 인간은 자신의 조상들이 결코 도달하지 못한 방법과 다양성을 선보이며 부지런히 과제를 해내고 있었다. 그들이 그렇게 할 수 있었던 것은 더 커진 뇌와 더 정교해진 전전두피질을 이용했기 때문이다. 하지만 중요한 문제가 있다. 이런 기능은 인간에게 어떤 시급한 욕구를 충족시켜주었을까? 다시 말해서, 어떤 욕구 때문에 일화적 미래 사고 능력과 구성적 행동 조절이 진화의 나무에서 이 자리까지 오게 되었을까? 인지조절 능력이 향상된 우리 조상들은 생존과 번식에서 어떤 이점을 누렸기에 그들의 특성이 전체 집단의 가장 두드러진 특성으로 자리 잡았을까?

얼핏 보기에는 인지조절 체계와 일반 지능이 더 향상되면 경쟁의 이점이 끝없이 많을 것처럼 보인다. 다른 동물을 머리로 제압하고, 더 나은 도구를 제작하고, 더 다양한 환경에서 번성하고, 더 큰 집단을 유지하는 것은 중요한 적응적 이점이다.

하지만 진화는 종착점으로 가는 사다리가 아니다. 자연은 어떤 목표를 성취하기 위해 시작된 것이 아니다. 한마디로, 자연은 인간의 지능을 목표로 삼지 않는다. 지능은 전반적으로 우리에게 큰 도움이 되었지만, 진화의 관점에서 볼 때 현존하는 다른 종들보다 우리가 더 성공한 것은 아니다. 현존하는 모든 종은 생존하고 번식하는 방법을 발견했고, 그들의 니치에서 분명히 성공했기에 그렇게 할 수 있었다. 지능과 언어는 우리의 특수한 적응 능력이다. 지능과 언어는 우리의 생존 방식이며, 환경의 제약과 우리 자신의 제약 때문에 그렇게 특수한 형태로 나타났다. 따라서 인간에게는 비용과 비용에 대한 적응의 역사가 있었고, 거기서 새로운 이점을 얻었지만, 또한 새로운 비용도 치렀다. 이 적응과 비용 그리고 새로운 적응으로 이어지는 끝없는 과정에서 지금 우리의 인지조절 능력이 탄생했다.

그 사건들은 다음과 같이 진행되었을 것이다. 약 350만~400만 년 전에 우리 조상은 나무에서 땅으로 내려와 두 발로 걸었다. 그렇게 자유로워진 두 손으로 도구를 만들기 시작했다. 이때부터 그들은 더 영리해졌다. 자유로워진 손에 쥐고 사용할 더 좋은 도구를 만들기 위해 더 깊은 목표 위계를 일상적으로 가동했기 때문이었을 것이다. 손재주가 향상되면서 정교한 운동 계획에 맞는 조절 능력이 필요했기 때문일 것이다. 땅으로 내려오고 새로운 방식으로 취약해졌기 때문일 것이다. 이 모든 것이 이유였을 것이다. 하지만 초기 호미니드, 그중에서도 그 유명한 "루시"가 속한 오스트랄로피테쿠스*Australopithecus*가 더 큰 뇌와 그에 따른 영리함을 선택했다는 것은 분명하다. 이렇게 해서 현생인류의 확장된 전전두피질을 향한 대장정이 시작되었다.

뇌가 커지자 몸집에 비례해 머리 크기도 따라 커졌다. 출산 조건을 고려할 때 머리가 더 커지면서부터 아이들은 초기 유인원과 비교하면 만성altricial으로, 즉 미숙하고 무력한 상태로 태어났을 것이다. 이 만성의 아이들은 스스로 먹고 이동할 수 있을 만큼 성숙할 때까지 어른에게 업혀 다녀야 했다.

아이를 데리고 다니는 것만으로 비용이 발생했다. 그 비용 중 일부는 새로운 형태의 사회적 협력으로 해결할 수 있었다. 사실, 협력과 기만이라는 두 측면 모두에서 사회적 발달은 높은 지능을 선택하게 하는 촉매가 되었을 것이다. 예를 들어, 가상의 미래를 다양하게 더 자주 생각하거나 자기 자신의 행동에 타인이 어떻게 반응할지 예상하는 능력이 더욱 필요했을 것이다. 타인과 상호 작용함으로써 우리 조상들은 공동의 목표를 추구하고, 문화를 전달하고, 다른 동물과 다른 인간 개체들을 머리로, 기지로, 술책으로 이길 수 있었다.

뇌가 커지면서부터 당연히 에너지가 더 많이 필요했다. 인간의 뇌는 전체 에너지의 약 5분의 1을 소모한다.[50] 따라서 몸집에 비해 부쩍 커진 뇌에 양분을 공급하느라 우리 조상들은 더 많이 먹어야 했고, 그에 비례하여 수렵·채집의 전략을 늘리고 다양하게 구사해야 한다는 압력도 증가했다. 도구를 이용한 새로운 채집 방법도 그중 하나였다.

침팬지를 비롯한 다른 대형 유인원들도 이른바 채집식 먹이활동을 한다. 하지만 우리 조상이 남긴 화석을 보면 수렵·채집이 새로운 수준에 도달했음을 알 수 있다.[51] 조상들은 깨고 파고 열고 뒤지고 사냥하고 모으고 가공했는데, 다른 어떤 동물도 이렇게, 적어도 한꺼번에 하지는 못했다. 그들은 다른 동물들이 거의 먹지 않는 것을 먹이로 삼는 데도 능숙했다. 혹여 다른 동물과 경쟁해야 할 상황에서는 더 수월하고 더 빠른, 혹은 나중에 먹는 방법을 찾아냈다. 이렇게 해서 조상들은 더 많고 다양한 식량원에 접근하여 더 큰 인구를 유지했다, 물론 그러기 위해서는 더욱더 많은 사회적 협력이 필요했다.

하지만 새로운 에너지원을 찾아야 한다는 필요성이 인지조절 체계를 형성한 유일한 압력은 아니었을 것이다. 생존 전략으로서 계획 세우기와 일화적 미래 사고에 투자하는 것은 시간과 기회 양쪽에서 비용이 발생한다.

산딸기가 드문 곳에서 산딸기를 채집한다고 상상해보자. 당신은 산딸기를 발견하는 대로 먹어치우려 하지는 않는다. 나중에 정말로 필요할 때 하나도 발견하지 못할 수 있기 때문이다. 몇 개를 먹어 급한 욕구를 채운 다음에는 후일을 위해 나머지를 모으기 시작한다. 그 새콤한 산딸기를 지금 당장 먹고 싶은 충동을 억제하는 것은 물론이고, 미래의 필요가 현재의 필요보다 크다고 판단할 수 있으려면 인지 조절 체계가 필요하다. 이런 상황에서는 선견력과 조절력 모두 명확히 도움이 된다.

하지만 비용도 발생한다. 조절은 시간의 경과를 의미하는데, 어떨 때는 시간이 중요한 경우도 있다. 할 수만 있다면야 산딸기를 발견하는 대로 잽싸게 먹어치우는 것도 이점이 있다. 예를 들어, 산딸기를 어떻게 할지 고민하는 동안 주변에 있는 다른 채집자들이 다 먹어버릴지도 모른다. 이럴 때는 특히 속도가 중요해진다. 느리고 유연한 조절계와 빠르고 유연하지 못한 자동 체계의 이런 맞거래를 가리켜 학자들은 속도 대 유연성을 놓고 경쟁하는 두 체계를 강조하는 의미에서 **이중체계구조**dual systems framework라 부른다.

뛰어난 통찰력을 보여준 연구를 살펴보자. 예일 대학교의 데이비드 랜드David Rand, 콜로라도 대학교의 데이먼 톰린Damon Tomlin, 프린스턴 대학교의 존 코언Jon Cohen은 진화 시스템 안에서 개체군이 보이는 동역학 문제에 이 이중체계구조를 직접 적용했다.[52] 연구자들은 격자가 그려진 세상 위에서 사는 행위자 집단이 산딸기 딜레마와 똑같은 상황에 직면하는 시뮬레이션을 만들었다. 이 작은 행위자들은 생존하고 번식하는 데 음식이 필요했고, 음식은 몇 개의 격자 타일 위에 무작위로 뿌려졌다. 행위자가 음식이 있는 타일로 들어서면 거기에 있는 음식을 먹고 에너지를 얻을 수 있었다. 하지만 음식을 먹어서 얻게 되는 에너지의 양은 총 에너지 레벨에 비례하여 감소했다. 다시 말해서, 만일 행위자가 배가 고프면 먹은 음식에서 더 많은 에너지를 얻고, 배가 부를 때는 음식을 먹어도 적은 에너지를 얻는다.

중요한 것은 이 세계에 두 종류의 행위자가 있었다는 점이다. "자동적 행위자"는 음식을 마주치는 즉시 먹어치웠다. 그들은 현재의 에너지 레벨이 어떻든 상관하지 않았다. 이 자동적 행위자는 "신중한 행위자"와 자원을 두고 경쟁했다. 신중한 행위자는 음식을 즉시 먹을 것인지 아니면 후일을 위해 저장할 것인지 결정할 수 있었고, 지금 음식을 먹어서 얻는 에너지와 나중에 음식이 부족하지 않을 가능성을 비교하여 양자 간 최적의 균형에 따져 결정을 내렸다.

이 결정 규칙의 세부 사항은 사실 중요하지 않다. 요점은, 신중한 행위자는 최적의 소비 및 저장 전략을 쓴 덕분에 장시간에 걸쳐 더 안정적으로 에너지를 조달할 수 있었다는 것이다. 하지만 이렇게 최적의 결정을 내리는 데는 처리 시간이 필요하다. 따라서 만일 신중한 행위자와 자동적 행위자가 같은 세상에서 만난다면, 자동적 행위자는 음식을 모두 먹을 테고, 신중한 행위자는 조절된 행동의 대가로 시간을 빼앗겨 아무것도 먹지 못할 것이다. 다시 말해서, 신중한 행위자가 산딸기를 어떻게 해야 좋을까 고심하는 동안, 자동적 행위자가 그 산딸기를 게걸스럽게 먹어치울 것이다.

이 시뮬레이션은 흥미로울뿐 아니라 놀라운 결과를 보여주었다. 우선 당연한 결과지만, 음식이 부족한 세계에서는 조절된 전략이 승

리했다. 저장할지 먹을지 최적의 결정을 내린 행위자들은 오랜 시간에 걸쳐 평균 에너지 레벨이 더 높았고, 그에 따라 번식률도 더 높았다. 그 결과, 조절된 행동 특성이 집단 전체를 지배하게 되었다.

그런데 심각한 경쟁이 있을 때는 이 패턴에 변화가 발생했다. 시뮬레이션은 둘 이상의 행위자에게 식량이 하나밖에 돌아가지 않은 상황이 지속적으로 일어날 정도로 충분히 큰 집단을 대상으로 실시되었다. 이런 상황에서는 자동적 행위자 집단이 신중한 행위자 집단보다 더 잘 성장했고, 심지어 몇몇 시나리오에서는 신중한 행위자들이 경쟁에 밀려 멸종했다.

이 연구와 후속 연구에서 랜드와 코언은 이런 맞거래를 통해 조절된 행동과 자동적 행동을 오가는 진자 운동이 일어난다고 주장했다. 조절(신중함)은 계획을 세우고 자원을 효율적으로 이용하는 이점이 있으므로, 이에 성공하면 인구와 자원이 늘어난다. 하지만 풍족함과 인구 과잉은 그 자체로 자동적 행위자의 무분별한 속도가 유리해질 수 있는 두 가지 상황이다. 따라서 신중한 행위자의 성공은 불가피하게 자신의 소멸을 부추기는 세상을 낳는다.

랜드와 코언은 더 나아가 위대한 문명들이 흥망을 거듭해온 인류사의 진자 운동을 이 동역학으로 설명할 수 있다고 생각한다. 인지조절에 힘입어 정교한 계획 세우기와 기술 혁신이 가능해지면 문명이 융성하지만, 그로 인해 사회가 풍족해지면 그 상황에서 경쟁의 이점을 누리는 자동적 행동이 성행한다. 하지만 이렇게 자동적 행동은 변화에 적응하지 못하고 스스로의 무게에 짓눌려 붕괴한다.

흥미로운 추론이지만, 이것을 인류사의 이론으로 확대할 수 있을지는 회의적이다. 예를 들어, 조절된 행동 대 자동적 행동을 신중한 행동은 항상 선하거나 합리적이고, 자동적 행동은 항상 나쁘거나 비합리적이라는 이원론 체계에 위치시켜선 안 된다. 애석하게도 많은 사람이 계획을 잘 세우고, 미리 숙고하고, 대단히 신중하게 행동하면서도 이기적이고, 어리석고, 사악하고, 사회에 해가 되는 짓을 저지른다.

예를 들어보자. 수많은 혁신이 동원되어 다양하고 복잡한 금융 상품을 만들어냈지만, 그로 인해 2007년에 주택 시장이 붕괴했다. 어떤 사람은 비우량주택담보대출(서브프라임 모기지)을 여러 개 묶어 "부채담보부증권"이라는 새 이름으로 시장에 내놓으면 큰돈을 벌 수 있다고 생각했다. 맞는 말이었다. 그렇게 하려고 고도의 지능과 인지조절을 실행해야만 했을 것이다. 침팬지가 비우량주택담보대출을 판다는 말을 나는 들어보지 못했다. 하지만 이 혁신은 우리 사회에 분명히 해를 끼쳤고, 엄청난 세금이 날아갔으며, 수많은 사람이 집과 생계를 잃었다. 인지조절은 도덕적 기능이 아니다. 인지조절은 사회의 발전에 매우 유용했지만, 다른 어느 종에서도 볼 수 없는 엄청난 규모의 새롭고 주도면밀한 부패, 음모, 테러, 집단 학살을 일으켰다.

그와 반대로, 잘 조율된 자동적 행동이 유익할 때도 많은데, 사회기반시설, 자원, 여가 등이 잘 갖추어져 있는 선진 문명에서만 그런 행동을 이루는 경우가 허다하다. 위대한 문명들이 남긴 고도의 공예, 기술, 운동 경기를 훑어보기만 해도 된다. 이런 분야에 통달하려면 다년간 훈련하고 기술을 익혀 그 행동의 하위 과제들을 자동화해야 한다.

하지만 인류 역사에 관한 논평을 제외한다면 세 연구자의 시뮬레이션이 제기하는 핵심 통찰은 우리의 논의에 대단히 가치가 있다. 정교한 계획은 세우는 데 시간이 걸리고, 실행하는 데 비용이 든다. 실제로 계획이 더 개선되고 정교해질수록, 그것을 수행하는 조절계는 더 큰 부담을 지게 된다. 시간을 낭비하거나 실수할 가능성이 높아져 비용이 발생한다면, 그 비용은 지금까지와는 다른 최적의 행동을 계획하여 얻을 이점을 상쇄할 것이다. 그리고 그 실행 비용은 문제 해결을 위해 인지조절을 채택하는 과정에 선택압selection pressure으로 작용할 것이다.

구체적으로, 세 연구자가 시뮬레이션에 적용한 시간 비용을 살펴보자. 이 비용은 계획을 세우고 그 음식을 먹을지 말지 고민하는 데 드는 시간을 반영하기 위해 책정되었을 것이다. 만일 조절계가 있다면 행위자는 자신의 행동을 사전에 계획할 수 있으므로, 계획을 세우는 데 드는 비용을 상쇄할 것이다. 우리의 작고 신중한 행위자에게 규칙 하나를 머릿속에 유지할 수 있는 작은 작업기억이 있다면, 음식이 없는 타일 위에서 한숨 고르면서 다음 타일에서 어떻게 할지 계획할 수 있다. 행위자는 "음식이 보이면 저장하라"라는 단순 규칙을 작업기억에 장착하고, 그럼으로써 그 행동을 실행하게 하는 복잡한 결정 규칙에 관해서는 잊어버린다. 행위자는 다음에 음식과 마주쳤을 때 그 음식을 아주 빠르게 저장해서, 자동적 행위자를 만난다 해도 효과적으로 경쟁하게 될 것이다. 3장에서 보겠지만, 작업기억에는 정확히 이 목적에 봉사하는 게이트gate(관문)라 불리는 제어 기능이 있다.

실제로 이 사례에서, 조절 능력이 좋아지면 정교한 계획일수록 실현 가능성이 높아지고, 그래서 그 계획을 효과적으로 세우고 실행하게 된다. 예를 들어, 우리의 계획형 행위자가 산딸기가 익은 정도를 따져 그것을 먹을지 저장할지 결정하고, 더 나아가 그 결정을 실행에 옮기려 한다고 상상해보자. 이제 그 행위자는 이 세계의 두 가지 조건, 즉 음식의 양과 음식의 색깔에 기초한 분지형 행동 계획을 갖게 된다. 행위자는 이 계획을 사전에 세울 수 있지만, 만일 작업기억에 어느 한 조건(양 또는 색깔)만 유지할 수 있다면, 두 가지 결정을 동시에 내리지 못할 것이다. 그럼에도 산딸기를 보고 익은 정도를 즉시 평가할 수 있다면, 작업기억이 없는 계획형 행위자보다 더 빠를 것이다. 하지만 두 가지 조건을 동시에 머리에 담지 못하기 때문에, 그 산딸기를 먹을지 저장할지 다시 계획해야 한다. 따라서 더 발달한 조절계가 있어 두 가지 조건을 작업기억에 곧바로 담을 수 있는 제3의 계획형 행위자가 있다면, 그것은 다른 두 계획형 행위자보다 더 빠를 것이다.

조절 덕분에 우리는 계획을 세우는 데 드는 비용을 상쇄할 수 있고, 더 정교한 계획을 효과적이고 능률적으로 실행할 수 있다. 설령 모든 가능성을 생각할 수 있다 해도, 체스에서 여덟 수를 미리 계획하는 것은 아무런 도움이 되지 않는다. 작업기억에 만일의 사태를 모두 담아놓고 그 계획을 즉시 실행하기란 불가능하기 때문이다. 요컨대, 계획을 효율적으로 실행할 수 없다면 계획을 면밀히 세워도 이로울 게 거의 없다.

그렇다면 이런 관점에서 인지조절과 일화적 미래 사고는 서로 선택압을 가하면서 함께 진화했다고 추정할 수 있다. 인지조절 능력이 좋아지면서 더 정교한 계획이 가능해지고, 계획을 세울 때 더 깊은 목표 위계를 운영했을 것이다. 더 정교한 계획을 실행하는 일에는 시간이 걸리고 처리 비용이 따랐지만, 그 과정에서 정교한 계획을 효율적으로 수용할 만한 고도의 조절계가 선택되도록 압박했을 것이다. 고도의 조절계가 선택되면 더 정교한 계획이 가능해지는 과정이 이어졌을 것이다. 밀고 당기는 이 동역학을 통해 점점 더 높은 조절 능력과 일화적 미래 사고가 탄생했을 것이다.

물론, 계획 세우기와 실행의 기본적인 관계는 우리 머릿속에만 머물지 않는다. 우리는 또한 도구를 제작함으로써 계획 세우기 능력과 실행 능력을 함께 확장할 수 있다. 어느 시점에 우리 조상들은 문자와 기호 체계를 발명하여 그들을 둘러싼 세계에서 계획을 세우고 실행하는 능력을 확대하고 정착시켰다. 조상들은 더는 머릿속에 모든 생각을 담아둘 필요가 없었다. 이제는 글을 쓰거나 기호로 요약할 수 있었다. 글을 보면서 생각할 수 있었다. 조상들은 이렇게 확장된 능력을 이용하여 더 좋은 기술을 발명하고 새로운 계획들을 실행했다. 사실 이 과정은 지금도 진행되고 있으며, 최근에는 컴퓨터의 발명으로 다시 한번 정점을 찍었다. 컴퓨터 덕분에 후기 구석기에 버금가는 신기술이 쏟아져 나왔다. 만일 미래에 어떤 재앙이 일어나 인간의 모든 역사 기록이 사라진다면, 후세의 어느 고고학자가 20세기 말을 바라보면서 인간에게 어떤 새로운 특성이 진화했기에 이런 폭발적인 혁신을 이루었는지 궁금해할 것이다. 하지만 새로운 특성은 필요 없었다. 우리는 신기술을 발명할 수 있는 신기술을 발명했으며, 그 기술의 결과는 폭발적인 혁신이었다.

나는 박스그로브의 채석장에서 쪼그려 앉아 일했던 하이델베르크인이 주먹도끼를 세련되게 다듬을 수 있던 것은 그에게 조상들보다 더 발달한 인지조절 능력이 있었기 때문이라고 생각한다. 그는 앞선 호미니드들보다 더 깊은 목표 위계를 운용하면서 주먹도끼를 제작했다. 그렇게 향상된 능력들에 힘입어 그는 다양한 미래 사고를 더 많이 할 수 있었고, 나중에 살펴보려고 격지를 한쪽에 모아놓는 행동의 이점을 상상할 수 있었다. 분명 그는 더 좋은 도끼를 상상했을 테고, 애초에 그 때문에 박스그로브로 왔을 것이다. 그 능력들은 아직 현생인류의 수준 또는 후기 구석기와 같은 폭발적 혁신의 수준에는 도달하지 못했지만, 그럼에도 다른 영장류에서는 볼 수 없는 행동을 유발했다.

지금까지 검토한 증거로 볼 때, 인지조절은 일화적 미래 사고 능력과 앞서거니 뒤서거니 하며 발생했다고 추측할 수 있다. 계획 세우기에는 비용이 든다. 우리는 그런 비용의 하나로, 계획을 세우는 데 드는 시간을 살펴보았다. 3장에서는 유연하고 구성적인 행동과 맞물려 발생하는 다른 비용과 맞거래를 만날 것이다. 이 맞거래는 우리가 정신의 유연성 때문에 치르는 대가이자, 우리의 조절계를 빚은 손에 해당한다.

인지조절이 발전함에 따라 이런 비용들을 관리하고 줄여나갈 수 있었다. 계획이 더 정교해지면 그 계획을 실행할 수 있도록 더 큰 조절 능력이 선택되었다. 뇌에는 기억과 감정과 운동 영역과 기초 행동을 뒷받침하는, 더 원시적인 변연계 부위로부터 정교하게 발달해나온 전전두피질이 있다. 전전두피질은 정교해지는 과정에서 위계 방식으로 국지적인 연결을 만들어가며 조절 그 자체를 위한 체계를 갖추어 나갔다.

이 책에서 자세히 다루지는 않았지만, 언어도 그 과정에서 중요한 역할을 했다. 일단 진화하면서부터 언어는 계획 세우기와 인지조절의 상호관계에 필수적인 도움을 점점 더 폭넓게 제공했을 것이다. 일화적 미래 사고는 자신의 계획을 타인이나 자기 자신에게 말하는 능력이 있을 때만 향상될 수 있었다. 그런 능력 덕분에 목표와 계획 그리고 이전에 해본 적이 있거나 무리를 이루면 할 수 있는 일들을 진행하는 절차가 문화 전달의 바람에 실려 이동하기 시작했다. 하지만 다시 한번, 일단 계획이 전달되고 이미지가 머릿속에서 형성되고 나면, 그 다음에는 그 계획을 효율적으로 실행할 수 있는 조절계가 필요했다. 1장에서 말했듯이, 언어의 지시를 받고 그대로 행한다는 것은 사소한 일이 아니다. 그러려면 그 지시를 새로운 행동으로 실현할 수 있는 범용의 인지조절 체계가 필요하다.

인지조절의 진화적 기원이 이와 같다면, 목표 생성과 목표 실행 사이에 오가는 기본적인 상호작용을 알지 못하고서는 인지조절을 이해하기 어렵다. 미래를 계획하거나 세계의 생성 모델을 갖추면 여러 상황에서 영리하게 행동할 수 있지만, 동시에 시간이 들고 오류 가능성을 감수해야 하는 비용이 발생한다. 인지조절은 이런 가상적 사고의 비용을 최소화하여 그렇게 사고해도 적응적 이점이 발생하는 선에 이르도록 진화했다. 따라서 우리는 인지조절 메커니즘을 계획 세우기, 지각 체계, 동기 체계, 목표 체계와 분리된 것으로 간주해서는 안 된다. 인지조절은 그저 동물적인 충동을 억제하거나, 더 합리적으로 행동하거나, 멀티태스킹을 하기 위한 체계가 아니다. 우리 뇌와 행동 체계의 특수한 구조를 고려할 때 인지조절은 상상할 수 있는 것이 실현할 수 있는 것으로 바뀌게끔 진화했다.

3장 → 안정성과 유연성의 딜레마

On Task

친구 집을 가려고 운전하고 있을 때 문자 메시지가 도착했다는 신호음이 들린다. 우리는 대부분 그 소리가 들리면 휴대전화를 확인하고 싶은 충동을 느낀다. 물론, 운전 중에 그러면 위험하다는 것은 잘 알려진 사실이다. 미국연방통신위원회의 추산에 따르면, 미국에서 운전 중 휴대전화를 사용하다 하루에 1000명 이상이 다치고 9명이 사망한다고 한다.[1] 몇몇 주에서는 자동차에서 휴대전화 사용을 금지하거나 엄격히 제한하는 법이 통과되었고, 문자 메시지 사용은 거의 모든 주에서 금지하고 있다. 하지만 추산에 따르면, 50만 명 이상의 운전자가 적어도 하루에 한 번은 운전 중에 휴대전화나 그 밖의 전자기기를 사용한다고 한다.

운전 중에 문자 메시지를 주고받는 사람 일부는 운전 중에 주의를 분산하면 위험하다는 사실을 아예 모르거나, 심지어는 자기가 충분히 해낼 수 있다고 생각할 것이다. 하지만 그 위험을 충분히 아는 대다수 사람에게도 문자 메시지의 신호음은 쉽게 거부할 수 없는 자극이다. 그 이유는 여러 해 동안 받은 수천수만 번의 전화와 문자가 사람들의 뇌에 수천수만 번의 자잘한 수업 효과를 남겼기 때문이다. 그들이 학습한 사건은 메시지 수신 신호음과 휴대전화를 보는 행동 그리고 그로 인해 발생하는 사회적 보상을 연결 짓도록 뇌를 훈련시켰다. 어떤 사람의 경우에는 굳이 신호음에 기대어 보상을 얻지 않는다. 그들은 운전을 하든 식사를 하든 다른 사람과 대화를 하든, 수시로 다양한 소셜미디어 사이트를 확인한다. 사실, 여러 소셜미디어 사이트가 보상 기능을 탑재한 것은 "좋아요" 버튼을 추가하면서부터였다. 우리는 쥐가 코카인을 얻기 위해 레버를 누르는 횟수만큼이나 자주 휴가 사진과 사랑스러운 애완동물이 나오는 자신의 포스트를 확인하고 또 확인한다.

운전 중 문자 메시지 주고받기를 피하려면 인지조절 체계가 학습된 휴대전화 확인 충동을 무시해야 한다. 신호음이 울릴 때 평소에 하던 행동을 하지 않기 위해서는 어떻게든 **맥락**context(이 경우에는 운전)을 이용해야 한다. 휴대전화에 눈길을 주지 않거나, 도로에 다시 집중하기로 마음먹거나, 동승자에게 확인해달라고 부탁할 수도 있다. 맥락을 이용해 횟수를 줄이거나 다른 행동을 선택하는 것은 인지조절의 가장 기본적인 표현이다. 마음과 뇌의 어떤 기초 메커니즘이 작용해야 이런 경우에 성공할 수 있을까?

3장에서는 이 문제를 다루기 위해 먼저 방금 예로 든 운전과 같은 상황에서 작업기억의 중요성에 대해 이야기할 것이다. 그러고 나서 운동을 조절하는 오래된 회로 하나가 어떻게 선발되어 작업기억을 관리하게 되었고, 그럼으로써 인지조절의 기본 회로가 되었는지 살펴볼 것이다.

작업기억과 인지조절 모델

1990년의 어느 세미나 논문에서 존 코언, 케빈 던바Kevin Dunbar, 제이 매클렐런드Jay McClelland는 스트루프 과제를 수행할 수 있는 간단한 신경망 모델을 발표했다.[2] 1장에서 본 스트루프 과제를 떠올려보자. 인쇄된 단어의 색이 그 단어가 가리키는 색과 일치하지 않으면 색의 이름을 대기 어렵고, 그 결과는 대개 느린 반응시간으로 나타난다.[3] 반대로, 단어를 읽을 때는 단어와 색이 일치하지 않더라도 그런 어려움이 발생하지 않는다. 이런 차이가 발생하는 것은 우리가 색의 이름을 말하는 경험보다 단어를 읽는 경험을 더 많이 해서 단어 읽기가 더 자동적으로 이루어지기 때문이다. 그렇다면 스트루프 과제를 우리가 운전할 때 하는 선택의 실험실 모델로 생각할 수 있다. 문자 메시지를 확인하고 싶은 충동을 무시할 때처럼 우리의 맥락이 색이름을 대는 과제라면, 색의 이름을 대기 위해 단어를 읽는 자동적인 경향을 극복해야 한다. 할 수야 있겠지만 시간이 걸린다.

이 능력을 설명하기 위해 코언, 던바, 매클렐런드는 그림 3.1과 같은 유도활성화모델guided activation model을 제시했다.[4] 이제부터 우리는

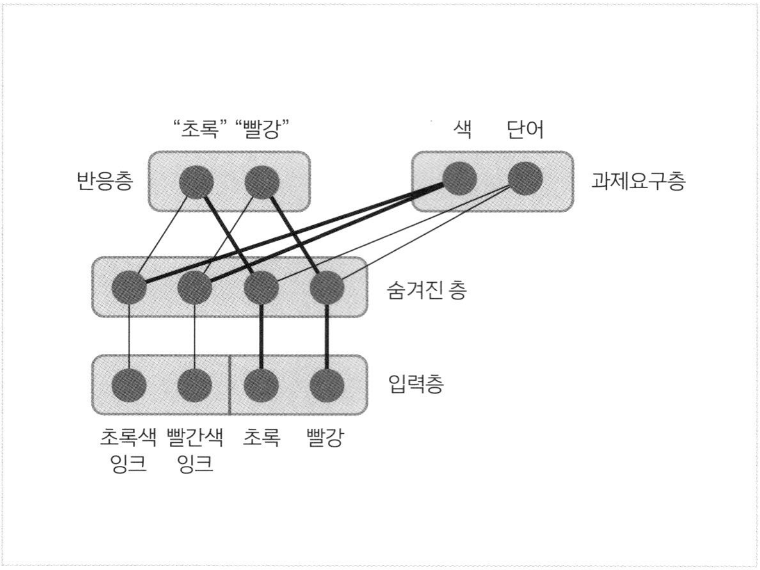

그림 3.1 코언, 던바, 매클렐런드의 유도활성화모델(1990). 맨 아래 입력층 왼쪽에 초록색 잉크와 빨간색 잉크 그리고 오른쪽에는 초록과 빨강을 나타내는 신경세포들(짙은 회색 동그라미)이 있다. 이 신경세포들은 중간의 숨겨진 층에 있는 신경세포들과 연결되어 있으며, 그 연결은 선으로 표시되어 있다. 그리고 이 신경세포들은 맨 위에 있는 두 개의 반응 단위와 연결되어 있는데, 이 단위들은 "초록"과 "빨강"이라는 언어 반응을 나타낸다. 과제요구층, 즉 맥락층은 색이름 대기나 단어 읽기 과제를 나타낸다. 선의 굵기는 신경세포 간 연결의 강도를 나타낸다.

저자들의 이름을 따서 이 모델을 CDM 모델이라 부를 것이다. CDM은 **계산모델**computational model이라 불리는 이론적 도구의 사례다. 계산모델은 이론의 형식적·수학적 표현이며, 대개 컴퓨터 프로그램의 형식을 취한다. 이런 모델이 있으면 과학자는 자기 이론의 가설을 분명히 드러낼 수 있고, 그 이론이 자기가 설명하려고 하는 현상과 얼마나 부합하는지 검증할 수 있다.

CDM은 **신경망 모델**neural network model이라는 계산모델의 특수한 사례다. 이 말은 계산이 실제 신경세포들이 주고받는 것과 비슷한 상호작용으로 이루어진다는 것을 의미한다. CDM은 구글 딥마인드Deep Mind 같은 곳에 가면 설명을 들을 수 있는 합성곱신경망Convolutional Neural Network보다 단순하지만, 기본 원리는 비슷하다. 따라서 스트루프 과제에서 CDM이 인지조절을 실행하는 방식을 이해하려면, 그전에 CDM 같은 신경망의 계산 방식의 배경을 다소나마 알 필요가 있다.

신경망은 모의 신경세포로 이루어지고, 각 신경세포는 자신과 연결된 다른 활성 신경세포들로부터 입력 신호를 받는다. 입력량이 많을수록 신경세포는 더 활성화된다. 입력 신호의 크기와 신경세포의 활성 사이의 관계는 주로 S자 곡선을 그린다. 이 말은 입력되는 양이 적거나 중간쯤이면 신경세포가 거의 활성화되지 않는다는 걸 의미한다. 하지만 어느 지점을 지나 입력이 충분히 커지면, 신경세포는 급격히 활성화되며 최대치에 이른다. 신경세포는 활성화될수록 자신과 연결된 표적 신경세포에게 입력 신호를 전달한다. 입력 신호가 충분히 크면 표적 신경세포는 자신과 연결된 또 다른 표적 신경세포에게 입력 신호를 전달하며, 이 과정이 꼬리에 꼬리를 물고 계속된다.

이렇게 한 신경세포에서 다른 신경세포로 입력 신호가 전파되는 것이 CDM 같은 모델의 계산 방식이다. 그런 과정을 거쳐 일련의 신경세포에 특수한 활성 패턴이 생기고 표적 신경세포들에 활성 패턴을 안정적이고 일관되게 만들어낸다. 활성 패턴의 전파는 우리 뇌가 줄곧 하는 일과 비슷하다. 예를 들어, 아이스크림을 볼 때 우리의 지각 시스템은 그 아이스크림과 일치하는 신경 활성 패턴을 형성하고, 이 패턴을 통해 아이스크림을 먹는 운동 체계에 신경 활성 패턴을 만들어낸다.

이때 주목해야 할 점은, 한 신경세포에서 다른 신경세포로 전달되는 입력의 강도는 활성 수치뿐 아니라 연결 강도에 좌우된다는 것이다. 이 연결 강도를 때로는 **시냅스 가중치**synaptic weight라 부른다. 뇌에서 실제 신경세포들을 연결해주는 부위인 시냅스를 빌린 용어다. 시냅스 가중치가 강할수록 보내는 신경세포는 표적 신경세포로부터 높은 활성을 끌어낸다. 전체 네트워크의 차원에서, 한 신경세포 집단의 특수한 활성 패턴이 어떻게 다른 신경세포 집단의 일관된 활성 패턴을 만들어내는지는 시냅스 가중치로 결정된다. 다시 말해, 시냅스 가중치는 CDM 같은 모델이 정보를 저장하는 방식인 것이다. 따라서 CDM이 스트루프 과제를 어떻게 푸는지 이해하려면, 다양한 신경세포가 서로 어떻게 연결되고, 신경세포들의 시냅스 가중치가 어떻게 정해지는지 조사할 필요가 있다.

그림 3.1에서 볼 수 있듯이, CDM에는 층layer이라 불리는 기본 신경세포 그룹이 네 개 있다. 맨 아래에 감각층sensory layer이 있다. 이 층은 CDM 모델의 기초적인 지각 체계에 해당한다. 모델이 세계에서 구체적인 특징을 지각하면 여기 있는 신경세포들이 그에 반응하여 발화한다. 보는 바와 같이 CDM의 가상 세계는 아주 단순하다. 이 세계는 빨간색과 초록색으로 쓴 "빨강"과 "초록"이라는 단어들로만 이루어져 있다. 따라서 그 지각 체계는 세계에서 마주칠 만한 모든 상황을 감지할 정도로 정교할 필요가 없다. 빨간색과 초록색 글자 그리고 "빨강"이라는 단어와 "초록"이라는 단어에 해당하는 것들만 있으면 된다.

각 신경세포는 자신이 담당하는 구체적인 특징을 감지할 때 발화한다. 예를 들어, 모델이 빨간색 잉크로 적힌 "초록"이라는 단어를 만나면, 초록이라는 단어와 빨간색 잉크에 해당하는 신경세포들이 발화한다. 감각층에서 발생한 이 활성 패턴이 바로, 모델이 갖고 있는 빨간색으로 적힌 초록이라는 단어의 표상이다.

반대편 끝에 반응층response layer이 있다. 여기에 있는 신경세포들은 모델이 컬러로 인쇄된 단어를 보고 말할 수 있는 언어 반응에 해당한다. 이 모델의 경우, "빨강!"이라고 말하거나 "초록!"이라고 말하는 두 가지 반응이 전부다. 어느 한 신경세포가 발화할 때 이 모델은 그에 해당하는 언어 반응을 하게 된다. 또한 반응 단위들은 서로 경쟁하기 때문에, 둘이 동시에 활성화되는 경우는 일어나지 않는다. 그럴 만도 하다. "빨강"과 "초록"을 동시에 말할 수는 없으니, 모델이 그렇게 하리라고 누가 기대할 수 있을까?

감각층과 반응층 사이에는 숨겨진 층hidden layer이라고도 하는 중간층intermediate layer이 끼어 있다. 숨겨진 층은 감각층으로부터 입력 신호를 받아 반응층으로 출력 신호를 보낸다. 그렇다면 감각층에서 중간층을 거쳐 반응층으로 이어지는 활성의 전파를, 자극과 반응을 잇는 경로로 볼 수 있다. 다시 말해서, 이 모델이 "빨강"이라는 단어를 보고 "빨강!"이라고 말할 때 감각층, 중간층, 반응층 순으로 신경세포 한 무리가 활성화된다. 신경세포가 활성화되는 이런 특정한 전파가 빨강-단어의 반응 경로를 이루는데, 이 경로는 초록-단어의 반응 경로나 빨강-잉크 색깔 반응 경로와 구별된다. 사실, 이 모델은 자극 속성과 반응의 개별 매핑mapping(대응)에 대하여 각기 다른 경로를 형성할 것이다. 숨겨진 층이 필요한 것은 그 층이 없으면 모델은 이 개별 경로들이 형성되도록 학습할 수 없기 때문이다. 다시 말해서, 단어나 색 어느 쪽의 경로는 형성되지만, 두 가지 속성을 모두 반영하지는 못할 것이다.

마지막으로 중요한 특징은 이 경로들을 모델 설계자가 프로그래밍하는 게 아니라 모델이 학습한다는 점이다. 그렇다면 1장에서 본 성가신 호문쿨루스 문제가 사라진다. CDM은 단어와 색을 보고 반응하면서 경험을 통해 연결 강도를 학습한다.

학습은 **역전파**back propagation라는 과정을 통해 이루어진다. 학습이라는 사건이 일어날 때마다 모델은 예컨대, 빨간색 같은 입력 신호를 보게 되고, 출력을 만들어낼 수 있다. 훈련이 안 된 모델은 예를 들어 "초록!"이라고 추측한다. 이렇게 실제 반응과 해야 할 반응이 다르면 오류가 되고 오류는 숫자로 표현되는데, 이 숫자는 바라는 활성 패턴과 유발된 활성 패턴이 다르다는 것을 나타낸다. 이런 실수를 통해 학습할 수 있도록 프로그래머는 경로 중간에서 시냅스 가중치를 조정하는데, 그 결과 시냅스는 오류의 크기와 오류를 만들어내는 데 기여하는 공헌도에 비례하여 반응한다. 이 과정이 반복되면 결국 오류가 줄어든다. 시냅스 가중치가 점차 조정되어 오류가 줄어들면서 모델은 프로그래머가 그렇게 유도하지 않아도 입력된 자극을 옳은 반응과 연결 짓는 법을 학습하게 된다. 모델은 각각의 자극 속성에 대한 반응 경로를 학습하고 연결 가중치로 저장한다.

이제 단어의 색이나 그 단어가 의미하는 색에 따라 "빨강!" 또는 "초록!"이라고 반응할 수 있는 간단한 모델이 탄생했지만, 아직 스트루프 과제를 하기에는 부적합하다. 첫째, 스트루프 과제는 색이름을 대는 것보다 단어 읽기를 우선시한다. 모델에서 이 특징을 실행하려면, 모델은 사람과 비슷하게 단어 읽기를 더 많이 경험해야 한다. 훈련하는 동안 모델은 색이름 대기보다 단어 읽기를 훨씬 더 많이 한다. 이렇게 해서 결국 색이름 대기의 경로보다 단어 읽기 경로의 시냅스 가중치가 더 강해진다. 이 말은 색과 단어의 입력 강도가 같더라도 색이름 대기의 경로보다 단어 읽기의 경로가 더 강하고 빠르게 반응한다는 것을 의미한다. 따라서 다른 모든 조건이 같다면, CDM은 언제나 색이름을 대기보다는 단어를 읽을 테고, 그럴 때는 간섭이 발생하지 않을 것이다. 색 단어와 실제 색이 같은지(초록색 잉크로 적힌 단어 "초록") 다른지(빨간색 잉크로 적힌 단어 "초록")는 문제가 되지 않는다. 반응은 단어에 기초하고, 간섭은 발생하지 않을 것이다.

만약 모델에게 색의 이름을 말하게 하고 싶다면 어떻게 될까? 현재 상태에서 모델은 단어 자극이 없을 때만 색이름을 댈 수 있다. 단어가 있으면, 모델은 항상 단어를 읽을 것이다. 그 반응 경로가 더 강하고 대단히 우세하기 때문이다. 따라서 스트루프 과제를 수행하려면 모델은 인지조절을 할 필요가 있는데, 그 인지조절이 이제부터 논의할 네 번째 층에 있다.

네 번째 층은 과제요구층task demand layer이라 불린다. 이 층에 있는 과제 단위들은 현재 지시가 내려진 과제, 즉 단어 읽기나 색이름 대기에 대응하는 신경세포들이다. 모델이 두 과제 중 하나를 수행할 때 과제요구층에서 그 과제를 담당하는 신경세포가 활성화된다. 이 과제요구층에서 숨겨진 층으로 입력 신호가 전달된다. 그 결과, 과제요구층에서 활성화된 과제는 자극과 반응을 잇는 경로에 직접 영향을 미칠 기회를 얻는다.

경험을 통해서, 모델은 과제요구층에 있는 색이름 대기의 신경세포에서 색이름 대기 경로를 따라 숨겨진 층의 신경세포로 가는 입력 신호가 성공에 필수적이라는 것을 학습하게 된다. 이는 과제요구층에서 이 과제가 활성화되면 색이름 대기 경로가 경쟁자를 이길 수 있게끔 추가 입력이 발생하기 때문이다. 그 역은 사실이 아니라는 점에 주의하자. CDM은 단어를 읽을 때는 과제 입력의 필요성을 학습하지 않는데, 그 이유는 모델이 단어를 읽을 때는 단어를 읽으라는 과제요구 단위의 상태에 상관없이 요구를 잘 수행하기 때문이다. 게다가 모델은 결국 색이름을 정확히 대겠지만, 단어 읽기와 벌이는 경쟁을 극복하기까지는 시간이 한참 걸린다.

이렇게 해서 스트루프 과제를 수행하는 인간과 유사하게 과제요구에 따라 자신의 행동을 바꿀 줄 아는 인지조절의 기본 메커니즘이 우리 앞에 당도했다. 중요한 것은 호문쿨루스를 들일 필요가 없다는 점이다. 이 모델은 반응 경로를 학습하는 동시에, 과제요구 단위를 어떻게 연결해야 성공할 수 있는지 학습한다.

CDM 같은 모델은 실제 뇌에서 일어날 만한 일을 의도적으로 단순화한 결과물이다. 예를 들어, 누구도 뇌가 단일 신경세포에 의지해 빨간색 같은 것을 표상한다고 주장하지는 않는다. 게다가 우리 뇌에는 역전파 학습 알고리즘만 있는 것이 아니다. 하지만 모델과 뇌의 이런 차이는 지금 우리가 이론적으로 조사하는 취지에는 중요하지 않다. 원한다면 그 단일 신경세포가 더 복잡한 체계의 세포 집단 전체를 대표한다고 생각해도 된다. 그건 중요하지 않다. 모델의 이점은 조절할 필요가 있는 최소 메커니즘의 핵심을 들여다볼 수 있다는 것인데, 심지어 이렇게 단순한 사례에서도 몇 가지 통찰을 주워 모을 수 있다.

첫째, 다양한 행동 경로의 강도 차이를 보면, 우리는 기본적으로 인간의 행동 레퍼토리에 깃든 자동성automaticity이 연속체를 이룬다는 사실을 깨닫게 된다. 우리는 마치 두 가지 다른 일을 하는 두 개의 뇌를 가진 것처럼, 조절된 행동과 자동적 행동을 엄격히 구분한다. 한쪽 뇌는 느리지만 목표에 따라 일을 하고 다른 쪽 뇌는 생각하지 않고 빠르게 일을 한다거나, 모닝커피를 준비할 때는 한쪽 뇌를 사용하고 베트남 에그커피를 처음 만들 때는 다른 쪽 뇌를 사용한다고 말이다. 하지만 이런 이분법은 틀릴 가능성이 크다.

현실은 더 연속적이며, CDM의 여러 경로에서 볼 수 있는 가변적인 강도와 아주 흡사하다. 우리가 수행하는 어떤 행동은 자동적으로 일어나고 거의 습관적인데, 이런 행동은 자극에서 반응으로 이어지는 경로가 강한 편이다. 또 어떤 행동은 덜 자동적이고, 그래서 경로가 약한 편이다. 그리고 어떤 과제는 행동을 완전히 새롭게 조합해야 하기 때문에 경로가 매우 약하다. 여러 경로가 동시에 자극을 받지만 그 모든 걸 한 번에 할 수 없어 경로들 사이에 다툼이 일어날 때, 조절계가 지원하지 않으면 약한 경로는 패배자가 된다. 조절계가 개입하지 않으면 단어 읽기는 색이름 대기보다 항상 우세할 것이다. 약한 행동 경로에 유리한 추가 정보, 예컨대 현재의 목표나 과제요구가 있다면, 그 입력 정보의 지원을 받아 약한 경로는 힘을 얻고 경쟁에서 이길 것이다. 그럴 때 우리는 상황과 행동을 관련짓고, 그럼으로써 가장 기초적인 조절을 수행하게 된다.

CDM 모델의 주목할 만한 특징 두 번째는, 자극에서 반응으로 이어진 경로가 과제요구층을 거치지 않는다는 점이다. 그 대신 과제요구층은 기차 운전자처럼 자극에서 반응으로 가는 입력 신호가 선로를 선택할 수 있도록 도와준다. 이 일은 중복이나 다툼이 있을 때만 중요하다. 경로들이 경쟁을 하지 않거나 올바른 경로가 스스로 충분히 강할 때, 모델은 그렇게 톱다운 방식으로 지원할 필요가 없다.

이 상황은 1장에서 본 수행장애 환자들이 하는 자동적 행동과 무척 유사하다. 레르미트 박사의 침대에 누운 환자는 그 행동을 거침없이 수행했다. 그리고 매일 저녁 자기 집에서 그렇게 할 때도 그 행동은 적절했다. 하지만 이렇게 강한 경로가 신경학자의 침대라는 새로운 맥락에서 요구되는 약한 행동과 경쟁할 때, 올바른 경로가 강하고 부적절한 경로에 밀리고 말았다. 그 이유가 무엇이든, 다시 말해서 환자가 맥락을 염두에 두지 않았든 맥락을 조절 신호로 사용하지 못했든 간에, 그 환자는 경쟁 과정에서 올바른 경로를 밀어주는 맥락을 사용하지 못했다.

CDM 모델에서 얻을 수 있는 세 번째 통찰은, 과제맥락task context이 약한 경로를 지원하려면 약한 경로를 도와주기 위해 머릿속 어딘가에서 활성을 유지해야 한다는 점이다. 이 모델에서, 색이름을 대는 약한 경로는 경쟁에서 이길 때까지 과제요구 단위에서 보내는 입력 신호를 받아 강해질 필요가 있다. 심지어 관련된 맥락 정보가 세계에 더 이상 존재하지 않고 그래서 감각을 통해 얻을 수 없을지라도 그 입력 신호는 필요하다. 실험이 시작될 때 색이름 대기 과제를 할 거라는 말을 듣는다면, 그 말을 맥락 신호로 사용해야 한다는 말을 다시 들을 필요가 없다. 그 과제요구를 계속 기억할 수 있기 때문이다.

그렇다면 당연히 맥락 정보의 유지는 인지조절의 중요한 특징이 된다. 작업기억은 이런 식으로 유용한 정보의 활성을 유지하는 데 쓰이는 인지 체계다. 앞 장에서 소개했듯이, 작업기억은 짧은 시간 동안 제한된 양의 정보를 활성화하고 접근할 수 있게 붙잡아놓는다. 작업기억은 일화기억 같은 장기기억과 다르다. 이런 기억은 정보를 오랫동안, 그러나 휴지休止 상태로 저장한다. 반면에 작업기억 속의 정보는 머릿속에서 활발한 상태지만, 곧 사라진다. 작업기억 속에서 정보가 활성화되면, 우리는 그 정보를 조작·운용할 수 있고, 그 정보를 이용해서 새로운 개념과 생각을 만들어낼 수도 있다.

예를 들어, 마음속으로 31과 24를 더해보자. 답을 떠올렸는가? 이제 그 과정을 돌아보자. 처음에 31과 24를 마음에, 즉 작업기억 속에 담아야 했다. 그러고 나서 알고 있는 덧셈의 단계들을 머릿속으로 거치면서 숫자들을 갱신하고 대체했다. 결국 답에 도달한 것은 그 답이 종이 위에 인쇄되어서가 아니라, 작업기억 내부에서 수행된 연산으로부터 그 답이 작업기억 속에 떠올랐기 때문이다.

작업기억은 1장에서 소개한 시간적 추상화 문제에도 어느 정도 답을 제공한다. 기억하다시피, 시간적 추상화는 주변 환경에 즉각적인 단서가 없는 목표나 계획 또는 장시간에 걸쳐 지배력을 유지해야 하는 목표나 계획에 기초하여 반응할 때 일어난다. 작업기억은 시간의 간극에 다리를 놓는 수단이다. 우리는 감각을 통해 정보를 모으고, 그 정보에 따라 계산하여 새로운 생각, 개념, 목표를 마음에 그릴 수 있으며, 그 정보를 이용해서 적절한 시기에 반응한다. 따라서 CDM 모델은 작업기억을 인지조절 기능의 최전방과 중심에 놓는다. 과제요구를 활성화해 유지하는 수단이 바로 작업기억이기 때문이다.

과제요구를 위한 작업기억은 뇌에서 어떻게 유지될까? 아주 유명한 또 다른 논문에서 존 코언과 신경과학자 얼 밀러Earl Miller는 전전두피질이 작업기억 기능에 유난히 잘 들어맞는다고 주장했다.[5] 전전두피질이 손상되면 인지조절에 문제가 발생한다는 사실은 잘 알려졌기에, 연구자들이 이 부위에 초점을 맞춘 것은 일리가 있다. 하지만 그들이 제시한 새로운 가설의 근본적인 의미는 그 환자들의 결함이 과제 맥락을 담는 작업기억의 손실 때문이라는 점에 있었다.

이 가설을 뒷받침하기 위해 두 연구자는 전전두피질의 속성을 CDM 모델의 속성과 관련시키는 증거를 다양하게 제시했다. 두 연구자는 짧은꼬리원숭이의 전기생리학적 기록에서, 자극도 아니고 반응도 아닌 자극과 반응의 특정 묶음에 선택적으로 발화하는 신경세포를 전전두피질에서 발견했다. 다시 말해서, 전전두피질의 신경세포들은 원숭이가 수행하는 과제의 규칙에 반응하고 있었다. 더 나아가 전전두 신경세포는 그 규칙이 필요할 때마다 규칙의 정보를 활성화된 상태로 유지했는데, 이는 작업기억의 중요한 조건이다. 이렇듯 전전두 신경세포가 수행하는 규칙 코딩(암호화)은 CDM 모델에서 발견된 과제요구 단위들과 흥미로운 유사성을 보였다.

전전두피질이 인지조절에 필요한 작업기억의 토대라는 가설은 오늘날 상당히 유력해졌다. 게다가 밀러와 코언의 논문이 나온 이후, 그들의 기본적인 이론은 몇 가지가 개선되고 한층 더 치밀해졌다. 예를 들어, 전전두피질이 뇌에서 작업기억의 증거를 드러내는 유일한 부위가 아니라는 것을 이제 우리는 알고 있다.[6] 사실, 모든 종류의 유용한 정보가 피질 전체에서 단기적으로 유지된다. 1차 감각 및 지각과 관련된 부위들이 대표적이다. 유발성 자극이 감각을 통해 들어온 뒤 외부 환경에서 사라진 후에도 이 세포들에서는 고조된 활성이나 높아진 발화 가능성이 지속된다. 이 활성이 단기기억의 흔적을 유지하면, 신경세포들이 암호화한 감각 정보는 다른 체계에서 진행되는 처리 과정에 쓰일 수 있다. 하지만 전전두피질의 특징은 일반적인 작업기억이 아니라 과제맥락을 위한 작업기억, 다시 말해 규칙, 목표, 과제 요점을 비롯하여 어떤 행동을 언제 할 것인가에 영향을 미치는 정보에 있다. 이런 과제요구의 특징들은 인지조절에 매우 중요하다.

게다가 전전두피질은 인지조절에 필요한 과제요구를 유지하는 일만 하지 않는다. 전전두피질은 이 역할에 참여하는 뇌 부위의 넓은 네트워크에 속해 있다. 실제로, 둘 이상의 하위 네트워크가 전전두피질의 다른 영역들과 관계를 맺으면서 조절에 필수 역할을 하는 것으로 보인다. 그럼에도 불구하고 fMRI 연구자들은 우리가 인지조절에 몰두할 때 활성화되는 뇌 부위가 일관된 네트워크를 이루는 것을 확인했다.

이 네트워크를 가장 확실하게 묘사한 실험 논문을 2013년에 에벌리나 페도렌코Evelina Fedorenko, 존 던컨John Duncan, 낸시 칸위셔Nancy Kanwisher가 발표했다.[7] 실험자들은 사람들에게 사소한 과제들을 다양하게 수행하게 한 뒤 fMRI로 뇌를 촬영했다. 과제는 세부적인 면에서 조금씩 달랐다. 어떤 과제는 단어를 기억하게 하고, 또 어떤 과제는 공간의 위치를 기억하게 했으며, 또 다른 과제는 수학 문제를 풀게 했다. 심지어 스트루프 과제도 있었다. 하지만 중요한 것은 각 과제에 쉬운 조건과 어려운 조건이 포함되어 있었다는 점이다. 쉬움과 어려움의 정의는 단지 수행 성과에 기초했다. 어려운 조건이 쉬운 조건보다 더 오래 걸리고 더 많은 오류를 유발하는 것이다.

사람들은 다양한 과제를 접했지만, 쉬운 조건일 때와 비교했더니 각 과제의 어려운 조건을 수행할 때면 어김없이 여러 영역의 넓은 네트워크에 강한 활성이 나타났다(그림 3.2의 A). 이 네트워크에는 외측 전두피질의 넓은 영역뿐 아니라, 전두엽과 두정엽에 있는 다른 영역들도 포함되었다. 과제의 내용에 상관없이 과제를 요구할 때면 이 네트워크가 더 활성화됐기 때문에, 세 연구자는 여기에 다중요구체계 multiple demand system라는 이름을 붙였다. 하지만 이 책에서는 이 네트워크를 전두-두정 조절계frontoparietal control system라는 포괄적인 이름으로 부를 것이다.

과제가 무엇이든, 어려운 조건이 붙을수록 인지조절에 관여하는 네트워크가 더 활성화되는 경향이 있는 것은 일리가 있다. 인지조절 이론들이 대부분 동의하는 바에 따르면, 뇌가 어려운 과제를 수행할 때는 문제를 조작할 수 있는 여러 단계로 잘게 나누어 처리하거나, 그렇지 않으면 덜 학습된 반응 경로를 선택해야 한다. CDM의 관점에서 볼 때 어려운 과제는 약한 경로로 이어진 약한 반응을 유발하므로, 이 경로로 반응을 결정하려면 과제요구 단위로부터 오는 맥락의 지원이 커져야 한다.

현재 전두-두정 네트워크와 인지조절 기능을 연결하는 강한 증거가 존재한다. 전두-두정 네트워크의 구성 요소가 손상되면 인지조절이 필요한 문제 해결 과제와 복잡한 추론을 하지 못하는데, 이런 결함은 언어 같은 다른 상위 기능들이 멀쩡할 때조차 발생한다.[8] 이 네트워크는 사람들이 상황을 봐가며 새로운 규칙에 적응하고 순응할 때 더 강하게 활성화된다.[9] 게다가 이 네트워크에 분포해 있는 부위들은 과제 규칙에 관한 정보를 유지한다.[10]

이렇듯 전두-두정 체계는 인지조절 기능을 폭넓게 지원하지만, 그렇다고 해서 그 체계가 마치 뇌의 CPU처럼 기능하는 단일 네트워크라는 뜻은 아니다. 또한 그 체계가 조절을 지원하는 유일한 뇌 영역이라는 뜻도 아니다. 뒤에서 다루겠지만, 다른 네트워크들 역시 전전두피질과 함께 관여하면서 인지조절에 중요한 역할을 담당하고, 전전두피질과 관련이 있으면서도 따로 독립된 여러 기능에 봉사한다. 게다가 전두-두정 조절계 그 자체도 몇 개의 네트워크로 나뉠 수 있다. 예를 들어, 그림 3.2의 B에서 볼 수 있듯이, 인간 뇌의 네트워크를 분석해보면 전두-두정 조절계에는 외측전두 및 두정 네트워크와 대상-판개 네트워크cingulo-opercular network 사이에 적어도 하나의 균열이 있음을 알게 된다.[11] 게다가 외측전두-두정 네트워크 자체에도 고차원의 맥락이 필요한 과제를 수행할 때 상호작용하는 하위 네트워크들이 있다. 이 내용은 4장에서 논의할 것이다. 따라서 전두-두정 조절계는 인지조절에 일관되게 관여하는 영역들을 포괄적으로 묘사하는 용어일 뿐, 뇌의 인지조절 기능을 이해하는 데 꼭 필요한 특징들은 차후 과제로 남아 있다.

요컨대 과제맥락을 위한 작업기억은 전두-두정 조절 네트워크에

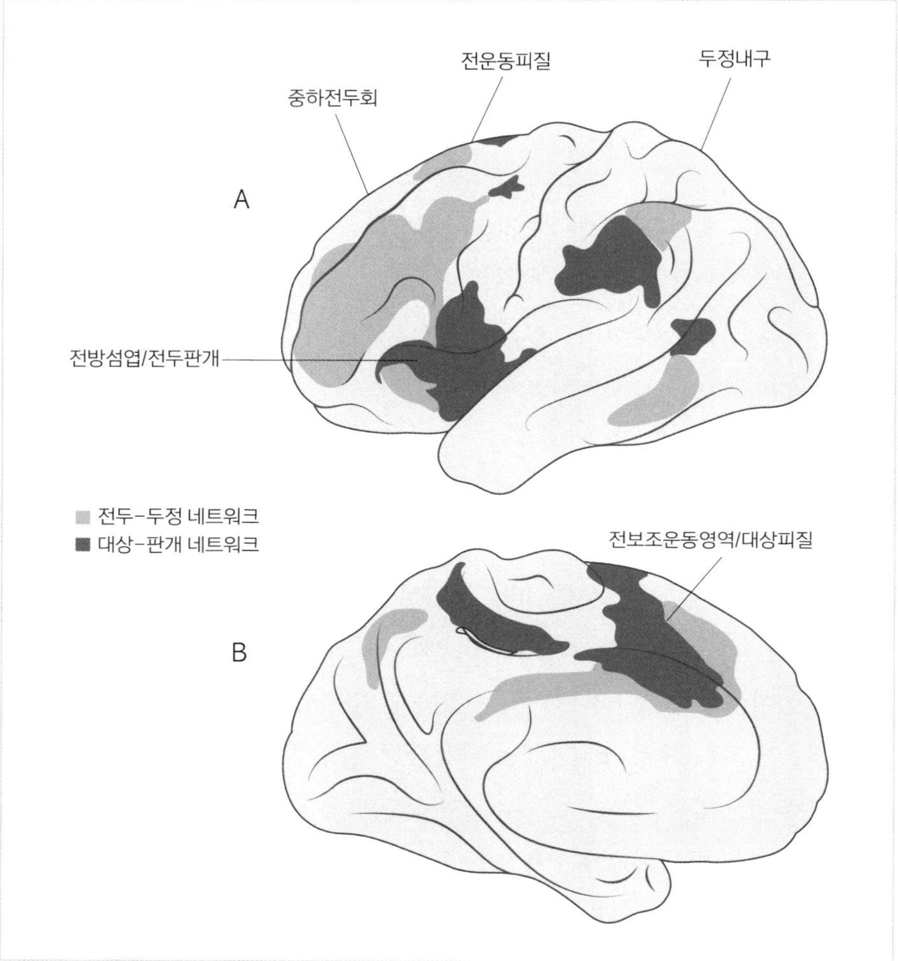

그림 3.2 전두-두정 조절계의 위치와 주요 부위

(A) 해부학 명칭들은 페도렌코, 던컨, 칸위셔가 발견한 주요 뇌 부위(2013)를 가리킨다. (B) 그늘진 부분들은 이 체계 안에 있는 독립된 전두-두정 네트워크(밝은 회색)와 대상-판개 네트워크(짙은 회색)를 가리키며, Power et al.(2011)와 Yeo et al.(2011)이 기능적 연결성을 통해 범위를 정한 것이다. 그림 A는 Gratton, C., Sun, H., and Petersen, S. E.(2018), control networks and hubs. *Psychophysiology* 53(3)에서 인용함. https://doi.org/10.1111/psyp.13032.

토대를 두고 있으며, 인지조절에 핵심 역할을 한다. 하지만 지금까지 인지조절과 작업기억의 관계에 관한 논의에는 중요한 내용 하나가 빠져 있었다. 만일 올바른 반응 경로를 선택해서 올바른 행동을 하게 하는 데 작업기억이 중요한 역할을 한다면, 이 말은 작업기억에 올바른 과제 정보를 넣는 것이 대단히 중요하다는 뜻이 된다.

CDM의 경우에 과제요구는 다른 입력 신호와 마찬가지로 아무 제약 없이 작업기억에 도착한다. 사실, CDM의 작업기억은 두 가지 과제에 해당하는 두 단위뿐이며, 모델이 수행해야 할 과제가 어느 것인지에 따라 매번 시행이 시작될 때 올바른 단위가 활성화된다. 그래도 CDM은 문제없다. 이 모델이 있는 작은 세계는 단어 읽기와 색이름 대기로만 이루어져 있기 때문이다. 작업기억에 무엇을, 혹은 언제 넣을지는 신경 쓰지 않아도 된다.

하지만 우리 뇌는 더 어려운 문제를 해결해야 한다. 1장에서 설명한 확장성 문제를 생각해보자. 우리는 잠재적 과제와 맥락이 층층이 쌓여 있는 다차원의 복잡한 세계에서 살아간다. 우리가 보거나 듣는 모든 것이 기억할 필요가 있는 과제요구는 아니며, 마찬가지로 우리가 염두에 두는 모든 과제요구가 매 순간 우리가 하는 일에 영향을 미쳐서도 안 된다. 설상가상으로 작업기억은 용량도 보잘것없다. 현재의 추산에 따르면, 작업기억에서 한 번에 활성화될 수 있는 기억은 세 개나 네 개뿐이다. 조금 지나면 우리는 염두에 두었던 것을 잊거나 혼동한다. 따라서 만일 땅콩만 한 작업기억을 사용해 행동을 조절하고 싶다면, 기억 속에 무엇을 들여보내고 언제 행동에 영향을 미치게 할지를 신중하게 결정해야 한다. 다시 말해서 우리는 작업기억 그 자체가 어떻게 조절되는지 이해할 필요가 있다.

작업기억의 내용물을 조절하는 뇌 메커니즘은 조절계를 도와 우리가 스스로를 위해 지어낸 다양한 목표, 계획, 규칙을 실행하게 하는 작업자이며, 따라서 생각과 행동을 이어주는 주요한 다리라 할 수 있다. 이런 메커니즘이 인지조절의 중심이라는 점을 고려하여 이번 장의 나머지 부분에서는 기억을 조절하는 메커니즘을 더 자세히 들여다보고, 그 메커니즘이 뇌에서 어떻게 실현되는지 살펴볼 것이다.

인지조절 체계의 안정성과 유연성

학계에 몸담은 과학자들이 대체로 그렇듯이, 나도 컴퓨터 앞에 앉아 글을 쓰면서 대부분의 시간을 보낸다. 때로는 논문이나 연구비 신청서를 작성하고, 때로는 출판사의 마감 시간에 쫓겨 어느 책의 한 장을 열심히 마무리한다. 나는 애플 컴퓨터를 사용하고, 이메일 클라이언트도 맥메일을 사용한다. 내 컴퓨터 하단의 작업 표시줄에는 맥메일 아이콘이 떠 있다. 일하고 있을 때면 메일 아이콘에 있는 작고 빨간 배지 속의 숫자가 계속 올라가면서 아직 읽지 않은 메시지가 몇 개인지 알려준다. 이 빨간 배지에 정신이 산만해진다. 빨간 배지의 거듭된 손짓을 외면하기가 점점 더 어려워진다. 하지만 제시간에 일을 끝내려면 이런 유혹을 거부하고 지금 하는 일에 계속 집중해야 한다.

주의를 산만하게 하는 것이 있을 때 과제 안정성을 유지하기란 쉽지 않다. 이때는 당연히 인지조절이 필요하다. 실제로 우리는 가능한

한 산만함이 줄어들도록 주변 환경을 조성하려고 한다. 어떤 사람들은 전화나 인터넷을 끈다. 매킨토시에서는 작업 표시줄을 숨길 수 있다. 심지어 컴퓨터를 하나의 프로그램만 사용하도록 기능을 강제로 제한하거나 한동안 이메일 알림을 차단하는 소프트웨어까지 등장했다. 이렇듯 과제 안정성은 기본값이 아니다. 외부 환경을 바꾸든 내면의 인지조절을 통해서든 뭔가 조치를 취해야 한다.

물론, 나는 지나치게 안정적인 것도 원하지 않는다. 이번에는, 내가 글을 쓰고 있는데 한 대학원생이 급한 일이 생겼다며 연구실로 달려왔다고 상상해보자. 어쩌면 서버에 불이 났을지 모른다. 나는 우리의 데이터 기반시설이 잿더미로 변하는데도 고집스럽게 원고에 매달릴 정도로 안정적이고 싶지는 않다. 하던 일을 멈추고 더 중요하고 시급한 과제로 넘어갈 줄 알아야 한다. 상황의 요구에 따라 새로운 과제로 넘어가는 유연성에도 인지조절이 필요하다. 특히 지금 하는 일이 재미있거나 새로 넘어가려 하는 과제가 재미없을 때면 더욱 그렇다. 어린 자녀가 저녁을 먹거나 목욕을 해야 해서 그만 놀게 하려는 부모에게 물어보자. 갑자기 3세 아이의 과제 안정성이 어른과 같아질 것이다.

이처럼 안정성과 유연성 사이에는 기본적인 맞거래가 있으며, 그에 따라 인지조절 체계는 안정적이어야 할 때인지 유연해야 할 때인지를 결정해야 하는 딜레마에 직면한다. 사실, 이 맞거래는 애써 이해할 필요조차 없는 기초적인 계산의 결과다. 마음이든 컴퓨터든 사회든 그 체계를 더 안정적으로 만드는 메커니즘은 유연성이 떨어지기 마련이며, 그 반대의 경우도 마찬가지다.

우리가 한창 하고 있는 일을 제어할 때 뇌는 이 딜레마를 어떻게 헤쳐 나갈까? 작업기억 속에 색이름 대기 같은 과제요구를 유지할 때처럼 만일 뇌가 안정적인 상태를 유지하려 한다면, 안정적 상태를 유지하는 메커니즘들은 작업기억의 상태를 유연하게 업데이트하라는 요구의 반대편에 서서 균형을 이룰 것이다. 기억의 안정성이 지나치다는 것은 적절한 요구들로 기억을 업데이트하는 것을 놓치고, 그래서 기억에 쓸모없어진 요구들이 너무 오래 남아 공간만 차지하는 것일 수 있음을 의미한다. 나는 모닝커피를 다 마신 후에도 오랫동안 그 모닝커피 만드는 방법에 대해 생각할지 모른다. 정반대로 작업기억이 아주 유연하다면 그 체계에 어떤 신호가 들어오든 항상 기억의 내용물을 덮어쓸 것이다. 끊임없이 변하는 세계에 살고 있다는 점을 고려한다면, 얼마간의 시간 동안 어떤 것에도 초점을 유지하기 어려울 것이다. 우리의 보잘것없는 작업기억은 순간의 우연들로 금방 차 넘칠 것이다.

작업기억이 겪는 안정성-유연성 문제를 해결하기 위해 우리 뇌는 해결책을 찾아냈다. 정보를 안정적으로 유지해주는 메커니즘과 유지된 정보에 접근하여 조절하는 메커니즘 사이에 노동 분업을 부과한 것이다. 작업기억을 조절하는 이런 메커니즘을 **작업기억 게이트**working memory gate라 부른다.

게이트는 일종의 은유로, 뇌 같은 신경망의 계산을 생각할 때 도움이 된다. 게이트는 두 가지 상태, 즉 열려 있는 상태와 닫혀 있는 상태 중 하나에 놓여 있다. 게이트가 닫혀 있을 때는 하나의 신경세포 경로에서 다른 신경세포 경로로 정보가 지나가는 것을 막는다. 하지만 어떤 조건에서는 게이트가 열리고 정보가 전달된다.

뇌가 안정성 대 유연성 문제를 어떻게 관리하는지 보기 위해 우리는 문을 여닫는 이 은유를 작업기억에 대한 조절로 확장해볼 수 있다. 첫째, 작업기억을 도와주는 네트워크로 들어올 수 있는 외부 정보가 게이트 하나에 의해 제어될 필요가 있다. 그 게이트가 열려 있으면 지각 체계로부터 새로운 정보가 전전두피질로 들어와 작업기억 속에 유지된다. 인간의 유연성은 바로 거기서 비롯된다. 반면에 그 게이트가 닫혀 있으면 부적절한 정보는 전전두 회로의 바깥에 머물고 회로 안에 있는 것이 보호된다. 인간의 안정성은 그렇게 보장된다. 이런 종류의 게이트는 기억에 들일 것과 바깥에 남겨둘 것을 제어하기 때문에 **입력 게이트**input gate라고 한다.

우리가 사는 복잡다단한 세계에서 입력 게이트는 적응에 분명히 유용하다. 무수히 많은 게이트가 우리 감각에 영향을 미치고, 그 게이트 중 상당수가 우리를 산만하게 하는 과제를 알려온다. 따라서 내가 메일 아이콘에 있는 그 빨간 배지의 유혹을 피하도록 입력 게이트를 닫아놓으면 그 배지가 지시하는 과제는 내 기억에 들어오지 못한다. 이와 반대로, 내 학생이 도움을 요청하는 것처럼 중요한 다른 과제 정보가 생기면, 입력 게이트가 열려 기억이 업데이트될 수 있다.

우리는 곧 다가올 미래를 위해 붙잡아두고 싶지만 지금 당장 쓰고 싶지는 않은 맥락 정보와 맞닥뜨릴 때가 있다. 예를 들어, 당신이 친구와 열심히 정치 토론을 하고 있다고 상상해보자. 그러던 중 당신이 틀렸다고 믿는 정보가 친구의 입에서 흘러나온다. 그 즉시 친구의 말을 끊고 싶은 충동이 강하게 들지만, 그런 행동은 무례할뿐더러 대화에 역효과를 부를 수도 있다. 그러니 당신이 하고 싶은 말의 요점을 작업기억에 저장해놓고 그것을 풀어놓기에 적절한 순간을 기다리는 것이 신중한 처신이다.

이 예에서 우리는, 입력 게이트를 사용해 무엇을 작업기억에 들일지 결정하는 데는 이점이 있을 뿐 아니라, 기억 속에 미루어둔 정보가 언제 우리의 행동에 제어력을 행사해야 할지 결정하는 데도 이점이 있다는 것을 알게 된다. 이 두 번째 게이트는 작업기억의 "출력"을 조절하기 때문에 **출력 게이트**output gate라고 한다. 출력 게이트가 닫혀 있으면 작업기억에 담긴 정보가 유지되고 보호되지만, 행동에 영향을 미치지는 않는다. 출력 게이트가 열리면 기억 속에서 선택된 정보가 우리의 행동 경로에 맥락이 되어준다. 기본적으로 우리는 CDM 모델을 만들 때 요구층과 숨겨진 층 사이에 게이트를 설치한다. 게이트가 열리면 과제요구층의 신경세포들은 반응 경로에 입력 신호를 전달하여 모델이 하는 반응에 영향을 미친다.

작업기억에 무엇을 들이고 무엇을 들이지 않을지, 그리고 언제 그렇게 할지와 관련하여 입력 게이트와 출력 게이트를 적절히 여닫는 일은 효율적인 과제 수행의 핵심이다.[12] 세계는 우리 주변에서 정보가 시공간적으로 변하는 역동적인 장소다. 우리는 또한 단순한 움직임에서부터 빽빽하게 구성된 시퀀스와 과제에 이르기까지 다양한 수준에서 사용할 수 있는 자동화된 행동 경로를 방대하게 갖고 있다. 따라서 게이팅gating(여닫기) 방침이 적절하다면, 컴퓨터 프로그램의 제어 흐름과 비슷하게 입력과 기존에 수집한 출력의 흐름을 효율적으로 지정할 수 있다. 게이팅 방침이 적절하다면 적절한 과제요구를 적절한 시기에 수행할 수 있다. 게이팅 방침이 부적절하다면 우리는 오류와 실수를 범하거나, 맥락의 단서를 놓치거나, 비효율성에 사로잡히거나, 부적절하게 행동할 것이다.

적절한 게이팅 방침을 확인하면 지식과 행동의 알기 어려운 연결이 한층 구체화된다. 심지어 단순한 과제 수행 방법을 지시하더라도 거기에는 뇌에서 그 과제를 실행하는 데 필요한 구체적인 사항들이 빠져 있기 마련이다. "마드리드 공항에 오신 것을 환영합니다. 안내 표지판을 따라가시면 연결 항공편으로 이어집니다." 이 지시문은 유용하지만, 실제로 이 규칙에 따라 연결 항공편으로 가려면 작업기억의 게이팅 방침을 복잡하게 세워야 한다. 안내 표지판을 언제 확인해야 할지, 어디에서 표지판을 봐야 할지, 표지판에서 무엇을 봐야 할지 결정해야 한다. 방향을 바꾸는 동안 불필요한 정보를 무시하면서 새로운 정보를 접할 때까지 표지판에서 얻은 정보를 유지해야 한다. 그 밖에도 작업기억을 여닫을 일은 많다. 정확히 이런 이유로 여행은 인지조절계에 특히 부담스럽다. 여행자는 일반 규칙에 새로운 게이팅 방침이 그때그때 더해지는 낯선 환경에 둘러싸이기 때문이다.

심지어 "A가 보일 땐 1을 누르시오"처럼 하나의 자극과 하나의 반응이 연결된 단순 규칙이라도 그것을 실행하려면 게이팅 방침으로 변환해야 한다. 우리 뇌는 어딘가에서 A가 보일 때 입력 게이트를 열어 그것을 들여야 한다는 걸 알아야 하고, 작업기억에서 그 A를 맥락으로 유지해야 한다. 그런 다음 응답해야 할 때, A가 응답 "1"을 선택하는 데 영향을 줄 수 있도록 출력 게이트를 열어야 한다. 이러한 인과 아웃 중 어느 것도 우리가 들은 규칙에는 표현되어 있지 않으며, A가 나타났을 때 1을 누르는 방법을 정확히 알지 못한 채 정확하게 표현한다는 것은 쉬운 일이 아니다. 아무리 단순한 과제라 해도 가장 효율적이고 일관되게 수행하기 위해서는 몇 번의 시도가 필요하다.

나는 과학자로서 이 문제에 흥미를 느끼지만, 마드리드 공항이나 그와 비슷한 실제 배경에서는 사람들의 작업기억 게이팅을 테스트하기 어렵다. 하지만 실험실에서는 단순화된 실험으로 기초적인 작업기억 게이팅을 테스트할 수 있다. 인지신경과학자 크리스토퍼 채텀 Christopher Chatham과 나는 그런 절차 하나를 개발하고, 여기에 맥락-우선/맥락-차후context-first/context-last 과제라는 이름을 붙였다.[13]

이 실험에서 우리는 실험 참가자들에게 숫자와 철자 그리고 기호를 한 번에 하나씩 보여주었다(그림 3.3). 우리는 참가자들에게 각 시리즈가 끝나면 즉시 철자나 기호 또는 둘 다에 대한 기억을 테스트하겠다고 말했다. 또한 숫자는 각 시리즈에서 테스트할 "대상"이 철자인지 기호인지 또는 둘 다인지를 알려주는 단서라고 설명했다. 예를 들어, 숫자 1은 철자를 기억하라는 뜻이고, 2는 기호를, 3은 둘 다 기억하라는 뜻이었다. 만일 "1 … ★ … A"가 보이면, 기억해야 할 대상은 A다.

이때 숫자 1은 사람들이 작업기억을 여닫기 위해 사용할 수 있는 단순한 맥락이다. 맨 앞에 1이 나올 때 사람들은 뒤에 나올 철자를 기억해야 한다는 걸 알게 된다. 사람들은 그 지식을 변환하여, 입력 게이트가 기호에 대해서는 닫히고, A 같은 철자에 대해서만 열리는 게이팅 방침에 도달해야 한다. 이럴 때 그 테스트 중에는 기억 속에 A만 유지된다.

하지만 다른 테스트에서 크리스토퍼는 "★ … A … 1"처럼 숫자 맥락을 마지막에 제시했다. 이 경우에 사람들은 ★과 A 중에 어느 것을 테스트하는지 알지 못할 테고, 그래서 처음에는 작업기억 속에 기호와 철자를 모두 담아야 할 것이다. 그런 다음 마지막에 1이 나타나면 작업기억 안의 A를 선택하여 반응할 것이다. 기억으로부터 이런 선택을 하려면 일종의 출력 게이트를 사용하여 기억에서 (★가 아닌) A를 조절 신호로 선택할 것이다.

실험실에서 이 과제를 수행하는 사람들은 숫자 맥락이 마지막에 놓인 시리즈보다 맨 앞에 놓인 시리즈가 더 쉽다고 느낀다. 입력 게이트를 사용하여 필요한 항목에 대해서만 작업기억을 가동하기 때문이다. 이 책에서는 이런 식의 과제 수행을 **입력 게이팅 방침**input gating policy이라 부를 것이다. 입력 게이팅 방침을 사용할 때 지원자들은 기호를 배제하고 철자를 기억하기 때문에, 기억에 부담이 되는 것은 한 가지 항목뿐이다. 지원자들은 다른 부적절한 항목에 용량을 낭비하지 않게 된다. 이와 반대로, 맥락이 마지막에 놓여 있을 때 지원자들은 맥락(숫자)이 나타날 때까지 기호와 철자를 둘 다 기억해야 한다. 따라서 사람들은 입력 게이팅 방침을 사용할 때 과제를 더 잘 수행한다.

하지만 맥락이 맨 앞에 있을 때도 굳이 입력 게이팅 방침을 사용할 필요가 없다는 점이 중요하다. 어떤 사람은 어찌 됐든 눈에 보이는 모든 항목을 다 작업기억에 담을 수도 있고, 그러고 나서 기다렸다가 기억으로부터 적절한 항목을 선택하고 반응할 수도 있다. 사실상 **출력 게이팅 방침**output gating policy을 사용하는 것이다. 기억에 더 큰 부담이 된다는 점을 고려할 때, 출력 게이팅 방침은 시간과 정확성 면에서 테스트에 비용을 초래하므로 비효율적이다. 하지만 그럼에도 이것이 기본

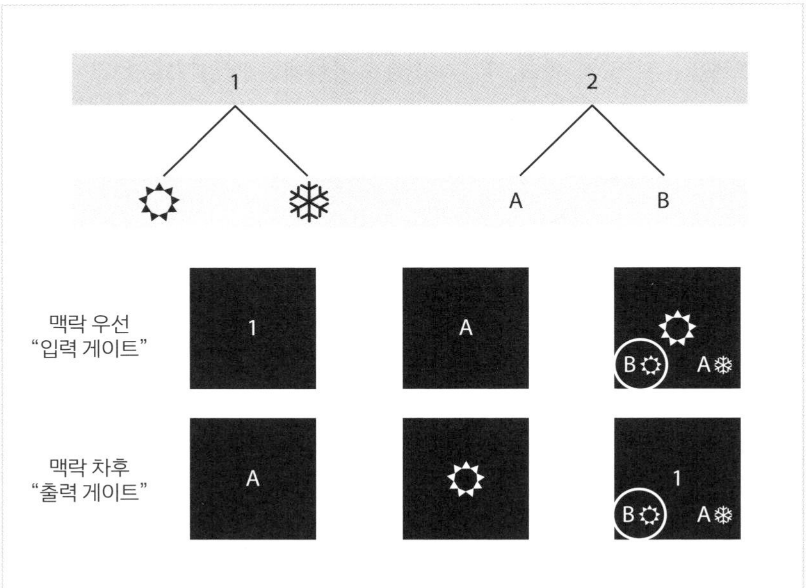

그림 3.3 채텀, 프랭크, 바드르의 과제 도식(2014). 맨 위는 참가자들에게 주어진 규칙을 묘사한 그림이다. 참가자들은 윗줄의 맥락(숫자)을 사용하여 아랫줄의 맥락(철자나 기호) 중 어느 것이 최종 결정에 쓰일지(흰색 원에 올바른 반응이 나타나 있다)를 결정했다. 숫자의 순서가 게이팅 요구를 결정한다. 숫자가 맨 앞에 있으면 철자나 기호 중 적절한 항목이 업데이트되고 부적절한 항목은 무시된다. 숫자가 마지막에 있으면 두 항목을 모두 기억에 입력해야 하고, 어떤 반응을 고를지는 나중에 선택한다. Badre, D., and Nee, D. E. (2018)의 그림 3에서 인용. Frontal cortex and the hierarchical control of behavior. *Trends in Cognitive Science* 22 (2), 170~188.
(위의 도식은 저자가 본문에서 설명한 것과 다르고, 조금 더 복잡하다. 위의 도식에서 숫자 1은 철자가 아닌 기호를 선택하라는 단서이며, 하얀 원에 표시된 내용으로 미루어 볼 때, 올바른 반응은 제시된 철자(A)가 아닌 다른 철자(B)를 그 기호와 함께 답하라는 것으로 보인다.—옮긴이)

원칙을 어기지 않고 이 과제를 해낼 수 있는 방법이다.

따라서 이처럼 단순화된 실험의 사례에서 우리는 규칙을 아는 것과 규칙을 실행하는 것의 기본적인 차이를 볼 수 있다. 제시된 숫자와 철자에 따라 어떻게 반응해야 하는가와 관련하여 규칙 그 자체에 대한 지원자들의 지식은 그들이 선택하는 게이팅 방침과 무관하게 동일하다. 하지만 숫자 맥락이 맨 앞에 올 때 지원자들은 최소한 두 가지 게이팅 방침을 사용하여 그 규칙을 실행할 수 있다.

이 실험은 동일한 과제를 해결하려고 할 때 각기 다른 게이팅 방침이 어떻게 사용되는지 보여주기 위해 의도적으로 단순화한 사례다. 복잡한 현실 세계에서는 게이팅 방침을 확인하기가 훨씬 더 복잡하고 어렵다. 하지만 요점은 똑같다. 커피 내리기부터 공항에서 길을 찾는 일에 이르기까지 우리는 규칙과 목표를 게이팅 방침으로 변환해야 하며, 그때 선택하는 게이팅 방침은 과제 수행의 효율성에 큰 영향을 미친다. 그렇긴 해도 크리스토퍼의 실험에서 사람들 대다수는 효율성이 더 높은 입력 게이팅 방침을 자연스럽게 사용한다. 그렇게 하라고 일러주는 사람이 없어도, 그들은 문제에 가장 어울리는 게이팅 방침을 찾는다. 그리고 효율적인 인지조절계를 과시라도 하듯 대체로 좋은 방침을 선택한다. 하지만 그들은 그렇게 할 필요가 없으며, 따라서 적절한 조건에서 그들은 적어도 처음에는 다소 비효율적인 방침을 채택할 것이다.

이것이 입증된 것은 다른 동료 과학자 아푸르바 반다리Apoorva Bhandari와 내가 실시한 실험을 통해서였다.[14] 맥락 우선 조건일 때와 달리 맥락이 마지막에 나올 때 사람들은 출력 게이팅 전략을 사용해야 한다. 참가자들은 기호와 철자 중 어느 것이 적절한지 모르기 때문에, 둘 다 기억하고 나서 마지막에 맥락이 보일 때 기억으로부터 하나를 선택해야 한다. 아푸르바는 참가자들에게 맥락 차후 순서만 계속 경험하게 한 뒤에 맥락이 처음에 나오는 시리즈를 제시하면 어떻게 되는지 실험했다. 참가자들은 즉시 다른 방식으로 전환하여 입력 게이팅 방침을 사용하기 시작할까? 아니면 그동안의 경험으로 학습한 출력 게이팅 방침을 고수할까?

이 질문에 대한 답을 얻기 위해 아푸르바는 참가자들에게 크리스토퍼 채텀이 사용했던 것과 똑같은 규칙과 과제를 주었다. 하지만 중요한 차이가 하나 있었다. 과제를 처음 수행할 때 참가자들은 맥락이 맨 뒤에 나오는 문제만 받았고, 그에 따라 출력 게이팅 방침만 사용했다. 이 순서의 문제를 여러 번 경험하게 한 뒤 아푸르바는 맥락이 맨 앞에 나오는 시리즈들을 참가자들에게 제시했다. 참가자들이 처음 접하는 배열 순서였다. 그러자 예상한 대로 그들은 순서가 바뀐 다음부터 올바른 대상을 더 느리게 선택했다. 사실, 그들은 이렇게 배열된 과제를 실험 초기에 하는 사람들보다도 훨씬 느렸다.

그 중요성을 고려하여 나는 이 실험의 최종 결과에 담긴 의미를 조금 더 풀어보려고 한다. 어떤 과제를 처음 할 때는 항상 더 오래 걸린다. 그 이유는, 적어도 부분적으로는 적절한 게이팅 방침을 확인하는 데 시간이 걸리기 때문이다. 우리의 과제도 예외가 아니다. 과제를 해본 경험이 전혀 없는 사람이 맥락이 우선하는 시리즈를 접하면, 연습을 약간 했을 때보다 더 느리게 반응한다. 하지만 여기서 주목할 점은, 아푸르바의 피험자들은 그 과제를 어느 정도 경험했지만, 출력 게이팅 방침을 요구하는 맥락 차후 조건에서만 경험했다는 것이다. 그 결과, 입력 게이팅 방침을 사용해야 할 상황에 놓이자 그들은 그 실험을 처음 하는 사람들보다 훨씬 더 느리게 반응했다. 아푸르바는 후속 실험을 통해 그렇게 느려진 이유가 그들이 입력 게이팅 방침이 아닌 출력 게이팅 방침을 사용하고 있었기 때문이라는 점을 입증했다. 그들은 그 과제를 할 줄 알았으나 비효율적이었다. 이미 잘못된 게이팅 방침을 선택한 상태였고, 그로 인해 규칙을 행동과 제대로 연결 짓지 못한 것이다.

이 실험은 게이팅 방침에 부정적 전이가 있다는 증거를 보여준다. 앞에서 말했듯이, 전이란 한 문제에서 그와 비슷한 다른 문제로 해답을 가져오는 것이다. 전이가 부정적일 때 그렇게 가져오면, 새로운 문제 해결에 도움이 안 될 뿐 아니라 오히려 불리할 수 있는 체계에 의지하게 된다. 이미 그 과제를 경험한 사람들은 그 경험에 이끌려, 맥락이 나중에 나타날 때는 효율적이지만 맥락이 앞에 나타날 때는 오히려 비효율적인 출력 게이팅 방침을 채택한다.

이 결과가 실제 세계에서 무엇을 의미할까? 우리는 언제 철자와 윙딩wingding 문자(문자를 다양한 기호로 변형한 글꼴—옮긴이)를 잘 기억하지 못할까? 나는 여기에 심오한 의미가 있다고 주장하고 싶다. 새로운 환경에서 어떤 계획을 실행할 때, 우리는 작업기억 게이팅 방침을 적절하게 설정할 필요가 있다. 경험이 약간 있다면, 우리는 좋은 게이팅 방침으로 생각을 바꾸고, 신속하게 전환한다. 이전의 비슷한 경험으로부터 넘어오는 전이가 이 과정에서 중요한 부분이며, 이때 사용하는 게이팅 방침이 새 과제에 얼마나 효율적인지를 결정할 것이다. 다시 말해서, 우리는 과제를 어떻게 할 것인가라는 개념 속에 게이팅 방침에 대한 정보를 구축하고, 그 과제를 다시 접할 때 그 정보에 쉽게 접근할 수 있다. 그것은 그 과제에 대한 우리의 구성적 표상이며, 따라서 우리는 새로운 과제에 직면할 때 과거의 과제와 연결 지은 게이팅 방침을 떠올려 그것을 상황 요구로 삼을 수 있다.

그렇다면 목표가 주어질 때 올바른 작업기억 방침을 확인하고 실행해야 한다는 결론이 나온다. 좋은 방침을 선택하면 과제를 잘 수행하고, 나쁜 방침을 선택하면 효율성이 떨어지거나 실수를 잘 저지르거나 완전히 실패할 것이다. 이런 방침들은 복잡할 수 있지만, 기본적으로는 어떤 정보를 작업기억에 들이고, 어떤 정보를 꺼내 맥락조절의 신호로 사용하는지를 단순히 지정하는 것들이다. 생각의 틀을 이렇게 바꾸면, 이제 우리의 질문은 더 이상 뇌가 인지조절을 어떻게 시행하는가를 묻는 것이 아니라, 뇌가 작업기억 게이팅 방침을 어떻게 학습하고 실행하는가를 묻는 것이 된다. 뇌가 작업기억 게이팅에 사용하는 체계는 작업기억에만 있는 것이 아니다. 작업기억 게이트는 단순한 동작 기능을 조절하는 더 기초적이고 오래된 회로에서 진화한 것으로 보인다.

작업 게이팅 회로의 진화

팔이나 다리 또는 손가락으로 수의운동(맘대로운동)을 할 때는 그렇게 하라는 명령이 일차운동피질에서 근육으로 내려간다(1장 그림 1.1). 일차운동피질의 신경세포들은 피질척수로라고 불리는 축삭돌기 고속도로를 따라 척수로 신경섬유를 뻗는다. 척수에서 운동피질 신경세포들은 중간 신경세포를 통해 척수운동 신경세포와 직간접적으로 연결되며, 이 신경세포들이 골격근을 자극한다. 이런 식으로 개별 근육이나 근육 집단은 띠 모양을 하고 늘어선 일차운동피질 신경세포의 조절을 받는다.

일차운동피질의 바로 앞에 전운동피질과 운동보조영역이라 불리는 신피질 구역이 있다. 이 두 영역은 일차운동피질로 가는 입력 신호의 주요 원천이다. 즉각적인 수의운동을 명령하는 운동피질과 달리 운동보조영역 및 전운동피질은 몸의 움직임을 계획하는 데 중요하다. 일차운동피질의 신경세포들과 마찬가지로 전운동피질의 신경세포들도 발화하여 구체적인 움직임을 유발하지만, 이 세포들의 발화는 사람이 실제로 움직이지 않고 움직임을 생각만 하고 있을 때도 유발되곤 한다.

더 나아가 전운동피질의 신경세포들은 발화해서 감각 입력과 특정한 반응을 매핑할 수 있다. 이는 기본적으로 단순 규칙이다. 예를 들어, 실험실에서 원숭이는 풍선 그림 같은 특정 이미지가 나타날 때 조이스틱을 왼쪽으로 당겨 구멍에서 나오는 주스를 보상으로 얻는다. 이 규칙은 자극과 반응의 자의적 매핑이다. 이 실험의 맥락을 벗어나면 조이스틱을 왼쪽으로 당기는 행동이나 주스 한 모금은 풍선과 아무 관계가 없기 때문이다. 하지만 규칙의 자의성에도 불구하고 원숭이는 그 관계를 학습해서 풍선이 나타나면 망설이지 않고 조이스틱을 왼쪽으로 당긴다.

특히, 일단 규칙을 학습하고 나면, 원숭이가 풍선 그림을 보고 조이스틱을 왼쪽으로 당기겠다고 계획할 때 전운동피질의 특정 신경세포들이 발화한다. 사실, 전전두피질의 신경세포들처럼 전운동피질의 신경세포들도 서로 연결되지 않은 자극이나 반응이 아니라 자극과 반응이 이어진 규칙 그 자체(이 경우에는 풍선 그림과 조이스틱 움직임)로 발화할 수 있다.[15] 이런 단순한 자극-반응 규칙은 자극(이 경우에는 풍선)에 따라 어떻게 행동해야 할지 직접 지시한다는 점에서, 일차방침first-order policies이라고도 불린다.[16]

전운동피질은 자극과 움직임 간의 단순 규칙을 표현하는 이런 능력이 있어 일차운동피질과 구별되는데, 이 능력은 그곳에 들어온 정보의 결과일 것이다. 운동피질이 주로 전전두피질로부터 입력 정보를 받는 것과 달리, 전운동피질은 다른 신피질 영역들로부터 입력 정보를 받는다. 그런 영역의 하나인 두정 및 후두피질은 감각에서 들어온 정보를 처리하여 사물, 이미지, 위치 등에 대한 지각으로 바꾼다. 따라서 전운동피질은 세계에 관한 기본 정보를 받아들이고, 기본 규칙들에 부합하는 입력 정보를 바탕으로 가능한 움직임 계획들을 만들어내기에 좋은 위치에 있다. 이때 그 기본 규칙들이 운동피질에 영향을 미치면, 운동피질은 규칙에 지정된 움직임을 유발할 수 있다.

하지만 정작 중요한 것은, 전운동 신경세포들의 활성은 대개 운동피질로 하여금 실제 움직임을 유발하게 할 만큼 충분히 강하지 않다는 것이다. 실제 움직임을 유발하려면 시상이라는 구조와 상호 작용해야 하고, 기저핵basal ganglia이라는 일련의 구조물이 관여해야 한다.

기저핵들(미상핵, 피각, 담창구, 전장, 시상하핵, 흑색질, 적핵—옮긴이)의 이름과 관계는 복잡하고 난해하기로 유명하며, 그런 탓에 그 핵들은 학부생들이 신경과학 시험을 두려워하는 다른 요인들과 최고 자리를 놓고 경쟁한다. 하지만 얽히고설킨 이 관계에서 게이트의 뇌 버전이 탄생한다. 이 단계에서 약간 더 비정한 신경과학이 펼쳐지지만, 자연은 움직임 게이팅을 위한 멋진 해결책을 고안해냈다. 이제 장막을 걷어 이 게이트가 어떻게 작동하는지 들여다보자.[17]

그림 3.4에 나오듯이, 전운동 신경세포와 일차운동 신경세포는 둘 다 시상thalamus과 연결되어 있다. 시상과 피질 사이의 신경세포 활성이 주기적으로 변하면 운동을 생성하는 데 필요한 동력이 형성된다. 하지만 대부분의 상황에서는 시상의 동력이 발생하지 않는다. 담창구 내절이라 불리는 기저핵이 항상 시상을 억제하고 있기 때문이다. 비유적으로 말하자면, 문이 닫혀 있어서 움직임에 필요한 피질-시상의 동력corticothalamic drive을 막고 있는 것이다. 따라서 전운동피질이 고려하고 있는 움직임을 실제로 만들어내려면 담창구를 억제하여 시상에 대한 영향력을 제거해야 한다. 이렇게 억제를 억제하면 흥분이 발생하는데, 마치 음수 2개를 곱할 때와 비슷하다. 과학자들은 이 같은 신경의 이중부정을 **탈억제**disinhibition라 부른다.

선조체striatum(미상핵과 피각으로 이루어진 기저핵의 한 영역—옮긴이)의 두 신경세포 집단은 담창구globus pallidus로 입력 신호를 보내 게이트를 조절한다. 이 기능에 비추어 우리는 이 두 신경세포 집단을 "고세포Go cell"와 "노고세포NoGo cell"라 부르기도 한다.

고세포로 시작해보자. 발화와 함께 고세포들은 담창구를 억제한다. 이렇게 담창구를 억제하면 시상이 탈억제된다. 그 결과 시상-피질의 동력thalamocortical drive이 증가하고, 그로 인해 전운동피질 및 운동피질이 고려하고 있는 움직임이 유발된다. 이렇게 고세포들이 발화할 때, 우리가 문에 비유한 '게이트'는 닫힌 상태에서 열린 상태가 되고,

움직임이 진행된다.

고세포의 발화는 주로 움직임을 집행하게 하는 반면, 노고세포의 발화는 그 반대 효과를 낳는다. 노고세포들은 담창구의 다른 영역인 외절로 신경섬유를 뻗는다. 외절은 다른 억제를 행사하는데, 이 경우에 그 대상은 내절이다. 노고세포들이 외절을 억제해서 내절이 탈억제되면, 그 결과 내절이 시상의 동력에 더 큰 억제력을 행사하게 된다. 다시 말해서 노고세포들은 게이트를 당겨서 더 확실히 닫고, 그럼으로써 움직임이 가급적 일어나지 않게 한다.

펜과 종이가 없으면 이 모든 억제를 추적하기가 어렵겠지만, 기억해야 할 요점은 다음과 같다. 노고 경로가 관여하면 전운동피질이 고려하고 있는 움직임이 덜 생성되고, 고 경로가 관여하면 그 움직임이 더 많이 생성된다. 따라서 고 경로와 노고 경로는 움직임 상태로 들어가는 게이트를 여닫으면서 서로 경쟁한다.

무엇이 고세포와 노고세포에 영향을 미칠까? 첫째, 감각에서 지각 정보를 받아 처리하는 영역들을 포함하여 신피질 전체에서 폭넓은 신호가 선조체로 들어온다. 따라서 전운동피질과 마찬가지로 선조체도 행동에 맥락을 제공하는 장면과 소리에 접근할 수 있다. 전운동피질이 주스를 예고하는 풍선에 관해 듣는다면, 선조체 역시 그런 소식을 듣는다.

둘째, 선조체는 자신이 게이트를 통해 조절하는 전운동 및 운동피질 영역들로부터 신경섬유(투사)를 직접 받고, 그래서 선조체도 전운동피질이 현재 고려하고 있는 행동에 관한 소식을 듣는다. 이 구성을 토대로 피질과 선조체 사이에 피드백 조절 루프가 형성된다.[18] 본래

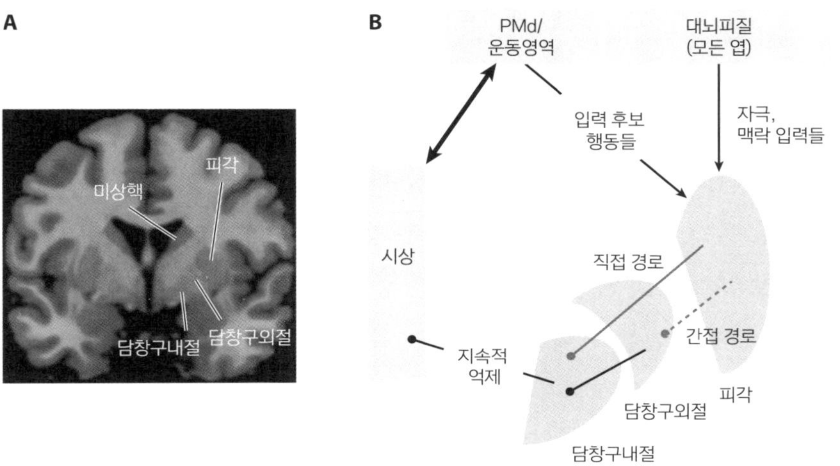

그림 3.4 피질-선조 피드백 루프. (A) 전두엽 MRI 영상으로 본 관상면(얼굴을 정면으로 마주한 상태에서 수직 방향으로 뇌를 자른 면—옮긴이) 절편. 기저핵의 내측 구조들을 볼 수 있다. 이름이 붙은 영역들은 미상핵, 피각, 담창구내절, 담창구외절이다. (B) 골격 운동 루프의 기능적 해부 구조를 보여주는 도식. 억제성 입력들이 원을 그리다 출발점으로 되돌아온다. 피각에서 나온 고세포는 실선으로, 노고세포는 점선으로 표시되어 있다.

고세포들과 노고세포들은 현재의 모든 입력 신호에 의거하여 전운동피질이 고려하는 행동을 하게 할지 말지를 결정한다. 고세포들은 전운동피질이 생각하는 행동에 찬성하는 입력 정보 중에서 증거를 채택해서 고려한다. 노고세포들은 그 행동에 반대하는 증거를 고려한다. 따라서 고세포들과 노고세포들의 동시 발화는 전운동피질이 고려하는 행동에 찬성하거나 반대하는 투표와 같다. 고세포들이 선거에서 이기면 게이트가 열리고 행동이 실행된다. 노고세포들은 그 행동에 반대하는 표를 던지고, 그러면 게이트를 여는 데 필요한 고 득표수가 증가한다. 이런 식으로 우리 뇌는 행동이 언제, 어떤 조건에서 실행될지 조절하는 생물학적 서보메커니즘servomechanism을 운용한다.

여기서 다음과 같은 의문이 들지도 모른다. 피질-선조의 고 경로와 노고 경로는 어떤 행동이 취하기에 좋은 것이고 어떤 행동이 그렇지 않은 것인지를 어떻게 알까? 이 문제는 중요하다. 이 문제에 대한 설명이 없으면, 사실상 또 다른 호문쿨루스를 가정하고 거기에 선조체라는 이름을 붙인 셈이 되기 때문이다. 이번 호문쿨루스 문제의 답 역시 학습이다. 비록 이번에 호문쿨루스를 대체하는 것은 역전파가 아니라, 보상에 기초한 강화 학습이지만 말이다.

7장에서 자세히 논의하겠지만, 선조체는 도파민을 운반하는 체계들로부터 주요한 입력 신호를 받는다. 도파민은 보상 경험에 따라 조절되는 신경전달물질이다. 지금은 간략히 살펴보자. 우리가 긍정적인 결과나 부정적인 결과로 이어지는 행동을 할 때, 도파민 수치는 그에 따라 높아지거나 낮아진다.[19] 다른 효과 중에서, 도파민 수치가 변하면 선조체의 시냅스 강도가 영향을 받고, 고세포나 노고세포가 더 강해진다.[20] 이런 식으로 선조체는 맥락과 행동이 어떻게 조합되어야 미래에 보람 있는 결과가 발생하는지 혹은 그 반대인지를 긴 시간에 걸쳐 학습한다. 따라서 고 경로와 노고 경로는 행동과 보상의 역사를 긍정적 피드백과 부정적 피드백 루프로 사용해서 전운동피질이 고려하고 있는 행동을 평가한다.

이런 기저핵 운동 게이트는 중요한 결과를 낳는다. 실제로 행동을 수행하지 않아도 우리 뇌가 행동을 고려할 수 있는 것이다. 이 능력은 적응에 도움이 된다. 만일 우리가 생각하는 행동을 모두 한다면 생존하기가 얼마나 어려울지 생각해보라. 우리의 짧고 혼란스러운 삶은 엎질러진 물, 멍든 발가락, 어색한 순간들로 점철될 것이다. 게이팅 덕분에 우리 뇌는 행동을 세밀하게 계획하고, 그런 다음 적절한 조건이 되면 실행될 준비를 하면서 가만히 앉아 기다리게 할 수 있다. 이렇게 해서 뇌는 그 동물에게 가장 유리한 조건과 상황, 즉 긍정적인 결과를 얻을 가능성이 가장 높을 때 그 동물을 가장 유리한 위치에 놓이게 할 행동을 집행한다. 사실, 운동 게이팅은 적응에 대단히 유용하기 때문에, 뇌는 이 생물학적 혁신을 아주 오래전부터 잘 보존해왔다. 기저핵의 주요 구조와 운동 체계의 출력 신호를 여닫는 그 구조의 역할은 우리와 칠성장어의 공통 조상에도 존재했다.[21] 칠성장어 계통은 다른 척추동물의 계통과 무려 4000만 년 전에 갈라졌다! 자연은 좋은 해결책을 발견하면 단단히 붙잡고 놔주지 않는다. 운동 게이팅은 모든 영장류나 모든 포유동물뿐 아니라 모든 척추동물이 공유하는 해결책이다.

하지만 포유동물의 뇌에서 신피질이 발달하고, 영장류의 뇌에서 전두피질 및 전전두피질이 발달함에 따라, 피질과 기저핵 사이에서 다수의 루프가 발달했다.[22] 이런 구조가 정교해지는 과정에서 기저핵 체계는 새로운 목적, 바로 작업기억 게이트들을 조절하는 일에 복무하도록 진화했다.

움직임에서 기억으로

컴퓨터 인지신경과학자 마이클 프랭크Michael Frank와 랜디 오라일리Randy O'Reilly는 움직임을 조절하는 동일한 피질기저핵corticobasal ganglia 루프들이 작업기억 여닫기에도 관여할지 모른다는 가설을 처음으로 제시했다.[23] 현재 마이클 프랭크는 선구적인 컴퓨터 신경과학자이자 나의 브라운 대학교 동료 교수다. 하지만 이 아이디어는 프랭크가 콜로라도 대학교에서 대학원 과정을 공부할 때 오라일리에게 듣던 수업의 기말 프로젝트에서 처음 나왔다.

프랭크는 코언의 CDM 모델에 작업기억 게이팅을 심어 넣을 방도를 고민하고 있었다. 그가 시도한 비책은 대부분 전반적 게이팅 신호라 할 만한 것과 관련이 있었는데, 예를 들어 전전두피질에 도파민을 터뜨려 작업기억의 업데이트를 촉발하는 것이었다.[24] 하지만 문제가 있었다. 이런 전반적인 게이팅 신호로는 작업기억에 담긴 모든 것이 업데이트되거나 아무것도 업데이트되지 않았다. 이것은 주먹구구식이었다. 기억 속의 어떤 정보를 업데이트하면서 동시에 다른 정보와 계속 이어져 있어야 할 과제가 있다면, 그런 전반적인 메커니즘을 사용하기는 불가능했다. 마찬가지로, 게이트가 따로 나 있는 작업기억의 입력과 출력을 조절하는 것도 불가능했다.

프랭크와 오라일리가 생각해낸 해결책은 피질-선조의 루프식 운동 게이트를 전전두피질의 작업기억에 적용하는 것이었다. 훌륭한 접근법이었다. 첫째, 작업기억을 업데이트하는 행동과 작업기억을 유지하는 행동을 분리해 각기 다른 구조에 배치함으로써 안정성-유연성 문제를 해결했다. 전전두피질이 규칙과 과제맥락을 오래 유지함으로써 안정성을 뒷받침한다면, 기저핵은 입력 및 출력 게이트를 시행함으로써 유연성을 뒷받침했다.

둘째, 피질-선조 게이팅은 게이트의 전반적인 문제를 우회했다. 피질과 선조체 간의 루프는 조직화된 형태를 갖춘 체계이기 때문이다. 다시 말해서, 피질에 있는 특정 세포 집단이 선조체에 있는 특정 세포 집단에 신호를 보내면 그 선조체 세포들이 다시 피질에 있는 특정 세포들의 시상 동력에 영향을 미친다. 이처럼 조직화된 형태를 갖춘 루프는 특정 움직임을 증폭시킬 뿐 아니라, 작업기억에서 특정 항목을 선택해 업데이트하거나 출력시킬 수 있다. 바로 이 피질-선조 메커니즘이 작업기억의 전반적 게이팅이 아닌 선택적 게이팅을 가능하게 했다.

마지막으로, 선조체와 도파민이 연관된 덕분에 피질-선조 루프는 호문쿨루스에게 기대지 않고 작업기억 게이팅 방침을 학습하고 실행할 수 있는 아주 자연스러운 방법이 되었다. 앞에서 소개한 바와 같이, 선조체에서 도파민은 선조체의 고세포들과 노고세포들을 훈련시킬 수 있으며, 훈련된 세포들은 과제가 주어질 때 어떤 과제요구 정보가 작업기억에 들어갈 만큼 가치 있는지, 또는 어떤 정보가 작업기억에서 출력될지 결정할 수 있었다.

기억의 게이팅이 이 체계에서 어떻게 작동하는지 보기 위해, 그 기초적인 과정을 하나하나 들여다보자. 어떤 맥락이 전전두피질에 의해 유지되고 있다고 상상해보자. 그 맥락은 가령, 스트루프 테스트 도중에 색이름을 대라는 과제요구일 수 있다. 색이름 대기 과제를 암호화하는 신경세포들이 선조체의 고세포들과 노고세포들에 신경섬유를 투사한다. 이 두 세포 집단은 입력 신호의 무게와 더불어 더 광범위한 맥락에 관한 다른 정보의 무게를 재고, 그 정보에 따라 행동할지 말지를 표결로 정한다. 고세포가 표결에서 이기면, 시상이 탈억제된다. 그러면 그 맥락 정보는 피질의 출력층으로 전달되고, 이곳에서 단어 읽기와 경쟁하고 있는 색이름 대기의 반응을 강화한다. 이 방식은 피질 기저핵 루프를 통해 움직임이 출력되는 방식과 매우 유사하다. 하지만 여기에서는 규칙, 계획, 목표, 또는 맥락이 작업기억으로부터 선택되어 톱다운 방식으로 영향력을 흘려보낸다. 여기서 우리는 출력 게이팅의 생물학적 메커니즘을 보게 된다.

이 메커니즘은 입력 게이트도 운영할 수 있다. 감각 체계나 기억 체계나 계획 세우기 체계로부터 전전두피질로 정보가 들어오면, 고세포들과 노고세포들은 표결을 거쳐 그 가치를 평가한다. 현재의 과제나 맥락을 고려할 때 이 정보는 작업기억에 넣고 관리할 가치가 있는가? 만일 관리할 가치가 있다면, 고세포들이 활성화되고 그로 인해 시상이 탈억제되어 작업기억 속에서 그 정보를 활성 상태로 유지하는 데 필요한 동역학이 촉발된다. 여기서 우리는 입력 게이트를 보게 된다.

따라서 뇌가 작업기억을 여닫기 위해 완전히 새로운 체계를 싹틔웠다기보다는, 오래된 운동 루프로부터 이미 존재하는 해결책을 확장했다고 보는 편이 더 정확하다. 이 생각은 전두엽의 구조를 분석한 비교해부학의 결과와 잘 들어맞는다. 2장에서 논의했듯이, 영장류 계통의 뇌에서는 전두피질, 특히 전전두피질의 전방 부위가 점진적으로 확대되었다. 그 정교화 과정에서 더 오래된 운동 영역에 있는 피질-

선조-시상 루프가 재현되었을 뿐 아니라, 전전두피질이 암호화하는 과제, 목표, 규칙에 관한 추상적인 정보에 그와 똑같은 게이팅 연산이 가동되었다. 이처럼 기억을 더 정교하게 여닫는 능력이 발달하자 영장류의 작업기억 그리고 마침내 인간의 작업기억을 조절하는 능력이 함께 향상되었다. 연산의 정교화에 비례하여 규칙, 목표, 계획을 구성적인 행동과 연결하는 능력이 확대되었다. 그 능력과 함께 인지조절이 탄생했다.

이런 관점에서 볼 때, 진화 과정에서 깊어지다가 호모사피엔스에서 정점을 이룬 것은 작업기억만이 아니었다. 더 정교해진 게이팅 방침을 시행하는 능력 역시 점진적으로 발전해왔다. 4장에서 살펴보겠지만, 실제로 작업기억에는 다수의 게이팅 루프가 있어서 우리 뇌는 더 깊은 계획 수립과 위계적인 과제 조절을 해결할 수 있다. 작업기억을 여닫는 이런 능력이 일화적 미래 사고라는 고도의 능력과 결합했을 때, 이는 인간 수준의 일반 지능에 필요한 조합이 될 수 있었다.

요약하자면, 전두피질, 기저핵, 시상 간의 탈억제 동역학은 작업기억의 게이팅을 효과적으로 수행하는 메커니즘의 기반이 된다. 여기서 짚고 넘어가야 할 것은, 이런 작업기억 모델이 과학적으로 확실히 입증된 게 아니라는 점이다. 신빙성이 있는 다른 생물학적 게이팅 방법들은 피질-선조 상호작용을 필요로 하지 않는다.[25] 그럼에도 최초로 경험적(실험적) 지지를 받은 가설은 선조체 게이팅 가설이었다. 작업기억에서 입력 게이팅이 이루어지는 동안 전전두피질과 선조체가 활성화된다는 사실이 뇌 영상 실험으로 밝혀졌다.[26] 전전두피질이 손상된 환자와 선조체가 손상된 환자는 각각 작업기억의 항목을 유지하지 못하는 문제와 입력 게이팅 문제가 나타난다.[27] 선조체 도파민을 늘리거나 줄이는 약을 복용하면 그에 따라 입력 게이팅이 변한다.[28] 출력 게이팅 덕분에 사람의 뇌에서 선조체와 전전두피질의 소통이 늘어나는데, 심지어 아무 움직임도 계획하거나 실행하지 않는 동안에도 소통이 증가한다.[29] 이런 결과는 모두 전전두피질과 선조체의 상호작용이 작업기억 게이팅을 뒷받침한다는 가설과 맞아떨어진다. 게다가 피질-선조 게이팅 가설은 작업기억 게이팅을 설명할 뿐 아니라 학습 문제를 쉽게 수용한다. 이런 이유로 우리는 이 책의 나머지 장에서 피질-선조 게이팅 모델에 의지할 것이다.

이번 장에서 논의한 기초적인 이론과 개념으로 무장했으니, 운전 중 문자 메시지를 받는 문제로 돌아가보자. 문자 메시지를 읽지 않고 다른 행동 경로를 선택하려면, 운전이라는 맥락을 작업기억 속에서 유지하는 것이 중요하다. 다시 말해서, 분명 당신이 차에 탄 순간에, 고세포들이 입력 게이트를 작동해 그 맥락이 작업기억 속에 담겨 있어야 한다. 또한 그 맥락이 적절한 순간에 작업기억에서 문을 열고 나와, 도로에 집중할지 휴대전화에 집중할지 결정하는 데 영향을 미쳐야 한다.

심지어 이렇게 간단한 상황에서도 일이 잘못될 여지가 많음을 쉽게 알아챌 수 있다. 예를 들어, 우리는 운전이라는 맥락을 업데이트하지 못할 수 있다. 혹은 그 맥락을 기억에서 잃어버릴 수도 있다. 어쩌면 기억을 열어 그 맥락을 꺼내지 못하거나, 부적절한 순간에 꺼낼 수 있다. 게다가 이 시나리오에서 우리가 아직 건드리지 않은 조절요구control demand도 상당히 중요하다. 이를테면, 전화기를 확인하고 싶은 충동을 재빨리 막아줄 억제 메커니즘이 있을지 모른다. 노고세포들이 부분적으로나마 그 과정에 참여해서 메시지 확인 행위를 선택하기 어렵게 만들지도 모른다. 게다가 이 문제에는 그런 경우 사람들이 왜 그토록 쉽사리 실패하고 마는지 설명해주는 동기적 차원도 결부되어 있다. 다시 말해서, 사람들은 운전 중에 주의를 흐트러뜨리지 않으려는 마음이 있는데도, 문자 메시지를 보고 싶은 마음이 더 크기 때문에 휴대전화를 들여다보는 것이다.

이제 우리는 작업기억 게이팅의 틀 안에서 인지조절을 논의할 것이다. 우리는 이 관점에서 조절된 행동이 지닌 여러 가지 측면을 살펴볼 것이다. 그리고 더 복잡한 위계적 조절부터 억제, 동기화를 거쳐 기억조절에 이르기까지 그 체계에 새로운 부분을 추가해나갈 것이다. 하지만 그 핵심에는 다음과 같은 주장이 놓여 있다. 바로, 인지조절에는 세계에 대한 우리의 내부 모델로부터 나온 맥락과 예측을 해석하여 일련의 작업기억 게이팅 방침으로 변환하는 과정이 필요하다는 것이다.

4장 → 머릿속의 위계 구조

On Task

학자들 대다수가 그렇듯이, 나 역시 여행을 자주 한다. 그래서 나는 여행을 떠나 낯선 환경에서 일하는 것이 인지조절계에 얼마나 무거운 부담을 지우는지 속속들이 안다. 예를 들어, 호텔에서 하루를 시작할 때 가장 먼저 괜찮은 커피숍을 찾아야 하는 문제에 직면한다. 잘 알다시피, 카페인 중독자에게 커피는 하루를 시작하는 데 없어서는 안 될 필수 에너지다. 그런데 호텔 방에 비치된 미라처럼 동결 건조된 커피는 정말 성에 차지 않는다.

커피를 찾는다는 것은 대개 방을 나가야 한다는 것을 의미한다. 진짜 커피를 로비에서 얻을 수도 있고, 두 블록 떨어진 커피숍까지 가서야 마실 수도 있다. 하지만 방을 나서려면 먼저 옷을 입어야 한다. 기왕에 하루를 시작하는 김에 제대로 샤워를 하고 옷을 입을까? 아니면

잠옷 위에 청바지와 코트를 걸치고, 헝클어진 머리에 모자를 쓰고, 사람들의 눈길을 피하면서 슬며시 나갔다 들어올까? 캘리포니아 대학교의 진취적인 인지신경과학자이자 내 친구인 데이비스는 집에서 직접 원두를 볶아 호텔 방에 비치된 드립머신용 여과지를 구해 상자에 담아 간다. 커피 문제는 정말 위대하고 필사적인 수단을 유도해낸다.

커피 문제나 그 밖의 계획 세우기 문제를 해결할 때 우리는 1장에서 살펴본 행동의 추상적, 위계적 특성으로부터 이득을 본다. 호텔에서 맞은 첫째 날 아침에는 대개 커피를 어떻게 구해야 할지 모른다. 로비로 내려가서 커피숍이 있는지, 커피숍을 대신할 음료 서비스가 있는지, 아무것도 없는지 등을 파악할 때까지 커피를 마시겠다는 내 목표에는 구체적인 내용이 빠져 있다. 이 단계에서 내 목표는 커피를 마실 수 있는 모든 방법을 추상적으로 포괄한다. 하지만 이렇게 추상적일 때도 커피를 마시겠다는 내 목표는 조절에 도움이 된다. 나는 그 목표를 중심에 두고, 먼저 샤워를 할지 말지 같은 다른 활동들을 계획할 수 있다. 커피를 구하는 구체적인 방법을 모르는 상태에서도 그 모든 것을 할 수 있다.

물론 실제로 커피를 구하려면 실시간으로 떠오르는 구체적인 하위 목표들을 수행해야 한다. 예를 들어, 로비에 내려갔는데 커피숍이 보인다면 줄서기, 주문하기, 계산하기, 기다리기, 받기, 그리고 내가 맨발인 것을 아무도 모르게 서둘러 방으로 돌아가기 등 여러 시퀀스를 개시해야 한다. 나는 그 순간 이 하위 목표들을 만들어내고 특정 순서에 따라 수행하는데, 순서를 바꿀 수 있는 것은 몇 개뿐이다. 예를 들어, 계산하기 전이나 후에 바리스타에게 감사하다고 말하는 것은 그다지 중요하지 않다. 하지만 주문하기도 전에 돈을 내려고 한다면, 십중팔구 엉망이 될 것이다. 따라서 커피 구입의 세부 사항에는 하위 과제들뿐 아니라 그 하위 과제들을 추적하는 시간적 구조 몇 가지가 포함된다.

행동의 위계적인 특성 덕분에 나는 하위 목표를 하위-하위 목표와 하위-하위-하위 목표로 더 세분해서 손, 손가락, 팔, 발, 다리, 목, 입, 혀, 눈이 포함된 구체적인 운동 시퀀스에 도달하고, 이를 통해 특정한 순간에 커피를 손에 넣을 수 있다. 기술記述이 더 세분화될 때마다 목표는 더 구체적이고 상세해지며, 대체로 소요 시간이 더 짧아진다. 게다가 목표가 더 구체적으로 바뀔수록 내가 세운 하위 목표는 대체로 환경의 구체적인 특징에 제약을 더 많이 받는다. 예를 들어, 커피를 구입하는 동안 내가 걷는 곳은 나의 정신적 하위 목표에 따라 결정되지만, 그에 못지않게 바리스타, 계산원, 크림과 설탕의 위치 역시 내가 내리는 결정을 좌우한다.

행동 조절은 어떤 방식으로든 행동의 이런 위계적 성격에 신경을 쓴다. 인간의 인지조절은 행동을 순간적으로 조직할 뿐 아니라, 긴 시간과 다양한 추상적 차원에 걸쳐 조직하는 일에도 숙련되어 있다. 인간의 인지조절은 커피 구하기 같은 추상적 목표를 꼭 붙잡고 있으면서도, 계산대 앞에서 적절한 지불 방법을 찾는 것처럼 더 가까운 관심사를 처리한다. 이 장에서 우리는 뇌가 복잡하고 순차적이고 위계적인 행동을 어떻게 조절하면서 이 일을 하는지 더 가까이 들여다볼 것이다. 특히, 우리는 3장에서 소개한 기본적인 작업기억 게이팅 체계가 정교해질 때 어떻게 이 문제가 해결될 수 있는지 볼 것이다.

하지만 목표 및 하위 목표와 관련하여 과제를 위계적으로 기술할 수 있다 할지라도, 단지 그것만으로는 과제를 수행하는 체계가 위계적이라거나 위계적으로 작동해야 하는 것은 아니다. 다시 말해서 뇌는 행동을 위계적으로 표현할 필요가 없거나, 위계 구조의 여러 차원과 직접 경쟁하는 조절 체계를 시행할 필요가 없다. 2장에서 보았듯이, 거미집을 짓는 과정은 계층적으로 쉽게 설명할 수 있다 하더라도 거미는 거미집을 짓겠다는 목적에 관한 다양한 추상적 목표를 관리하지 않는다. 따라서 단지 행동이 다양한 추상적 차원에서 기술될 수 있다는 이유만으로는, 뇌가 그 모든 목표와 하위 목표를 머릿속에 담아 관리한다고 말할 수는 없다. 사실, 초기 심리학 이론들은 순차적인 행동을 꽤 다루었으면서도 그 체계가 특별히 위계적이지는 않다고 가정했다. 따라서 그 이론들의 발전 과정과 그에 대한 다양한 반응을 살펴본다면, 행동 위계가 인지조절과 어느 지점에서 일치하고, 우리 뇌가 그 위계들과 어떻게 경쟁했는지 이해하는 데 도움이 될 것이다.

행동의 위계 구조

에드워드 티치너Edward Titchener는 19세기 말 빌헬름 분트Wilhelm Wundt와 함께 구조주의 심리학을 창시한 사람이다. 구조주의자들은 기본적으로 심상이라 할 수 있는 마음의 단순한 요소들이 서로 어떻게 결합하거나 "구조화"되어 심리적 경험을 만들어내는지 이해하려고 노력했다. 그들의 기본적인 방법론은 **내성법**introspection이었다. 구조주의자들은 과학적 관찰의 수단으로서 "마음의 눈mind's eye"을 사용하여 그들 자신의 내면적 사고가 진행하는 모습을 기록하려고 했다.

티치너는 연속적인 이미지들이 일련의 연합을 통해 서로 결합하여 순차적인 사고, 행동, 의미를 구성한다고 믿었다.[1] 가령 커피에 설탕을 넣는 이미지가 떠오르면 크림을 넣는 다음 이미지가 활성화되는데, 이는 크림을 넣는 이미지가 첫 번째 이미지와 연합되어 있기 때문이다. 한 이미지와 다음 이미지가 이렇게 이어짐으로써 곧바로 펼쳐지는 사고의 흐름이 나올 수 있었다. 순차적인 행동은 이런 이미지들이 일러주는 대로 따라간 결과였다.

구체적인 설명을 위해 티치너는 연설을 예로 들었다. 그가 보기에, 연사가 말을 할 때 그의 마음에는 일련의 청각 이미지가 떠오른다. 각각의 이미지는 연합을 통해 다음 이미지를 촉발하는데, 연설자는 이렇게 사슬처럼 연결된 청각 이미지를 따라간다. 티치너는 "바로 내 앞에서 나 자신의 목소리를 들을" 수 있었으며, 그 목소리가 다음에 할 말을 알려주었다.

그렇다면 구조주의자들이 말하는 연합적 이미지 사슬에는 사고 및 행동의 계획이나 위계적 표상이 들어설 필요가 없다. 기억 속에서 각 단계가 다음 단계와 순차적으로 연합되기만 해도 강의나 과제를 하기에 부족하지 않고, 심지어 아침부터 저녁까지 하루를 보내기에도 충분할 수 있다. 마음속에 길이 보이듯 이미지들이 우리 앞에 연속으로 펼쳐지기 때문에, 당장 해야 할 행동에서 다음 행동으로 나아가기만 하면 된다. 20세기 초에 등장한 행동주의 심리학파는 구조주의와 그것의 자기성찰적 방법론을 비과학적이라며 거부했다. 그러나 순차적 행동에 관해서는 연쇄 개념을 거부하지 않았다. 그들은 단지 연합된 이미지들의 연쇄를 그들이 주장하는 연쇄 작용, 즉 주변부 행동 연쇄 peripheral action chain로 대체했을 뿐이다.

마거릿 플로이 워시번Margaret Floy Washburn은 순차적인 행동을 행동주의 이론으로 설명하는 놀라운 성과를 선보였다. 워시번은 처음에 코넬 대학교에서 티치너의 제자로 출발했고, 1894년에 심리학 박사학위를 딴 최초의 여성이 되었다. 그 후 30여 년 동안 경력을 이어가면서 구조주의를 행동주의로 전환하고, 심리학 분야에서 여러 차례 중요한 공적을 쌓았다. 다양한 영예 중에서도 특히 미국심리학회 회장을 역임한 바 있고, 1931년에 여성 심리학자로서는 최초이고 여성 과학자로서는 두 번째로 미국국립과학원 회원으로 선출되었다.

워시번은 티치너의 이미지 연합 연쇄를 변환하여 의식적인 경험에 의존하지 않는 틀로 재탄생시키려고 노력했다. 그녀가 보기에, 의식적인 경험은 순차적 행동의 결과라기보다는 사소한 부산물이었다. 그녀는 이미지 연합을 주변부 유발 연쇄peripheral trigger chain로 대체했다.[2] 이 연쇄라면 순차적 행동을 일련의 반사적 유발로 설명할 수 있었다. 앞선 행동의 신체 감각으로 유발된 행동을 집행하는 방식이었다. 그렇다면 원두를 가는 행동과 연결된 움직임들이 감각을 유발하면, 이 감각이 여과지에 커피를 채우는 연합 행동을 유발할 것이다. 또한 커피 가루를 여과지에 붓는 감각은 드립머신에 물을 채우는 행동을 유발한다. 존 B. 왓슨John B. Watson을 비롯한 다른 행동주의자들은 이 주변부 연쇄 개념을 언어로 확장하고, 후에는 사고 그 자체로 확장했다. 왓슨은 이것을 속엣말 연쇄chaining of subvocal speech로 개념화했다.[3]

연쇄 이론이 중심부의 심상 또는 주변부의 행동 감각 어디에 의존하든, 그 이론은 행동 방침에 영향을 미치는 조절계는 말할 것도 없고, 위계적 목표 혹은 상위 목표를 가진 체계에 기대지 않고 순차적 행동을 설명했다. 앞으로 살펴볼 테지만, 이 이론은 실제로 우리 인간이 어떻게 순차적 행동을 하는지와 잘 맞지 않았다.

1948년에 캘리포니아 공과대학교에서 열린 힉슨심포지엄은 마음과 뇌를 다루는 과학 분야의 이정표가 되었다. 뛰어난 심리학자, 신경과학자, 수학자 들이 한자리에 모여 행동의 신경 메커니즘을 다양한 관점에서 논의했다. 그 심포지엄의 선구적인 학제간 연구 방식은 인지과학 분야의 탄생을 예고했고, 불과 몇 년 후에 인지과학은 심리학에 대변혁을 일으켰다.

하버드 대학교의 심리학자이자 신경과학자인 칼 래슐리Karl Lashley도 심포지엄 참가자 중 한 명이었다. 래슐리는 우리가 어떻게 행동 시퀀스를 계획하고 배열하고 수행하는가에 초점을 맞추어 독창적인 강연을 했다.[4] 이 강연에서 래슐리는 연쇄 이론을 단호히 배격하고 중심적·위계적 조절계를 주장함으로써 이후 반세기에 걸친 심리학 연구의 토대를 놓았다.

래슐리는 전체적인 시퀀스를 이끄는 목표나 지식을 배제한다며 연쇄 이론을 공개적으로 비판했다. 래슐리는 연합된 청각 이미지에 관한 티치너의 내성법을 조롱하면서 이렇게 말했다. "게으른 사람이 강연 문제를 해결하기에 딱 좋지요! 생각할 필요도 없고, 그저 자신의 내적 목소리에, 사슬처럼 연결된 청각 이미지에 귀를 기울이면 되니까요."[5] 행동주의자와 그들의 주변부 연쇄 언어 이론이 강연 문제를 훨씬 더 잘 설명했다. 래슐리는 농담을 이어갔다. "[행동주의 심리학자는] 청중 앞에 나타나 한동안 입을 푼 뒤, 자러 갈 수 있는 단계에 도달했습니다. 이것을 보면 내성적 심리학보다 행동주의 심리학이 우위에 있다는 것을 확실히 알 수 있습니다. 행동주의 심리학자는 자기 내면의 목소리에 귀를 기울여야 할 필요조차 없습니다."

래슐리에 따르면, 순차적 모델들의 문제는 사람들이 하위 목표 하나에 실패할 때도 순차적 과제를 마무리할 수 있다는 간단한 사실을 설명하지 못한다는 데 있었다. 누구나 샤워할 때 머리를 두 번 감거나 집을 나설 때 지갑을 잊고 간 적이 있을 것이다. 이런 실수를 범한다고 우리가 그 순간 샤워를 멈추거나 대문 앞에 얼어붙어 더 이상 나아가지 못하지는 않는다. 나중에, 어쩌면 과제를 끝내고 한참 뒤에도 실수한 줄 모르고 있을 것이다.

어떤 일을 할 때 사람들은 종종 순서를 잊거나 같은 행동을 두 번 하거나 순서가 뒤엉키거나 엉뚱한 순서를 따르거나 다른 일을 하곤 한다. 단컨언대 이 책을 쓰는 동안 난는 오르타 많이 낸다. 오타는 순차적 오류이며 샤워를 하거나 커피를 내리는 것 같은 더 복잡한 순차적 작업에서 볼 수 있는 것과 같은 종류의 반전, 생략, 반복을 나타낸다. 그러나 오타를 냈을 때 일반적으로 바로 단어 입력을 멈추지 않고, 일단 단어 입력을 마친 뒤 돌아가서 수정하곤 한다. 다른 경우, 오타를 전혀 눈치채지 못한 채 문장, 단락 또는 글 전체를 완성하기도 한다. 어쩌면 한참 뒤 예리한 독자가 발견할 때까지 실수를 알아채지 못할 수도 있다.

이렇게 깜빡하는 실수는 복잡한 행동을 할 때도 발생하는데, 그런 사건은 오류 일지 연구에 잘 기록되어 있다. 이는 지원자들이 매일 자신들이 저지른 다양한 실수를 빠짐없이 일지에 적기로 동의하고, 과학자들이 그 일지를 분석하는 연구 방법이다. 지원자들의 기록에는 실수를 즉시 알아차리지 못하는 놀라운 사례들이 있었다. 예를 들어, 한 지원자는 커피잔에 오렌지 주스를 따랐다는 사실을 아침 식사를 하는 내내 깨닫지 못했다. 그는 한 컵을 다 마셨고, 식사를 마치고 난 다음 커피잔 바닥에 주스가 둥그렇게 남아 있는 것을 보고서야 실수였음을 깨달았다.[6]

순차적 행동에 관한 초기의 연쇄 모델들은 이 시퀀스를 끝내는 게 가능하다는 걸 예측하지 못할 것이다. 각 단계가 바로 앞선 단계의 정확한 실행에 의존하기 때문에, 단계가 하나라도 왜곡되면 시퀀스는 비참하게 붕괴할 것이다. 만일 내가 드립머신에 물을 붓는 단계를 빼먹는다고 가정해보자. 이때 물 붓기와 관련된 주변부 감각이 없고, 그래서 시퀀스의 다음 연합을 유발하는 것도 없을 테니, 다음 행동으로 이어줄 다리가 없을 것이다. 그 연쇄는 깨질 테고, 과제는 거기서 종료될 것이다. 나는 그 시퀀스의 전체 목표나 계획을 알지 못하기 때문에, 앞으로 나아가지 못하고 거슬러 되돌아갈 근거도 찾지 못한 채 꼼짝하지 못할 것이다.

따라서 래슐리는 연쇄가 아니라, 개개의 하위 목표 단계를 추상화하고 포괄하는 과제 목표를 기억에 유지해야 한다고 주장했다. "커피 내리기"라는 목표에 "물 채우기"나 "커피 가루 붓기" 같은 하위 목표들이 있는 것처럼 말이다. 이런 핵심적이고 추상적인 과제 표상은 하위 목표 단계들의 상태와 무관하게 존속한다. 이 추상적 표상은 다음의 하위 목표를 시퀀스에 따라 결정할 수 있다. 만일 어떤 하위 목표가 사라지거나 파기되거나 되풀이된다 해도, 전체 시퀀스는 영향을 받지 않는다. 추상적인 과제 목표가 있어 다음 하위 목표를 쉽게 인출할 수 있기 때문이다. 따라서 래슐리의 주장에 따르면, 우리는 행동의 위계적 표상을 가져야 하고, 그 속에서는 추상적인 목표가 구체적인 목표와 분리되어 있어야 한다.

래슐리의 이론은 순차적 행동을 실행하는 문제에 조절 개념을 명시적으로 도입했다. 인간의 뇌는 어디로 가거나 어디로부터 왔는지 전혀 모르는 채 하나의 하위 목표에서 다음 하위 목표로 터덜터덜 걸어가는 정적인 체계가 아니라고 래슐리는 지적했다. 그 대신, 뇌 그 자체와 세계 속에 놓인 뇌의 상황은 동적이기 때문에, 어떤 과제라도 그 진행 과정에서는 뇌의 상태가 계속 변한다. 따라서 과제를 완료하는 문제는 뇌 체계가 배경의 작은 변화들을 어떻게 수용하고 경로를 유지하면서 앞으로 나아갈 수 있는지와 관련이 있다.

예를 들어, 내가 매일 아침 커피를 내릴 때는 수용해야만 하는 사소한 차이들이 끝없이 발생한다. 어느 날에는 주방에 물건들이 어질러져 있다. 또 어느 날에는 아이들이 걸리적거린다. 졸릴 때도 있고, 몸이 아플 때도 있고, 행복할 때도 있고, 낙심할 때도 있다. 과제를 수행하는 두 경우가 똑같을 수는 없으며, 내가 경험하는 뇌 상태 역시 똑같지 않다. 이런 다양한 경험을 하나로 연결하는 것이 바로 단일한 추상적 기술記述, 즉 커피 내리기라는 목표다. 각각의 하위 목표를 부정확하게 경험하면서 여러 사소한 차이와 마주치는 동안 오류를 범하지 않고 과제를 계속하는 것이 순차적 행동의 표준인 것이다.

래슐리의 통찰은 다음과 같다. 우리에게는 시간이 흐르고 구체적인 차이가 발생해도 존속하는 전반적인 과제 기술이 있어, 우리가 수행하는 하위 과제들을 이 추상적인 기술에 연결 지을 방법이 있어야 한다. 래슐리가 보기에, 이를 위해서는 하위 목표 행동에 관한 표상과 따로 유지되는 핵심적인 과제 표상, 즉 별도의 신경 표상 같은 것이 있어야 했다. 하지만 결국 래슐리는 이 점에 관한 한 일부만 옳았던 것 같다. 추상적인 과제 표상을 붙잡아놓을 방법이 있어야 한다는 말은 맞지만, 이 추상적인 과제 표상이 개개의 하위 목표 단계와 항상 분리되어 있을 필요는 없기 때문이다.

이론을 전개할 때 래슐리는 순차적 행동의 *조절*과 자동적 행동의 *실행*을 구분하지 않았다. 앞서 말했듯이, 복잡한 순차적 행동이라 해도 경험이 충분하면 자동으로 실행할 수 있다. 또한 과제에 대한 경험은 그 사람이 저지르는 순서의 실수에도 영향을 미친다. 예를 들어, 집에서 커피를 내릴 때 나는 물병에 물을 받은 뒤에 드립머신에 그 물을 붓는다. 매일 아침 이렇게 커피를 내리는 사이에 나는 이 반응 경로를 강화하고 자동화한다. 따라서 나에게는 물병 채우기라는 하위 과제와 커피 내리는 데 필요한 그 밖의 하위 목표들 사이에 연합이 형성된다. 행동은 합성적이므로, 만일 내가 어느 날 차를 우리기 위해 물병을 사용해서 물을 데우고 싶을 때면, 나의 물병 채우기 서브루틴을 이 새로운 과제로 이전해올 수 있다. 하지만 물병 채우기와 커피 내리기 사이에 연합이 형성되어 있기 때문에, 나는 물을 데우는 대신 나도 모르게 커피 가루를 드립머신에 붓고 커피를 내릴 수도 있다. 이런 종류의 실수를 "포획 오류capture errors"라고 한다. 커피 내리기 과제가 차를 우리는 행동 방침을 포획했다는 의미에서다.

언뜻 보기에, 이 포획 오류 개념은 순차적 행동의 연쇄 모델로 돌아가는 것 같기도 하다. 물병 채우기와 드립머신에 물 붓기라는 다음 하위 과제의 사슬 연합이, 나의 전체 목표가 커피 내리기인데도 내가 왜 그렇게 부정확하게 행동하는지 설명해줄 수 있기 때문이다. 하지만 내가 깜빡하고 드립머신에 물을 붓지 않았는데도 커피 내리기를 완료할 수 있는 체계에서는 어떻게 해서 이런 일이 일어날까?

그로부터 50년 후에 계산인지신경과학자인 매슈 보트비닉Matthew Botvinick과 데이비드 플로트David Plaut는 연합된 표상이 어떻게 별도의 과제 표상을 요구하지 않으면서도 포획 오류를 포함해 순서상의 오류를 낳을 수 있는가라는 질문에 답을 했다.[7] 그들은 커피 내리는 법과 차 우리는 법을 학습하는 신경망 모델을 만들었다. 그림 4.1에서 볼 수 있듯이 이 모델에서 커피 내리기와 차 우리기는 단지 적절한 순서에 정확한 하위 과제에 해당하는 행동 신경세포들의 활성 패턴 순서를 가리킨다. 표 4.1은 차 우리기의 과제 시퀀스를 예로 보여준다.

이 모델은 커피 내리기나 차 우리기라는 전체 과제를 위해 순차적으로 하위 과제를 수행하는 법을 학습했다. 모델을 학습하고 나면 두 연구자는 신경세포 묶음들을 무작위로 발화시켜 모델에 "잡음"을 가했다. 이 잡음으로 인해 모델은 오류에 취약해져서 누락이나 역전이나 포획 오류를 보였다. 그럼에도 인간의 순차적 행동과 유사하게 모델의 행동 실수는 시퀀스의 종료로 이어지지 않았다. 오히려 모델은 실수를 하면서도 과제를 완료하려고 했다.

과제 목표의 어느 추상적인 표상에 접근할 수 없었을 때, 모델은

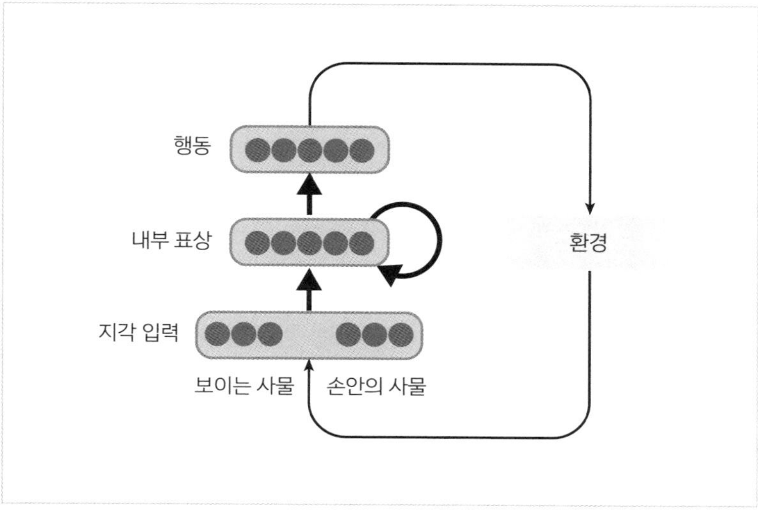

그림 4.1 보트비닉과 플로트의 순차적 행동 모델. 세 개 층의 신경세포가 서로 충분히 연결된 구조로 되어 있다. 환경은 눈에 보이는 사물과 손에 있는 사물을 통해 입력 정보를 제공한다. 이 입력 정보에 기초하여 재귀적 내부 표상은 행동과 연결된 뒤 환경에 영향을 미친다. Botvinick and Plaut (2004), 그림 3.

어떻게 그 순차적인 과제를 완료할까? 이 질문에 답하려고 보트비닉과 플로트는 각각의 하위 과제를 수행할 때 모델이 사용한 신경세포 활성의 패턴을 분석했다. 그리고 그 신경 패턴에서, 모델이 저지른 실수와 그 실수를 극복하고 과제를 수행하는 능력을 동시에 설명해주는 중요한 특징 두 가지를 발견했다.

첫째, 하나의 전체 과제에 속한 하위 과제들은 신경 활성 패턴이 비슷했다. 이 유사성을 때론 가족유사성family resemblance이라 부른다. 한 가족의 구성원들은 생김새가 각각 다르면서도 비슷하다. 이와 유사하게 어떤 과제의 하위 과제들은 서로 구별되면서도 가족유사성에 기초한 신경 활성 패턴을 보인다. 게다가 어떤 전체 과제의 하위 과제들은 가족유사성을 갖고 있으므로, 하위 과제의 활성 패턴으로부터 전체 과제가 얻어질 수도 있다. 이 모델은 단지 "물 붓기"라는 하위 과제를 표상한 것이 아니라, "커피를 내리는 중에 물 붓기"라는 특수한 패턴을 갖고 있었다. 이렇게 해서 이 모델은 어떤 하위 과제가 사라지거나 저하되어도 기억 속에서 전체 과제의 활성을 유지했다. 초기의 연쇄 모델들과 달리 이 모델은 전체 과제를 놓치지 않았지만, 그러면서도 그렇게 하기 위한 독립된 과제 표상을 필요로 하지 않았다.

둘째, 커피 내리기와 차 우리기에 모두 사용되는 하위 목표들은 서로 가족유사성을 공유했다. 구체적인 예로, "커피를 내리는 중에 물 붓기"는 "차를 우리는 중에 물 붓기"와 가족유사성을 공유했다. 그 결과 이 모델은 자연스럽게 포획 오류를 저질렀는데, 그 이유는 하위 목표 단계를 잃어버렸을 때도 모델이 과제를 계속 수행해나갈 수 있는 이유와 똑같았다. 찻물을 붓는 패턴과 커피 내리기의 하위 과제가 유사하기 때문에, 모델은 차 우리기에서 커피 내리기로 과제를 전환할 수 있었고, 그렇게 해서 모의 포획 오류를 저질렀던 것이다.

이 예는 혼란스러울 수 있으니, 다른 예를 들어보기로 하자. 차를 몰고 친구 집에 가고 있다. 친구 집으로 가는 길은 평소 회사로 출근하는 길과 비슷하다. 방향을 트는 순서가 일부 겹치기 때문에 중간에 나오는 교차로에서 회사 쪽 방향으로 좌회전을 하는 대신에 오늘만큼은 우회전을 해야 한다. 이 교차로가 두 과제의 중요한 선택 지점이다. 이 교차로에서 옳은 방향으로 돈다면, 더는 출근길과 겹치지 않기 때문에 남은 경로에서 포획 오류를 범할 가능성은 없을 것이다. 만일

표 4.1 그림 4.1의 모델에 따라 차를 끓이는 과제 시퀀스의 예.

차 과제: 두 가지 버전 중 하나

단계	보이는 사물	손안의 물건	행동
1	컵, 손잡이 1, 맑은 액체	없음	티백을 본다
2	티백	없음	집어 든다
3	티백	티백	컵을 본다
4	컵, 손잡이 1, 맑은 액체	티백	담근다
5	컵, 손잡이 1, 갈색 액체	티백	설탕을 본다
6	겉봉지, 흰 종이, 안 찢어짐	티백	내려놓는다
7	겉봉지, 흰 종이, 안 찢어짐	없음	집어 든다
8	겉봉지, 흰 종이, 안 찢어짐	겉봉지, 흰 종이, 안 찢어짐	찢어서 연다
9	겉봉지, 흰 종이, 찢어짐	겉봉지, 흰 종이, 찢어짐	컵을 본다
10	컵, 손잡이 1, 갈색 액체	겉봉지, 흰 종이, 찢어짐	붓는다
11	컵, 손잡이 1, 갈색 액체	겉봉지, 흰 종이, 찢어짐	스푼을 본다
12	스푼	겉봉지, 흰 종이, 찢어짐	내려놓는다
13	스푼	없음	집어 든다
14	스푼	스푼	컵을 본다
15	컵, 손잡이 1, 갈색 액체	스푼	젓는다
16	컵, 손잡이 1, 갈색 액체	스푼	내려놓는다
17	컵, 손잡이 1, 갈색 액체	없음	집어 든다
18	컵, 손잡이 1, 갈색 액체	컵, 손잡이 1, 갈색 액체	마신다
19	컵, 손잡이 1, 갈색 액체	컵, 손잡이 1, 갈색 액체	마신다
20	컵, 손잡이 1, 비었음	컵, 손잡이 1, 비었음	끝났다고 말한다

출처: Botvinick, M., and Plaut, D. C. (2004). Doing without schema hierarchies: A recurrent connectionist approach to normal and impaird routine sequential action. *Psychological Review* 111(2), 395~429, Table 3.

잘못된 방향으로 튼다면, 회사 주차장에 들어설 때까지 실수를 깨닫지 못할 수도 있다. 그 선택을 한 이후에 하위 목표 단계들은 그저 틀린 과제의 지속을 강화하기만 했을 것이다.

이 예의 핵심은, 회사 출근이라는 경쟁 과제가 자동적이라는 것, 매일 그 길로 출근한다는 것이다. 다시 말해서, 틀린 과제는 자동적이라서 경쟁에서 유리하고, 그래서 아주 중요한 중복 지점에서 행동을 포획할 가능성이 있는 것이다. 살면서 수플레를 한 번밖에 만들지 않았다면, 달걀을 깨고 나서 저도 모르게 수플레를 만들 걱정은 하지 않아도 된다.

보트비닉과 플로트의 모델은, 래슐리가 관심을 기울인 순서상의 오류는 고차원의 표상이 따로 없어도 연합의 결과로 발생할 수 있다는 것을 보여준다. 하지만 초기 연쇄 모델에서 중요한 점이 개선되었다. 그 모델의 신경 표상에서는, 전체 과제에 관한 추상적 정보가 하위 목표들 자체에 포함되어 있다. 따라서 과제의 구성 요소들을 수행하기만 해도 지금 하고 있는 과제에 관한 전반적인 기억이 유지된다. 그런 조건에서는 전체 과제 목표의 표상이 따로 없어도 사람들이 충분히 학습된 순차적 과제를 어떻게 수행하는지 설명할 수 있다.

하지만 그렇다 할지라도, 우리가 어떤 일을 하고 있을 때 그 과제의 하위 목표들과 무관하게 추상적인 목표를 마음에 유지하지 못한다는 뜻은 절대 아니다. 첫머리에 든 예에서 말했듯이, 나는 커피를 얻기 위한 구체적인 하위 목표를 수행하기 오래전에 커피 구입이라는 목표를 가질 수 있다. 사실, 나는 어떤 단계들을 밟아야 할지 생각하기 전에도 커피 구입이라는 목표를 가질 수 있다. 순차적 행동 조절이란 이런 추상적 표상을 사용하는 특수한 상황일 것이다.

오늘날 신경과학이 입증한 바에 따르면, 우리는 순차적 과제 수행을 조절할 때 래슐리가 가정했듯이 별개의 추상적 표상에 의존한다.

그러한 추상적 표상이 있기 때문에 우리는 미리 작성된 자동적 루틴들을 그때그때 꺼내 새로운 순서로 배열하고, 포획 오류나 그 밖의 실수를 피하기 위해 우리의 수행을 관찰하고, 혹시라도 실수를 했을 때는 이전으로 돌아갈 수 있다.

브라운 대학교 신경과학과에 있는 테리사 데스로처스Theresa Desrochers는 신경과학 중에서도 순차적 행동을 전문으로 연구한다. 그녀가 내 연구실에서 박사 후 과정을 밟고 있을 때 우리는 순차적 인지 조절의 토대가 되는 신경 체계를 이해하려는 공동 연구를 진행했다.[8]

우리는 실험 지원자들에게 컴퓨터 화면에 나타나는 자극의 색과 형태 중 하나를 보고 분류하라고 요구했다. 자극에는 어느 과제를 하라는 정보 같은 것은 전혀 없었다. 대신에 우리는 지원자들에게 각 항목이 차례로 나타날 때 특정한 분류 순서를 따르라고 지시했다. 예를 들어, 우리는 지원자들에게, 첫 번째 항목이 보이면 색에 따라 분류하고, 다음 항목이 나타나면 형태에 따라 분류하고, 그다음 항목에서도 다시 형태에 따라 분류하고, 마지막 항목이 나타나면 색에 따라 분류하라고 말했다. 지원자들은 항목이 그만 나올 때까지 4-과제 시퀀스, 다시 말해 색-형태-형태-색을 되풀이했다. 이 실험은 순차적 과제의 실험실 버전이었지만, 하위 목표는 "물을 붓는다"와 "원두를 간다"가 아니라 항목의 색이나 형태를 분류하는 것이었다. 그리고 해야 할 과제를 알려주는 단서가 없기 때문에, 자원자들은 이번 항목이 몇 번째인지 마음속으로 기록하면서 그에 따라 분류해야 했다.

이 상황이 실생활에서 그다지 특별한 일이 아니라는 점을 강조하고 싶다. 우리 주변에는 순서상 다음에 어떤 과제를 해야 하는지 알려주는 단서가 없을 때가 종종 있다. 예를 들어, 사람들은 대부분 샤워를 할 때 톱다운 방식을 채택해서 먼저 머리를 감고, 다음에 얼굴, 다음에 몸으로 내려간다. 하지만 잠시 딴생각을 하다가 어디까지 씻었는지 잊었을 때, 방금 머리를 감았는지 세수를 했는지 알려주는 단서가 주변에는 거의 없다. 그럼에도 사람들은 그 상황에서 자기가 하던 일을 추적하고, 일상의 과제들을 순차적으로 수행한다. 우리의 실험도 예외가 아니었다. 사람들은 어떤 과제를 해야 하는지 머릿속으로 추적하고, 4-과제 시퀀스를 정확히 해냈다.

데스로처스는 지원자들이 순차적 과제를 수행하는 동안 fMRI로 그들의 뇌를 촬영했다. 그리고 전전두피질 앞쪽의 가장 큰 부분을 차지하는 문외측전전두피질rostrolateral prefrontal cortex의 활성이 4-과제 시퀀스의 단계마다 올라간다는 것을 발견했다. 시퀀스를 시작할 때는 활성이 최소였다가, 마지막 단계에서는 최대치에 도달한 것이다. 다시 말해서, 문외측전전두피질의 활성이 시퀀스상의 위치를 추적하고 있었다. 하지만 그 위치에서 구체적으로 어떤 범주화 과제를 수행하고 있는지 또는 그 사람이 어떤 신체 반응을 보이는지에 따라 활성이 변하지는 않았다. 문외측전전두피질의 활성은 과제의 추상적인 속성, 즉 시퀀스상의 위치를 추적하고 있었는데, 이 과정은 수행되고 있는 하위 목표와는 아무 관계도 없었다.

더 나아가, 과제 수행에는 문외측전전두피질의 이러한 활성이 필요했다. 이어진 일련의 실험에서 데스로처스는 새로운 사실을 발견했다. 경두개자기자극술transcranial magnetic stimulation이라는 안전한 국소 뇌 자극술을 사용해 참가자들의 문외측전전두피질을 자극하자, 피험자들의 행동이 혼란에 빠지고 실수가 점점 더 잦아진 것이다. 다시 말해서, 문외측전전두피질은 시퀀스 안에서 구체적으로 어느 하위 목표가 수행되고 있는지와 상관없이 시퀀스가 진행되는 동안 점점 더 필요성이 높아진다.

이 장 후반부에서 문외측전전두피질을 더 자세히 다루겠지만, 데스로처스의 실험은 순차적 과제를 수행할 때 사람들은 가령 순서상 위치가 같은 추상적인 속성들을 추적하고, 그걸 과제 수행의 수단으로 사용한다는 것을 입증했다. 최근의 다른 연구에서는 정교한 신경 해독법을 이용하여, 수행되고 있는 하위 과제의 세부 사항들이 추상화된 시퀀스상의 위치를 뇌가 추적한다는 것을 입증했다.[9]

뇌에서 나온 증거에 따르면, 래슐리가 예측한 대로 인간은 순차적 과제에 관한 추상적인 맥락 정보를 별도로 유지한다. 과제를 자동화할 때 우리는 보트비닉과 플로트의 모델에서 볼 수 있던 것과 같은 연합 사슬을 형성한다. 이 사슬 덕분에 인지조절계로부터 정보가 많이 들어오지 않아도 안정적으로 행동할 수 있다. 실제로 많이 자동화된 과제를 할 때 우리는 이 연쇄성에 자주 의존한다. 일례로 알파벳을 암송하다 중단하면, 중단한 곳에서부터 이어가기보다 처음부터 다시 시작하는 게 훨씬 수월하다.

하지만 중요한 것은 이 사슬의 연합적 성격 때문에 포획 오류와 그 밖의 행동 실수가 일어날 수 있다는 점이다. 우리는 작업기억 속에 별도로 유지되는 과제맥락 표상과 그 표상에 따라 작동하는 인지조절을 통해 이런 실수를 줄일 수 있다. 하지만 순차적 행동의 구조는 위계적이기 때문에, 이와 같은 모니터링과 조절이 추상화의 여러 단계에서도 일어나야 한다. 나는 경쟁하는 과제들이 어디에서 중복되는지 그리고 중앙정부의 지원이 어디에서 필요한지에 의존하여, 예를 들어 물 붓기 같은 하위 차원의 목표나 커피 내리기 같은 고차원의 목표를 관찰하고 조절할 줄 알아야 한다.

여러 추상 차원에서 조절을 시행하는 이 능력은 위계적인 인지조절과 관련된 문제다. 뇌는 복잡한 행동을 조절하기 위해 이 문제를 어떻게 해결할까? 이 장의 나머지 절에서는 우리가 과제를 어떻게 위계화할 수 있는지 그리고 그렇게 할 때 장점과 단점이 무엇인지 좀더 깊이 파헤쳐볼 것이다. 그러고 나서 3장에서 살펴본 피질기저핵 게이팅 메커니즘이 이런 위계적 구조와 어떻게 잘 어울리는지 들여다볼 것이다.

작업의 위계 구조

순차적 행동을 제어하는 위계적 인지조절의 원리는 우리가 주변 세계의 상황에 따라 행동을 조절하는 규칙을 따를 때도 적용된다. 예를 들어 3장에서 보았듯이, 스트루프 과제 도중에 반응층에서 두 개의 경로가 중복되면 간섭이 발생한다. CDM에서 감각을 통해 들어온 뒤 숨겨진 층을 지나 반응층으로 이어지는 신경 발화의 전파는 커피를 끓일 때 하위 목표들을 거치거나 친구 집으로 차를 몰고 갈 때 교차로를 통과하는 순차적 경로와 비슷하다. 순차적 과제의 경우와 마찬가지로 반응 경로가 중복되면 경쟁이 일어나 색이름을 대야 할 때 우세한 단어 읽기 경로가 "포획"해버릴 위험이 발생한다. 이 경쟁을 해소하려면 과제요구에 대한 별도의 추상적 표상이 경로 간 경쟁에 개입하여 적절한 과제에 힘을 실어줘야 한다. 따라서 우리가 지각하는 자극을 우리가 만들어낸 반응에 매핑하는 규칙을 따르는 것은 순차적 과제와 많은 부분에서 비슷하다.

또한 순차적 과제와 마찬가지로 규칙 그 자체도 다수의 위계적 차원에 따라 표현될 수 있다. 예를 들어, 내 두 아들은 어렸을 때 "실내 목소리"라는 규칙에 적응하느라 힘들어했다. 다들 이 규칙을 알 것이다. 실내에 있을 때는 낮은 목소리로 말해야 하고 밖에서는 말과 행동을 크게 해도 된다는 규칙이다. 몇 년 동안 우리 집에서는 "실내 목소리"라는 잔소리가 후렴구처럼 되풀이되었다. 아이들에게는 이 규칙이 어려운 조절 문제라는 이유도 분명히 있었을 것이다. 아이들은 지금 실내에 있다는 맥락을 작업기억 속에 유지하고, 그다음에 이 기억을 사용해 목소리 크기를 조절해야 한다. 악을 쓰거나 기뻐서 비명을 지르고 싶은 강한 충동을 억제하면서 말이다.

하지만 나이가 들면서 두 아이는 이 규칙을 더 정교하고 깊은 위계 구조로 바꾸어버렸다(그림 4.2의 A). 아이들은 실내 목소리 규칙이 아내와 내가 주변에 있을 때만 적용되는 규칙이라고 이해했다. 이 새로운 규칙에서는 내가 맥락이기는 하지만 상위의 추상적인 맥락이다. 나의 존재 자체가 아이들 목소리 크기에 직접 영향을 미치지 않는다. 그 대신, 내 존재는 아이들에게 맥락의 다른 측면(예를 들어, 그들이 실내에 있는지 바깥에 있는지)을 자기들의 행동과 어떻게 관련지을지 보여준다. 따라서 맥락 그 자체의 다른 측면들을 행동 조절에 사용하는 방식에 따르

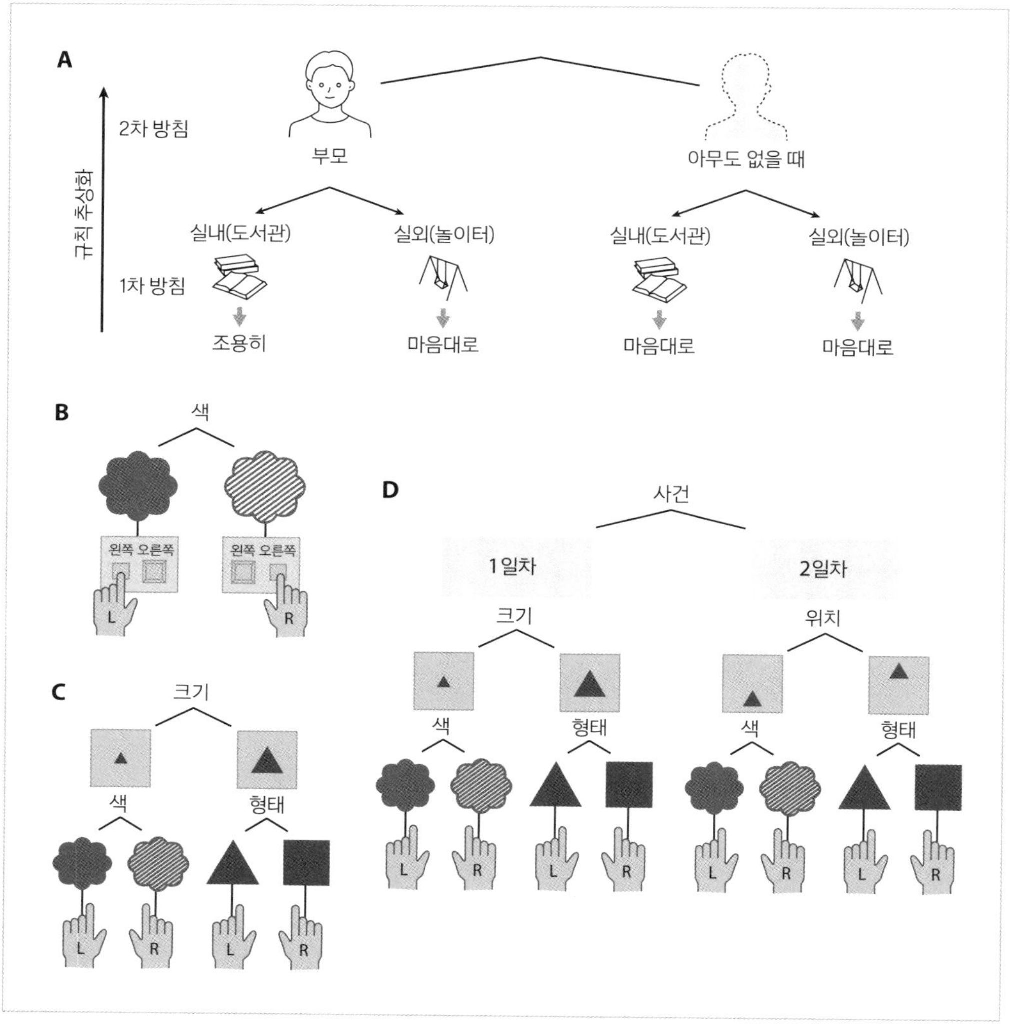

그림 4.2 위계적 규칙 나무와 추상화된 규칙. (A) "실내 목소리" 규칙: 실내/실외라는 맥락과 목소리 크기를 연결할 때 부모의 존재를 고려하는 2차 지시. Badre and Nee (2018)의 그림 1A. 실험실에서, 결정 나무에 우발적 차원이 더해짐에 따라 규칙에는 (B) 1차, (C) 2차, (D) 3차 방침으로 추상화된 규칙이 증가할 수 있다.

는 경쟁을 해소하려면 종종 상위의 맥락을 관찰할 필요가 있다.

실험실에서는 "실내 목소리"와 비슷한 위계적 규칙 구조를 설정할 수 있지만, 더 간단한 맥락과 행동을 사용해야 한다. 당신이 내 실험실에 왔다고 상상해보자. 나는 당신을 컴퓨터 화면 앞에 앉히고, 양손에 버튼을 하나씩 쥐여준다. 그런 다음, 화면에 파란색 물체가 나타나면 그때마다 왼손에 있는 버튼을 누르라고 말한다. 빨간색 물체가 보이면 오른손에 있는 버튼을 누르면 된다. 이런 단순한 규칙을 결정 나무decision tree라고 부른다(그림 4.2의 B). 이 나무에는 분기점이 하나뿐이며, 그 분기점은 당신이 색에 따라 어떻게 반응하는지 지정한다.

당신은 이렇게 단순한 과제의 요령을 금방 터득한다. 이제 나는 당신에게 더 많은 규칙을 제시한다. "화면에 보이는 물체가 삼각형이면 왼손의 버튼을 누르고, 사각형이면 오른손의 버튼을 누르세요." 이런, 당신에게 문제가 생겼다. 만일 화면에 빨간 삼각형이나 파란 사각형이 나타나면 어떻게 해야 할까? 색 규칙에 따르자니 이렇게 눌러야 하고, 형태 규칙에 따르자니 저렇게 눌러야 한다. 자극과 반응을 매핑하는 단순한 규칙들이 중첩되어 경로들끼리 서로 경쟁하는 형국이 되었다.

그렇다면 언제 색 규칙을 사용하고 언제 형태 규칙을 사용해야 하는지 구분할 새로운 정보가 필요할 것이다. 예를 들어, 나는 당신에게 이렇게 지시할 수 있다. "물체가 작으면 색 과제를 하고, 물체가 크면 형태 과제를 하세요." 그림 4.2의 C에 있는 결정 나무가 이 새로운 규칙 구조를 보여준다. 우리는 결정 나무를 더 키워 당신의 과제 구조에 위계적 차원을 하나 추가했다. 아이들이 소리를 지를지 말지를 결정할 때 실내/실외 맥락이 작용하는 것과 유사하게, 여기서는 "크기"가 추상적인 맥락의 특징이다. 이 특징은 반응 방식에 관한 맥락을 직접 제공하지는 않으며, 대신에 주어진 환경의 다른 특징들, 즉 색과 형태를 당신의 반응과 연결하는 방식을 지시한다.

과제가 더 복잡해질수록 나는 이 규칙 나무에 맥락과 분기점을 추가할 수 있다. 예를 들어, 이튿날 당신이 내 실험실에 다시 왔다고 해보자. 나는 당신에게 이렇게 말한다. "오늘은 물체의 크기가 아니라 화면에 보이는 물체의 위치에 따라 색 과제를 할지 형태 과제를 할지 결정해야 합니다. 구체적으로 말해서 물체가 화면 위쪽에 나타나면 형태 과제를 하고, 아래쪽에 나타나면 색 과제를 하는 겁니다."

그림 4.2의 D에서 나무는 한 단계 더 커진다. 이제 두 가지의 2차 규칙 나무가 나타났다. 이제 당신은 규칙 집합을 결정할 때 크기를 사용하기도 하고 위치를 사용하기도 한다. 이 두 가지를 따로 유지하려면, 지금 당장 필요한 하위 맥락이 어느 것인지, 즉 크기인지 위치인지 구별할 수 있는 새로운 상위 맥락이 필요하다. 이 예에서 그 상위 맥락은 당신이 이 과제를 수행하고 있는 날짜 또는 사건이다. 오늘 사건에서 당신은 위치를 사용해 과제를 선택하고 있다. 만일 내가 그날 오후에 하위 맥락을 다시 크기로 바꾼다면, 당신은 이 사건에 다시 그 변화를 적용해야 한다.

자, 금방 확대되지 않았는가? 우리는 한 쌍의 간단한 자극-반응 규칙으로 시작했다. 이것을 때로는 1차 방침이라 부른다. 예를 들어, 빨간색 같은 어떤 자극 특징과 행동을 직접 이어주기 때문이다. 하지만 새로운 규칙을 학습하면서 방침들 사이에 중복과 경쟁이 증가한다. 이런 중복을 줄이려면 새로운 맥락 요소에 기초하여 점점 더 고차의 방침을 쌓아 올려야 한다. 맥락이 늘어날 때마다 규칙에 새로운 분기점이 들어와 나무가 더 깊어진다. 두 단계를 거치자 당신의 과제는 3차 방침으로 표현되었다. 3차 방침에서는 사건이 크기와 위치 중 하나를 결정하고, 이때 결정된 것이 색과 형태 중 하나를 결정하고, 거기서 결정된 것이 누를 버튼을 결정한다!

그림 4.2의 D에서 볼 수 있는 나무는 어려운 문제를 표현하는 효과적인 방법이다. 우리가 차원을 늘려 이 나무에 도달하는 동안, 세계의 상태와 그에 따라 우리가 받아들일 수 있는 행동 사이에 관계의 수가 급격히 증가한다. 그 관계들에 대한 기술은 우리가 사건, 크기, 위치, 형태, 색, 반응을 하나씩 일일이 조합했을 때 나올 목록, 이른바 순람표보다 훨씬 더 간명하고 효율적이다. 결정 나무로서, 순람표는 특징과 반응이 조합되는 수만큼 가지가 갈라져 매우 넓게 뻗어나가는 나무가 될 것이다. 그렇게 일일이 조합하면 선택지가 너무 많으며, 모든 분기점을 따로따로 학습해야 한다. 그 대신 그림 4.2의 D에 표현된 규칙에 따라 행동할 수 있다면, 우리는 몇 번의 결정만으로 어려운 문제를 효과적으로 해결하게 된다. 행동을 구조화하는 방법으로 위계 구조를 사용하면 큰 보상이 돌아온다.

결정 나무의 이점 덕분에 인간은 그림 4.2의 D에 나오는 규칙이나 그보다 더 깊은 규칙에 따라 행동할 수 있지만, 또한 그 이점을 상쇄하는 비용이 든다. 결정 나무가 더 커질수록 더 많은 맥락 특징을 놓치지 않아야 하고, 그 특징들을 위계적으로 결합해야 한다. 규칙 나무가 더 커지면 사람의 반응은 더 느려지고 실수를 더 많이 범하기 시작한다. 하지만 수행 중에 발생하는 이런 비용에도 불구하고, 상당히 확실한 증거에 따르면 우리 인간은 과제의 위계 구조를 활용하여 행동을 조절한다. 인간은 실제로 새로운 과제를 시작할 때 이런 나무 모양의 위계 규칙을 찾는다.

몇 년 전 나는 신경학자이자 인지신경과학자인 앤디 케이저Andy Kayser, 마크 데스포시토Mark D'Esposito와 공동 실험을 진행하여 새로운 환경에서 위계 구조를 발견하고 적용하는 인간의 능력을 테스트했다.[10] 이 실험은 내가 방금 설명한 가상 버전과 비슷했지만, 사람들에게 규칙을 말해주지 않았다는 점은 달랐다. 대신에 참가자들은 피드백만 근거로 해서 자신들 반응의 옳고 그름에 대한 규칙을 알아내야 했다.

이 실험에서 우리는 사람들에게 일련의 시각 자극을 보여주었다. 각각의 자극물은 특정 방향(위나 아래 또는 대각선)을 나타내는 형태였고, 색이 칠해진 박스에 둘러싸여 있었다. 우리는 피험자들에게 구체적인 자극물에 따라 키패드에 있는 버튼 세 개 중 하나를 누르면 소액의 돈이 지급될 것이라고 말했다. 하지만 자극물이 나타났을 때 눌러야 할 버튼을 생각해내는 것은 참가자들의 몫이었다. 반응한 후에는 돈이 지급되었는지 아닌지 들을 수 있었다. 이런 피드백을 근거로 참가자들은 색, 형태, 방향의 조합과 올바른 반응 사이에 매핑을 학습할 수 있었다. 모든 자극물을 망라할 때 형태는 세 가지, 방향은 세 가지, 색은 두 가지였다. 따라서 가능한 세 가지 반응에 매핑하는 세 가지 특징의 고유한 조합은 총 18개였다.

피드백만 근거로 해서 각각의 자극물 18개를 어느 반응과 매핑해야 하는지 학습하는 일은 어려운 문제다. 하지만 참가자들에게 비밀로 하고 우리는 매핑들 사이에 고차의 위계 구조를 설정했다. 예를 들어, 자극물이 빨간색일 때는 물체의 형태로 반응을 암시했고, 파란색일 때는 방향으로 반응을 암시했다. 따라서 만일 참가자들이 이 위계 구조를 알아내면, 문제가 한결 수월해질 수 있었다. 참가자들은 규칙 18개를 모두 학습하기보다 색과 형태 또는 색과 방향을 매핑하는 고차의 규칙 한 가지를 학습할 수 있었다. 그에 따라 참가자들은 모든 규칙 대신 세 가지 규칙만 알아내면 되었고, 결국 그 세 가지를 간파했다. 참가자들은 규칙 18개를 간략하게 표현한 위계적 버전에 도달했다.

중요한 사실은 참가자들에게 어떤 내용도 알리지 않았다는 점이다. 우리는 그런 위계 구조가 전혀 없는 대조군 실험까지 진행했다. 이 경우 형태, 색, 방향의 모든 조합이 제각기 세 가지 반응 중 하나와 독특하게 매핑되었고, 그래서 참가자들은 18개의 독특한 매핑을 일일이 학습해야 했다. 여기에는 위계 구조가 없었기 때문에, 우리는 이 규칙을 "수평적" 규칙이라 불렀다.

수평적인 조건에서든 위계가 있는 조건에서든, 학습 활동의 지시사항, 구성, 모양과 분위기는 동일하게 유지되었다. 한쪽에 위계적인 규칙 구조가 숨어 있다는 것이 유일한 차이였다. 참가자들은 위계 구조가 있으면 그것을 찾아냈고, 그 구조를 이용하여 수평적 조건일 때보다 훨씬 높은 성적을 기록했다. 게다가 참가자들은 학습 초기에 위계 구조를 발견했다. 반면에 수평적 조건에서는 학습 속도가 느렸고, 18개의 규칙을 다 간파하지도 못했다.

수학 모델을 사용하여 마이클 프랭크와 함께 진행한 후속 연구에서 우리는 새로운 사실을 발견했다. 사람들이 위계 구조를 빨리 발견하는 까닭은 처음부터 그런 구조를 적극적으로 찾기 때문이라는 것이다.[11] 반대로, 참가자들이 각각의 결합 규칙을 모두 학습하려고 시도할 때는 위계 구조가 거듭 실패한 이후였다. 실제로 마이클 프랭크와 앤 콜린스Anne Collins가 진행한 후속 연구에서 사람들은 수평적 구조를 학습할 때와 마찬가지로 보상의 이점이 전혀 없을 때도 위계 구조를 학습하려 했다.[12] 결론적으로, 사람들은 낯선 문제와 맞닥뜨렸을 때 학습할 위계 구조가 있으면 그 규칙 구조를 재빨리 학습하고 적용한다.

사람들은 어째서 특별한 이점이 없을 때도 위계 구조를 찾을까? 그 이유는 사람들이 암묵적으로 미래에 투자하기 때문이다. 위계 구조에는 새로운 과제에 더욱 쉽게 일반화할 수 있는 추상 개념들이 있다. 만일 어떤 배경에서 색이 고차의 맥락으로서 도움이 되었다면, 위치와 크기 중 어느 것이 적절한지 색으로 결정되는 새로운 상황에서 사람들은 형태와 방향 대신 색을 그 상황에 전이시켜 적용할 것이다. 위계 구조는 또한 구성적이다. 나무에는 전체에서 떼어내 새로운 과제의 나무 구조에 갖다 붙일 수 있는 하위 나무가 있기 때문이다. 따라서 어떤 위계적 규칙이 지금 당장 딱히 유용하지 않을지라도, 미래에는 수평적 규칙보다 더 유용할 수 있다. 실제로 앤과 마이클의 실험에서 위계 구조를 사용한 참가자들은 그 규칙을 새로운 과제에 쉽게 전이시켰다. 그리고 그들의 베팅은 보상으로 이어졌다.

요약하자면, 우리는 복잡한 환경에서 우리의 행동 조절을 체계화하기 위해 자연스럽게 위계적 규칙을 만들어낸다. 이렇게 만들어진 나무들은 유용하다. 서로 경쟁할 가능성이 있는 사건, 규칙, 과제 들을 떨어뜨려놓기 때문이다. 또한 어려운 문제를 해결할 수 있는 규칙들을 효율적으로 저장하게 한다. 그리고 규칙 구조에 더 추상적인 고차의 맥락을 추가함으로써, 우리는 한 과제의 전체 구조를 바꾸지 않은 상태에서 더 낮은 위치의 가지들을 재조합하고 교체하고 제거할 수 있다. 다시 말해서, 이 나무들은 본질상 구성적이다. 따라서 위계적 표상은 우리가 새롭고 복잡한 환경에서 어떻게 그렇게 쉽게 행동하여 목표를 성취하는지 밝혀주는 중요한 열쇠라 할 만하다.[13] 우리가 이와 같은 위계 구조를 사용할 때는 무엇보다 작업기억 게이팅 메커니즘이 중요한데, 이제 그것을 알아보겠다.

위계 구조의 메커니즘

3장에서 소개한 기본적인 작업기억 게이팅의 틀로 다시 돌아가보자. 하지만 이번에는 "실내 목소리"라는 위계적 규칙의 사례를 적용하기로 하자. 우리 아이들이 실내 목소리 규칙을 실행할 때는 적절한 순간에 "실내"라는 맥락을 작업기억 속에 들여보내야 한다. 그런 다음 한 아이가 다른 아이에게 정말로 흥분해서 소리치고 싶은 충동을 느낄 때, 아이는 그 맥락을 출력시켜 그것을 토대로 화를 누그러뜨리고 소리 지르려는 경향을 이겨내야 한다. 이 게이트들은 적절한 때 작업기억에 있는 적절한 맥락을 증폭시키는 피질, 기저핵, 시상의 탈억제

루프에 의해 가동된다.

이 기본 틀을 조금 정교하게 다듬으면 더 복잡한 위계가 있는 버전으로 그 규칙을 설명할 수 있다. 이 버전에서는 "부모"라는 맥락이 목소리에 직접 영향을 미치는 대신, "실내"를 맥락으로 사용하게끔 영향을 미쳐야 한다. 하지만 이런 문제를 해결할 수 있도록 우리의 기본적인 조절계를 정교화하는 방법은 다양하며, 각각의 방법은 나름의 장점과 단점을 가지고 있다.[14]

예를 들어, 그렇게 정교화하는 한 가지 방법은 모든 맥락을 작업기억 속에 넣은 뒤 그것들의 결합을 통해 반응하는 것이다. 다시 말해서 우리는 부모가 곁에 있는지 없는지, 실내인지 실외인지를 모두 조합하여 새로운 맥락을 만들어낼 것이다. 따라서 작업기억 속에서 "부모-실내"가 결합하면 낮은 목소리로 말하고, "부모-실외"일 때는 큰 소리로 말해도 된다는 것 등등을 학습하게 될 것이다.

그림 4.3의 A는 이 접근법을 채택한 CDM 모델이 어떻게 이루어져 있는지 보여준다. 이 버전에는 가능한 모든 맥락이 포함된 더 큰 맥락층이 있고, 맥락들의 독특한 결합이 저마다 독자적인 경로를 통해 특정한 반응으로 이어진다. 정확히 연결될 때 이 모델은 더 복잡한 규칙을 따르겠지만, 심각한 약점이 있다. 그림 4.3의 A를 보면, 이 새로운 경로들을 수용하기 위해 우리는 원래 모델에 있던 과제요구와 숨겨진 층의 규모를 늘려야만 했다. 이렇게 새로 추가된 모든 연결 때문에 전체 구조는 학습하기가 어려워졌으며, 각각의 경로를 따로따로 연결해야 하는 만큼, 새로운 맥락과 적절한 행동을 결합하기 위해 모든 결합과 결부된 더 많은 경험이 필요하다는 문제도 있었다.

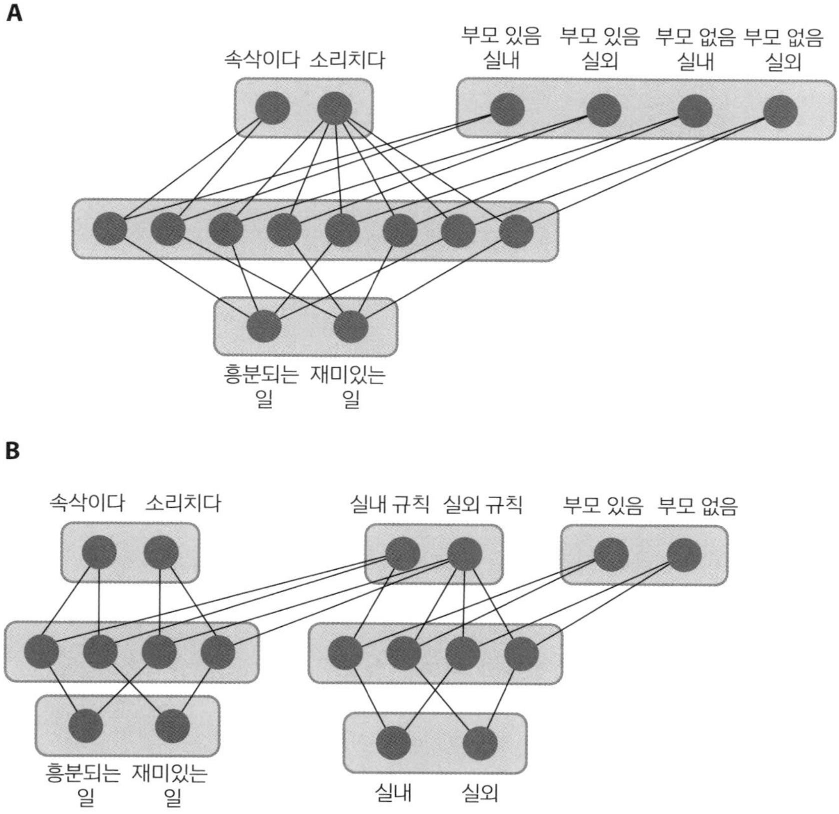

그림 4.3 위계적 조절의 CDM 모델을 수정한 가상 모델 두 개의 도식. 부모가 있을 때와 없을 때의 실내/실외 목소리 규칙 같은 위계적 과제를 해결하기 위해, (A) 맥락과 다양한 행동을 대응시킬 수도 있고, (B) 그게 아니면 위계적 조절 구조 속에 두 개의 CDM 컨트롤러를 포개 넣을 수도 있다. Badre and Nee (2018), Box 1, Figure 1.

어느 정도 시간이 지나자 이 모델은 우리가 가르쳐준 경로들로만 작동했다. 예를 들어, "집 안에서는 뛰지 말고 걸어 다니기" 같은 새로운 실내 규칙을 추가하면, 이 모델은 기존 지식으로부터 이익을 얻지 못한다. 뭔가 새로운 것을 좀더 추가하려면, 실내/실외와 부모의 다양한 결합을 모두 이 새 규칙에 매핑시켜야 한다.

이렇게 되면 일이 복잡해진다. 만일 우리 뇌가 이런 식으로 작동한다면 우리는 맥락과 그에 따른 행동을 모두 결합하고 학습하느라 인생을 소진할 것이다. 이미 학습한 결합의 범위를 넘어서면 일반화나 전이가 거의 불가능할 것이다. 이렇게 해결하려 하면 1장에서 다루었던 확장성 문제와 즉시 충돌하고 만다.

위계적 조절을 이렇게 해결하려 할 때 문제가 발생하는 것은 원래의 규칙에 내재한 위계 구조가 반영되지 않았기 때문이다. 맥락의 결합에 의존함으로써 전체 규칙 구조가 사실상 수평이 되어 고차원이나 저차원의 맥락 또는 구성성의 요소들이 사라지고 말았다. 다층적 구조의 장점을 이용할 수 있도록 우리는 모델을 수정하여 규칙의 위계 구조를 보존해야 한다.

그림 4.3의 B는 그런 도식의 예를 보여준다. 최초의 CDM에서는 맥락이 감각-운동 경로에 입력 정보를 제공하고 그에 따라 경로가 반응을 선택했다. 그렇게 해서 "실내 규칙"이라는 맥락이 자극과 낮은 목소리라는 반응 사이의 매핑에 영향을 미쳤다. 우리가 수정한 모델에는 부모의 존재라는 새로운 맥락층이 추가되어, 부모가 실내에 있는 상태가 "실내 규칙"이라는 맥락과 연결될지 아닐지에 영향을 미친다. 다시 말해서 우리는 CDM이 원래 사용했던 구조를 사용하면서

도, 맥락을 이용해서 반응 경로를 선택하기보다는 하나의 맥락으로 다른 맥락을 선택하게 했다. 단지 첫 번째 CDM 모델을 터전으로 삼아 새로운 CDM을 만든 것이다.

그림 4.3의 B를 보자. 이런 식으로 맥락 조절을 분리하면 과제의 위계 구조가 보존된다. 그에 따라 이 모델은 그림 4.3 A의 모델이 할 수 없는 전이와 일반화가 가능하다. 예를 들어, 우리는 부모의 존재가 관련되어 있는지 다시 학습하지 않고도 "실내 규칙"에 뛰기와 걷기 같은 새로운 규칙을 추가할 수 있다. 실내 규칙에 어떤 맥락이 붙더라도 그 맥락은 이 관계를 물려받는다.

이 도식은 많은 장점을 보이는 반면, 이런 구조에서는 작업기억 게이팅 메커니즘에 몇 가지 심각한 부담이 발생한다. 이제 맥락층이 두 개가 되었다. 그래서 두 개의 맥락층을 따로 조절하고 싶다면 게이트의 수를 늘려 각각의 맥락층과 연결해야 한다. 적절한 시간에 올바른 반응이 나오게 하려면 이 게이트들이 서로 조율되어야 한다. 그에 따라 위계적 규칙을 시행할 때는 그만큼 작업기억 게이팅에 부담이 가중된다.

뇌는 이렇게 많은 게이트를 어떻게 유지할까? 앞에서 설명한 위계적 학습 과제에 관해 연구하면서 마이클 프랭크와 나는 신경망 모델에서 이 문제를 다루었다.[15] 3장에서 살펴본 더 간단한 경우와 마찬가지로, 피질기저핵 회로는 위계적 게이팅을 뒷받침할 수 있다. 우리는 피질-선조체-시상 루프가 작업기억에서 맥락을 유지하기 위해 어떻게 출력 게이트를 실행할 수 있는지 이미 확인했다. 피질에 있는 유용한 맥락의 신경 표상이 활성화되면 선조체의 고Go 신경세포들이 시상의 담창 탈억제 기능을 통해 이 신경 표상을 강화한다. 이렇게 해서 특정한 순간에 “실내” 같은 맥락의 문이 열리고, 뇌는 그 맥락을 사용하여 “작은 소리로 말하라”라는 반응 방침을 선택한다.

고차의 맥락을 추가하기 위해 우리는 “부모”라는 맥락을 내보내는 별도의 루프를 추가했다. 이렇게 중첩된 루프 구조가 그림 4.4에 설명되어 있다. 이렇게 하면 전전두피질은 실내라는 맥락과 부모라는 맥락을 모두 유지하면서도 개별적으로 관리하게 된다. 그에 따라 각각의 피질-선조 루프는 문을 열어 맥락을 내보낼 시기를 따로따로 학습한다.

여기서 주목해야 할 점이 있다. 이 별개의 루프들은 위계적으로 중첩된 상태에서 상호 작용한다. 구체적으로, 상위 루프의 맥락에서 나온 출력이 하위 루프의 선조체 게이트로 투사된다. 그림 4.4에서 그 신호는 사선 연결로 표시되어 있다. 상위 맥락인 “부모”가 선조체 게이트에 의해 열릴 때, “부모”는 사선 연결을 통해 고세포와 노고세포로 신호를 보내는데, 이 세포들은 하위 맥락인 “실내” 게이트를 열지 말지 고려한다. 입력 신호가 들어오면 그 세포들은 “실내” 맥락 게이트의 개폐 여부를 투표로 결정하려고 한다. 이런 방식으로 독립되어 있으면서도 중첩된 피질-선조 게이트들이 위계적 규칙을 실행한다.

갈수록 늘어나는 증거에 따르면, 이 가상의 중첩된 루프 구조는 뇌가 위계적 규칙을 어떻게 실행하는지 거의 정확히 표현한다. 2장에서 우리는 인간을 다른 영장류, 더 나아가 침팬지 같은 대형 유인원과 구분하는 것이 크게 확대된 전전두피질이라는 점을 확인했다. 그 부위의 확대는 대략 후방에서 전방으로 진행된 것으로 보인다. 해부학자

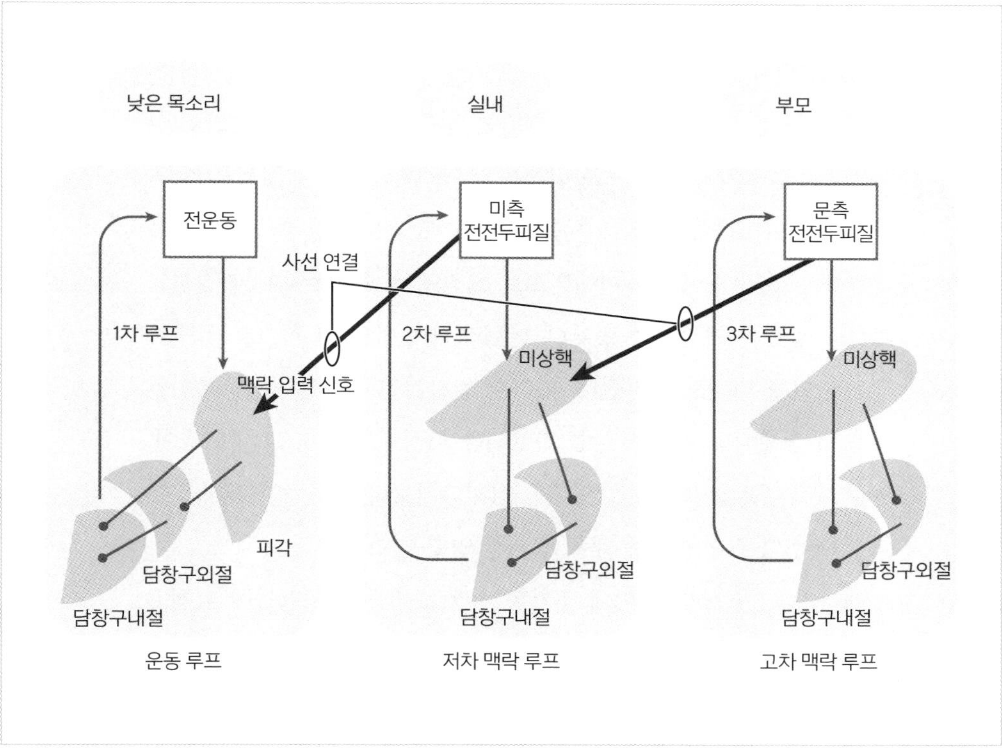

그림 4.4 피질-선조 루프를 통한 위계적 게이팅. 전전두피질과 선조체를 연결하는 독립된 루프를 볼 수 있다. 각각의 루프는 자신이 담당한 피질 부위를 여닫을 수 있는 양positive의 탈억제 피드백 루프다. 여러 루프는 불균형하게 중첩되어 있어, 고차 맥락 루프에서 출력된 피질 정보가 선조체의 저차 루프의 고 경로와 노고 경로에 영향을 미친다. 화살표를 잘 따라가면 이 루프들이 실내/실외 목소리 규칙을 해결하는 방식을 알 수 있다.

들은 전방을 향한 뇌 구조를 가리켜 문측rostra(입쪽)이라 하고, 후방으로 향한 구조를 미측caudal(꼬리쪽)이라 하는데, 각각 "입술"을 의미하는 라틴어 *rostrum*(로스트룸)과 "꼬리"를 의미하는 단어 *cauda*(카우다)에서

온 말이다. 입에서 꼬리에 이르는 이런 특징들을 가리켜 흔히 전두엽의 문측-미측 구조라고 부른다.

이런 문측-미측 구조를 뒷받침하는 정황은 수두룩하다. 첫째, 신경세포의 밀도가 뇌 앞쪽으로 갈수록 높아진다. 둘째, 신경세포 간 연결성도 높아지는데, 이는 더 통합적이고 추상적인 신경세포 표상을 반영하는 것일 수 있다. 마지막으로, 2장에서 소개했듯이 연결성의 패턴도 광범위 연결에서 벗어나 전두엽 내부에서 입 쪽으로 갈수록 국소적 연결 패턴으로 바뀐다. 따라서 전반적인 구성은 입 쪽 부위일수록 더 통합적인 피질 표상을 반영하는 특징이 있으며 그 부위들이, 후방 피질 네트워크에 직접 영향을 미친다기보다는 일종의 위계 구조를 이루어 다른 후방 전두 부위에 기본 영향을 미친다.

게다가 지난 10년 사이에 추가된 직접 증거들은 사람들이 위계적 조절을 할 때 이 전후방 구조가 중요하다는 사실을 뒷받침해왔다. 우리 실험실을 비롯해 여러 곳에서 진행한 인간 뇌 영상 연구들이 꾸준히 입증한 바에 따르면, 더 깊은 결정 나무를 가동하여 고차의 규칙을 수행하는 동안 사람들은 외측전전두피질lateral prefrontal cortex에서 입 쪽에 더 가까운 부위를 사용한다(그림 4.5).[16] 전두엽에서 입 쪽에 더 가까운 영역에 손상을 입은 환자들은 얕은 규칙 나무보다는 깊은 규칙 나무에서 더 많이 수행 결핍을 보인다. 반대로 전두피질에서 꼬리 쪽에 더 가까운 곳에 손상을 입은 환자들은 얕은 나무와 깊은 나무 양쪽 다 결핍을 보인다.[17] 건강한 지원자를 대상으로 진행한 최근의 연구에서 데릭 니Derek Nee와 마크 데스포시토는 경두개자기자극술로 전전두피질의 여러 부위를 자극할 때도 마찬가지로 결핍이 위계적 패턴을 보

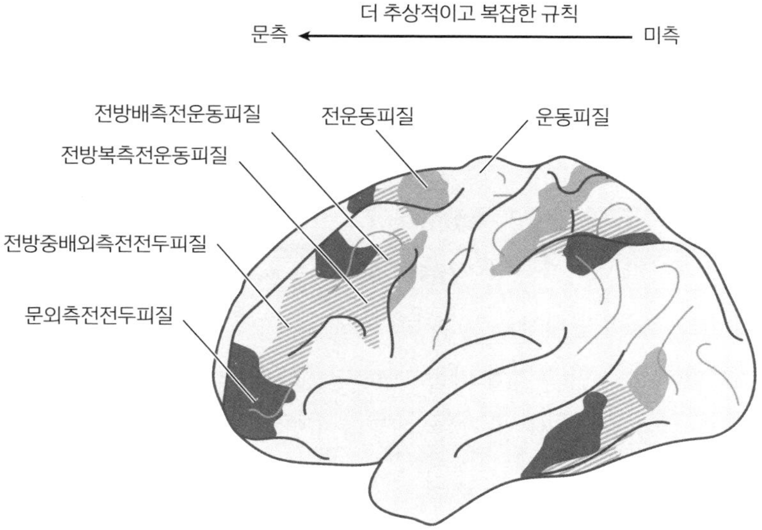

그림 4.5 조절 하위 네트워크의 위계적 구성을 보여주는 전두엽의 측면 모습. 문외측전전두피질, 전방중배외측전전두피질, 전방배측전운동피질과 전방복측전운동피질, 그리고 전운동피질과 운동피질의 위치를 볼 수 있다. 꼬리 쪽에 있는 전운동피질에서 중배외측을 지나 입 쪽에 더 가까운 부위로 갈수록 더 추상적이고 복잡한 위계적 규칙과 연결된다. 하지만 이 부위는 뇌의 모든 엽에서 발견되는 더 넓은 하위 네트워크의 일원이다. 그 하위 네트워크는 직물 모양의 흐린 음영으로 표시되어 있다. Badre and Nee (2018)의 그림 2C.

임을 입증했다.[18]

이상과 같은 초기 결과들이 나오고 15년이 지나는 동안 많은 연구가 진행되어 전전두피질이 위계적 인지조절을 뒷받침하는 구성 과정에 대한 이해가 넓어졌다. 그 결과 깊은(다층적인) 위계일수록 입 쪽에 더 가까운 전전두피질에 의해 조절된다는 개념이 놀라울 정도로 정교해졌다.

첫째, 문측-미측 기능적 구성이 위계적 과제에 질적으로 중요하기는 해도, 전두엽 전체의 추상성을 포괄하는 단 하나의 기능적 경사도는 존재하지 않는다. 이때 **기능적 경사도**functional gradient라는 말은 전두엽의 조직성이 단계적으로 증가하는 하나의 추상적 축이 있다는 것을 의미한다. 하지만 우리의 뇌는, 가장 단순하고 구체적인 행동들을 조절하는 운동피질에서 시작하여 전두엽의 입 쪽으로 가면서 만나는 신경세포들이 한 단계씩 점점 더 추상적인 행동을 표현하는 식으로 구성되어 있지 않다.

그 대신 fMRI 연구에서 확인된 여러 부위가 사실은 폭넓게 분포한 여러 네트워크의 일원이며, 이런 네트워크는 점점 더 위계성을 띠면서 활성화되는 전두피질 및 두정피질의 연합영역에 걸쳐 있다고 보는 것이 타당하다.[19] 사실 이 네트워크들은 3장에서 논의한 폭넓은 전두-두정 조절계의 하위 네트워크들이다. 결과적으로, 전전두피질에 있는 이 네트워크들의 큰 요소들은 꼬리 쪽에서 입 쪽으로 진행하지만, 이 패턴을 따르지 않는 예외도 존재한다. 따라서 전전두 영역들이 문측-미측 위치보다는 네트워크 상의 관계에 기초하여 위계적 조절에 참여하리라고 예측하는 편이 더 타당하다.

둘째, 위계의 최상부는 사실 입 쪽과 가장 가까운 전전두 영역인 문외측전전두피질이 포함된 네트워크가 아니다. 처음에는 이 영역이 전두엽 위계의 최상부라고 여겨졌으며, 가장 오랜 세월에 걸쳐 우세함을 보이는 가장 추상적인 맥락들이 있는 장소라고 추정됐다. 이 생각은 일부만 옳은 것으로 판명되었다.

전두엽의 위계 안에서 특정 부위에 서열이 있다는 것을 가리키는 단서는 그 부위와 다른 부위들의 연결이 불균형한 패턴을 보인다는 점이다. 다른 곳에 존재하는 위계를 생각해보자. 예를 들어, 기업에서 CEO가 내리는 결정은 모든 사원에게 막대한 영향을 미치지만, 물품실 직원의 결정은 CEO에게 거의 영향을 미치지 않는다. 상위 부위, 즉 위계상 더 높은 곳에 있는 부위는 아래에 있는 부위에 영향을 미치지만 그 반대는 아닐 것이다. 만일 뇌에서 그 영향을 연결 강도로 표현한다면, 위계상 높은 곳에 있는 부위로 들어오는 신호는 약하고 나가는 신호는 강한 상대적 불균형이 나타나리라 예측할 수 있다.

원숭이의 뇌를 대상으로 한 해부학 연구와 인간 뇌의 기능적 연결성을 조사한 연구가 바로 이 개념을 적용하여 전두엽 위계에 속한 여러 부위에 서열을 매겼고, 그 결과 두 종 모두에서 놀라우리만치 일관된 패턴을 발견했다. 꼬리 쪽에서 문측전두피질로 이동할수록 입력 대비 출력의 비율이 증가했고, 그 방향은 위계 서열과 일치했다. 하지만 이 패턴은 문외측전전두피질에서가 아니라 전방중배외측전전두피질anterion mid-dorsolateral prefrontal cortex에서 정점에 도달했다.[20] 이 부위는 앞에서 다른 종에 비해 인간의 뇌에서 두드러지게 확대되었다고 언급한 바 있는 그 부위와 대략 일치한다. 또한 발달 과정에서 가장 늦게

성숙하는 부위기도 하다.[21]

만일 문외측전전두피질이 위계의 최상위가 아니라면, 이 부위와 그 연합 네트워크는 위계적 인지조절에서 무슨 역할을 할까? 전방중배외측전전두피질과 달리 문외측전전두피질은 전전두피질로 들어오는 신호의 주요 입력 장소다. 실제로 앞에서 인용한 연구들은 이 부위에서 입력 대비 출력 비율이 역전되어 입력이 출력보다 높다는 것을 발견했다. 그 출력 신호는 기본적으로 전두엽, 특히 전방중배외측전전두피질로 간다. 하지만 입력 신호는 대부분 해마와 복내측전전두피질을 포함하는 영역의 네트워크에서 오는데, 2장에서 우리가 세계와 일화적 미래 사고에 대한 장기적인 지식과 관련지었던 영역들이다. 게다가 우리가 테리사 데스로처스의 순차적 조절 연구를 통해 보았듯이, 문외측전전두피질이 활성화되는 것은 우리가 과제를 수행하려고 현재 상황뿐 아니라 과거에 일어난 일과 미래에 일어날지 모르는 일에 기초하여 조절을 하고 있을 때다. 이런 사실들이 그 부위의 역할을 가리키는 중요한 단서가 된다.

문외측전전두피질에 관한 문헌들을 리뷰하는 글에서 데릭과 나는 문외측전전두피질은 일화적 미래 사고를 위한 체계와 인지조절이 접하는 중요한 인터페이스일 거라는 가설을 세웠다.[22] 그런 인터페이스는 세계에 대한 우리의 명시적 내부 모델과 가상의 미래 그리고 우리가 취할 수 있는 경로에 관한 정보를 기억하는 방법이 될 수 있다. 그렇다면 문외측전전두피질은 과거, 현재, 미래에 관한 지식을 가져와 조절계와 관계시키는 데 결정적으로 중요할 것이다.

요컨대, 그렇다면 그림 4.3의 B에서 본 위계적 조절 구조가 뇌에서 가장 먼저 필요로 하는 것이 무엇인지 분명해진다. 다양한 위계적 차원에 대한 조절을 뒷받침할 수도 있는 개개의 하위 네트워크가 존재한다. 그 하위 네트워크들은 전두엽에서 꼬리 쪽에 있고 운동피질과 가까운, 예컨대 가장 단순한 규칙들이 전운동피질 같은 영역에 의해 실행되게끔 구성되어 있다. 이를테면 중배외측전전두피질처럼 입 쪽에 더 가까운 네트워크가 더 추상적이고 고차원적인 방침과 관련한 조절에 중요할 것이다. 따라서 이 개별적인 피질 네트워크는 각기 다른 맥락을 처리하여 "부모"나 "실내"처럼 각기 다른 선조체 루프를 통해 게이트를 여닫을 것이다.

하지만 이것은 단지 우리가 내세운 가설의 일부에 불과하다는 점이 중요하다. 우리의 모델 또한 개별적이지만 중첩된 선조체 게이트가 다양한 피질 네트워크를 조율하리라고 예측한다. 이 구조를 뒷받침하는 증거도 있다. 비인간 영장류를 다룬 해부학 연구들은 피질-선조-시상 루프가 문측-미측으로 구조화되어 있다는 사실을 오래전부터 입증해왔다.[23] 더구나 배외측전전두피질에서 선조체로 가는 연결에서도 연결이 문측-미측으로 질서 있고 세밀하게 조직되어 있다.[24] 이처럼 조직된 입력 정보는 별도의 피질-선조-시상 피드백 루프에 의해 조절됨으로써 전전두피질 각 영역의 기초를 이룬다. 더 나아가, 위계적 조절이 이루어지는 과정에 사용되는 규칙 나무의 깊이에 따라 선조체의 구체적인 분절과 전전두피질 사이에 소통이 더 많아진다는 점을 관찰한 fMRI 연구도 이 해석을 뒷받침한다.[25]

백색질 신경로를 연구한 사람들은 모든 종결terminations이 일반적인 문측-미측 연결 패턴을 따르지는 않는다는 것도 발견했다. 이른바 확산성divergent 연결은 대부분의 연결이 따르는 전체적인 미측-문측 증감률을 따르지 않는다. 흥미롭게도, 이런 확산성 연결 패턴에는 불균형이 있다. 어떤 문측 전두 부위는 미측 선조 영역으로 다시 투사하는데, 그 부위에서 발생한 입력 신호는 발산적 경향이 더 높다. 즉 문측전전두피질의 신경세포에서 미측선조체caudal striatum로 들어가는 맥락 신호가 그 반대 방향으로 가는 신호보다 더 큰 것이다.

이 점은 위계적 게이팅에 중요한 해부학적 특징일 것이다. 문측전전두피질은 또한 더 추상적인 맥락 정보와 목표를 관리하고 있다는 사실을 떠올려보자. 따라서 미측 피질-선조 루프는 문측전전두피질에서 관리되는 맥락에 영향을 받고 있을 것이다. 문측 루프가 게이트를 열어 "부모" 같은 추상적 맥락을 내보낼 때, "실내" 같은 낮은 차원의 맥락을 내보내는 미측 루프로 강한 신호가 들어온다. 그림 4.4에서는 그 신호가 사선 연결로 표시되어 있다. 반대 방향으로 가는 영향과는 차이가 크다.

요약하자면 다음과 같다. 서로 영향을 미치는 다수의 맥락과 관련된 위계적 규칙을 실행할 때, 우리는 작업기억에 있는 입력 게이트와 출력 게이트를 조율하여 규칙을 실행한다. 각각의 게이트는 나무의 개별 차원에서 과제맥락에 관한 작업기억을 통제한다. 고차의 맥락이 출력되면 그 맥락은 그 아래 게이트의 게이팅 운용에 영향을 미친다. 이 게이팅 작업은 중첩된 피질-선조-시상 루프에 의해 뇌에서 실행되는데, 이때 이 루프는 개별 네트워크가 서로에게 미치는 영향을 조율한다. 주로 입 쪽에 더 가까운 네트워크가 꼬리 쪽 네트워크의 게이팅 운용에 영향을 미친다. 이렇게 상호 작용하는 게이팅 동역학 덕분에 그 네트워크는 어려운 위계적 문제를 해결하는 깊은 규칙 나무에 기초하여 우리의 행동을 조절할 수 있다.

우리가 수행하는 과제와 성취하려고 하는 목표는 대부분 복잡하다. 호텔에서 커피를 구하는 일에는 서로 다른 시간대에 작동하는 다수의 하위 목표 그리고 복잡한 방식으로 서로를 제약하는 다수의 맥락 요소가 얽혀 있다. 우리가 일반화했듯이, 행동의 구성 요소들은 서로 중복되고 간섭하므로 맥락을 지원받아야 일을 매끄럽게 처리해나갈 수 있다. 문제를 위계적으로 표상할 수 있다면 그 문제를 효과적으로 해결할 수 있다. 하지만 이런 위계적 규칙을 실행하는 것은 어려운 일이다.

위계적 규칙을 실행하기 어려울 때면 우리 뇌는 3장에서 논의한 작업기억 게이팅 시스템을 이용한다. 전두엽 뒤에서 앞으로 배치된 다수의 피질-선조 게이팅 루프를 중첩함으로써 뇌는 더 깊은 규칙 나무로 게이팅 문제를 해결할 수 있고, 그에 따라 우리도 각각의 게이팅 방침을 학습함으로써 게이팅 방침을 새로운 상황에 일반화할 수 있다. 예를 들어, 나는 커피 한 잔을 마시겠다는 전체 목표와는 별도로 커피숍 앞에서 줄을 서서 기다리기로 작정할 수 있다. 만일 그 두 가지 결정이 내 행동에 영향을 미치고 있다면, 두 가지 차원의 추상이 전두피질과 선조체에 걸쳐 있는 각각의 게이팅 루프를 통해 처리되고 있는 것이다.

인간이 진화하는 동안 전두엽은 정교해지고 성장했다. 그럼에 따라 고차의 게이팅 능력도 증가했을 것이고, 게이팅 시스템이 정교해짐에 따라 점점 더 큰 규칙 나무를 키울 수 있었다. 앞에서 언급했듯이, 규칙 나무를 관리하는 능력이 조금만 증가해도 행동과 관련하여 해결될 수 있는 문제의 종류가 엄청나게 늘어난다. 그러므로 작업기억을 게이팅하는 뇌의 능력에 작은 변화가 일어난 순간, 과제를 해내는 우리의 능력에 큰 변화가 찾아왔을 것이다.

5장 → 멀티태스킹의 비밀

On Task

미국에서 상을 가장 많이 받은 작가를 꼽으라면 단연 유진 오닐Eugene O'Neill이다. 그는 『얼음장수 오다*The Iceman Cometh*』와 『밤으로의 긴 여로*A Long Day's Journey into Night*』 같은 명작들로 미국 문학에 기여한 공로를 인정받았으며, 초기 산업사회를 어둡고 비관적으로 묘사한 희곡들을 발표해 퓰리처상을 네 번이나 받았다. 그리고 지금까지도 노벨 문학상을 받은 미국의 유일한 극작가이기도 하다.

오닐은 또한 최고의 멀티태스커였다. 그는 항상 두 편의 희곡을 동시에 썼다고 알려져 있다. 대작을 집필해본 사람은 누구나 알겠지만, 이건 정말 놀라운 일이다. 나는 글을 많이 쓰지만, 이 책과 동시에 다른 책을 쓴다는 것은 상상도 하지 못한다. 예술은 오로지 그 주제에 최고의 수준으로 집중하고 몰두해야 한다. 예술가들은 대개 한 프로젝트를 준비하는 데 여러 달, 심지어 몇 년이 걸린다. 따라서 오닐이 등장인물, 플롯, 주제, 배경이 다른 작품 두 편을 동시에 쓰면서도 수준 높은 작품을 창조했다는 사실은 놀랍기만 하다.

이번 장에서 논의하겠지만, 멀티태스킹은 일반적으로 효과와 능률을 끌어내리는 나쁜 방식이다. 그렇다면 오닐은 어떻게 멀티태스킹을 잘 해냈을까? 특별한 재능을 타고난 천재였을까? 어쩌면 만약 그가 한 번에 한 작품에만 집중했다면 훨씬 더 훌륭한 작품을 완성해서 노벨상을 두 번 받았을지 모른다! 두 가지 설명 모두 그럴듯하다. 하지만 그의 뛰어난 역량을 설명할 수 있는 또 다른 방법이 그의 특이한 작업 방식 속에 숨어 있다.

오닐은 노벨상 상금으로 캘리포니아 북부 댄빌 인근에 세 번째 아내인 캘로타와 함께 살 집을 지었다.[1] 부부는 이 집의 설계를 직접 지휘했다. 동양철학에 사로잡힌 오닐은 동양철학의 많은 개념을 디자인 과정에 포함시켰다. 예를 들어, 어떤 길과 복도는 특별한 종착지가 없었다. 실내 인테리어는 대부분 어두운 분위기였고, 조명이 집 내부를 밝혀주는 대신 색이 들어간 유리 거울이 공간을 넓어 보이게 했다. 이렇게 독특한 디자인 때문에 지역 주민들은 그 집을 가리켜 "도의 집Tao House"이라 불렀다.

내가 캘리포니아 북부에 살 때 '도의 집'을 직접 둘러볼 기회가 있었다. 예상했던 대로 집 전체가 특이했지만, 나에게 유독 특별한 인상을 준 곳은 오닐의 작업실이었다. 이 작업실만큼은 예외적으로 스페인이나 아시아의 영향이 거의 없었다. 작업실은 상선의 선원이었던 오닐의 젊은 시절을 반영하듯, 배의 선실과 비슷하게 설계되어 있었다. 아담한 작업실의 양쪽 벽에 책상이 하나씩 놓여 있었다. 두 책상은 멀찍이 서로 마주보았고, 각각의 책상에는 그 앞에 앉아 있을 때만 볼 수 있는 각기 다른 사진, 자잘한 장신구, 싸구려 물건 따위가 놓여 있었다. 그래서 전체적으로, 한쪽 책상에 앉으면 반대편 책상에 앉았을 때와 느낌이 완전히 다른 환경에 빠져드는 효과가 있었다. 오닐이 쓴 방법은 책상을 바꿔가면서 한쪽 책상에서 희곡 한 편을 쓰고 다른 책상에서는 다른 희곡을 쓰는 것이었는데, 다른 곳에서는 절대로 쓰지 않았다.

인지조절을 연구하는 과학자로서 나는 이 작업 공간 디자인에 매료되었다. 운이 좋았든 설계 덕분이었든 간에 그는 환경의 도움을 받아 자신의 인지조절 체계를 유지하는 방식을 생각해냈던 것이다. 이번 장에서 보겠지만, 멀티태스킹의 문제는 대부분 동일한 환경에서 여러 과제를 수행하기 때문에 발생한다. 그렇게 중복이 되면 우리는 지금 하고 있는 과제가 아닌 다른 과제를 가리키는 많은 단서에 둘러싸이게 되는데, 그럴 때 안정성과 유연성의 균형을 맞추기 위해 우리 내부의 조절계는 두 과제를 분리해서 유지해야 한다. 효율적으로 행동하려면 우리는 머릿속에 도의 집을 짓고, 내적 체계를 사용하여 두 과제를 각기 다른 책상 위에 놓아야 한다. 오닐의 멀티태스킹 전략은 이 문제를 세계 그 자체에 아웃소싱을 주는 것이었다. 그는 두 과제를 수행하기 위해 환경을 따로 만들었고, 그렇게 해서 자신의 조절계가 두 가지 과제를 감당할 수 있게 했다.

오닐의 작업실과 오늘날 우리가 살아가는 모습은 극명하게 비교된다. 멀티태스킹 그 자체가 역사적으로 새롭다는 말이 아니다. 오히려 멀티태스킹은 오래전부터 근대 산업사회를 떠받치는 대들보였다. 사무실은 늘 똑같은 환경이지만 우리는 그 안에서 다양한 과제를 수행한다. 예를 들어, 나는 연구실에서 조사를 하거나 글을 쓰거나 학생을 가르치거나 행정 업무를 본다. 우리는 수많은 과제를 사무실에서 하지만, 역할을 바꾼다고 해서 그때그때 장면 전환 같은 것은 일어나지 않는다.

이처럼 멀티태스킹이 새로운 것은 전혀 아니지만, 인류 역사의 그 어떤 시대보다 오늘날 더 널리 확산된 것은 부인할 수 없는 사실이다. 이는 디지털 시대에 들어 과제의 연결성과 접근성이 높아진 결과다. 선진국에서는 이미 컴퓨터를 보편적으로 사용한다. 퓨리서치센터Pew Research Center의 추산에 따르면, 미국인의 4분의 3 이상에게 노트북이나 개인용 컴퓨터가 있고, 미국 성인의 약 90퍼센트에게 스마트폰이 있다고 한다.[2] 30세 이하만 따지면 이 비율은 96퍼센트로 치솟는다. 개인용 컴퓨터 구입이 주로 가계소득 같은 요인들로 결정되는 반면, 스마트폰에 대한 접근성은 가계소득과 상관없이 높은 편이다. 적어도 미국에서는 디지털 기기가 거의 완벽하게 우리의 삶을 관통한다.

설계 면에서 보면, 현재 모든 컴퓨터와 스마트폰은 그 자체로 멀티태스킹 환경이다. 우리는 같은 기기 하나로 화상 회의나 음성 회의를 하고, 이메일과 문자 메시지를 주고받고, 인터넷을 검색하고, 소셜미디어를 하고, 오락을 하고, 손전등으로도 사용한다. 호그와트 마법학교 사람들이 요술 지팡이로 할 수 있는 일만큼 혹은 그보다 많은 일을 우리는 스마트폰으로 할 수 있다. 그리고 우리는 이 다양한 과제들을 아주 쉽게 이용할 수 있게 되었다. 우리는 수시로 과제를 바꿀 수 있고 실제로 바꾼다. 게다가 푸시, 배지, 경보 같은 알림 기능이 생긴 다음부터는 지금 하는 일을 다른 과제들이 예고 없이 방해하면서 적극적으로 우리의 관심을 가로채려 한다!

이런 방해꾼들은 우리를 산만하게 하고, 최악의 경우에는 우리를 멀티태스킹으로 유인한다. 안드로이드 사용자 3600여 명의 데이터 사용 정보를 수집한 2012년 연구는 전체 사용 시간의 약 10퍼센트가 그런 방해 요인에 쓰였다는 것을 보여주었다.[3] 여기에는 문자 메시지와 푸시 알림 같은 외부 요인과, 이메일 읽기를 멈추고 소셜미디어를 확인하는 것처럼 사용자가 자발적으로 중단하는 경우가 모두 포함되었다. 이런 방해 요인은 2012년 이후 계속 증가해왔기 때문에, 현재를 기준으로 하면 방해 요인에 허비한 시간은 과소평가된 수치일 가능성이 크다.

더구나 사무실은 멀티태스킹 환경이지만, 사무실을 가지고 다니기는 불가능하다. 반면에 스마트폰 역시 멀티태스킹 환경이지만 그것은 우리 주머니 안에 넣을 수 있다. 실제로 2013년에 여론조사 업체 해리스인터랙티브Harris Interactive가 발표한 연구에 따르면, 미국 성인의 72퍼센트가 거의 온종일 모바일 기기를 1.5미터 안에 둔다고 한다.[4] 모바일 기기가 출현한 뒤 지금 하고 있는 일을 중단하도록 우리를 유혹하고 방해하고 산만하게 하는 다른 과제들이 항시 우리를 노릴 수 있게 된 것이다.

그렇다면 디지털 미디어 기기는 어떤 상황에서도 멀티태스킹을 가능하게 하는 마르지 않은 원천인 셈이다. 앞에서 논의했듯이, 운전할 때 문자 메시지를 주고받는 위험한 습관은 이미 만연해 있다. 그 밖에도 인간 활동의 거의 모든 영역에 이와 비슷한 예가 존재한다. 방금 인용한 해리스인터랙티브의 2013년 연구에 따르면, 운전 중에 스마트폰을 사용한다는 사람이 응답자 중 55퍼센트, 연인과 저녁 식사를 하는 중에 사용한다는 사람이 35퍼센트, 아이의 학교 행사 중에 사용한다는 사람이 32퍼센트, 예배 중에 사용한다는 사람이 20퍼센트, 용케도 샤워 중에 사용한다는 사람이 12퍼센트였다. 사람들은 또한 다양한 미디어를 동시에 사용함으로써 수시로 멀티태스킹을 한다. 2016년 닐슨Nielsen 조사에 따르면, 응답자의 거의 50퍼센트가 적어도 하루에 한 번은 텔레비전을 보면서 스마트폰을 사용한다.[5]

가르치는 공간도 나을 게 없다. 브라운 대학교에서 강의할 때면 바다처럼 펼쳐진 노트북들과 그 앞에 앉은 학생들이 눈에 들어온다. 학생의 눈길은 수시로 전화기에 꽂힌다. 노트북에 타이핑하는 것이 손으로 적는 것보다 학습과 기억에 불리하다는 증거가 많은데도 학생들은 노트북을 선호한다. 심지어 다른 매체가 필기하는 학생의 주의를 흐트러뜨리지 않을 때조차 노트북 필기는 비효율적이다. 물론, 노트북에 비효율적으로 타이핑하는 동안 학생들은 전화기가 요구하는 다른 과제에 종종 주의를 빼앗긴다.

오늘날 사람들은 아주 빈번하게 멀티태스킹을 한다. 젊은 세대만 그런 게 아니다. 내가 보기에, 이른바 밀레니얼 세대와 현재 대학에 다니는 Z세대는 부당한 욕을 많이 먹는다. 그럼에도 이런 젊은 세대가 잘한다고 인정받는 기술이 하나 있는데, 바로 멀티태스킹이다. 어떤 사람들은 이런 젊은이들을 "디지털 원주민digital natives"이라고 선언한다. 노트북과 스마트폰에 둘러싸여 자란 탓에, 정신없이 돌아가는 디지털 세계에서 멀티태스킹에 적합한 능력을 갖추었다는 것이다. 하지만 객관적인 데이터에 비추어볼 때 이런 식의 직관은 안개처럼 흩어진다. 젊은 세대나 늙은 세대나 멀티태스킹에 서툴기는 매한가지다. 젊은이들이 미디어 멀티태스킹을 많이 하는 것은 맞지만, 가장 많이 하는 세대는 아니다. 영예의 금메달은 내가 속한 X세대에게 돌아간다.

2016년 닐슨 연구에 따르면 모든 연령 집단 중 X세대가, 일반적으로는 미디어, 구체적으로는 소셜미디어에 가장 시간을 많이 쓰는데 그 양이 주당 7시간에 이른다고 한다. 1년을 기준으로 환산해보면 깨어 있는 시간 중 3주 이상을 소셜미디어에 쓰는 것이다. 이는 우리 세대의 특별한 삶의 단계를 고려한다면 어느 정도 이해할 만하다. 29세에서 50세 사이에 속하는 우리 세대는 젊은 세대보다 사회적 경력을 많이 쌓았고, 그래서 전문적으로 해야 할 일이 더 많다. 개인 생활에서 통계상 우리는 오랫동안 헌신적인 관계를 유지하고, 어린 자녀와 연로한 부모가 모두 있을 가능성이 크다. 그에 따라 한 집단으로서 우리는 일과 가족 양쪽에서 사회적 책임을 더 많이 안고 있는 경향이 있다. 이런 사회적 연결이 외적으로나 내적으로 우리를 잡아끈다면, 우리는 그로 인해 끊임없이 전화기를 확인하는 사람이 될 수밖에 없다. 하지만 그런 이유와 무관하게 멀티태스킹은 젊은이들만의 영역이 아니다. 진화의 관점에서 볼 때 우리는 모두 디지털 이주민으로서, 유례없이 많은 과제가 찾아와 우리의 주의를 적극적으로 호출하는 상황에 놓여 있다. 우리 조상들은 이와 비슷한 경우를 결코 경험해보지 못했을 것이다.

우리는 멀티태스킹에 서툴다

어쩌면 컴퓨터가 널리 퍼져 있다는 이야기에 '대체 뭐가 문제지? 이제 우리는 어디서나 일할 수 있고, 온갖 일을 더 효율적으로 해낼 수 있잖아?' 라고 생각할지도 모른다. 낯설고 새로운 기술이나 사회적 유행을 향해 "내 마당에서 썩 나가!"라고 소리치고 싶은 충동을 조심해야 한다는 데는 나도 충분히 동의한다. 또한 현대 디지털 세계가 우리에게 많은 이익을 준다는 것도 부인할 수 없는 사실이다. 언제 어디서나 필요한 정보를 신속하게 찾을 수 있다는 것은 엄청난 혜택이며, 시간과 거리에 구애받지 않고 서로를 연결해주는 것 역시 협력 작업, 상거래, 즐거움에 큰 도움이 된다.

따라서 여기서 하려는 논의가 결코 디지털 시대가 생산성이나 심지어 인지조절의 관점에서 해롭다는 말이 아니다. 그건 사실이 아니다. 부정적인 것은 과제의 유용성이나 사회적 연결성 그 자체가 아니다. 그보다는, 멀티태스킹을 할 기회가 널리 퍼져 있고 종종 주제넘게 끼어들기까지 한다는 것이 문제가 된다. 이유는 간단하다. 우리는 멀티태스킹에 서투른데, 그냥 조금 서툰 것이 아니라 *정말 서툴기* 때문이다. 게다가 멀티태스킹에 능숙하다고 생각하는 사람들이 멀티태스킹을 가장 못 한다.

사람들은 두 가지 일을 동시에 하기 때문에 멀티태스킹이 더 효율적이라고 생각한다. 어쨌든 두 사람이 나란히 앉아 동시에 두 가지 과제를 한다면, 일을 2배로 하는 셈이 된다. 그렇다면 한 사람이 멀티태스킹을 해도 다소나마 그런 이득이 발생하지 않을까? 애석하지만 그

건 아니다.

다음과 같이 해보자. 시간을 재면서 알파벳을 최대한 빠르게 큰 소리로 읊어보라. 그러고 나서 다시 시간을 재면서 26까지 최대한 빠르게 세어보라. 그리고 그 두 시간을 더해보라. 이 합은 순수한 과제 시간이다. 이제 시간을 재면서 알파벳 외우기와 26까지 세기를 다음과 같이 번갈아 해보라. "A-1, B-2, C-3…" 이것은 멀티태스킹을 할 때 드는 시간이다.

둘의 차이는 엄청나다. 실제로 번갈아가며 외우기를 해보면, 시간을 재지 않아도 그 효과를 절감할 수 있다. 두 과제를 따로 할 때보다 교대로 하는 시간이 훨씬 더 오래 걸리고, 정신적으로 더 힘들게 느껴진다. 그나마 끝까지 해낸다면 말이다(통계적으로 볼 때 몇몇 독자는 이 과제를 하는 동안 틀림없이 문자 메시지의 방해를 받을 것이다).

이런 식으로 실험을 해보면 멀티태스킹이 효율적이라는 가설이 쉽게 격파된다. 두 가지 과제를 아무거나 골라보자. 만일 멀티태스킹이 효과가 있다면, 두 가지 과제를 따로따로 연달아 하는 것보다 동시에 하는 것이 더 빠를 것이다. 하지만 두 가지 이상의 과제를 동시에 하면 시간이 더 오래 걸리고, 실수도 더 많이 나온다.

멀티태스킹의 비용은 동시 작업을 테스트한 거의 모든 영역에서 확연히 드러난다. 수업 중이나 숙제를 하는 도중에 멀티태스킹을 하는 학생일수록 공부 시간이 더 길고 GPA(학부 평점)가 더 낮은 경향을 보인다.[6] 업무 생산성에 관한 연구에서는 멀티태스킹을 하면 시간이 더 걸리고 효율성이 떨어진다는 사실이 밝혀졌다.[7] 또한 안드로이드 사용자를 연구한 결과, 사용자가 다른 과제 때문에 원래 하던 과제를 중단했다가 다시 수행할 때 평균 애플리케이션 구동 시간보다 시간 비용이 더 들었다.[8] 이 데이터에는 눈이 번쩍 뜨이게 하는 의미가 함축되어 있다. 그 모든 시간 비용을 합치면, 우리는 목표를 향해 진전을 이루는 대신에 멀티태스킹을 하느라 일주일에 수 시간의 인지적 비용을 치루는 셈이기 때문이다.

물론 이렇게 현실에서 관찰하는 방식은 그 상황에서 무엇이 원인이고 무엇이 결과인지 알 수 없다는 한계가 있다. 예를 들어, 멀티태스킹을 하는 학생들은 멀티태스킹 때문에 GPA 점수가 낮을까? 아니면 원래 산만한 학생들이 멀티태스킹을 더 많이 하고 동시에 GPA 점수 역시 낮은 것일까? 정답은 아마 둘 다일 것이다. 하지만 멀티태스킹 조건과 단일 과제 조건에 사람을 무작위로 배정한 실험들은 멀티태스킹이 낮은 성적의 원인이라는 것을 입증했다.

한 예로, 유타 대학교 심리학 교수인 제이슨 왓슨Jason Watson과 데이비드 스트레이어David Strayer는 대학생 200명을 대상으로 운전 시뮬레이션을 하면서 멀티태스킹을 얼마나 잘하는지 테스트했다.[9] 연구자들은 경찰 훈련에 사용될 만큼 몰입감이 높고 실제 같은 자동차 시뮬레이션을 연구에 투입했다. 참가자들의 과제는 교통이 정체된 고속도로에서 간헐적으로 브레이크를 밟는 선도차를 따라가면서 멈추었다 달리기를 반복하는 것이었다.

부차적인 과제로는 휴대전화를 사용했는데, 작동 기간operation span 또는 O스팬이라 불리는 표준화된 테스트를 응용한 형태였다. 작업기억 능력을 측정하는 O스팬 과제는 인지조절 기능과 유동성 지능을 확실하게 예측할 수 있다.[10] 이 검사에서 참가자는 예를 들어 "벨",

"개", "핀" 같은 단어를 두 개에서 다섯 개까지 듣는다. 단어 사이에는 참가자가 참 거짓을 확인해야 하는 문제가 배치되어 있다. 예를 들어, 참가자들은 "2×2+1=4?"라는 진술이 들리면 "노"라고 대답해야 한다. 그리고 마지막에 가서는 들었던 단어들(벨, 개, 핀)을 순서대로 기억해야 한다. 기억해낸 단어 수에 따라 점수를 받는다.

참가자들은 운전과 휴대전화 과제를 따로 하거나 동시에 진행했다. 또한 휴대전화 과제를 할 때 핸즈프리 헤드셋을 사용하여 운전 중에 휴대전화를 집어 드는 행동으로 논란이 발생하는 경우를 아예 차단했다.

멀티태스킹을 하는 조건에서는 운전 성적과 O스팬 성적이 모두 안 좋았다. 멀티태스킹을 하는 사람은 선도차가 멈출 때 브레이크를 더 늦게 밟았고, 그래서 앞차와의 간격을 더 멀리 유지했다. 당신은 앞에 가는 운전자가 앞차와의 간격을 아주 멀리 유지하면서 시속 20킬로미터로 가는 이유를 생각해보았는가? 틀림없이 휴대전화를 하고 있을 것이다. 운전 과제를 더 우선시하라고 지시했을 때도 참가자들의 운전은 확실히 위태로웠다.

이 연구가 보여준 또 하나의 주목할 만한 특징은 멀티태스킹 비용의 일관성이었다. 원래 평균값으로는 집단 내에서 어떤 효과가 어떻게 나타나는지 알기 어렵다. 하지만 이 연구에서는 멀티태스킹으로 성적이 하락한 비율이 97.5퍼센트에 이르렀다. 멀티태스킹 비용이 이렇게 평균값으로 명백하게 나타난다는 것은 거의 모든 사람이 그 비용에서 자유롭지 않다는 것을 의미한다.

멀티태스킹 조건에서 비용을 치르지 않은 나머지 2.5퍼센트에게는 무슨 일이 일어나고 있었을까? 왓슨과 스트레이어는 이 그룹을 "슈퍼태스커supertasker"로 명명했다. 이 사람들은 어떤 기준에서도 멀티태스킹 비용을 보이지 않았다. 게다가 슈퍼태스커들은 두 가지 과제를 따로 할 때도 다른 사람들보다 좋은 성적을 기록했다. 왓슨과 스트레이어가 시뮬레이션 작업으로 추산한 바에 따르면, 과제와 측정 방법을 막론하고 이렇게 완벽한 시간 배분과 뛰어난 성적을 보이는 경우는 무작위적인 우연으로 0.16퍼센트에 불과할 것이라 한다. 다시 말하자면, 2.5퍼센트라는 실험 결과는 무작위 추출을 가정했을 때보다 높은 비율이었다.

슈퍼태스커를 관찰하면 흥미로운 결과를 볼 수 있다. 세상에는 대다수 사람보다 일반적으로 멀티태스킹에 더 능숙한 사람이 있다고 생각할 수 있다. 하지만 이 연구로부터 확실한 결론을 이끌어내는 것은 조심해야 한다. 슈퍼태스커의 실체를 입증하려면 후속 연구가 따라야 한다. 예를 들어, 운전과 휴대전화로 통화하는 환경이 아니라 다른 멀티태스킹 환경이라면 슈퍼태스커들은 과제를 어떻게 수행할까? 게다가 후속 연구에서는 슈퍼태스커라고 할 만한 비슷한 증거가 발견되지 않았다. 설령, 우리 중에 슈퍼태스커가 있다 할지라도 극히 드물다. 여러분과 나는 그런 사람이 아닐 가능성이 크다. 멀티태스킹을 수행할 때마다 그에 따르는 비용을 지불한다고 가정해도 무방하다.

우리는 모두 비용을 치르지만, 그 비용이 모든 사람에게 똑같은 것은 아니다. 비용의 정도에는 개인마다 차이가 있고, 그 차이는 분명하다. 최근에 다수의 사이트를 운영한 대규모 연구에서 성인 500여 명을 대상으로 멀티태스킹 능력의 차이를 테스트했다.[11] 연구자들은 각 참가자의 멀티태스킹 능력을 세 가지 복잡한 과제로 평가했다. 세 가지 과제는 각기 다른 상황이나 맥락에서 멀티태스킹 능력을 테스트하도록 설계되었으며, 각각의 과제는 구체적인 면에서 아주 달랐다.

그런 차이에도 불구하고 개별 지원자의 성적은 모든 검사에서 일관된 경향을 나타냈다. 다시 말해서, 한 사람이 어떤 과제에서 평균보다 우수하면, 그 사람은 나머지 두 과제에서도 대체로 평균보다 점수가 높게 나왔다. 이 결과를 토대로 몇몇 일반적인 멀티태스킹 능력은 다양한 멀티태스킹 상황에서 공통으로 발휘된다고 말할 수 있다. 하지만 중요한 점은 이 연구에는 슈퍼태스커가 없었다는 것이다. 모든 사람이 멀티태스킹의 부정적인 영향을 받았으며, 그중 일부가 다른 사람들보다 적게 영향을 받았을 뿐이다. 또한 멀티태스킹 과제들 사이의 상관성이 완벽하지 않았던 점도 중요하다. 다시 말해서, 다양한 멀티태스킹 환경 때문에 일반적인 멀티태스킹 능력과 구별되는 개인의 능력을 활용한 것이다.

어쩌면 당연하게도, 이 연구는 일반적인 멀티태스킹 능력이 개인의 인지조절 능력과 관련되어 있음을 보여주었다. 하지만 조절의 어떤 특수한 측면도 멀티태스킹 능력과 독자적으로 연결된 것처럼 보이지는 않았다. 멀티태스킹 능력의 개인차는 일반적이면서 구체적일 것이다. 어떤 사람들은 다른 사람들보다 멀티태스킹을 전반적으로 잘하지만, 특정 상황에서는 이런 일반적인 패턴에서 벗어나는 개인이 있을 수도 있다. 예를 들어, 어떤 개인은 요리하는 중에는 멀티태스킹을 남들보다 잘하는 반면, 다른 상황에서는 그렇지 않을 수 있다. 결과적으로 어떤 구체적인 멀티태스킹 상황에서 개인의 성과가 높게 나올지 낮게 나올지 예상하기는 어렵다.

따라서 이력서의 특기 사항에 "멀티태스킹"이라고 적기보다는 "제 예상을 벗어나 더 잘하거나 잘하지 못하는 상황이 있기는 하지만, 그래도 멀티태스킹을 할 때 남들보다 더 형편없지는 않습니다"고 말하는 것이 더 정확하다. 좀 엉뚱하긴 해도 맞는 말이다. 하지만 멀티태스킹을 완전히 제쳐두는 편이 가장 현명하다. 우리는 정말 그런 재주를 부리지 못한다. 그렇게 하는 사람이 없기 때문이다.

이제 확실해졌다. 우리가 멀티태스킹에 서툴다는 것, 동시에 몇 가지 일을 하지 말아야 한다는 것, 그런데도 다들 기회만 있으면 멀티태스킹을 하려 한다는 것을 알게 되었다. 그 이유는 멀티태스킹을 할 때 우리의 인지와 정신이 막다른 골목에 부딪히기 때문이다. 우선, 뇌에는 동시에 두 과제를 병행하는 능력이 없다. 그래서 둘 이상의 과제를 할 때 우리는 대개 한 과제와 다른 과제를 번갈아서 해야 한다. 하지만 이렇게 과제를 번갈아 하다 보면 비용이 발생하고, 이렇게 엇바꾸기를 자주 하면 성과가 나빠진다. 이제 이 비용의 원천을 더 확실히 이해하기 위해 이중 과제와 과제 전환이라는 쌍둥이 문제를 파헤쳐보자.

뇌에서 일어나는 병목현상

네덜란드의 심리학자 겸 컴퓨터과학자 닐스 타겐Niels Taatgen은 멀티태스킹에 관한 한 세계적인 전문가다. 타겐은 멀티태스킹을 잘하는 상황이 분명히 있다고 말한다. 껌을 씹으면서 걷는 경우가 대표적이다. 하지만 우리가 살펴봤듯이, 그렇게 할 수 없는 경우가 존재한다. 이 차이를 직관적으로 설명하기 위해 그는 뇌의 멀티태스킹 문제를 요리사가 주방에서 요리하는 시나리오에 비유한다.[12] 주방에서 어떤 과제들은 병행할 수 있다. 예를 들어, 오븐을 예열하는 동안 당근을 썰 수 있다. 하지만 다른 일들은 병목에 가로막힌다. 사람이 한 번에 몇 가지만 할 수 있다는 점에서 주방 일은 용량의 제약이 있다. 예를 들어, 오븐은 특정 온도로 음식을 데울 공간이 한정되어 있다. 사실, 요리사 그 자신도 병목이다. 요리사는 당근을 썰거나 양파를 볶아야 하지, 두 가지를 동시에 하지는 못한다. 일단 병목에 막히면, 그 병목을 가로막고 있는 일이 끝날 때까지는 그 자리가 필요한 다른 과제는 더 진행할 수 없다.

인지과학과 신경과학의 긴 역사가 말해주듯이, 우리가 두 가지 과제를 한 번에 하려고 하면 뇌도 비슷한 문제에 직면한다. 어떤 과제를 해내려고 할 때 우리가 가진 신체 구조에서는 대개 병목현상이 여러 차례 발생한다. 예를 들어 손, 입 또는 발을 사용해야 하는 과제는 똑같은 순간에 똑같은 신체 부위를 써야 하는 과제와 동시에 수행할 수 없다. 정확히 동시에 "산책"과 "풍선껌"이라고 말하면 아무도 이해하지 못할 것이다.

마찬가지로 입력 체계도 한정되어 있다. 우리는 어느 한순간에 한 곳만을 응시할 수 있다. 눈을 재빨리 움직여 여러 곳에서 들어오는 입력 정보를 받아들일 수는 있다. 뇌가 그 정보들을 짜맞추어 주변 세계의 단일한 시각적 인상을 제공하지만, 그 연속성은 거의 착각이다. 망막에는 시각이 가장 예리한 중심와fovea라는 작은 부위가 있다. 우리가 주변 세계를 받아들이려면 눈과 함께 그 중심와를 끊임없이 움직여야 한다. 이때 뇌는 이렇게 입력된 정보를 짜맞추어 나머지 정보를 합리적으로 추측한다.

하지만 손과 눈에서 일어나는 신체적 병목현상 외에도 한정된 용량을 보이는 지점이 또 있다. 두 귀 사이에서 일어나는 처리 과정 역시 병목현상을 보인다. 하지만 이렇게 중앙 처리 과정의 병목 지점은 위치를 알아내기가 더 까다로우며, 상황에 더 유동적으로 대처하는 것으로 보인다.

병목 개념은 처음에 주의집중이 어떻게 일어나고, 지각 체계로 들어온 방대한 정보 중 어떻게 일부분만 선택해서 처리하는가에 대한 관심에서 시작되었다. 영국의 유명한 심리학자 도널드 브로드벤트Donald Broadbent는 제2차 세계대전 때 항공교통 관제사로 근무한 경험이 있어 주의집중에 관심을 기울이게 되었다.[13] 레이더 관제사들은 한 번에 조종사 여러 명을 추적해 통신을 하지만, 스피커 하나로 그 모든 일을 처리했다.

브로드벤트는 관제사들이 어떻게 특정 조종사가 보내는 정보를 포착해 반응하고, 그것과 함께 들어오는 무관한 정보들을 무시할 수 있는지 이해하고자 했다. 이 문제를 더 잘 이해할 목적으로 브로드벤트는 한쪽 정보의 흐름에 주의를 집중하고 다른 흐름은 무시하는 실험을 진행했다. 예를 들어, 그는 피험자들에게 한쪽 귀로 들어오는 연설은 놓치지 말고, 다른 쪽 귀로 들어오는 연설은 무시하라고 요구했다.

이런 식의 실험에서 두 가지 중요한 통찰이 탄생했다. 첫째, 사람들은 음색이나 성량의 차이, 또는 위치 같은 최소한의 지각적 차이만으로 원하는 정보 흐름을 가려낸다. 둘째, 무관한 정보 흐름은 거의 기억하지 못한다. 사람들은 무관한 정보 흐름에 관해서 성량 같은 기본 특성은 언급했지만 들은 내용은 기억하지 못했다.

브로드벤트가 보기에, 이 결과는 입력되는 정보를 동시에 병행 처리하는 뇌의 능력이 제한되어 있다는 것을 의미했다. 다시 말해서, 병목은 지각적 처리 과정의 거의 초기에 발생한다. 브로드벤트는 감각 정보의 특색이나 강도 같은 단순하고 구체적인 특징들은 병목현상을 일으키지 않고 병행 처리되지만 단어나 의미처럼 그보다 더 깊은 지각적·인지적 처리는 용량이 제한되어 있어 순차적으로 처리될 수밖에 없다고 보았다. 이처럼 초기 병목현상이 이른바 초기 선택 이론의 핵심이었다.

뒤이어 심리학자 앤 트레이스먼Anne Treisman과 그 밖의 학자들은 엄밀한 초기 병목 이론에 도전장을 냈다. 어떤 정보는 더 높은 처리 과정에 도달하기도 한다는 것을 입증한 것이다.[14] 예를 들어, 무시하며 흘려듣던 연설에서 본인 이름이 나오자 사람들은 이를 즉시 감지했다. 자기 이름을 인식한다는 것은 소리만 듣던 흐름에서 단어를 포착해 처리하지 않는다면 불가능한 일이다. 이 실험 결과로부터 병행 처리 대 순차적 처리의 양을 조절할 수 있는 적응적 초기 병목에서부터, 반응을 선택하는 시점에 병목을 놓고 그때까지 대량으로 병행 처리하는 후기 선택 모델에 이르기까지 다양한 개념이 등장했다.[15]

주의집중을 다룬 신경과학이 이 논쟁을 상당 부분 해소했다. 사람들이 특정 정보 흐름에 주의를 기울일 때는 신경세포 활성이 조절되어 적절한 정보에 발화하는 신경세포들이 여러 방면으로 강화되고, 그렇지 않은 정보를 코딩하는 신경세포들은 억제된다.[16] 처리 과정 중 어디서 그런 효과가 나타나는지 테스트하기 위해, 신경과학자들은 사람이나 동물이 한 정보 흐름에 주의를 기울이고 다른 정보 흐름을 무시하는 동안 그들의 뇌에서 이런 신경세포 활성의 변화가 언제 일어나는지 측정했다.

그렇게 접근하자, 정보가 입력될 때 여러 지점에서 주의집중이 신경세포 활성을 조절한다는 것이 분명해졌다. 처리 과정에서 2차 정보가 신피질에 처음 도달하는 초기뿐 아니라, 인식 결과가 반응으로 변환되고 운동 명령이 내려지는 늦은 시점에도 조절이 일어났다. 이 조절 활동이 어느 지점 또는 지점들에서 일어나는지는 현재 과제의 성격과 목표 그리고 입력 정보 그 자체와 관련된 여러 요인의 조합에 달려 있다. 따라서 입력 정보의 흐름에서 병목으로 병행 처리가 제약되는 단 하나의 지점은 존재하지 않는다. 병목은 여러 지점에서 발생할 수 있다.

그렇다면 병목이 일어나는 위치를 결정하는 것은 무엇일까? 신경과학 데이터를 재검토한 글에서 이 질문에 답을 한 사람은 주의집중을 전문으로 연구하는 과학자 밥 데시몬Bob Desimone과 존 던컨이었다.[17] 두 사람은 뇌에서 주의집중과 병목이 그들이 "편향된 경쟁biased competition"이라 이름 붙인 과정을 통해 작동하는 과정을 설명했다. 뇌는 많은 양의 정보를 병행 처리할 수 있다고 데시몬과 덩컨은 주장했다. 일례로, 후두 및 측두피질에 있는 각기 다른 영역의 신경세포는 형태, 색, 운동 같은 지각 특징에 관한 정보를 주로 병행으로 처리한다. 이와 마찬가지로, 물체의 형태와 종류에 관한 정보는 후두피질에서 복측측두피질로 가면서 처리되고, 그 물체에 대해 공간적으로 어떤 행동을 취할지에 관한 정보는 더 배측에 있는 후두피질 및 두정피질에서 한꺼번에 처리된다.

하지만 이 모든 분산 처리 과정 중에는 처리하는 흐름이 겹치는 지점들이 있으며, 따라서 그곳의 신경세포 집단은 두 가지 다른 입력 정보를 처리한다. 구불구불하게 뻗어나간 방대한 도로 체계를 생각해보자. 도로가 넓을수록 차들이 만나지 않고 운행할 기회가 커지며, 그만큼 그 도로는 병행적이다. 하지만 차들이 만나는 교차 지점도 많을 것이다. 그 지점에서는 경쟁이 벌어지고, 따라서 신호등이나 교통 표지판이 필요하다.

뇌에서 이런 경쟁 지점은 목표에 의해 "톱다운top down" 방식으로 해결될 수 있다. 도로에서 들어오는 시각 정보보다 핸즈프리 전화기에서 들어오는 청각 정보를 처리하고 싶은 것이 그런 목표의 사례다. 또는 입력 정보의 흐름 속에서 본인의 이름을 듣는 경우처럼 어떤 학습된 경향에 의해 "보텀업bottom up" 방식으로 해결되기도 한다. 그런 신호는 입력 신호들 간의 경쟁에서 어느 한쪽 집단에 힘을 실어준다. 승자는 후속 처리 과정에 영향을 미치고, 패자는 잠잠해진다.

편향된 경쟁의 동역학은 기본적으로 3장에서 소개한 CDM 모델과 같은 원리에 토대를 둔다. 이 경우에는 반응 단계에서 중복이 일어나 경쟁이 발생하면, 뇌는 이 경쟁을 단어를 읽는 학습된 경향에 기초하여 보텀업 방식으로 해결하거나, 작업기억 속에 유지된 과제맥락에 기초하여 톱다운 방식으로 해결한다. 편향된 경쟁 모델은 한 걸음 더 나아가 뇌에서 정보가 전파되는 동안 잠재적 병목이나 갈등 지점이 여러 개 있다는 점을 인정한다.

멀티태스킹을 이렇게 설명하는 도식에는 분명한 의미가 있다. 두 가지 과제를 해내기 위해 한 번에 둘 이상의 입력 흐름을 처리해야 한다면, 우리는 한 흐름에서 다른 흐름으로 주의집중을 옮겨 갈등 지점을 해소해야 한다. 그렇게 갈등을 해결할 때 우리는 앞에 가던 자동차가 멈추거나 우리 앞에 보행자가 걸어가는 것과 같은 세상의 중요한 변화를 기록하지 못할 수도 있다. 따라서 우리가 동적인 멀티태스킹에 서툰 것은 경쟁하는 다수의 입력 신호에 주목하는 능력에 이처럼 기본적인 한계가 있기 때문이라고 말할 수 있다.

중요한 것은 갈등 문제가 각기 다른 지각 정보 흐름 중 하나를 정하는 일에서만 일어나는 것은 아니라는 점이다. 멀티태스킹 환경에서는 과제와 관련이 있는 규칙, 세트, 반응도 서로 경쟁한다. 이런 종류의 중앙 처리 병목을 입증하는 것이, 이른바 **심리적 불응기**psychological refractory period, PRP 효과에 초점을 맞춘 연구들이다.

기본적인 PRP 실험에서, 연구자들은 가령 밝은 빛과 희미한 빛 그리고 높은 소리와 낮은 소리를 분류하는 식의 간단한 과제 두 가지를 사람들에게 제시하고 두 과제를 동시에 수행하게 한다. 사람들은 한 과제에는 키패드로 반응하고 다른 과제에는 음성으로 반응한다. 이렇게 하면 사람들이 두 가지 과제를 할 때 입력하고 출력하는 신체 기관이 중복되지 않는다. 혹시 병목이 일어난다면 그건 전적으로 입출력 장치 사이에서 일어나는 처리 과정 때문일 것이다.

소리가 빛보다 먼저 나올 수 있는데, 이럴 때는 둘 사이에 자극-개시 비동시성stimulus-onset asynchrony, SOA이라 불리는 짧은 시간 간격이 발생하게 된다. SOA가 길수록 빛 과제가 시작되기 전에 소리 과제가 반응을 이끌어낼 시간이 많아진다. 이 실험에서 병목을 테스트하는 결정적 요인은 두 번째 과제의 수행, 즉 빛을 분류하는 행동에 SOA가 미치는 영향이다.

이런 식의 실험들이 일관되게 발견한 바에 따르면, SOA가 짧을 때는 두 번째 과제만 수행할 때나 SOA가 길 때보다 그 과제에 걸리는 시간이 더 오래 걸린다. 이렇게 늘어난 반응시간이 PRP 효과이며, 두 과제를 한 번에 처리할 때 발생하는 병목현상의 증거가 된다.

이 결론의 이면에 놓인 논리를 이해하기 위해, 두 과제가 두 대의 열차라고 생각해보자. 각각의 열차는 두 가지 자극, 즉 빛과 소리를 대표하는 각기 다른 위치에서 출발하고 손과 입, 즉 두 가지 반응을 대표하는 각기 다른 종착지로 달려간다. 만일 두 열차가 노선의 길이가 같고 완전히 평행하며 속도가 늘 똑같다면, 도착 시간의 차이는 출발 시간의 차이와 같을 것이다. 즉, 두 번째 열차가 첫 번째 열차보다 30초 늦게 출발한다면, 종착지에도 30초 늦게 도착할 것이다.

이제 두 열차가 어느 지점에서 선로를 공유한다고 생각해보자. 교차 구간에서는 병목현상이 발생한다. 한 번에 한 기차만 통과할 수 있기 때문이다. 두 기차가 동시에 교차 지점에 도착하면, 한 기차는 다른 기차가 통과하는 동안 기다려야 한다.

예를 들어, 첫 번째 기차가 아주 길어서 교차 구간을 통과하는 데 40초가 걸린다고 가정해보자. 우리가 두 번째 기차의 출발 시간을 30초 지연시켰다면, 두 번째 기차가 교차 구간에 도착할 때 첫 번째 기차는 아직도 그곳을 지나고 있을 것이다. 따라서 두 번째 기차는 첫 번째 기차가 다 통과하기까지 10초 더 기다려야 한다. 그 결과 두 번째 기차는 첫 번째 기차보다 30초 늦게 출발했는데도, 병목현상 때문에 도착 시간은 첫 번째 기차보다 40초 늦을 것이다. 이와 달리, 만일 두 번째 기차의 출발을 45초나 1분, 즉 40초 이상 지연시켰다면, 두 번째 기차가 교차 구간에 도착할 때 첫 번째 기차는 이미 그 구간을 다 빠져나갔을 것이다. 이 경우에 두 번째 기차는 출발할 때 지연된 시간보다 더 늦지 않게 도착할 것이다.

이 논리에 따라 우리는 SOA가 두 번째 과제의 완료 시간에 어떤 영향을 미치는지 측정함으로써 병목현상의 영향을 측정할 수 있다. 만일 두 과제의 처리 과정이 완전히 병행적이라면 두 번째 과제를 완료하는 데 걸리는 시간은 SOA가 길든 짧든 똑같을 것이다. 하지만 병목이 있다면, 두 번째 과제를 너무 일찍 시작하는 데 따르는 비용이 발생할 것이다. 열차의 예에서 우리가 10초를 더해야 했듯이 말이다. 이 비용은 SOA가 가장 짧을 때 가장 높고, SOA가 병목 처리 시간보다 늘어나는 지점을 향해 점근선asymptote을 그릴 것이다.

이 논리를 이용한 이중 과제 실험들은 SOA가 짧을 때 두 번째 과제의 비용이 일관되게 발생한다는 사실을 발견했다. 이런 PRP 효과는 SOA가 늘어날수록 SOA의 크기에 비례하여 줄어든다. 따라서 이 실험은 자극 입력에서 반응 출력에 이르는 경로 어딘가에 두 가지 과제를 동시에 수행하기 어렵게 하는 병목이 있다는 사실을 강하게 뒷받침한다.

수많은 실험이 PRP 방법을 사용하여, 처리 경로 중 어느 지점에 이런 병목이 존재하는지 확인하려고 했다. 후기 선택 대 초기 선택에 관한 논쟁을 거울에 비추어주듯이, 지각에서부터 움직임 그리고 자극과 반응의 매핑에 이르기까지 여러 처리 단계에서 병목이 확인되었다. 더욱이 두 번째 과제가 첫 번째 과제의 반응시간에 영향을 미칠 수 있다는 증거가 나와 문제를 더 복잡하게 했다.[18]

이 데이터를 가장 솔직하게 해석하면, 동시에 하려고 하는 과제가 무엇이냐에 따라 다수의 잠재적인 병목이 존재한다는 것이다. 병목이 발생하는 단 하나의 단계를 찾으려 한다면 길을 잃게 된다. 그보다는 편향된 경쟁 모델이 일러주듯이, 두 가지 이상의 신경세포 표상이 사용되고 있을 때는 뇌 안의 여러 지점에서 중복이 일어날 수 있다. 이런 중복 지점들에서는 조건이 맞으면 언제든 병목현상이 발생한다.

중복은 처리 과정상 여러 지점에서 나타날 수 있지만, 어떤 신경세포 표상은 다른 표상보다 더 쉽게 중복된다. 조절계가 사용하는 과제 요구 표상이 그런 중복을 초래하는 일반적인 요인으로 보인다. 여기에는 그럴 만한 이유가 있다. 2장에서 살펴봤듯이, 조절계는 여러 상황에서 작동하며 새로운 과제를 그때그때 해결하게끔 적응했다. 우리의 조절계가 사용하는 고차원적인 맥락, 규칙, 구성적 행동 방침은 추상적이어서 다양한 상황에 쓰일 수 있다. 하지만 이런 일반성이 있다는 것은 둘 이상의 과제가 동일한 추상적 표상을 사용할 수 있다는 것을 의미하고, 그 결과 사람이 둘 이상의 과제를 수행할 때 조절 표상이 중복되고 병목이 발생하는 것이다. 전두-두정 조절계는 처리 과정에서 병목현상을 일으키는 유일한 요인은 아니지만 아주 흔한 요인이다.

실제로 우리가 두 가지 과제를 동시에 실행할 때 전두피질이 주요 충돌 장소일 것이라는 증거가 인지신경과학 연구에서 나왔다. 밴더빌트 대학교의 르네 마루아René Marois와 동료들은 일련의 엄정한 연구를 통해 전두엽의 인지조절 네트워크가 뇌에서 병목현상이 일어나는 자리라는 사실을 확인했다. 복수의 실험에서 연구자들은 지원자들이 다양한 이중 과제를 수행하는 동안 그들의 뇌를 fMRI로 촬영했다.

마루아와 동료들은 만일 뇌의 한 부위가 병목현상이 일어나는 장소라면 그 부위는 이중 과제를 수행하는 동안 세 가지 기준을 충족하리라고 추론했다.[19] 첫째, 그 부위는 가령 언어 반응과 손동작 반응, 시각 자극과 청각 자극의 피상적인 차이에도 불구하고 모든 과제에서 활성화될 것이다. 둘째, 이중 과제 조건일 때 그 활성은 단일 과제 조건보다 오래 지속되는데, 늘어난 시간은 두 과제가 동시에 점유하면서 쓰는 시간을 반영할 것이다. 셋째, 하지만 이중 과제와 무관하게 활성의 개시는 똑같을 것이다(다시 말해서, 두 번째 기차가 있든 없든 첫 번째 기차는 같은 시간에 병목 지점에 도달한다).

다양한 실험에서 마루아와 동료들은 전두-두정 네트워크가 병목의 세 가지 기준을 일관되게 충족한다는 것을 발견했다.[20] 게다가 각각의 과제에 대해 조절 요구의 난이도를 조작하자 이중 과제 비용이 늘어나는 것 외에도 그에 상응하여 전두-두정 네트워크의 활성 지속 시간이 달라졌다. 난이도 조작은 이런 이중 과제 환경에서 조절의 병목인 전두-두정 네트워크에 직접 영향을 미쳤다.

하지만 뇌의 병목은 바뀔 수도 있다. 처음에는 조절 병목이 불가피하고 변하지 않는다고 생각했지만, 지금은 훈련을 통해 특정 이중 과제 상황에서 발생하는 비용을 얼마든지 줄일 수 있다는 증거가 수두

룩하다.[21]

분명히 말하지만, 훈련으로 일반적인 멀티태스킹 능력이 향상된다는 증거는 존재하지 않는다. 일반적인 멀티태스킹 능력이 있다면 당면한 과제와 무관하게 모든 멀티태스킹 상황에 적용될 것이다. 9장에서 논의하겠지만, 우리가 다목적 멀티태스킹 능력을 향상시킬 수 있다는 증거는 없다고 봐도 무방하다. 그 대신 훈련을 통해 특정 이중 과제 상황에서 멀티태스킹에 드는 비용을 상당히 줄이는 것은 가능하다. 다시 말해서, 두 가지 구체적인 과제를 충분히 연습한 다음에 비슷한 상황에서 그 일을 하면, 두 가지 과제를 동시에 할 때 발생하는 시간 비용을 줄여나갈 수 있다는 점이 밝혀진 것이다.

퀸즐랜드 대학교의 켈리 가너Kelly Garner와 폴 덕스Paul Dux는 그런 훈련을 할 때 뇌에 어떤 변화가 일어나는지 조사했다.[22] 연구자들은 지원자들에게 단순한 과제 두 가지와 그 둘이 묶인 이중 과제를 수행하도록 훈련시켰다. 훈련할 때 지원자들은 과제를 따로 수행하고, 그러고 나서 함께 수행하기를 반복했다. 사실, 지원자들은 세 번에 걸쳐 그 과제를 각각 1000번 이상 연습했다. 대조군은 이중 과제와 무관한 세 가지 과제를 수천 번 연습했다. 그런 다음 피험자 두 집단이 단일 과제와 이중 과제를 수행할 때 그들의 뇌를 fMRI로 촬영했다. 촬영은 훈련 이전에 한 번, 훈련 이후에 한 번 했다.

이전 연구와 마찬가지로 훈련은 이중 과제를 연습한 집단에서 빛을 발했다. 그들은 여전히 이중 과제에 따르는 비용을 드러냈지만, 그 비용은 대조군의 비용보다 작았다. 게다가 전두-두정 네트워크 전역의 활성이 대조군보다 낮았다. 다시 말해서, 이중 과제 비용의 감소가 병목에 관한 이전 연구에서 확인된 것과 동일한 네트워크 활성 감소를 동반한 것이다.

가너와 덕스는 지원자들이 훈련을 받기 이전과 이후에 단일 과제와 이중 과제를 수행하는 동안 그들의 뇌에서 나타나는 전두피질의 구체적인 활성 패턴을 분석했다. 놀랍게도 각각의 과제와 관련된 전두엽의 활성 패턴이 훈련 이후에 더 뚜렷해진 것으로 나타났다. 경로의 중복 현상이 줄어든 것이다. 가너와 덕스는 이중 과제를 훈련하면 각 과제에 사용되는 신경세포 표상들이 더 뚜렷해진다고 보았다. 조절계는 더는 일반적이고 추상적인 맥락 표상에 의존하여 양쪽 과제를 수행하지 않았다. 오히려 훈련 이후에는 각각의 과제에 고유한 표상에 좌우되었다. 따라서 조절계가 그 과제에 덜 관여한다기보다는, 수행에 관여하는 신경세포 경로에 중복이 적게 일어나 간섭의 영향을 덜 받는다고 볼 수 있다.

추상적 표상은 생산적이고 구성적인 인지조절계를 떠받치는 기둥이자 통화通貨다. 우리는 구성적 표상을 그때그때 조립해 새로운 문제를 해결하고, 자신이 세운 가상의 목표를 달성한다. 하지만 이 추상적 표상에는 비용이 따른다. 추상적 표상은 여러 과제의 구성 요소이기 때문에 우리가 여러 과제를 동시에 할 때는 간섭의 주된 요인이 된다. 어떤 과제를 반복 수행하여 과제를 자동화할 때, 우리는 피질 가소성의 메커니즘을 통해 보다 더 구체적인 신경세포 집단을 사용하여 그 과제를 표상하게 된다. 경쟁과 간섭에 취약한 추상적이고 일반적인 신경세포 표상에서 멀어져 병행하여 사용할 수 있는 과제 맞춤형 표상으로 이동하는 이 과정은 자동성(반사성)이 강해지는 변화 과정과 맥을 같이 할 것이다. 또한 그 과제들을 쌍으로 묶어 훈련하기만 한다면, 이중 과제의 부정적 효과가 더 적게 나타날 것이다.

물론 대부분의 멀티태스킹 환경에서 우리는 병목에서 쉽게 빠져나올 만큼 충분히 이중 과제 상황의 훈련 기회를 얻지는 못한다. 그에 따라 새로운 이중 과제를 만날 때 과제를 즉시 처리하지 못한다. 우리는 차라리 작업기억에서 추상적인 맥락을 유지해야 한다. 그리고 간섭을 피하기 위해 어느 지점에서는 순차적으로 작업해야 한다. 즉 게이팅 시스템을 이용해 특정 표상을 선택하고 다른 표상은 3장과 4장에서 살펴본 방식에 따라 보류시켜야 한다. 문제는 과제를 번갈아 할 때도 통행료가 부과된다는 점이다. 순차적 과제 수행에 부과되는 이 세금을 **과제 전환 비용**task-switch cost이라 한다.

멀티태스킹을 잘하는 방법

아서 T. 저실드Arthur T. Jersild는 1927년에 컬럼비아 대학교에서 심리학 박사학위를 받았다. 후에 그는 아동심리학의 중요한 교과서를 쓰는 등 그 분야의 유명한 학자가 되었으며, 특히 어린이 3000명을 대상으로 기념비적인 연구를 수행하여 영유아에게도 자의식이 있다는 증거를 발표해 세상을 깜짝 놀라게 했다.[23] 하지만 그의 학위 논문인 「마음 갖춤새와 시점 이동Mental Set and Shift」은 멀티태스킹을 할 때 한 과제에서 다른 과제로 전환하는 비용을 다룬 것이었다.[24]

저실드는 이 문제에 솔직하게 접근했다. 그는 실험 대상자들에게 두 자리 숫자 목록을 몇 장 나누어주었다. 한 목록에서는 각각의 숫자에 최대한 신속하게 6을 더해야 했다. 두 번째 목록에서는 모든 숫자에서 3을 빼야 했다. 세 번째 목록에서는 한 숫자에 6을 더하고 다음 숫자에서 3을 빼는 과정을 되풀이하면서 과제 엇바꾸기를 해야 했다. 저실드는 대상자들이 각각의 목록을 완료하는 데 걸리는 시간을 측정했는데, 실수하면 감점을 부여했고, 단일 연산과 교대 연산 목록의 완료 시간을 비교했다.

이 실험은 압도적인 결과를 보여주었다. 다시 말해서, 엇바꿔 연산하는 시간이 따로 연산하는 시간보다 현저하게 길었다. 앞에서 우리는 알파벳 말하기와 26까지 세기를 번갈아 했을 때 드는 교대 비용을 살펴보았다. 저실드의 실험처럼 과제를 엇바꿨을 때 시간 비용이 발생한 것이다.

저실드는 이 결과에 그다지 놀라지 않았다. 사실, 저실드의 실험은 과제 전환 비용을 입증한 최초의 증거가 아니었다. 그 당시에 심리학자들은 대체로 과제 전환이 과제 수행에 지장을 초래할 수밖에 없다고 믿었다. 저실드는 당시 산업계의 추세에서 이 효과의 선례들을 발견한 응용심리학 연구들을 인용했다. 분명 최고의 사례는 포드자동차의 거대한 조립 라인이었다.

심리학자들은 그 핵심을 이해하고 싶어 했다. 포드는 기술자 한 사람이 자동차 제작에 필요한 모든 과제를 수행해야 한다는 생각을 버리고 조립을 전문으로 하는 노동자 팀을 운용하여 효율성을 높였다. 예를 들어, 포드는 T 모델의 생산 과정을 84단계로 세분했다.[25] 그리고 84단계 중 하나에만 자동화될 때까지 각 라인의 노동자를 훈련시켰다. 노동자는 움직이는 컨베이어 벨트의 속도에 맞추어 최대한 신속하게 자신의 과제를 수행해야 했다. 노동자들이 각자 자신의 과제를 최대 속도로 수행하고 다른 과제로 전환하지 않게 되자 자동차를 완성하는 데 드는 시간이 대폭 줄어들었다.

이 시스템의 효율성에 비추어 심리학자들은 과제 엇바꾸기에는 반드시 비용이 따른다고 가정했다. 과제 엇바꾸기 비용을 피하는 유일한 방법은 과제를 전환하지 않는 것이었다. 저실드 역시 사람이 과제를 반복해서 전환하면 전환 비용이 발생하리라고 충분히 예상했다. 저실드의 새로운 통찰은 이 전환 비용을 줄이거나 없애는 조건을 찾는 데 있었다. 이런 사실에 비추어보면 그는 시대를 앞서간 사람이었다.

저실드는 전환 비용이 전환 그 자체의 요구 사항과 거의 무관하다고 보았다. 전환 비용은 저실드가 이름 붙인 **마음 갖춤새**mental set 때문에 발생했다. 각각의 과제는 입력 조건에서 반응으로 이어지는 저마다의 매핑(대응)을 필요로 한다는 것이 그의 전제였다. 우리가 앞서 운전이나 반응 경로에 비유했듯이, 저실드는 개별 과제 사이의 연결을 적절하게 연결이 설정된 배전반에 비유했다. 마음 갖춤새란 주어진 과제에 필요한 연결들을 하나로 묶어 고려하는 것을 의미했다. 저실드는 과제가 전환될 때는 배전반 위에서 이 연결들이 재구성되어야 한다고 생각했다. 이런 마음 갖춤새가 중복되거나 간섭을 받으면, 재구성을 위해 연결이 더 필요할 테고, 그에 따라 전환 비용이 발생할 것이다. 반대로, 두 과제와 연결된 마음 갖춤새가 아예 다르고 독자적이라면 전환 비용은 감소할 것이다.

이 가설을 검증하기 위해 저실드는 이전과 비슷한 목록 완료 절차를 사용했지만, 이번에는 두 과제를 전혀 다르게 만들었다. 예를 들어, 대상자들은 그가 제시한 목록들을 가지고 한 숫자에서 3을 빼거나, 잉크 자국의 색을 말하거나, 어느 단어의 반의어를 말하는 과제를 번갈아가며 해야 했다. 첫 번째 실험과 달리, 이 과제들은 서로 판이했다. 어느 누구도 잉크 자국에서 3을 빼지 못하고, 숫자 42의 반의어도 떠올리지 못한다. 이 과제들은 입력과 출력의 매핑이 완전히 다르며, 따라서 병목이 발생할 기회도 줄어든다.

이 새로운 목록으로 저실드는 전환 비용이 사라지는 것을 발견했다. 정교한 정신측정학 방법과 뇌의 컴퓨터 모델이 출현하기 오래전에, 저실드는 전환 비용은 필연적이지 않으며 과제의 중복과 어떤 식으로든 관련되어 있다는 것을 증명했다.

이후 오랫동안 학자들은 저실드의 기본적인 실험들을 재현하고, 더 나아가 현대식 방식과 통제가 잘된 설계를 이용해 그의 실험을 개선하고 외연을 넓혔다.[26] 저실드의 연구를 따른 여러 실험에서 상당한 영향력이 있는 견해가 도출되었다. 전환 비용은 체계가 어느 마음 갖춤새를 다른 마음 갖춤새로 재구성하는 데 걸리는 시간을 반영한다는 개념이었다.

더 나아가 재구성 과정 역시 재구성을 하는 "과제 상태task state"가 꼭 존재한다고 가정한다. 다시 말해서, 이 관점에서 볼 때 우리 뇌는 유한상태 기계finite-state machine, 즉 어떤 것이 들어와 한 상태를 밀어내고 다른 상태가 될 때까지 그 상태를 유지하는 체계다.[27] 전등 스위치가 간단한 유한상태 기계의 고전적인 예가 될 만하다. 전등 스위치는 사람이 눌러서 끌 때까지 켜져 있다. 따라서 이 이론에 따르면, 뇌는 한 가지 과제에 맞게 구성되어 있다가 입력이나 조절 과정이 들어오면 다른 과제에 맞게 재구성된다.

그렇다면 가장 강력한 유한상태 이론에서라면, 전환 비용은 한 가지 과제 상태에서 다른 과제 상태로 시스템을 분류하는 집행 프로세스에 드는 시간에서 직접적으로 발생한다. 이 재구성 과정은 이전 과제의 상태에서 새로운 과제를 수용하기 위해 입력과 출력의 연결을 새롭게 매핑할 것이다. 과제 전환 비용은 이와 같이 내적 과제 집합을 재구성하는 프로세스에 따른 시간 소모적인 기계적 과정으로 설명할 수 있다.

이 관점을 가장 강하게 뒷받침하는 증거는 로버트 로저스Robert Rogers와 스티븐 몬셀Stephen Monsell이 실시한 중요한 실험에서 나왔다.[28] 두 사람은 실험 대상자들에게 "a3" 같은 간단한 철자-숫자 쌍을 보여주었다. 이 쌍들은 컴퓨터 화면에 띄운 격자 여기저기에 예측 가능한 패턴으로 나타났다. 격자의 맨 위쪽에 철자-숫자 쌍이 나타나면 사람들은 예컨대, 철자를 자음과 모음으로 분류하는 단순 과제를 수행했다. 그리고 철자-숫자 쌍이 맨 아래쪽에 나타나면 사람들은 숫자를 짝수와 홀수로 분류하는 과제를 수행했다. 철자-숫자 쌍이 직전 위치를 기준으로 나타나는 위치에 따라 사람들은 분류 과제를 반복하거나 전환했다. 게다가 그 움직임은 예측할 수 있었기 때문에 반복과 전환 또한 예측이 가능했다.

로저스와 몬셀이 추론하기에, 만일 내적인 전환 과정이 있어서 그 과정이 활성화된다면, 예상 위치에 다음 쌍이 나타나기 전에 미리 마음 갖춤새를 재구성하여 시간상 이득을 볼 수 있었다. 이런 예측의 근거는 데이터였다. 사람들이 곧 다가올 전환에 대비할 시간이 있다는 것(그리고 그렇게 할 기회가 있다는 것)을 알고 있다면, 그들의 전환 비용은 준비 시간에 비례하여 감소했다. 물론 약간의 손실은 항상 있었지만, 그럼에도 비용은 일관되게 줄어들었다. 줄어든 비용은 전환 비용에 영향을 미치고, 준비를 통해 줄어드는 자연발생적이고 시간이 걸리는 재구성 과정과 일치했다.

하지만 다른 한편, 앨런 올포트Alan Allport의 연구에서는 재구성 이외의 요인, 즉 과제들 사이의 상호 간섭이 전환 비용을 끌어올린다는 사실이 밝혀지고 있었다.[29] 올포트와 그의 공동 연구자들은 해당 환경에서 수행되고 있는 과제와 직전에 수행된 경쟁 과제 사이에 중복이 일어나면 전환 비용이 유발된다는 것을 입증했다. 이전 과제의 구성 요소, 가령 시각적 특징이나 자극을 다시 도입하기만 해도 수행 비용이 발생했다.[30] 심지어 경쟁 과제가 마지막에 나타난 뒤 오랜 시간이 흘렀을 때도 사정은 마찬가지였다. 짐작건대, 그때라면 과제-갖춤새를 재구성하는 과정이 뇌의 상태를 모두 재배선하고도 한참 되었을 것이다. 이 경우에 그 비용을 설명하는 유일한 방법은 이전 과제의 신호가 현 과제의 수행을 간섭한다는 것이다.

올포트의 실험에서 나온 통찰은 결정적이었다. 어떤 과제를 수행할 때 우리는 그 과제와 과제 수행 중에 나타나는 재료의 연합을 형성한다. 그 재료는 우리 주변의 물건일 수도, 우리가 생각하고 있는 것일 수도, 우리가 하는 일일 수도 있다. 커피를 내릴 때 나는 그 과제에 담긴 모든 장면 및 소리 따위를 커피 내리기라는 과제와 연결시킨다. 그중 어떤 재료가 다시 내 앞에 나타나면 나는 커피 과제를 최소한 어느 정도는 기억으로 되살릴 것 같다. 다른 과제에서 들려오는 메아리 때문에, 만일 기억에 되살린 과제가 지금 수행하는 과제와 병목을 공유한다면 간섭이 발생한다. 이렇게 해서 전환 비용은 체계를 재구성하는 시간으로 발생할 뿐 아니라, 다른 과제의 간섭으로도 발생한다.

인지조절을 담당하는 전전두피질과 그것의 연합 네트워크는 과제-갖춤새를 재구성한다고 여겨지는 가장 확실한 후보이며, 과제를 전환하는 동안 전두엽의 조절계들이 활성화된다는 사실이 입증되었다. 과제 전환을 fMRI로 분석한 연구에서 우리는 과제를 반복하는 순간보다 과제를 전환하는 순간에 전두-두정 조절 네트워크가 더 강하게 활성화되는 것을 일관되게 볼 수 있다.[31] 외측전전두피질이 손상된 환자들은 중복되는 두 가지 과제 갖춤새를 오가며 과제를 전환할 때, 그리고 수행해야 할 올바른 과제의 단서가 애매할 때 대조군보다 대체로 더 비싼 전환 비용을 보인다.[32] 또한 파킨슨병을 앓는 사람들도 유연하지 못하기로 악명이 높으며, 새로운 반응이나 과제로 전환할 때 어려움을 겪는다.[33] 파킨슨병은 전두피질 기능과 선조체 기능 양쪽에 영향을 미친다. 하지만 더 자세한 연구를 통해 밝혀진 바에 따르면, 우리가 과제 전환을 할 때도 전전두피질이 중요한 역할을 하지만, 과제-갖춤새 간섭을 줄일 때 특히 더 중요한 역할을 하는 듯하다.

첫째, 최근의 과제들이 경쟁하는 신경세포 표상을 활성화하여 현 과제를 간섭할 수 있다는 증거가 있다. 닉 영Nick Yeung과 존 코언은 사람들이 두 가지 간단한 분류 과제를 번갈아 하는 동안 그들의 뇌를 fMRI로 촬영했다. 두 가지 과제는 얼굴을 보고 남성인지 여성인지 가리는 "얼굴" 과제와 단어가 2음절인지 아닌지 가리는 "단어" 과제였다.[34] 실험하는 내내 사람들 눈에는 얼굴 위에 항상 단어가 겹쳐진 것이 보였고, 그래서 자극 자체는 그들에게 어느 과제를 해야 하는지 알려주지 않았다. 대신에 컬러박스 하나가 주기적으로 나타나 다음 컬러박스가 나타날 때까지 자극이 가해질 때 어떤 과제를 해야 하는지 알려주었다. 컬러박스가 나타날 때마다 과제가 바뀌었고, 그에 따라 사람들은 다음 항목에서 전환 비용을 지출했다.

이 실험에서 영과 코언이 얼굴과 단어를 자극물로 선택한 데는 명확한 이유가 있었다. 우리가 얼굴을 볼 때 후방 신피질의 방추상회 fusiform gyrus라는 영역이 활성화된다는 것은 충분히 입증된 사실이다. 게다가 우리가 얼굴에 관한 정보를 더 많이 처리하거나 주목하거나 생각할수록 이 영역은 더 강하게 활성화된다. 따라서 이 부위의 활성은 "얼굴에 관해 생각하는" 대리인이라 할 만하다. 이 실험에서 얼굴은 모든 시행에 나타났다. 그럼에도 방추상회는 성별을 분류하는 과제를 할 때 더 강하게 활성화되었다. 사람들이 그 과제를 할 때는 얼굴에 주의를 더 많이 기울였기 때문이다.

중요한 것은 얼굴 분류에서 단어 분류로 바뀐 직후에도 방추상회가 여전히 강하게 활성화되었다는 점이다. 단어 과제를 할 때는 얼굴에 주의를 기울일 이유가 없지만, 오히려 얼굴을 무시하려면 애를 써야 한다. 이 실험에서 참가자가 직전까지 얼굴 과제를 수행한 경우 그 효과가 단어 과제로 이어졌다. 또한 과제가 전환된 뒤에 얼굴 영역이 더 많이 활성화될수록 전환 비용이 더 많이 발생했다. 따라서 전환 비용이 발생하는 까닭은, 체계 안에 활성화되어 있지만 지금 과제와 무관한 이전 과제 때문이었다.

과제 전환 중에 발생하는 간섭은 또한 작업기억 속에 적절한 과제 맥락을 유지하는 능력을 떨어뜨린다. 듀크 대학교의 인지신경과학자 토비아스 에그너Tobias Egner와 동료들은 과제를 전환한 뒤에 이전 과제의 표상에서 나는 잡음 때문에 현 과제의 신경세포 패턴이 약해지는 것을 발견했다. 비록 전두-두정 조절 영역이 전반적으로 활성화되긴 했지만, 현재의 적절한 과제와 대응하는 활성 패턴은 잡음 때문에 그 특이성이 희석되었다. 이렇게 활성 패턴이 희미해진 상태에서는 과제 맥락에 대한 기억이 다음 과제를 충분히 지원하지 못하고, 체계는 간섭에 더 취약해진다.[35]

지금까지 살펴본 논의를 요약해보자. 과제를 전환할 때 새로운 과제를 수행하는 능력은 직전에 수행했던 과제의 간섭으로 약해질 수 있다. 사실, 이전 과제와 주변 환경의 재료들이 연합되어 있는 것만으로도 이전 과제가 마음을 건드려 방해 작용이 일어날 수 있다. 과제를 계속 번갈아 할 때 우리는 대개 달라진 과제에 맞게 환경을 바꾸지 않는데, 그래서 주변 환경의 재료와 한 가지 이상의 과제 사이에 연합이 형성된다. 이때 각각의 재료가 여러 과제에 신호를 보내 우리 머릿속을 쏘다닐 수 있게 하고, 배경에 잡음을 일으켜 지금 하고 있는 일을 방해한다.

우리가 사무실에서 얼마나 많은 일을 하는지 생각해보라. 주변에는 지금 하는 일 외에도 여러 과제를 가리키는 신호들이 가득하다. 다른 이유도 있겠지만, 이런 이유에서 어떤 과제를 사무실 밖에서 할 때 더 수월해지는 경우가 종종 있다. 배경을 바꾸면 우리가 인정하는 것보다 목적을 이루는 데 훨씬 더 도움이 된다.

4장에서 언급했듯이, 우리 뇌는 끊임없이 변하는 동적인 체계다. 어떤 과제를 하는 동안 정확히 똑같은 상태에서 하는 경우는 거의 없다. 조절 문제는 언제나 그 역동성을 견디고 과제 목표를 유지하는 방식에 관한 문제다. 과제를 전환할 때 조절은 더 어려워진다. 직전에 하고 있던 일이나 예전에 했던 일에서 메아리가 들려오기 때문에 그렇다.

우리는 멀티태스킹에 서투르다. 그럼에도 인지조절을 이해하면 이 간단한 금언의 이유와 한계를 더 깊이 이해하게 된다. 기본적으로 이중 과제와 과제 전환 비용은 같은 원인으로 발생한다. 둘 다 복수의 과제가 반응 경로의 일부를 공유하기 때문이다. 중복된 지점들이 경쟁을 부르고 수행을 방해한다. 이중 과제를 할 때 한 가지 과제는 다른 과제가 끝나기를 기다려야만 앞으로 나아갈 수 있다. 하지만 과제 엇바꾸기는 별로 도움이 되지 않는다. 직전에 수행했던 과제가 다시 활성화되어 지금 하려는 과제를 방해할 수 있기 때문이다. 작업기억 속에서 현재 과제를 지원하는 과제 표상이 직전 과제의 메아리를 불러들인다. 하지만 현재 과제 표상은 작업기억 속에서 다른 과제 표상들과 경쟁을 하며 올바른 과제 표상을 선호하도록 출력 게이팅 메커니즘에 압력을 가하기도 한다.

우리의 체계는 왜 이 모든 간섭에 취약하고 투박하기만 할까? 어째서 우리에게는 거대한 멀티코어 CPU가 진화하여 햄 샌드위치를 만들면서 동시에 고양이 사진을 포스팅하는 멀티스레딩multithreading(연산을 분할하여 동시 처리하는 기술—옮긴이) 능력이 생기지 않았을까? 사실이 아닐지도 모르지만, 진화적 압력이 우리 조상들 사이에서 일반성을 선호했기 때문일 것이다. 다양한 일을 해내는 인간의 일반 능력은 서재에 꽂혀 있어 신호만 주면 즉시 펼쳐지는 추상적이고 합성적인 표상들을 가지고 어떤 과제든 실시간으로 구성할 수 있는 체계에서 비롯된다. 하지만 이 표상들은 일반적이기 때문에 복잡한 두 가지 과제는 최소한 어느 정도 서로 중복된 표상들에 의지하게 된다. 결과적으로 그 과제들은 서로 간섭하게 되며, 그럴 때는 조절계가 나서서 그 간섭을 해결해야 한다. 도로 체계의 비유로 돌아가보자. 출발지가 다르고 도착지도 다른 두 가지 경로는 어떤 지점에서, 특히 교통의 중심지에서 서로 교차할 가능성이 크다. 경로가 중복되면 그로 인해 간섭이 발생한다. 운전하면서 휴대전화로 통화할 때처럼 두 가지 과제를 동시에 수행하든 아니면 과제를 번갈아가며 교대로 수행하든 말이다. 뇌 체계 안에서 울리는 이전 과제의 메아리 때문에 그렇다.

엎친 데 덮친 격으로 우리가 수행하는 과제들은 멋대로 묶여 있을 때가 많다. 따라서 멀티태스킹은 4장에서 살펴본 바와 같이 상위의 맥락 표상들이 중복을 피하면서 과제 표상을 구성하는 위계적 조절과는 거리가 멀어진다. 또한 그로 인해 멀티태스킹을 훈련하는 경우와도 거리가 멀어지는데, 훈련을 하면 수많은 연습을 통해 특수한 표상이 만들어지고, 다른 과제와 완전히 분리된 경로가 따로 형성된다. 하지만 현대 사회에서 멀티태스킹은 대개 그 자체의 뜻과 상관없이 우리에게 다가온다. 우리는 저녁을 만드는 도중에 휴대전화에 푸시 알림이 뜨도록 계획하지 않으며, 보고서를 작성하다가 이메일 답장을 쓰기 시작할 때 책상 위에 변화를 주지도 않는다. 그래서 온갖 신호가 제자리에서 우리에게 끊임없이 손을 흔들어대면서 부적절한 과제들을 기를 쓰고 가리킨다. 따라서 우리가 그 모든 배경 잡음에 효과적으로 대처하면서 한눈팔지 않고 원하는 과제를 수행하게끔 조절 체계가 진화한 것이다.

특별한 조절 과정이 멀티태스킹을 직접 책임지지 않는다는 점 또한 "멀티태스킹 능력"에 관한 논의에 이정표 역할을 한다. 누구도 일반적인 멀티태스킹 능력을 훈련하기는 불가능한데, 훈련할 게 없기 때문이다. 하지만 조절은 여러 과제가 주고받는 간섭의 영향을 거부하는 데 중요하므로, 인지조절에 능숙한 사람일수록 대체로 멀티태스킹에 능할 것이다. 그 이유는 그 사람의 재구성 과정이 빠르거나 병목이 엄청나게 커서가 아니라, 복수의 과제에서 어쩔 수 없이 발생하는 간섭을 더 잘 극복하기 때문이다.

마지막으로 1927년에 저실드가 정확히 짚었던 요점으로 돌아가보자. 멀티태스킹 비용을 줄이려면 중복을 줄여 다른 과제의 간섭을 줄이는 것이 가장 좋다. 이 단순하고도 놀라운 방법이 멀티태스킹을 다루는 유진 오닐의 접근법이었다. 그는 주요 작품 두 편을 번갈아가며 집필했지만, 두 과제의 맥락을 최대한 독립적으로 유지했다. 두 책상에 놓인 각기 다른 조그마한 그림과 자잘한 장신구 따위가 멀티태스킹을 방해하기보다는 오히려 도움이 되었을 것이다. 각각의 책상은 신호가 되어 하나의 희곡, 하나의 과제만을 떠올리게 했을 것이다. 한 책상에 앉아 있을 때면 그 환경에 속한 모든 것이 그의 생각을 올바른 과제로 이끌고, 그 과제에 머물도록 작용했을 것이다. 정말 부러운 상황이다. 우리도 과제가 두 가지뿐이고, 그 일을 할 책상이 부족하지 않다면 얼마나 좋을까?

6장 → 정지와 억제

On Task

→ → →

1982년 미국대학경기협회NCAA 대학 농구 결승전에서 1점 차로 뒤진 채 경기 종료까지 불과 몇 초 남은 상황에서 조지타운 대학교의 프레드 브라운Fred Brown이 공을 잡고 경기를 끝낼 기회를 맞았다. 그 순간 대학 농구 역사에서 가장 잊지 못할 일이 벌어졌다. 브라운이 상대 팀인 타힐(노스캐롤라이나 대학교 농구부)의 선수 제임스 워디James Worthy에게 패스해버린 것이다. 나중에 브라운은 이렇게 말했다. "한순간이었어요. 알다시피, 게임을 망쳐버리는 짓이었죠. 공을 던지자마자 이건 아니라는 것을 깨달았어요. 팔을 뻗어 공을 다시 잡고 싶더군요. 고무줄이라도 있었다면 어떻게든 낚아챘을 거예요."

인간의 행동이 있는 곳에 인간의 실수가 있다. 따라서 살아 움직이는 유기체로서 실수를 깨닫고 행동을 멈추는 것은 생존에 필수적이다. 사실, 정지란 특수한 상황에서 필요한 행동일 때가 많다. 대학 농구 결승전은 항상 벌어지는 일이 아니지만, 우리는 프레드 브라운처럼 고무줄이 절실하게 필요한 상황을 자주 겪는다. 횡단보도를 막 건너려 할 때 길모퉁이에서 트럭 한 대가 부르릉거리며 다가올 수 있다. 또한 눈물이나 트림을 억누르고 싶을 때가 있다. 친구와 다투었던 일이나 잊히지 않는 기억을 떨치려 할 때도 있고, 말할 기회가 올 때까지 기다려야 하거나 분을 삭여야 하거나 남의 얼굴에 난 점을 빤히 쳐다보지 말아야 할 때가 있다.

억제inhibition는 정지가 필요한 이 모든 상황에 요긴하게 쓰이는 조절 과정이다. 눈에 보이는 행동에서든 보이지 않는 생각에서든, 억제는 일반적으로 다른 추진력, 가령 운동 반응, 충동, 생각, 감정 등을 억눌러 멈추게 하는 힘으로 정의할 수 있다. 따라서 억제가 사라지면 억제되었던 생각과 행동들이 다시 수면으로 떠오른다.

"인지조절" 같은 용어가 출현하기 훨씬 전에도 억제는 흔히 자기조절, 절제, 질서 있는 행동과 밀접하게 연관되어 있었다. 플라톤은 인간 조건을 거대한 종마 두 마리의 충돌이라고 정의했다. 한 마리는 이성을 상징하고 다른 한 마리는 욕망을 상징하는데, 욕망을 억제하는 것이 균형 잡힌 삶에 필수적이라고 보았다.[1] 영혼과 육체를 나눈 기독교의 오래된 이원론에서도 이와 비슷한 이야기를 들을 수 있다. 불교에서는 욕망을 고통으로, 욕망에서 벗어나는 것을 깨달음의 길로 본다. 더 나아가 수많은 신념 체계에 존재하는 금욕주의 전통에서는 기본 욕구의 억제를 영적 충만함에 이르는 길로 본다. 침묵을 맹세하거나 순결을 서약하거나 속죄일, 사순절, 라마단, 파류샨(자이나교의 축제)

기간에 음식이나 술을 절제하는 것은 세속적인 목적이 아니라 영혼의 건강을 위해서다. 수많은 인간 문화와 신념 체계 안에서 억제를 통한 조절은 개인의 천박한 동물적 본성을 지배하고 높은 존재 상태로 나아가는 방법이다.

또한 인간 사회는 종교적 환경을 벗어난 곳에서조차 자기조절과 관련된 억제성 표현을 하는 사람을 대체로 존경한다. 극기는 여러 영역에서 성공에 필요한 전제 조건으로 간주된다. 〈비즈니스 인사이더Business Insider〉는 "세계적으로 성공한 CEO들이 매일 하는 6가지 습관"을 열거하면서 이렇게 썼다.[2]

> 일찍 일어나는 습관은 성공한 CEO들의 보편적인 특징이다. 뉴저지 네츠의 CEO 브렛 요르마크Brett Yormark는 새벽 3시 30분에 일어난다. 버진아메리카의 CEO 데이비드 쿠시David Cush는 새벽 4시 15분에 일어난다. 디즈니의 CEO 로버트 아이거Robert Iger는 매일 새벽 4시 30분에 일어난다고 하고, 제너럴모터스의 전 CEO 댄 애커슨Dan Akerson은 새벽 4시 30분이나 35분을 넘기는 법이 거의 없다고 한다. […] 높은 지위에 올라 업계의 별이 되고 싶은가? 침대에서 꾸물거린다면 그렇게 되지 못할 것이다.

그들은 단지 영리하거나 혁신적이거나 운이 좋거나 애초에 부유해서 그렇게 성공한 게 아니었다. 〈비즈니스 인사이더〉가 주목한 또 다른 성공 이유는 그들이 매우 효과적으로 자신의 충동을 조절했다는 것이다. 물론, 일찍 일어나는 것은 생계 때문에 두 가지 일을 하는 사람의 특징일 수도 있다. 데이비드 쿠시가 일어날 즈음에 한 가지 일이 시작되는 것이다. 하지만 그것이 요점은 아니다. 개인적으로든 사회적으로든 사람들은 금욕을 고결하고 유익하고 건강에 좋은 것으로 여긴다. 따라서 그들은 고통 없이 얻은 이득을 못 미더워한다.

억제는 인지조절에 관해 통속적으로 생각하는 개념들의 핵심이다. 억제는 충동적인 경향이나 우둔한 행동을 막아준다. 억제는 디저트를 하나 더 먹고 싶은 유혹을 막아준다. 비록 우리에게 자신의 행동이나 생각을 자발적으로 멈출 힘이 있다는 건 부인할 수 없지만, 정지가 항상 억제 과정의 산물인 것은 아니다. 앞으로 살펴보겠지만, 모든 억제가 억누르는 힘의 결과는 아니다. 그럼에도 뇌가 억제 기능에 관여한다는 증거는 쌓이고 있으며, 이는 인지조절을 구성하는 중요한 요소다. 이번 장에서는 억제를 더 자세히 들여다보려고 한다. 우리가 억제를 통해 어떻게 행동과 생각을 조절하는지, 그리고 뇌에서 억제 기능을 지탱하는 토대가 무엇인지 살펴보자.

억제성 조절이란 무엇인가?

인간의 문화에서 억제가 얼마나 중요한지 감안해보면, 억제라는 개념이 심리학과 신경과학에서 지대한 영향력을 발휘해왔다는 사실은 그리 놀랍지 않다. 억제는 거의 즉시 심리학 이론의 중심부에 들어와 윌리엄 제임스 같은 근대 심리과학자들의 핵심 주제가 되었다.

제임스는 억제가 뇌의 작용과 긴밀히 연결되어 있다고 보았고, 그래서인지 『심리학 원리』에서 억제라는 용어를 생리적 과정으로 간간이 언급했다.[3] 하지만 본능을 다룬 장에서는 억제 개념이 핵심 역할을 했다. 제임스는 후천적인 습관이 우리의 본능적 성향을 억제한다고 주장했다. 제임스가 보기에, 우리는 굶주림이나 쾌락 추구 같은 천박한 본능에 이끌려 행동한다. 하지만 그렇게 하다 보면 습관이 형성되는데, 일단 습관이 형성되면 습관이 본능을 대체하고, 그럼으로써 본능을 억제한다. 그때부터 우리는 더 이상 새로운 대체용 습관을 찾지 않는다.

예를 들어, 아기는 배가 고프면 부모가 주는 음식을 본능적으로 먹는다. 하지만 더 나이 들어 치킨 너겟을 먹는 습관이 형성되면 더 이상 낯선 음식에 충동을 느끼지 않는다. 오히려 도망치고 싶어지기도 한다. 서양 사람에게 김이 모락모락 나는 밀웜mealworm 한 접시를 내놓으면 대부분 역겨워 펄쩍 뛸 것이다. 제임스가 보기에, 이런 변덕은 먹으려고 하는 기본 충동이 우리의 특별한 음식 습관에 의해 억제된다는 것을 입증하는 증거였다.

제임스는 이 억제 개념을 확장하여 습관 익히기를 통해 가장 기본적인 충동들을 억제할 수 있다고 설명했다. 선호 성향 발달에 결정적 시기가 중요하다는 개념은 오늘날에도 존속하지만, 본능 억제에 관한 이 이론은 누구도 진지하게 여기지 않는다. 사실, 누군가 옆구리를 슬쩍 찌르기만 해도 제임스의 이론은 너무 얄팍하다는 생각이 들기 시작한다. 예를 들어, 제임스는 사람이 자신의 집이나 배우자를 갖게 되면 타인의 집이나 배우자에 대한 본능적인 욕구가 자연스럽게 줄어든다고 주장했다. 그의 주장은 너무나 진지해서, 그가 19세기 말의 보스턴 사교계를 얼마나 접해보았을까 하는 의구심이 든다.

이처럼 관계를 단순하게 바라보았지만, 제임스가 제시한 억제 메커니즘은 미묘하지만 결정적인 차이가 있다. 어떤 명확한 억제 메커니즘이 우리의 충동을 억눌러 본능을 지배한다고 보지 않은 것이다. 우리는 이웃집에 대한 욕구를 직접 억제하지 않는다. 제임스의 심리학에서 충동은 다른 어떤 경향으로 대체될 때 억제된다. 따라서 억제는 억누르는 힘을 직접 가하지 않는 메커니즘을 통해 이루어진다.

이와 반대로, 당대의 다른 심리학파들은 충동을 직접 억제하는 심리 메커니즘이 있다고 주장했다. 그 목록의 최상단에 지그문트 프로이트Signumd Freud의 정신역동psychodynamic 이론이 있다. 대체로 정신병을 세속적으로 이해하는 프로이트의 이론은 과학 이론으로서는 의심스럽지만 서양의 종교에서 내세우는 개념과 친밀하기로 유명하다. 억제도 예외가 아니어서, 어렸을 때 영혼 삼분설이나 바울 이야기 같은 정신과 욕망의 드라마를 접한 사람이라면 편하고 친숙했을 개념이었다. 프로이트 역시 정신을 이드Id(본능적 충동의 원천—옮긴이), 자아Ego, 초자아Superego의 갈등으로 보았다. 억제란 충동을 억누름으로써 이 갈등에 판결을 내리고, 이드를 우리 마음의 지하실로 몰아넣어 멋대로 행동하지 못하게 하는 것이었다. 이 억제 과정이 잘못되어 항상성의 균형이 깨지면 정신병이 발생한다.[4]

따라서 프로이트에게 억제는 우리의 기본적인 욕망을 억누르고 제지하여 특정 규범과 성향을 유지하게 하는 직접적인 통제력이었다. 욕망은 항시 속박을 끊고 자유의 몸이 되길 원한다. 따라서 억제가 풀리면 그중에서도 가장 억눌렸던 욕망들이 병적으로 표출된다. 프로이트의 방어 이론에서도 억제는 비슷한 역할을 한다. 방어는 트라우마와 원치 않는 기억을 잠재의식 속에 억누르는 것으로, 이곳에 내몰린 부랑자들은 우리가 알아채지 못하는 곳에서 장난을 친다. 게다가 억제 과정 그 자체가 깊은 충동을 내리눌러야 하므로 본래 부자연스러운 것이라고 프로이트는 보았다. 조절에 내재적 비용이 따른다고 보는 오늘날의 몇몇 인지적 노력 또는 "의지력willpower" 이론에서 이 마지막 개념이 다시 부상한 것은 주목할 만한 현상이다. 그 이론들은 다음 장에서 자세히 다루려고 한다.

여기서 중요한 점은 프로이트가 말한 정신역동 이론의 이런 측면에 과학적 증거가 거의 없다는 것이다. 실제로 과학적 심리학과 신경과학에서는 정신역동 이론을 진지하게 여기지 않았다. 그 이론의 인기는 대개 임상심리학과 문학평론가들 사이에서 유행한 인문학에서 지속되었다. 하지만 프로이트의 개념을 인정하지 않고서는 억제를 논하기가 불가능한데, 그 이유는 그의 이론이 후배 심리학자들의 생각에 끼친 영향을 무시할 수 없기 때문이다. 그의 공상적인 관념은 잠시 접어두면, 프로이트는 이후의 과학 이론에 영향을 미친 억제의 두 가지 중요한 차원에 전념했다.

우선, 억제는 지속적인 충동을 제거하지 않고 억누르기만 하는 독립된 심리 메커니즘이라고 프로이트는 가정했다. 프로이트의 적극적인 억제 메커니즘은, 억제란 학습과 습관이 본능을 대체한 결과라고 본 제임스의 개념과 대조를 이룬다. 윌리엄 제임스는 그런 대체의 결과를 억제라고 설명하고 있었다. 이와 반대로 프로이트에게 억제는 하나의 과정이었다.

둘째, 프로이트는 억제가 운동 반응만이 아니라 생각과 기억에도 작용하리라는 것을 당연시했다. 당시에 신경생리학자들은 이미 억제가 억누르는 과정이며 그 대상은 신경세포 반응 또는 근육 운동의 길항작용이라고 간주했다. 이반 파블로프Ivan Pavlov 역시 조건화된 반응이 다른 연합을 통해 억눌릴 수 있으며, 억제가 사라지면 반응이 다시 나타난다고 설명했다. 하지만 이 생각들은 눈으로 볼 수 있는 반응 그리고 그 반응과 조건화된 자극의 결합에만 초점을 맞추고 있었다. 반면에, 프로이트는 억제가 운동 기능을 넘어 정신 활동에도 적용될 수 있다고 생각했다. 이 문제는 오늘날까지도 논란을 일으킨다.

20세기 초 행동주의로 인한 오랜 가뭄으로 억제는 심리학에서 자취를 감추었다. 하지만 행동주의 심리학자들이 반세기에 걸쳐 빈둥거리는 동안에도 신경과학자들은 횃불을 들고 논쟁을 벌이면서 신경계에 존재하는 억제 과정의 진실을 탐구했다.[5] 이런 노력의 결과로 그들은 억제를 신경세포 사이의 신호 과정으로 명확히 규정하고, 체계 수준에서 그것의 발현을 기록한 끝에 1950년대와 1960년대 무렵에는 기저핵에서 작동하는 탈억제 네트워크의 초기 발현을 보고했다.[6] 이렇게 해서 신경과학은 억제가 하나의 메커니즘이라는 것을 확인하고 구체적인 용어로 억제를 정의하게 되었다.

1950년대에 행동주의가 쇠퇴하자 인지심리학자들이 다시 한번 바통을 집어 들고 억제 개념을 되살리기 시작했다. 밀러, 걸렌터, 프리브람은 TOTE 모델의 마지막 "종료" 단계에서 조절 흐름을 위해 작동하는 확실한 메커니즘이 억제라고 강조했다.[7] 다른 인지심리학자들은 신경과학이 관찰한 길항 체계, 즉 신경세포의 흥분성 대 억제성 상호작용으로부터 직접 영감을 받았다. 촉진력에 대항하는 억제력 개념이 부상하여 주의집중, 기억, 인지, 언어 연구의 이론적 수단이 되었다. 사실, 억제 개념은 모든 곳에서 나타났다. 사람의 행동이 느려지거나 어떤 방식으로 반응하지 못할 때마다 억제 개념으로 이를 설명하는 시대가 도래한 것이다.[8] 종종 이 억제 메커니즘은 조절 과정, 즉 목표와 관련하여 부적절하거나 역효과를 낳는 과정이 생각이나 행동에 영향을 미치지 않게 하는 작용으로 개념화되었다.

인지조절 과정으로서 억제는 전두엽 손상에 따른 결핍을 이해하려고 한 신경심리학자와 신경학자 사이에서도 강조되었다. 이 과학자들은 전두엽 증후군의 다양한 결핍에서 억제가 공통의 주제로 등장한다고 보았다. 심지어 어떤 과학자는 억제성 조절이 그토록 규정하기 힘든 전전두피질의 통합 기능일지 모른다고 주장하기도 했다. 통합 과정을 적극적으로 주장한 개념들은 나중에 폐기되었지만, 신경과학자들이 왜 전두엽 증후군의 미세한 증상 앞에서도 전전두피질과 억제 기능을 연관지었는지 우리는 쉽게 이해할 수 있다.

예를 들어, 1장에서 살펴본 브렌다 밀너의 "흥미로운 분리"를 기억해보자. 위스콘신카드분류검사를 수행하는 환자들은 최초의 분류 규칙은 정확히 습득했지만 나중에 규칙이 바뀌었을 때는 이전 규칙을 폐기하지 못한다.[9] 그들은 비정상적인 반복 행동을 계속하는데, 다시 말해서 자신이 카드를 틀리게 분류한다는 것을 알면서도 쓸모없어진 규칙에 따라 분류하는 행동을 멈추지 못하는 것이다. 이 행동은 또한 이전에 보상받았던 방침을 봉쇄하지 못함에 따라 억제성 조절 기능이 소실된 것으로 해석할 수도 있다.

전두엽 환자들은 타인과 상호 작용할 때도 두서없이 충동적으로 이야기하거나, 사회적으로 부적절한 주제를 꺼내거나, 성적 과잉 행동을 하는 등 절도가 없고 무절제한 것으로 악명이 높다.

예를 들어, 1935년에 "환자 A"를 자세히 기록한 책에서 신경학자 리처드 브리크너Richard Brickner는 "자제력 장애"에 한 장을 전부 할애했다.[10] 뉴욕 면화거래소의 주식 중개인이었던 환자 A는 1918년에 종양 수술로 전두엽의 일부를 절제했다. 환자 A는 "생각나는 대로 말하는 특이한 충동"을 보였다. 예를 들어, 누구를 만났을 때는 "왜 당신과 악수를 해야 하는지 모르겠지만, 그래도 하겠소"라고 말했다. 그는 "쉴 새 없이, 경조증 환자처럼, 생각나는 대로 거침없이" 이야기했다. 그 외에도 브리크너는 환자 A가 보인 아주 부적절한 성적 과잉 행동을 여러 건 보고했다.[11]

이런 문제 행동들은 모두 억제 장애로 규정될 수 있다. 실제로 시야를 넓혀서 보면 인지조절 문제에서 대부분 억제를 발견할 수 있다. 그런 문제는 피하거나 억누르거나 극복해야 할, 의미 없고 부적절한 반응이나 생각을 항상 수반하기 때문이다. 실험실에서도 사정은 마찬가지다. 스트루프 과제에서 간섭은 단어를 읽는 습관을 억제하지 못해 발생하곤 한다. 과제 전환 비용이 더 커지는 것은 경쟁하는 직전의 과제 시리즈를 억제하지 못하기 때문이다. 위계적 조절에는 새로운 과제를 위해 몇몇 하위 과제나 규칙을 억제하는 것이 필요하다.

하지만 중요한 것은 **억제**라는 용어 때문에 오해가 생길 수 있다는 점이다. 그 개념의 역사가 말해주듯이 사람들은 억제에 각기 다른 의미와 역할을 부여해왔다. 이런 애매함 때문에 억제 과정을 뇌의 독자적인 조절 메커니즘으로 규정하려 할 때마다 혼란과 문제가 발생해 왔다. 따라서 그 용어의 의미를 명확히 정리하고, 진정한 억제성 조절 과정이 가져야 할 최소한의 자질이 무엇인지 밝히는 것은 가치 있는 일이다.

첫째, 우리는 행동이나 인지를 억누르는 힘이라는 의미의 억제라는 용어를 앞에서 논의한 신경세포 억제와 혼동해서는 안 된다. 신경세포 억제는 신경세포의 발화 가능성을 줄이는 신경세포 상호작용을 가리킨다. 이 말 역시 행동이나 인지를 억제하는 메커니즘을 가리킬 수 있지만, 반드시 그렇지는 않다. 예를 들어, 3장과 4장에서 본 피질-선조 게이팅 메커니즘은 탈억제성 사슬에 포함된 억제성 신경세포를 사용하여 행동을 억누르는 게 아니라 행동을 선택한다. 따라서 이 경우에는 역설적으로 신경세포 억제가 행동을 억누르는 것이 아니라 행동을 증폭하고 표출한다.

거꾸로 신경세포의 흥분이 행동을 억제하는 결과를 낳을 수 있는데, 다른 행동이 선택되거나 단지 어떤 신경세포 코드가 더 시끄러워질 때 그런 결과로 이어진다. 사무실 밖에서 사람들이 이야기하는 소리를 억제하고 싶을 때는 그냥 음악을 틀어 그 소리가 들리지 않게 하면 된다. 사실, 전전두피질은 행동 억제에 꼭 필요하지만, 전전두피질에서 투사된 신경섬유는 억제성이 아니라 흥분성이다.

둘째, *결과*로서의 억제와 *과정*으로서의 억제를 혼동하면 안 된다. 우리 눈에 행동의 억제가 보인다고 해서 그런 정지의 배후에 항상 억제 과정이 있는 건 아니다. 예를 들어, 만일 내가 저녁 5시경에 퇴근하기로 한다면, 집에 도착하는 시간이 혼잡하지 않은 다른 시간대보다 많이 지체될 거라고 예상할 수 있다. 엄밀히 말해서, 내 귀가 시간이 억제되는 것이다. 물론, 그 지체는 어떤 구체적인 억제 과정이 내 차에 영향을 미쳐서가 아니다. 브라운 대학교에는 해 질 무렵에 나타나 교직원 차량을 윈치로 감아올리고 우리를 다시 연구실로 끌고가는 정신 나간 교무처장은 없다. 그보다 내 귀가 시간이 늦어지는 이유는 러시아워 때문이고, 다른 많은 사람이 같은 시간에 퇴근하기 때문이다. 도로에는 적정 통행량이 있는데, 차량이 그보다 많으면 모든 사람이 줄지어 빠져나가기를 기다려야 한다. 직접적인 억제 과정이 없는데도 내 운행이 억제되는 것이다.

이와 마찬가지로, 생각이나 행동을 지연시키거나 중단시키는 경우에도 반드시 뇌의 억제 과정이 작동할 필요는 없다. 그 대신 억제된 행동은 애초에 그 행동을 추진하지 못했거나, 처리 과정 중에 혼선이나 잡음이 발생한 탓일 수 있다. 다시 한번 말하지만, 제임스의 대체 메커니즘에서 봤듯이, 행동 억제는 부적절한 것을 억제하는 게 아니라 적절한 것을 선택하는 인지 과정의 결과일 수 있다. 따라서 우리는 억제 메커니즘이 고장 났다고 말하지 않고서도 충동적인 행동이나 틀린 행동을 많이 설명할 수 있다. 실제로 집행기능에 관한 신경심리학을 주도하는 돈 스터스Don Stuss와 믹 알렉산더Mick Alexander는 전두엽집행장애증후군으로 인해 망가지는 기능들을 폭넓게, 통합적으로 설명하는 과정에서 억제성 조절을 확실히 제외했다.[12] 그들은 전두엽 손상에 이은 억제성 결핍은 비록 전부는 아니어도 대부분 억제가 아니라 모니터링, 동기화, 과제 설정의 결함으로 설명될 수 있다고 주장했다.

셋째, 뇌에서 입증된 억제 사례들은 핵심적인 억제성 조절 과정이 필요한 것이 아니라 우리가 선택한 것의 부작용으로 나타나는 것들이다. 뇌에는 **측방 억제**lateral inhibition라 불리는 메커니즘의 사례가 많은데, 이 경우 한 세포 집단이 활성화되면 근처에 있는 집단을 억제하고, 그 결과 대개 정보 처리를 두고 그 집단과 경쟁한다. 예를 들어, 공간상 같은 곳에 있지만 다른 방향을 가리키는 두 물체에 대해 두 세포가 발화하면, 한 세포가 활성화되어 다른 세포를 억압할 수 있다.[13] 사실, 이 상호작용은 5장에서 살펴본 모델, 즉 주의집중에 관한 편향된 경쟁 모델의 토대였다.[14] 한 장소에 주의를 기울이면 다른 장소에 대한 주의가 억제되고 서로 경쟁을 벌인다.

그렇다면 이 측방 억제가 억제성 조절 메커니즘이 아닐까? 그렇기도 하고 아니기도 하다. 경쟁자가 있으면 신경세포 코딩이 억제될 수 있는데, 이런 메커니즘에서는 신경세포의 발현이 활성화되기가 더 어려워지거나 그 반응 경로를 따르기가 더 어려워진다는 의미에서 이 작용은 억제적 성격이 있다. 하지만 이 억제의 주된 요인은 실제로 흥분성 신호였다. 억제할 대상을 그렇게 결정한 것은 부적절한 집단을 억누른 결과가 아니라 적절한 집단을 흥분시킨 데 따른 국소적인 부작용이었다. 따라서 여전히 핵심적인 억제성 조절 과정에 대한 갈증은 해소되지 않는다. 우리에게 억제성 조절이 있다고 말할 수 있으려면 활성화된 신경세포 표상을 목표 지향적인 방식으로 억누르는 주요 메커니즘의 증거가 필요하다.

우리는 이미 뇌에 그러한 억제 체계인 노고 경로가 있다고 이야기했다. 다시 한번 설명하자면, 선조체 안에서 고 경로가 발화하면 피질-시상의 동력이 탈억제되고, 그에 따라 조절에 도움이 되는 반응 또는 작업기억 표상이 선택된다. 반면에 노고 경로가 발화하면 시상-피질의 동력이 더 억제된다. 그 결과 이 경로가 발화하면 고 경로에 의한 탈억제가 더 어려워지고, 그에 따라 작업기억 속에 미루어둔 어떤 반응이나 맥락 표상이 증폭하지 못하게 된다. 이 동역학은 노고 경로에 의한 진정한 억제로 불릴 만하다. 대안적인 작용 경로를 선택하는 것이 아니라, 고 경로를 억제하여 구체적인 움직임이나 작업기억 표상에 작용하지 못하게 하는 것이기 때문이다.

하지만 중요한 것은 핵심적인 억제 과정이 하나 더 있다는 점이다. 그 과정 역시 기저핵과 관련이 있지만, 우리는 아직 그것을 살펴보지 않았다. 이 억제 과정은 억제력을 직접 행사한다. 이 억제 체계는 노고 경로처럼 단지 특정 피질 표상의 활성을 막는 것이 아니라 이미 활성화된 표상을 재빨리 억누른다. 이른바 뇌의 "정지 체계"인데, 이제 간단한 조절 행동으로 그 이야기를 시작해보자.

정지를 향한 경주

밴더빌트 대학교 심리학과 교수 고든 로건Gordon Logan은 평생에 걸쳐 인지조절을 이해하는 데 토대가 되는 중요한 업적들을 쌓아왔다. 그리고 억제 같은 입증할 수 있는 인지조절 작용을 이해하기 위해 그 누구보다 열심히 노력해왔다. 이 책에 소개한 접근법을 통해 우리는 인지조절을 연구하는 것이 얼마나 어려운지 명확히 알게 되었다. 한때 로건은 이 문제를 강에서 맨손으로 물고기를 잡는 것에 비유했다.

물고기, 바꾸어 말해 수면 아래 어른거리고 반짝이는 존재를 알아볼 수는 있지만, 잡으려고 할 때는 이미 거기에 없다. 인지조절도 그와 비슷하다. 시야에 들어와 손을 뻗으면 이미 사라지고 없는 것이다.

지금까지 이야기했듯이, 억제는 오래전부터 그런 물고기 중 하나였다. 억제성을 띠는 행동은 전혀 억제적이지 않은 메커니즘에서 발생한다. 그렇다면 우리는 어떤 행동을 개시하지 못하거나 다른 어떤 것을 선택한다는 식으로 설명되지 않는 방식으로 어떻게 억제를 테스트할 수 있을까? 어떻게 억제를 측정할까? 1948년, 기념비적인 논문과 함께 시작한 일련의 연구에서 고든 로건은 정지-신호법이라는 과제를 이용하여 이 문제에 정면으로 도전했다.[15]

기본적인 정지-신호 과제에서 참가자들은 두 종류의 신호, 즉 "시작Go" 자극과 "정지Stop" 자극을 만난다. 시작 자극은 실험이 실시될 때마다 나타나 실험 참가자들에게 특정 움직임을 최대한 빠르게 하라고 알려준다. 시작 자극은 예컨대, 왼쪽이나 오른쪽을 가리키는 화살표일 수 있다. 그에 따라 모든 시행에서 참가자들은 왼손으로 왼쪽 방향 화살표를 누르거나, 오른손으로 오른쪽 방향 화살표를 누른다.

주목해야 할 점이 있다. 어떤 시행에서는 시작 자극이 제시된 뒤 잠시 후에 예기치 않게 정지 자극이 나오기도 한다는 것이다. 정지 자극은 예를 들어 어떤 소리일 수 있는데, 참가자들에게 시작 자극에 따라 지금 막 하려고 하는 반응을 취소하라고 일러준다. 다시 말해서 참가자들은 시작 자극에 신속하게 반응하려 한다. 하지만 정지 자극이 나타나면 참가자들은 그 반응을 어떤 식으로든 철회해야 한다.

이 과제는 진정한 억제성 조절을 검사하는 훌륭한 수단이다. 첫째,

시작 반응의 억제는 다른 어떤 반응을 선택하거나, 어떤 반응을 개시하지 못한 데 따르는 간접적인 결과라고 보기 어렵다. 선택할 다른 반응이 없기 때문이다. 오히려 정지 신호에 대한 반응은 이미 선택하여 개시한 반응을 철회하는 것이다. 둘째, 시작 신호는 모든 시행에 나오고 정지 신호는 시작 신호가 나온 이후에 나오므로, 사람들이 억제를 하는 것인지 아예 시작하지 않기로 결정한 것인지는 의문을 품을 필요가 없다.

이 과제에서 억제에 성공할 때 사람들은 아예 반응하지 않는다. 그렇다면 그 과정을 어떻게 측정할까? *일어나지 않은* 무언가의 속도를 어떻게 측정해야 할까? 이에 답하려면 과제를 조금 더 정교하게 다듬을 필요가 있다.

정지 신호는 시작 신호 이후에 나온다는 것을 기억하자. 시작 신호와 정지 신호의 시간 간격을 우리는 **정지-신호 지연**stop-signal delay이라고 부른다. 정지-신호 지연이 아주 짧을 때, 가령 50~200밀리초(1밀리초는 1000분의 1초) 사이일 때 사람들은 더 쉽게 반응을 멈춘다. 하지만 지연시간이 늘어날 때 사람들은 멈추었어야 할 때 반응해버리는 식으로 실수를 더 많이 한다. 이 경우에 사람들은 제임스 워디에게 공을 패스한 프레드 브라운과 비슷하다. 그 행동이 틀렸다는 걸 알지만, 멈추기에는 너무 많이 지나가버린 것이다.

로건과 윌리엄 카원William Cowan은 시작 신호와 정지 신호의 다양한 지연시간에 걸쳐 항상 나타나는 이 정지 패턴이 경마와 같음을 입증했다. 운동 명령과 그 명령을 철회하는 정지 신호가 두 마리의 말처럼 경주하는 것이다. 운동 명령이 경주에서 이기면 움직이고, 정지 신호가 이기면 움직이지 않는다. 정지 신호의 지연은 경주를 시작할 때 운동 명령이 출발선 앞에서 시작하는 거리를 결정한다. 그 거리가 어느 수준 이상으로 길면 정지 신호가 운동 명령을 따라잡지 못한다.

이렇게 표현하니 드디어 억제 과정의 속도를 측정할 수 있는 간편한 수단이 눈에 들어온다. 예를 들어, 내가 올림픽 챔피언이자 세계기록 보유자인 우사인 볼트Usain Bolt와 100미터 달리기를 한다고 상상해보자. 이때 나는 속도가 느린 운동 명령이고, 볼트는 속도가 빠른 정지 신호에 해당한다.

우리가 정지 시간을 측정하고 싶은 만큼이나 나는 볼트가 100미터를 몇 초 만에 뛰는지 측정하고 싶지만, 내게는 스톱워치가 없다. 하지만 나에게 출발을 알리는 총이 있고, 그 총에는 발사하기 전에 내가 원하는 만큼 지연할 수 있는 타이머가 달려 있다고 가정해보자. 경주할 때 볼트가 나에게 어느 정도 앞에서 출발할 거리를 주기로 약속되어 있다. 즉 내가 달리기 시작할 때 총에 달린 타이머를 작동하고, 잠시 후 총이 발사될 때 볼트가 출발하기로 한다. 결국 내가 6.42초 먼저 출발해야 볼트와 내가 나란히 결승선에 들어온다는 것을 알아낸다. 이전에 뛴 경험에 따르면, 나는 100미터를 16초에 주파하므로, 나의 16초에서 볼트의 출발 지연시간인 6.42초를 빼면 볼트의 100미터 주파 시간은 9.58초가 된다. (물론 이 시나리오는 비현실적이다. 나는 뛰어난 실험가로서, 특별한 스톱워치가 없다면 결코 따라잡히지 않을 것이다.)

억제 과정의 속도를 측정할 때도 비슷한 논리를 적용할 수 있다. 먼저 시작 신호만 떨어졌을 때 사람이 반응하는 속도를 측정한다. 그러면 운동 명령이 얼마나 빨리 달리는지 알 수 있다. 다음으로 정지-

신호 지연시간을 늘렸다 줄였다 하면서 두 번에 한 번 정도는 정지하지 못하는 시점을 찾는다. 바로 그 시점이 경주할 때마다 운동 명령이 더 빠른 정지 신호와 견줄 수 있게끔 우리가 운동 명령에게 부여한 선제 거리다.

이제 우리는 초보적인 산수를 이용해 억제 속도를 추정할 수 있다. 운동-반응시간에서 정지-신호 지연시간을 빼면 그 차는 운동 반응을 억제하는 데 걸리는 시간이 될 것이다. 우리가 **정지-신호 반응시간**stop-signal reaction time이라 부르는 이 시간은 억제성 조절 강도의 기준이 된다. 다시 말해서, 정지-신호 반응시간이 빠를수록 억제 반응이 더 강한 것이다.

하지만 중요한 것은 따로 있다. 이 접근법은 경마의 논리에 따라 억제를 측정하는데, 경마에서는 말들이 각기 다른 레인을 달린다는 것이다. 운동 명령의 종류에 따라 정지 신호가 빨라지거나 느려지거나 또는 경주마들이 동일한 레인을 달리는 탓에 서로를 방해한다면, 측정 결과는 들쑥날쑥할 것이다. 이 연구에서 로건과 카원은 중요한 점을 입증했다. 이 과제를 할 때 사람들의 행동이 대체로 정지와 시작이 서로 독립되어 있다고 가정했을 때 예상되는 패턴을 보인다는 점이었다. 게다가 뇌에서 나온 증거가 가리키는 바에 따르면, 이런 식의 빠른 정지는 시작에 사용되는 피질-선조 경로와 다른 기저핵 경로를 통해 시행되는 것으로 보였다.

그림 6.1에서 볼 수 있듯이, 정지는 별도의 전두-기저핵 네트워크에 좌우된다.[16] 사람들이 정지 신호 과제를 수행하는 동안 fMRI를 촬영하면, 이 네트워크가 정지를 수행할 때 일정하게 활성화되고, 시작

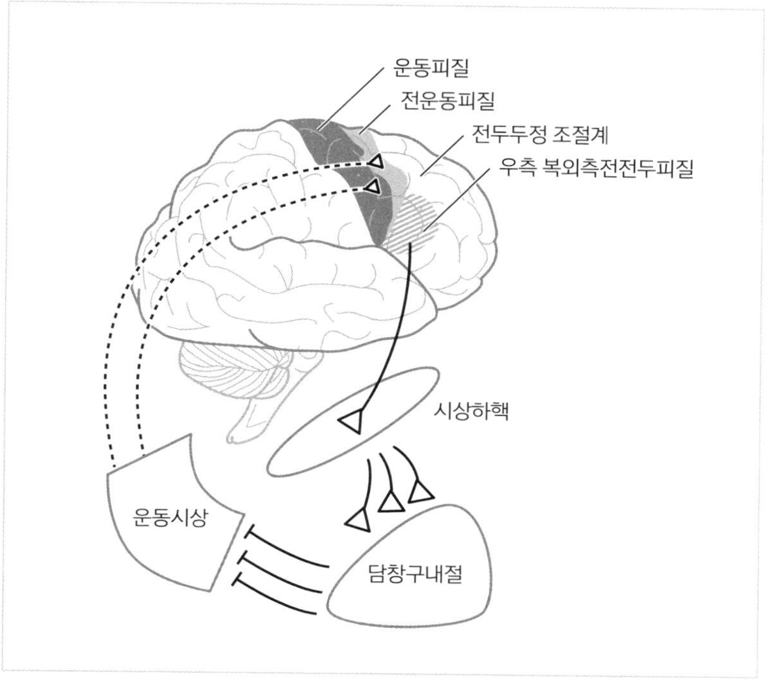

그림 6.1 피질(운동 및 전운동피질과 우측 복외측전전두피질)과 피질하 구조들(시상하핵, 담창구내절, 운동시상) 간의 루프를 보여주는 도식. 전보조운동영역도 이 네트워크에 관여한다. Aron et al. (2016)의 그림 1A.

을 수행할 때는 그렇지 않다는 것을 알 수 있다.[17] 게다가 이 네트워크가 더 강하게 활성화되는 사람들은 더 빨리 정지하는 경향을 보였다. 이와 반대로, 사람들이 시작 자극에 반응할 때는 우리가 지금까지 논의했던 피질-선조 경로에 활성이 나타났으며, 이 경로는 전전두피질과 피질하 영역 양쪽에서 모두 별도의 네트워크를 형성한다.

정지 경로는 어떻게 정지를 유발할까? 먼저, 우측 복외측전전두피질ventrolateral prefrontal cortex과 배내측전전두피질dorsomedial prefrontal cortex에서 나온 연결선이 시상하핵subthalamic nucleus이라는 피질하 구조로 내려온다. 이 경로는 정지의 조건과 관련된 어떤 맥락 정보를 전달하는 것으로 추정된다. 그런 다음에는 시상하핵의 흥분성 신경세포들이 담창구로 신경섬유를 투사한다. 3장에서 보았듯이, 담창구는 시상-피질의 동력을 억제하고 운동을 제지한다. 그래서 시상하핵을 통과하는 이 경로는 단 두 번의 연접으로 담창구에 영향을 미치고, 반응에 필요한 피질 활성을 재빨리 단속한다. 이렇게 하면 선조체 그리고 고세포와 노고세포 사이에서 느리게 일어나는 심사숙고를 피할 수 있다. 고 경로가 가령 화살표에 대한 왼손 반응 같은 어떤 행동의 게이트를 열기로 했더라도, 시상하핵을 통과하는 이 빠른 경로가 재빨리 브레이크를 밟아 그 일이 일어나지 않게 할 수 있다.

논란이 없는 건 아니지만, 시상하핵을 통과하는 이 빠른 억제성 조절은 그 분야에서 나온 강력한 증거들로 뒷받침되었으며, 그 가운데 많은 증거가 케임브리지 대학교의 트레버 로빈스Trevor Robbins와 캘리포니아 대학교 샌디에이고캠퍼스의 인지신경과학자 애덤 애런Adam Aron, 그리고 동료 과학자들의 엄정하고 정교한 연구에서 나왔다.

첫째, 이 네트워크의 구조들이 제각기 정지에 필요하다는 것을 뒷받침하는 증거가 있다. 애런과 로빈스의 초기 연구에 따르면, 뇌졸중 환자 가운데 우측 복외측전전두피질의 손상이 클수록 정지-신호 반응시간으로 나타나는 정지의 강도가 약해진다고 한다.[18] 특히 이 정지 결핍은 선택적 게이팅과 관련이 있다고 보이는 전두-두정 조절계의 손상으로는 발생하지 않았다. 이 기능 분리를 보면 다시 한번 우리는 앞에서 살펴본 전두-두정 조절계의 조절 기능과 이 억제 네트워크가 별개라는 것을 알 수 있다.[19]

게다가 이 억제 네트워크는 빠른 정지를 시행하기 위해 여러 부위가 함께 작용한다는 점에서 네트워크가 확실하다. 그 네트워크의 피질 영역과 시상하핵은 백색질 신경로를 통해 직접 연결되어 있어 빠른 소통을 가능하게 하는데, 이 완전한 연결은 정지의 강도와 관련이 있다.[20] 이에 더해서 인간과 동물 양쪽을 대상으로 정지를 연구하는 사람들은 억제의 개시와 밀접하게 관련된 이 부위들 사이에서 저주파의 신경세포 진동을 발견했다.[21] 다시 말해, 마치 단파 라디오에서 주파수를 특정 채널에 맞추는 것과 흡사하게, 사람들이 반응을 중단하기 직전에 이 네트워크에서 특징적인 대역폭으로 재잘거림이 증가한다는 것이다.

흥미롭게도, 사람들이 놀랐을 때도 이 특징적인 대역폭에서 재잘거림이 증가한다.[22] 우리는 예기치 않은 사건이 일어나면 깜짝 놀란다. 갑자기 문이 쾅 닫히거나, 어떤 사람이 뒤에서 어깨에 손을 올리거나, 길을 가는데 담장 너머에서 개가 짖거나, 차 앞으로 사슴이 나타날 때가 그렇다. 이 중에서 사슴이 나타났을 때와 같은 사건에 맞닥뜨리면 행동을 빨리 바꿔야 하고, 문이 쾅 하고 닫힐 때는 그럴 필요가 없다. 하지만 이 사건들에는 공통점이 있다. 즉시 멈추고서 상황이 변했는지 그리고 새로운 행동 방침을 따를 필요가 있는지 판단해야 한다는 것이다. 따라서 놀라운 사건이 발생하면 우리는 즉시 멈춘다. 짧은 순간일 수도 있지만, 행동이 정지된다. 애런과 얀 웨셀Jan Wessel이 몇 차례 연구를 통해 발견한 바에 따르면, 놀람 역시 시상하핵을 포함하는 동일한 네트워크를 끌어들이고 정지하기 직전에 그 특징적인 공명을 사용한다.[23]

이 정지 회로의 핵심에 시상하핵이 있다.[24] 이 영역은 시상 바로 아래에 위치한 신경세포 집단으로, 담창구에 미치는 영향을 통해 정지에 결정적 역할을 하는 것으로 간주된다. 하지만 최근까지 그 증거는 대체로 정황 증거였다. 정지하는 데 시상하핵의 필요성을 결정적으로 입증하려면 동물 모델에서만 가능한 회로 추적 기법을 써야 한다. 캐스린 피페Kathryn Fife, 토머스 나스코Thomas Hnasko 그리고 애덤 애런을 포함한 캘리포니아 대학교의 다른 공동 연구자들은 최근에 구체적인 증거를 제시했다.[25] 연구자들은 **광유전학**optogenetics이라는 기술을 사용해 시상하핵이 정지에 정말로 필수적인지 테스트했다.

광유전학 기술은 현대 신경과학에 혁명을 일으키고 있다. 이 기술 덕분에 과학자들은 빛의 특정 파장을 이용해 구체적인 회로를 자극할 수 있다. 기본적으로 이 분야의 과학자들은 유전학이라는 마법을 이용해 빛에 민감한 이온 채널을 가진 신경세포를 만든다. 이 신경세포들은 특정 파장의 빛을 쏘이면 반응한다. 채널에 따라서 이 빛은 세포를 자극하여 발화시키기도 하고, 세포를 억누르기도 한다. 이 방법이 전기 자극 같은 다른 자극보다 좋은 것은 구체성을 고도로 높일 수 있기 때문이다. 생쥐의 뇌 신경세포는 원래 빛에 반응하지 않기 때문에, 피질의 특정 부위에 빛을 비추면 그렇게 하도록 유전적으로 변형된 세포들만 흥분한다. 이 기술은 하나의 회로에서 각기 다른 세포들이 전체 회로의 계산에 어떻게 기여하는지 확인할 수 있는 멋진 방법이다.

피페와 동료들은 이 방법으로 정지 중인 생쥐의 시상하핵을 시험했다. 피페의 실험에서 생쥐들은 작은 막대기를 핥아 딸기우유를 받아먹곤 했다. 생쥐의 핥기는 핥는 수와 빈도로 정확히 측정할 수 있었다. 광유전학 자극술을 이용해 연구자들은 시상하핵의 세포들을 레이저로 자극했다. 그럴 때마다 생쥐들은 핥기를 중단했다. 시상하핵을 자극하니 운동 반응이 억제된 것이다. 하지만 이것은 논리의 절반에 불과하다. 어쩌면 이 자극이 과자에 대한 갈망을 일으켜 딸기우유를 먹으려는 욕구를 차단하는 것인지 모른다. 따라서 시상하핵이 없으면 적절한 맥락이 주어져도 정지가 발생하지 않는다는 것을 입증할 증거가 필요하다.

이 문제를 해결하기 위해 연구자들은 정지 네트워크가 놀람에 관여한다는 점을 활용했다. 만일 생쥐가 막대기를 핥고 있을 때 예기치 않은 소리를 들려주면 생쥐는 핥기를 중단할 것이다. 앞에서 언급했듯이, 예기치 않은 사건에 이렇게 중단이 발생하는 데는 분명 시상하핵을 통과하는 루트가 작동할 가능성이 크다. 그래서 연구자들은 광유전학 자극을 이용하여 놀라운 사건이 일어나는 동안 시상하핵을 자극하는 대신 오히려 억제했다. 레이저를 비춘 상태에서 예기치 않은 소리를 들려줘도 생쥐들은 이전처럼 핥기를 중단하지 않았다. 다시 말해서, 시상하핵이 오프라인 상태가 되자 놀라운 사건에 반응하는 빠른 정지가 일어나지 않았다. 이로써 시상하핵이 정지를 유발한다는 유력한 증거가 나타났다.

시상하핵을 통한 정지 신호의 또 다른 중요한 특징은 그 신호가 전면적이어서 모든 움직임에 영향을 미친다는 점이다. 4장에서 보았듯이, 경두개자기자극술, 즉 TMS를 사용하면 순차적 과제를 하는 대상자들의 뇌를 안전하게 자극하고 피질 활동에 동요를 일으킬 수 있다. 그런데 신경세포를 자극해서 반응을 유도할 때도 TMS를 이용할 수 있다. 예를 들어, 운동피질을 TMS로 진동시키면 움직임을 유발할 수 있는데, 과학자들은 그 움직임을 근육의 전위로 측정한다. 이 자극법은 상당히 정밀하다. 운동피질의 정확한 부위를 자극하여 개별 손가락의 움직임을 유발할 수 있을 정도다.

눈에 띄는 움직임이 없는 경우에도 과학자들은 근육에서 발생하는 전기 임펄스, 즉 **운동전위**motor potential를 측정할 수 있다. 운동전위는 피질척수로corticospinal track를 따라 전파되는 신경세포 활성을 반영한다. 흥미롭게도, 사람이 손가락을 움직일 준비를 하고 있지만 실제로는 손가락을 움직이지 않을 때, 내가 그 사람의 운동피질을 TMS로 진동시키면 그 사람이 움직임을 준비하고 있지 않을 때보다 운동전위가 더 크게 나타난다. 그 이유는 움직임을 준비하고 있는 동안에는 운동피질이 더 흥분하고, 그래서 동일한 TMS 자극으로 더 큰 출력이 나오기 때문이다. 과학자들이 이 현상을 활용하면 주어진 순간에 운동피질의 활성화 정도를 측정하는 수단으로 TMS 유발 운동전위를 이용할 수 있다. 운동전위가 클수록 그 피질은 더 흥분한 상태가 된다. 이와 마찬가지로, 조절의 기준선에 못 미치는 전위는 그 피질이 억제되고 있다는 것을 나타내는 증거가 된다.

애런과 동료들은 이 방법을 써서 정지 네트워크로 유발되는 억제가 전면적인지 구체적인지 테스트했다.[26] 그들은 사람들이 과제에 따라 각기 다른 근육을 멈추어야 하는 정지 신호 과제를 고안했다. 이 과제의 어느 버전에서는 시작 자극이 눈 운동을 요구하고, 다른 버전에서는 다리 운동이나 손 운동을 요구하는 식이었다. 평소처럼 정지 시행은 이 움직임들의 정지를 요구했다.

정지 시행 중에 애런과 동료들은 운동피질 중 정지되어 있는 부위가 아닌 다른 부위를 TMS로 자극했다. 예를 들어, 사람들이 눈을 움직이고 있을 때 TMS로 운동피질의 손 영역을 자극하고 손의 근육 전위를 측정한 것이다. 그러자 정지가 피질 흥분도에 미치는 효과는 과제의 목표에 의거해서는 조금도 설명되지 않았다. 만일 과제가 손 움직임을 요구하지 않는다면, 그 과제는 운동피질의 손 영역을 억누를 필요도 없었다.

그럼에도 애런과 동료들은 사람이 정지해야 할 때 특정 근육 집단이 정지되는 게 아니라는 점을 발견했다. 모든 운동전위가 억눌렸다. 다시 말해서, 눈의 움직임을 정지하고 있을 때 운동피질의 손 영역을 TMS 진동으로 확인하면 손 근육의 운동전위가 감소한 것이 나타났다. 이는 손을 움직이거나 멈추라는 요구가 없어도 손 움직임을 전담하는 피질 영역이 억제된다는 것을 의미한다. 손 움직임이 억제되는 것은 정지되어 있는 눈 움직임의 부작용이었다.

시상하핵을 통한 정지는 빠를 뿐 아니라 전면적이다. 조절이 시행되는 속도를 넘어서는 이런 전면적인 효과 때문에 이 억제 네트워크는 선조체 게이팅을 통한 노고 경로와 뚜렷이 구별된다. 고 경로와 노고 경로를 구성하는 피질-선조체-시상의 연결 매핑은 대단히 구체적이다. 그 덕분에 특정 피질 부위가 선택적으로 게이팅되거나 게이팅

되지 않을 수 있지만, 이 과정은 더 느리다는 문제가 있다. 예를 들어, 차가 돌진해오면 횡단보도로 들어서지 않고 멈추어야 하는 것처럼, 구체성보다 속도를 우선시할 필요가 있을 때는 시상하핵 경로로 작동하는 빠르지만 전면적인 정지가 필수적이다.

지금까지의 논의를 요약해보자. 전전두피질-시상하핵 네트워크는 움직임을 빠르고 전면적으로 억제하는 데 결정적으로 중요하다. 이 네트워크의 활동을 정확하게 묘사하면, 주요 억제성 조절 작용이다. 이 조절 작용은 행동의 보류를 이끌어내는 목표 지향적 억제 과정이다. 하지만 이 억제 작용은 운동 영역, 즉 움직임을 정지하는 데서 끝난다. 아직 결정적인 문제가 남아 있다. 이 억제성 조절이 생각으로까지 이어지는가 하는 문제다.

생각을 멈출 수 있을까?

우리는 생각을 억제할 수 있을까? 생각은 분명 그 자체만으로도 주의집중을 산만하게 하므로, 때로는 억제하는 것이 좋을 수 있다. 우리는 저도 모르게 지금 생각하기보다 나중에 생각하면 좋을 일을 생각한다. 또한 살아가면서 부딪히는 문제들을 좀 오래 숙고하기도 한다. 때로는 사소한 일에 터무니없이 많은 시간을 할애한다. 어떤 사람이 파티에서 생각 없이 한 말이나 직장에서 겪은 안 좋은 일이 떠오르기도 한다. 우리는 마음속으로 온갖 사건들을 끊임없이 생각한다. 그런 사건의 정서적 감흥이 사라지거나, 그것을 새롭게 평가하거나 다시 집어넣고 하던 일을 계속할 힘이 생길 때까지…….

어떤 사람들은 그렇게 하지 못한다. 그들에게는 원치 않은 생각이 침입자처럼 밀려들어 심지어 정신 건강에 문제를 일으키기도 한다. 예를 들어, 강박장애opressive-compulsive disorder 환자들은 자꾸 문을 잠그지 않은 것 같다고 느끼거나 출근길에 자기도 모르게 보행자를 차로 치었다고 믿는다. 문을 거듭 확인하거나 먼 길을 돌아 출근한 뒤에도 그 침투적 사고는 끝없이 돌아와 그들을 괴롭힌다. 환자들은 그런 생각이 떠오르거나 지속되는 것을 막지 못한다.

다른 예를 들어보자. 충격적인 사건을 경험한 사람들은 외상 후 스트레스장애post traumatic stress disorder, PTSD 증상을 보인다. PTSD의 특징 중 하나는 문제의 충격적인 기억이 침입자처럼 들어와 생각을 휘저으면서 심각한 정서적 통증과 고통을 안긴다는 것이다. PTSD는 우울증이나 자살과도 관련이 있다. 이 사람들은 문제의 기억이 언제 어떻게 떠오를지 조절하지 못하고, 기억이 떠올랐을 때 그 기억 때문에 생기는 영향도 조절하지 못한다. 기억 전문가 대니얼 섁터Daniel Schacter 교수는 『기억의 일곱 가지 죄*The Seven Sins of Memory*』라는 저서에서 이런 침투적 기억이 극단적인 "유지의 죄," 즉 잊고 싶은 기억을 없애지 못하는 증상이라고 묘사했다.[27]

억제와 관련된 인지조절 메커니즘은 우리 생각과 삶을 점령하고 지배하는 그런 침입자를 방어하는 기제에 속한다. 하지만 우리는 억제를 이용해 자신의 생각을 조절할 수 있을까? 이를테면, 생각이 우리의 작업기억을 점령하기 전에 아예 떠오르지 않게 하거나 억누르는 방식으로?

물론 지금까지 논의해왔듯이, 이런 침투적 사고나 기억에 대한 억제는 대부분 다른 과정의 결과이지 억제 메커니즘의 결과가 아닐지 모른다. 사회심리학자 대니얼 웨그너Daniel Wegner의 고전적인 난제, "북극곰을 생각하지 말라"를 생각해보라.[28] 북극곰에 대한 생각을 멈추기가 몹시 어려워진다. 심지어 이 지시문을 듣는 순간, 거의 틀림없이 떠오르는 생각은 복슬복슬한 얼굴에 건방진 미소를 머금고 다가오는 무례한 북극곰일 것이다. 우리는 최소한 잠시나마 그 생각을 멈추지 못한다. 다른 어떤 것을 적극적으로 생각하기 전까지는 말이다.

따라서 이 책에서 살펴본 계획 세우기와 작업기억 게이팅 체계는 작업기억 속에서 과제 관련 정보와 목표를 우선시함으로써 심란하게 하는 생각을 피하는 것 이상의 능력이 있다. 과제 관련 정보와 목표를 선택함으로써 정신 활동을 방해하는 다른 인지를 대체할 수 있는 것이다. 하지만 최근에 입증된 바에 따르면, 시상하핵을 포함하는 빠른 억제 체계는 단순한 운동 반응에만 영향을 미치는 게 아니다. 그 체계는 또한 우리의 사고방식과 의사 결정 방식에 영향을 미칠 수 있다고 한다.

시간이 다소 촉박한 상태에서 어떤 어려운 결정을 내려야 한다고 생각해보자. 예를 들어, 친구들과 저녁 식사를 하러 갔을 때 웨이터가 다가와 주문을 받으려 한다. 그런데 메뉴를 보니 하품만 나오고 특별히 당기는 음식이 하나도 없다. 혹은 더 끔찍한 경우로, 두 가지 음식이 구미를 당기는데 하나만 골라야 한다고 상상해보자. 웨이터가 주문지 위에 펜을 대고 눈을 반짝거리면서 당신을 바라본다. 당신은 메뉴판을 뒤적이면서 뭐가 됐든 결정해주길 기다리는 음식 이름을 하나

하나 들여다본다.

이럴 때 우리는 어떻게 할까? 주로 웨이터에게 다른 테이블 주문을 먼저 받고 나중에 오라고 부탁한다. 그러는 동안 메뉴판에 어떤 새로운 정보가 마술처럼 나타나는 것은 아니다. 하지만 이런 상황에서 지연은 무척 적응력 있는 선택이다. 확신이 없을 때 어려운 결정을 잠시 미루는 것은 더 좋은 결정을 내리는 꽤 좋은 전략이기 때문이다.

심리학자들은 이 전략을 **속도-정확성 맞거래**speed-accuracy tradeoff라고 부른다. 결정할 시간을 늘리면 증거를 더 많이 확보할 시간이 늘어난다. 그러면 서두르거나 충동적인 요인에 덜 끌리게 된다. 어떤 의미에서는 데이터를 더 많이 수집했다고 할 수 있다.

물론 불필요한 시간이 늘어나면 비용이 발생하므로, 우리는 결정의 난이도에 따라 결정에 쓸 시간을 조정할 수 있다. 예를 들어, 가리비를 먹을지 구운 송아지 뇌 샌드위치를 먹을지 결정할 때는 시간을 오래 끌 필요가 없다. 나로서는 가리비를 선택해야 할 이유가 압도적이라서 결정이 금세 수면 위로 떠오른다. 하지만 가리비 대 황새치처럼 비슷한 후보가 경합을 벌이면 결정을 내리는 데 시간을 더 많이 쓰고 싶다.

뇌는 이와 같은 조절을 어떻게 시행할까? 마이클 프랭크와 나는 공동 프로젝트를 기획하여 어려운 결정을 내리는 동안 속도 늦추기를 지원하는 신경세포 체계들을 조사했다.[29] 우리는 참가자들에게 일련의 추상적 이미지를 보여주었다. 각각의 그림은 그들이 눌러야 할 특정한 자판에 해당했는데, 매번 85퍼센트의 확률로 점수가 부여되었다. 참가자들이 할 일은 각각의 이미지와 그들이 반응한 후에 받는 피드백에 근거하여 어느 자판을 눌러야 점수를 올릴 확률이 가장 높은지 알아내는 것이었다. 요점은 자판 누르기를 학습하는 과정에서 참가자들이 어느 자판을 눌러야 할지 결정하는 문제에 부딪힌다는 것이었다. 처음에 참가자들이 각 반응에 매겨진 값을 거의 모를 때는 결정 내리기가 아주 애매했을 것이다. 하지만 학습이 늘어나면서 그들의 결정에는 불확실성이 줄어들었다. 여전히 그 불확실성은 수시로 변했지만 말이다. 따라서 개인이 과제를 경험한 구체적인 이력에 근거하여 우리는 그들의 결정이 얼마나 불확실한지 측정하여 거기에 점수를 하나씩 매겼다. 결국 우리는 선택이 더 불확실하면 판단 내리기의 역치가 올라가기 때문에 사람들의 속도가 느려진다는 것을 발견했다. 사람들은 불확실성의 정도에 따라 결정 시간을 늘렸다 줄였다 하고 있었다. 이른바 조절 행동이었다.

다음으로 우리는 이렇게 불확실성이 증가할 때 뇌가 어떻게 대응하는지 테스트했다. 우리는 fMRI와 뇌전도 검사electroencephalography를 이용해 지원자들의 뇌에서 신경세포 신호가 언제 어떻게 변하는지 측정했다. 그 결과, 우리는 결정을 내릴 때 불확실성이 증가하면 내측전전두피질medial prefrontal cortex과 시상하핵 사이에서 저주파 진동으로 이루어지는 소통이 증가하는 것을 발견했다. 이렇게 시상하핵의 활성이 높아진 것은 사람들이 속도를 늦추어 더 보수적으로 결정한다는 것과 관련이 있었다. 불확실한 결정이 사실상 시상하핵을 자극해서 브레이크를 밟게 한 것이다. 시상하핵은 담창구의 표적을 흥분시켜 시상-피질 동력을 억누르고 모든 반응을 멈추게 했다. 그 결과, 어떤 반응을 하기 위해서는 증거가 더 많이 필요했던 것이다.

물론 뇌 영상에서 나온 이 상관관계로는 불확실한 상황에서 시상하핵이 지연을 일으키는지 입증하지 못한다. 정지 상태에서 시상하핵이 분명히 그런 일을 하는 것과 대조적이다. 하지만 그 증거가 다른 연구에서 나왔다. "뇌심부자극술deep brain stimulation"이라는 이름의 치료를 받는 진행성 파킨슨병 환자들에게 초점을 맞춘 연구였다.

뇌심부자극술은 후기 파킨슨병을 효과적으로 치료하는 방법이다. 이 치료를 받으려면 수술로 뇌에 자극기를 이식해야 하기 때문에, 도파민 투약으로 지속적인 효과를 보지 못하는 경우에만 사용된다. 하지만 뇌심부자극술을 받는 환자들이 투약을 병행하면 증상이 크게 약화되고, 특히 떨림, 둔화, 경직 현상이 눈에 띄게 감소한다. 중요한 것은, 자극의 표적이 바로 시상하핵이라는 점이다. 정확한 작용은 좀더 조사해야겠지만, 이 자극술은 시상하핵을 방해하고, 그렇게 해서 반응에 대한 시상하핵의 억제력을 줄이는 효과를 낸다. 그러므로 자극기가 켜져 있을 때와 꺼져 있을 때 환자를 검사하면 의사 결정이 필요한 과제에서 시상하핵이 어떤 역할을 하는지 테스트할 수 있다.

제임스 캐버나James Cavanagh와 마이클 프랭크가 공동 연구자들과 함께 관찰한 바에 따르면, 자극기가 켜져 있는 동안에 환자들은 마치 더 빠르고 덜 보수적으로 결정하는 것처럼 행동한다.[30] 심한 갈등을 일으키는 어려운 결정 앞에서 환자들은 너무 빨리 그리고 대체로 부적절하게 반응한다.

이러한 결과는 다음과 같은 가설을 뒷받침한다. 정지 체계를 통한 억제는 지연을 강요하고 그렇게 해서 결정에 필요한 증거의 역치를 높여 의사 결정에 영향을 미친다.

과연 이것이 정말로 인지를 멈추는 것일까? 앞의 사례는 전적으로 정지 운동에 관한 것이라고 주장할 수도 있다. 정지 체계는 실제적인 반응에 브레이크를 밟고, 그 부작용으로 생각하고 숙고할 시간이 늘어나는 것은 사실이다. 하지만 여전히 구체적인 사고나 기억을 직접 억누르지는 않는다.

생각의 억제를 뒷받침하는 증거가 적은 것은 어느 정도는 그런 증거를 찾기가 어렵기 때문이다. 인지신경과학자 마이클 앤더슨Michael Anderson은 인상적이고 혁신적인 실험을 통해 인지 억제를 입증하는 최고의 증거를 찾아냈다. 사람이 어떻게 자발적으로 기억을 억누르는가 하는 문제가 그의 주된 관심사였다.

앤더슨은 평생 '생각하기/생각하지 않기think/no think' 과제에 집중하여 기억 억제에 관한 독창적인 실험 패러다임을 개척했다.[31] '생각하기/생각하지 않기' 과제는 정지-신호 과제와 비슷하지만, 정지 대상이 움직임이 아니라 기억 인출 행동이라는 점에서 다르다. 실험 첫 단계에서 참가자들은 서로 연결된 단어 쌍 여러 개를 받아 외운다. 예를 들어 "참치-의자", "손톱-딸기" 같은 자의적인 단어 쌍이다.

'생각하기/생각하지 않기' 단계라 불리는 다음 단계에서 연구자는 이 단어 쌍 중에서 몇 개를 선택한다. 이 단계에서 "참치-?"처럼 쌍을 이룬 두 단어 중 하나가 단서로 제시되고 다른 하나는 제시되지 않는다. 그런데 이 실험의 묘미는 여기에 있다. 만일 제시된 단어의 색깔이 초록색이면 지원자는 그것과 짝을 이루는 단어, 이 경우에는 "의자"를 떠올려야 한다. 하지만 그 단어가 빨간색이면 참가자는 그 짝을 생각하지 말아야 한다. 다시 말해서 "참치"가 빨간색 글씨로 되어 있으면 지원자는 "의자"에 대한 기억을 억눌러야 한다. 이런 과제에서는 참가자가 인출을 원하든 원하지 않든 단서와 짝을 이룬 단어가 순간적으로 떠오를 수 있다. 따라서 '생각하지 않기' 지시를 받으면 참가자는 어떻게 해서든 인출을 억눌러 그 단어의 짝을 생각하지 말아야 한다.

'생각하기/생각하지 않기' 단계가 끝난 뒤 연구자는 참가자들이 첫 단계에서 외워둔 모든 쌍의 단서들을 다시 보여준다. 그리고 각 단서와 짝을 이루었던 단어를 말하라고 지시한다. 그렇다면 단서는 기본적으로 세 집단이 된다. "생각하기" 조건에서 나왔던 단어 쌍의 단서들, "생각하지 않기" 조건에서 나왔던 단서들, 그리고 '생각하기/생각하지 않기' 단계에서 전혀 보이지 않았던 단어 쌍의 단서들이다. 세 집단에 대한 사람들의 기억은 어떻게 다를까?

첫째, 사람들은 '생각하지 않기' 조건에서 나왔던 단어 쌍보다 '생각하기' 조건에서 나온 단어 쌍을 더 잘 기억한다. 이 사실은 다소 흥미롭지만, 여전히 억제를 입증하는 가장 강력한 증거는 되지 못한다. 예를 들어, '생각하기' 단어 쌍에 대한 기억이 증진된 것만큼 '생각하지 않기' 단어 쌍에 대한 기억이 충분히 억제되지 않았을지 모른다. 어쨌든 사람들은 단어 쌍을 적극적으로 연습할 수 있었다. 따라서 이 증거는 연습을 하면 기억이 좋아진다는 사실만을 입증한다.

연구자들에게는 연습을 제어하는 수단이 있었다. 바로 참가자들이 처음에 외웠지만 '생각하기/생각하지 않기' 단계에서 보지 못했던 단어 쌍들이다. 이 단어 쌍은 연습을 거치지 않았지만 '생각하지 않기' 억제를 겪지도 않았다. 놀랍게도 '생각하지 않기' 단어 쌍에 대한 기억은 연습하지 않은 단어 쌍에 대한 기억보다 나빴다! 다시 말해서, 참가자들은 나중에 인출이 더 어려워질 정도로 '생각하지 않기' 단어 쌍에 대한 기억을 확실히 억제한 것이다. 그 결과, 참가들은 아예 보지 못했던 단어 쌍보다 더 높은 비율로 '생각하지 않기' 단어 쌍을 망각했다. 억압과 망각에 대한 프로이트의 생각은 코카인에 취해서 나온 망상이 아니었을지 모른다(프로이트는 코카인 중독자였다).

'생각하기/생각하지 않기' 과제를 이용하여 앤더슨은 사람들이 인출을 억압할 때 활성화되는 신경세포 체계를 조사했다. 이 실험들을 통해, 인출 억제와 관련된 네트워크와 움직임의 빠른 정지에 필요한 네트워크가 상당히 비슷하다는 것, 특히 전전두피질에서 그렇다는 것이 밝혀졌다.[32] 그렇다면 이 사실은 빠르고 전면적인 정지 체계가 인지 억제 과정에 동원된다는 것을 가리키는 정황 증거가 된다.

하지만 둘 사이에는 두드러진 차이가 있다. 첫째, 기억 억제에 관한 이 연구에서 시상하핵의 활성은 일관되게 관찰되지 않았다. 운동-정지 회로에서 주된 역할을 하는 이 영역이 기억 억제에서는 눈에 띄게 잠잠한 이유는 확실하지 않다. 이런 활성의 공백을 과대 해석하는 것은 조심해야 한다. 과학계에는 증거가 없다고 해서 부재가 입증되는 것은 결코 아니라는 말이 있다. 시상하핵처럼 깊은 뇌 구조에서 나오는 신호는 기억 억제 같은 미묘한 과정을 테스트할 때는 물론이고 이상적인 조건에서도 측정하기가 더 어렵다. 따라서 기억을 억제하는 동안 시상하핵이 활성화되는데도 우리가 그 신호를 탐지하지 못하는 것일 수 있다.

그런 조건에도 불구하고, 이런 종류의 비운동 정지에는 시상하핵이 필요하지 않을 가능성이 있다. 실제로 뇌 영상 증거를 보면, 기억 억제의 결과는 운동피질보다는 해마의 억제로 나타난다. 2장에서 말한 바와 같이, 측두엽 중앙에 위치한 해마는 장기기억을 암호화할 때와 인출할 때 모두 필요한 구조이며, 그래서 기억하려고 하지 않을 때 사람들은 인출 체계 자체를 억제하는 것일지도 모른다. 운동 반응을 억제하는 경우와 달리 기억을 억제하는 데는 기저핵을 통과하는 별개의 경로가 필요할지도 모른다. 하지만 정지 상황을 모니터하는 데 필요한 전전두피질 영역들은 움직임을 정지하는 경우와 동일하다.

생각해볼 만한 흥미로운 생각이지만, 이와 같은 억제의 기초 메커니즘을 이해하려면 연구를 훨씬 더 많이 해야 한다. 앤더슨은 분명 그 분야에서 많은 성과를 냈지만, 이 문제를 더 깊이 들여다보기 시작한 것은 다른 연구자들이었다. 그중에서도 최근에 애런은 **등록 보고** registered report라 불리는 과학적 반복 검증의 표준 메커니즘을 이용해서 앤더슨의 관찰 결과 가운데 일부를 재현했다. 이 연구에서 그는 운동 정지 때 관찰되는 것과 똑같은 저주파 진동이 기억 억제 중에 일어나는 것을 발견했다. 이 두 기능과 그것들의 토대인 네트워크가 훨씬 더 밀접하게 관련되어 있었다.[33]

따라서 기억 억제에 관한 이런 종류의 연구는 주된 억제 메커니즘에 의해 이루어지는 적극적인 인지 억제를 최소한 지금까지는 가장 강력하게 입증하는 증거를 제시하고 있다. 이 기억 억제 메커니즘이 침투적 사고에 대한 더 일반적인 조절로 연장될 수 있지 않을까 하는 솔깃한 생각이 들기도 한다. 우리는 다른 문제를 생각하거나 눈앞의 과제에 집중해서 달갑지 않은 생각을 피하기도 하지만, 그럼에도 가끔 그런 생각이 머릿속에 침입하는 것을 막지 못한다. 그런 침입이 우리를 둘러싼 세계에서 오는 것이든 생각 그 자체에서 생겨나는 것이든, 종종 피하고 싶은 기억이나 생각으로 이어진다. 그럴 때 기억 억제에 사용되는 것과 같은 억제 메커니즘이 있다면 우리는 그런 순환을 막는 인지적 도구로 사용할 수 있다. 일화적 미래 사고라는 강력한 체계를 통해 뇌를 조절하는 메커니즘이 그런 도구일지 모른다.

우리 자신을 멈추게 하는 메커니즘

자신의 충동을 억제하고, 습관의 힘을 극복하고, 목표와 상황에 반하여 행동하는 것을 피할 줄 아는 능력은 인간 본성의 기둥이다. 우리가 자발적으로 어떤 의지력을 통해 그렇게 할 수 있다는 것은 거의 분명하다. 하지만 우리 스스로 행동과 생각을 억제한다고 해서 억제 과정이 반드시 믿을 만하게 작동한다는 뜻은 아니다. 우리는 다양한 조절 과정이 우리의 생각과 행동을 억제하는 것을 봤지만, 어떤 것은 억제라고 할 수 있고 또 어떤 것은 억제라 하기 어렵다.

빠른 정지 체계는 분명 행동을 제지하는 주요 억제성 조절 체계다. 전두엽과 시상하핵 사이에서 만들어지는 이 네트워크는 피질-선조 게이팅 체계와 함께 인지조절을 뒷받침한다. 이 두 체계에는 몇 가지 놀라운 유사성이 있다. 둘 다 더 정교한 피질 체계들을 포함하며, 이 체계들은 기본적인 운동 조절과 밀접하게 관련된 기저핵 안의 오래된 구조들에 접속되어 있다. 실제로 선택적 게이팅 덕분에 움직임을 실행하지 않고 고려만 하는 것이 가능해졌듯이, 행동을 즉시 멈추는 능력도 생존에 중요한 것은 마찬가지였을 것이다. 동물은 걸음을 떼는 순간부터 낭떠러지 끝으로 걸어갈 수 있다. 선택적 게이팅 체계와 마찬가지로 우리의 정지 체계도 진화를 거치며 끝없이 정교해졌다. 그 목적은 더 복잡한 상황에서 잠시 멈추고, 이해할 수 없는 생각과 행동을 중단하기 위해서였다.

하지만 주목해야 할 점은 선택적 게이팅 체계와 전면적인 정지 체계가 별개라는 것이다. 피질과 기저핵 사이에서 피질-선조 게이팅 체계는 더 빠른 전면적 정지 체계와 병행하여 작동한다. 이 노동 분업 또한 적응의 결과다. 특히 행동을 멈춰야 하는 상황을, 어떻게 행동해야 하는가에 영향을 미치는 상황과 별도로 모니터할 필요가 있다면 더욱 그러하다. 또한 이 같은 이원 구조 덕분에 전면적 정지는 속도의 이점을 갖게 되고 진행은 정확성의 이점을 갖게 된다. 다시 말해서, 하지 말아야 할 행동을 충동적으로 하기보다는 아무것도 하지 않는 편이 더 낫다.

또한 억제가 다면적이라는 특성 덕분에 우리는 인지조절과 사람들의 일상적인 문제의 관계를 더 구체적으로 이해하게 된다. 예를 들어, 도넛이 허리둘레에 미치는 영향을 생각하지 않은 채 마지막 도넛을 집어 드는 것과 같은 충동적인 행동을 생각해보자. 뇌심부자극술을 받는 파킨슨병 환자의 경우처럼 우리는 이것도 정지의 실패로 볼 수 있다. 아마 당사자도 그런 결정에는 도넛 대 자기 이미지의 가치 충돌이 따른다는 것을 알 테지만, 문제는 억제 메커니즘을 이용해 자기 자신을 제지하고 결정을 유보하는 힘이 부족하다는 것이다.

하지만 이는 그 충동적인 행동을 설명하는 유일한 방법이 아니다. 또 다른 가능성은 게이팅 체계가 각기 다른 결과에 가치를 적절하게 배분하지 못하고 그에 따라 부적절한 선택을 하게 된다는 것이다.

사실 이 두 번째 형태의 충동성은 앞에서 논의한 파킨슨병 환자들이 입증해주었다. 한 실험에서 연구자들은 자극기를 켜거나 끈 상태에서뿐 아니라, 도파민을 투약하기도 하고 중단하기도 하면서 환자들을 테스트했다.[34] 도파민 수치가 고/노고 게이팅 경로에 영향을 미칠 수 있음을 기억하자. 투약 중인 환자들은 도파민 수치가 높았고, 그로 인해 노고 체계가 원활히 작동하지 않아 나쁜 결과로부터 학습하는 데 어려움을 겪었다. 그 결과 이 환자들은 나쁜 결과로 이어질 선택을 피하지 못했다. 다시 말해서, 그들은 충동적인 반응을 했지만 이는 그 결정의 역치나 정지 경로와는 아무 관계가 없었다. 관계있는 것은 반응으로 이어지는 다양한 선택에 가치를 배분하는 방식이었다.

이 복잡성에는 정신 건강과 정신 질환의 이해에 관한 심오한 의미가 숨겨져 있다. 중독의 경우를 생각해보자. 중독자들은 약물 의존이든 도박이나 섹스 같은 특정한 행동이든 습관을 형성하는데, 그런 다음에는 조절을 하지 못한다. 그들은 어쩔 수 없이 그 행동을 하게 되고, 심지어 그들 자신이나 가족의 건강이나 생명이 위태로워져도 문제 행동을 멈추지 못한다.

트레버 로빈스는 중독과 인지조절의 신경화학적 토대의 관계를 연구하는 세계적인 과학자다. 로빈스와 제프리 댈리Jeffrey Dalley는 충동적인 사람들이 중독에 빠질 가능성이 크다는 증거를 폭넓게 인용한다.[35] 하지만 다른 한편으로는 이 충동성의 기저에 있는 원인 그리고 이 충동성과 억제성 조절의 관계는 상당히 다르다고 지적한다.

예를 들어, 코카인이나 암페타민 같은 정신 자극제를 남용하는 중독자들은 그렇지 않은 대조군에 비해 정지-신호 반응이 더 느리다. 흥미롭게도 자극제 남용자의 건강한 1차 혈족(부모, 형제, 자녀)도 정지-신호 반응이 똑같이 느리다. 이 관찰 결과를 통해 우리는 중독자들의 느린 정지는 전적으로 약물 사용 때문만은 아니며, 더 나아가 이 사람들의 약한 억제 기능은 중독에 빠질 위험성을 높이는 특성일뿐 중독을 보증하지는 않는다는 것을 알 수 있다. 이것을 더 긍정적으로 표현하면 다음과 같다. 효과적인 정지 체계는 중독에 이르게 하는 특정한 종류의 충동성을 억누를 수 있다.

충동성의 다른 차원들도 중독과 관련이 있는 것으로 보인다. 일례로 감각 추구 성향을 들 수 있다. 이 성격 특성을 가진 사람들은 다양하고 대개 강렬한 경험과 느낌을 원한다. 감각 추구형 개인들은 약물과 알코올을 시도해보거나 그 밖의 위험한 행동에 빠질 가능성이 더 크다. 또한 이 사람들은 더 충동적인 경향을 보인다.

하지만 감각 추구의 개인적인 편차는 뇌의 정지 네트워크 수단과는 관계가 없다. 그 대신 감각 추구형 개인들은 작업기억 및 선택적 게이팅과 관련이 있는 전두-두정 체계의 피질 두께가 다르다. 따라서 약물을 하기로 결정하는 감각 추구형 개인들은 어려운 결정을 내리는 역치 설정에 문제가 있다기보다는, 가령 코카인 흡입 같은 다양한 행동에 다르게 가치를 매기는 것으로 보인다. 그 결과 충동적인 행동의 게이트를 열어 중독에 빠지는 것이다. 이 결과는 정지 조절이 약한 사람들의 결과와 비슷하지만, 원인과 메커니즘은 그들과 다르다.

결론적으로 억제 개념은 인간 본성에 대한 우리의 관점을 지탱하는 기둥이자 신경과학과 심리학에서 끝없이 논란을 일으키는 주제다. 하지만 지난 몇 년 동안의 증거를 보면 우리는 행동은 물론이고 어쩌면 생각까지도 직접 억제할 수 있으며 실제로 그렇게 하고 있다는 것을 알 수 있다. 더 나아가 우리는 하나 이상의 수단으로 그렇게 억제하는 것으로 보인다. 따라서 우리가 억제를 하거나 하지 못하는 것은 다양한 요인 때문일 수 있는데, 그중 하나가 가치 또는 동기화다. 다음 장에서는 가치를 주제로 논의하면서 우리가 동기화의 관점에서 조절을 어떻게 이해해야 하는지 자세히 살펴보려고 한다.

7장 → 인지조절의 비용과 이익

On Task

1940년 4월 25일, 열네 살 소녀 엘시 닉스Elsie Nicks는 희귀하고 특이한 증상을 보여 옥스퍼드의 래드클리프병원에 입원했다.[1] 엘시가 그 유명한 병원에 온 건 이번이 두 번째였다. 한 달 전에는 극심하고 지속적인 두통으로 이곳에서 진료를 받았다. 엑스선 검사를 해보니 뇌 한가운데 척수액으로 가득한 세 번째 뇌실에서 덩어리가 자라고 있는 것이 발견되었다. 일단 그날은 수술하지 않기로 했고, 휴식을 취하자 두통은 가라앉았다.

엘시가 다시 병원에 갔을 때는 상황이 달랐다. 다시 한번 극심한 두통을 겪은 뒤 엘시는 특이한 무반응 상태에 빠졌다. 한 달 전에 의사들이 봤을 땐 또래 아이들처럼 의사들과 많은 이야기를 주고받는 활발한 소녀였다. 이번에는 마치 다른 사람이 된 것 같았다. 말도 하지 않고 움직이지도 않았다. 엘시는 같은 자세로 말없이 앉아 있는 것에 만족했지만, 긴장병이나 무의식 상태는 아니었다. 의식이 있었다. 엘시의 눈은 진료실 안에 있는 사람과 물체를 따라다녔다. 어떤 걸 하라고 재차 요구하면 결국에는 활기 없이 느리게나마 요구에 응했다. 질문에 답을 하긴 했지만, 기어드는 목소리로 한두 마디만 간신히 내뱉었다.

아이들이 좋아할 만한 물건이나 상황을 마주해서도 엘시는 마냥 무덤덤했다. 예를 들어 초콜릿 한 조각을 주자 엘시는 초콜릿을 먹는 동작을 했지만 도중에 손에서 떨어뜨렸고 다시 집어들 생각도 하지 않았다. 간지럼을 태웠을 땐 희미하게 미소지으며 고개를 돌렸다. 입에 설탕을 넣어줬을 땐 쓰디쓴 키니네를 넣어줬을 때와 마찬가지로 무심했다. 심지어 침으로 따끔하게 찔러도 얼굴을 살짝만 찡그리면서 아픈 쪽으로 천천히 손을 움직였다. 요컨대, 엘시는 움직이고 행동할 줄은 알았지만, 움직이거나 행동하고자 하는 욕구를 잃어버린 것 같았다.

다행히 의학 문헌에 기록된 엘시의 이야기는 해피엔딩으로 끝난다. 엘시의 뇌를 수술해서 낭종을 제거하자 그때까지의 증상과 두통이 사라졌다. 엘시는 예전처럼 적극적이고 활기찬 소녀가 되었다. 그리고 1941년 엘시의 사례가 책으로 나올 때도 증상은 되풀이되지 않았다.

엘시 닉스는 **무동무언증**akinetic mutism으로 보고된 최초의 환자였다. 이 증상의 원인은 다양하지만 주로 내측전전두피질, 특히 전대상피질anterior cingulate cortex이라는 피질 영역의 손상과 관련이 있다. 신경학자들은 무동무언증을 아주 간단한 움직임을 수행하는 것조차 심하게 꺼리는 무반응 상태로 정의한다. 다시 말해서 무동무언증은 기본적으로 동기화의 결핍이며, 어떤 일을 해내는 것이 행동을 선택하는 메커니즘과 관련이 있을 뿐 아니라 욕구, 동기, 그리고 우리가 그렇게 했을 때 얻는 이득과도 관계가 있음을 보여준다.

우리 자신의 행동을 순간순간으로 나눠 생각해보자. 당신은 책을 읽고 있다. 그러던 중 책을 내려놓고 차를 한 모금 마신다. 차가 약간 식은 것 같아 주방으로 가서 전자레인지에 넣고 돌린다. 차가 데워지기를 기다리는 동안 스마트폰을 들어 소셜미디어를 체크한다. 당신이 이 행동들을 하나하나 수행하는 까닭은 어떤 차원에서는 당신이 그러기를 원하기 때문이다. 독서의 즐거움이든 더 나은 차 맛이든 당신은 원하는 결과를 얻고 싶기 때문에 기운을 내 행동을 한다. 차를 데우러 주방까지 가기에는 거리가 너무 멀다고 판단할 수도 있었다. 혹은 읽고 있는 대목이 너무 재미있던 터라 중단하고 싶지 않아서 차가 식은 걸 개의치 않을 수도 있었다. 이 정도면 명백할 것이다. 우리가 어떤 행동을 하는 건 단지 습관이나 게이팅 메커니즘이나 자극-반응 연합 때문이 아니다. 우리는 종종 어떤 것이 하고 싶기 때문에 그걸 한다. 인지조절은 동기에 의존한다.

동기화라는 틀을 통해서 보면 우리가 지금까지 살펴본 많은 조절 문제들이 새로운 차원을 갖게 된다. 멀티태스킹을 예로 들어보자. 동기화의 관점에서 우리는 멀티태스킹을 일종의 식량 확보 문제로 재구성할 수 있다. 산딸기류를 먹는 동물은 먹이를 먹을 때 산딸기가 가득한 덤불에서 얼마 동안 시간을 보낸 후 다른 곳으로 이동한다. 그 동물은 새로운 덤불로 떠날 때가 되었다는 것을 어떻게 결정할까? 처음에 왔을 땐 통통하고 맛있는 산딸기가 그득했다. 하지만 게걸스럽게 먹다 보면 수확할 산딸기는 점점 줄어든다. 물론 그 지역에는 다른 덤불들이 있을 테고, 그런 덤불을 발견하면 거기에도 맛있는 산딸기가 그득할 것이다. 따라서 어느 시점이 되면 다른 덤불을 찾지 못할 위험성을 고려한다 해도 새로운 덤불에서 따먹는 행동의 기대 가치가 현재의 덤불에서 계속 따먹는 것의 기대 가치보다 높아진다. 그때 그 동물은 다른 덤불을 찾아 떠난다.

멀티태스킹도 그와 비슷한 논리로 설명된다. 지금 과제도 어느 정도 가치 있지만, 시간이 지남에 따라 그 가치는 줄어들고 다른 과제들이 점점 더 흥미로워진다. 스도쿠 퍼즐을 푼다고 해보자. 퍼즐을 하나하나 푸는 동안 스도쿠에 대한 흥미는 감소하기 시작한다. 그러는 내내 다른 매력적인 과제들이 가치를 발산한다. 어쩌면 인스타그램이 한번 봐달라고 손짓하고 있을지도 모른다. 지금 하는 과제의 가치가 감소하고 다른 과제들의 가치가 그걸 추월하는 순간 우리는 다른 과제로 넘어간다.

인지신경학자 로샨 쿨스Roshan Cools는 동기화의 측면에서 인지조절을 연구하는 분야의 개척자다.[2] 멀티태스킹을 식량 확보 문제로 생각한다면 우리가 3장에서 살펴본 안정성-유연성 딜레마를 재구성할 수 있다고 그녀는 지적한다. 예를 들어, 지금의 과제를 계속하는 것이 가치 있다면 그 과제 목표를 작업기억에 유지하는 건 좋은 생각이다. 반면에 새로운 과제가 현재의 목표를 뒤흔든다면 이는 현재의 목표가 가치를 잃었거나 더 가치 있는 다른 목표가 현재의 목표를 대체한 것이다. 이런 관점에서 생각할 때, 작업기억 게이팅은 과제의 가치를 결정하는 과정이다. 그렇다면 작업기억은 정보를 단기적으로 활발하게 유지하는 체계일 뿐 아니라 해당 시스템이 가치 있다고 보는 정보, 또는 뇌의 다른 과정에 영향을 미침으로써 미래에 가치가 있을 정보를 보유하는 체계인 것이다.

물론 체계는 가장 즉각적으로 구미가 당기는 과제 가치만을 좇을 수는 없다. 예를 들어, 우리가 어떤 프로젝트를 하는 중에 다른 과제들이 점점 마음을 끌어당기는데도 먼저 하던 프로젝트에 계속 집중해야 할 때가 있다. 어쩌면 동료 직원에게 아주 민감한 이메일을 써야 하는데 적절한 단어를 찾기가 너무 어려운 탓에 당장 그만두고 다른 일을 하고 싶을 수도 있다. 그런 상황에서 우리는 마무리할 일을 계속하는 대신 인스타그램 연예인 계정을 30분 동안 볼 수 있고, 실제로도 종종 그렇게 한다.

하지만 이런 종류의 가치-추적 과제 전환은 조절에 성공한 것이 아니라 실패한 것이다. 이러한 순간에 우리의 조절 체계는 전환하고 싶은 충동을 억누르고 당면 과제를 계속하거나, 지금 하고 있어야 할 과제로 돌아갈 필요가 있다. 연예인 이야기가 압도적으로 우세해도 말이다. 그렇다면 조절 체계는 더 미묘하고 추상적인 가치를 이용해서 당장에는 어렵거나 따분하지만 장기적으로 가치 있는 과제에 우리를 붙들어놔야 한다.

이 장에서는 이러한 동기화의 관점에서 인지조절을 살펴보고자 한다. 그렇게 하는 것이 중요한 이유는, 무동무언증을 비롯한 인지조절의 실패 사례들은 대부분 자신감이나 정신적 효능감의 문제가 아니라 동기화의 문제로 거슬러 올라갈 수 있기 때문이다. 마찬가지로, 동기화를 구성하는 개념들은 자제심, 정신적 피로, 의지력에 관한 가장 근본적인 개념에 영향을 미친다. 그러므로 조절을 이해하기 위해서는 조절과 동기화의 관계를 이해할 필요가 있다.

그러나 중요한 것은 동기화가 양면적이라는 것이다. 우선 과제를 수행함으로써 얻을 수 있는 가치가 있다. 사람들은 대부분 결과에 기반한 이 가치를 동기화와 관련 짓는다. 이 가치는 최후에 거머쥐는 상금이다. 인지조절을 통해 우리는 그 상금을 획득한다. 심지어 과제가 복잡하거나 낯설지라도 성공의 가능성을 높이기 위해 상황에 맞춰 행동을 더욱 정교하게 조율한다. 하지만 사람들은 동기화의 또 다른 측면을 종종 무시한다. 상금을 얻기 위해서는 육체적·정신적 노동을 해야 한다. 육체노동과 마찬가지로 정신노동을 할 때도 정신적인 노력을 피하려는 경험이 뒤따르는데, 특히 인지조절이 필요한 과제에서 그런 경험이 두드러진다. 정신적 노력에는 일종의 비용이 드는데, 그것은 우리가 과제를 수행함으로써 얻게 되는 순 가치를 깎아먹는다. 따라서 조절을 하기 위한 우리의 동기화에는 우리가 얻게 될 것과 그걸 얻기 위해 들여야 할 노동을 저울질하는 일이 수반된다. 즉 비용과 이득을 잰다. 뒤에서 동기화라는 동전의 양면 그리고 뇌의 조절 체계가 이 맞거래를 계산해내는 방식을 이해하기 위해 과학자들이 어떤 노력을 했는지 살펴볼 것이다. 먼저 회계장부의 수익 면을 살펴보고, 우리가 어떻게 과제에 가치를 매기는지에 관해 심리학이 우리에게 가르쳐준 사실을 들여다보자.

가치와 비용을 계산하기

결정과 선택에 관한 모든 이론에는 가치 함수가 필요하다. 가치 함수는 세계의 상태와 그 상태가 얼마나 바람직한지의 관계를 나타낸다. 예를 들어 그림 7.1은 대니얼 카너먼Daniel Kahneman과 아모스 트버스키Amos Tversky의 이론에 따라 금전적 이익과 사람들이 그 금전적 이익에 부여하는 가치의 관계를 나타낸 고전적인 가상의 가치 함수다.[3] 행동경제학자들은 가치 축value axis을 **주관적 가치**subjective value라 부른다. 문제의 가치가 개인의 가치 평가에 달렸음을 인정하는 것이다. 예를 들어 대학생은 50달러를 버는 것에 빌 게이츠Bill Gates보다 더 큰 가치를 부여할 것이다. 길에서 1센트 동전을 발견할 때 우리 아이들은 좋아서 펄쩍 뛰는 반면 나는 허리를 굽히는 것조차 귀찮아한다. 주관적 가치는 말 그대로 주관적이다.

금방 알아볼 수 있듯이 그림 7.1에 표시된 가치 함수는 직선이 아니다. 우리는 모든 금전적 이익이나 손실을 똑같이 평가하지 않는다. 그래프는 곡선이며, 그 가치는 원점 부근에서 훨씬 가파르게 증가한다. 이는 5달러 이득이 1달러 이득보다 사람들에게 훨씬 더 가치 있게 느껴진다는 걸 의미한다. 하지만 1005달러 이득은 1001달러 이익과 거의 똑같은 놀라움을 불러일으킨다. 둘 다 4달러 차이지만, 후자의 이득은 전자만큼 가치 있게 느껴지지 않는다. 이 곡선은 사람에 따라 다르지만, 모든 사람이 이렇게 갈수록 완만해지는 함수를 보인다.

또한 자세히 보면 곡선이 손실 쪽에서 더 가파른 것을 알 수 있다. 다시 말해서, 10달러 이득에 기뻐하는 크기보다 10달러 손실에 슬퍼

하는 크기가 더 크다. 이 비대칭은 잘 입증된 또 다른 현상인 **손실 회피**loss aversion를 반영한다. 사람들은 일단 수중에 자본이 약간 있으면 그걸 잃기 싫어하며, 그래서 같은 양의 이득을 바라기보다는 그만큼의 손실을 더 싫어한다.

가치 함수는 각양각색의 형태를 띠고 나타나기 때문에 우리가 어떤 과제를 언제 수행할지를 동기화에 따라 결정하려 할 때는 뇌에 가치 함수를 계산하는 장치가 있어야 한다. 이메일을 쓰거나 산책을 하는 등의 추상적인 과제 목표가 뇌에서 가치의 표현으로 전환되고, 뇌는 그것을 사용해서 결정을 내린다. 가치 함수를 통해 무슨 일을 해야

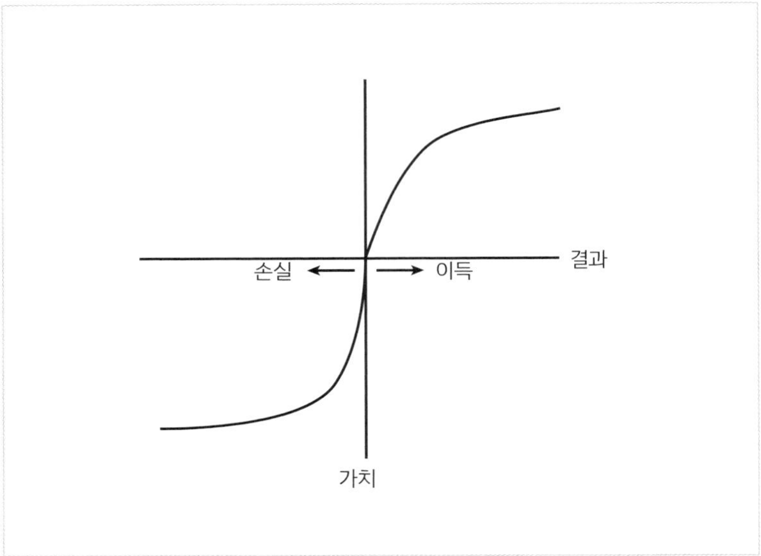

그림 7.1 절대적 이득의 예상치와 그 결과의 주관적 가치를 그린 카너먼과 트버스키의 비대칭 가치 함수.

할지를 결정할 때, 우리는 눈앞에 놓인 무한하고 자의적인 선택지 중 더 나은 것을 가려낸다. 예를 들어, 누군가 당신에게 "피자를 구울 거야, 꽃을 심을 거야?"라고 묻는다고 생각해보자. 이와 똑같은 질문은 들어본 적이 없겠지만, 그래도 대답은 할 수 있다. 우리는 그렇게 천양지차로 다른 과제들을 나란히 놓고 비교할 수 있는데, 이는 우리가 이전에 겪어본 일이 아니더라도 이런 복잡한 상황들을 그때그때 통용 가능한 가치 함수로 바꿀 수 있다는 걸 의미한다. 이 추상적이고 추론적인 가치 기반 결정에 복내측전전두피질이 중요하다는 증거는 나왔지만,[4] 뇌가 그 가치 함수들을 어떻게 계산하고 그 과정이 어떤 법칙에 따라 진행되는지는 대부분 미스터리로 남아 있다.

우리 지식의 이러한 한계는 우리가 아직도 범용의 가치 함수를 프로그래밍해서 인공지능에 탑재하지 못한다는 사실에서 가장 명백히 드러난다. 진정한 제너럴리스트 인공지능이 아직도 먼 이야기인 건 그 때문이다. 성공한 인공지능은 대부분 바둑을 이기는 방법에 가치를 부여하는 등의 아주 구체적인 가치 함수를 프로그래밍한 것들이다. 그런 인공지능은 바둑 두는 법을 학습할 때는 유능하지만, 다른 일에는 그 가치 함수를 전혀 활용하지 못한다.

우리가 앞에서 만난 매슈 보트비닉은 인지신경과학을 주도하는 과학자이자 구글 딥마인드에서 중요한 일을 하는 인지조절 이론가다. 그는 인공지능에 범용의 가치 함수를 장착하는 것이 왜 어려운지를 다음과 같은 예로 설명한다.

인간의 시중을 드는 가정용 로봇을 만든다고 상상해보자. 우리는 그 로봇에게 어떤 가치 함수를 심어줘야 할까? 아마도 "인간을 행복하게 해주기"를 중시하게끔 해야 할 것이다. 하지만 어떻게 우리를 행복하게 할까? 우리에게 돈을 벌어다 주면 될까? 우리는 돈이 있으면 행복해지니까. 그래서 당신의 로봇은 당신의 개를 팔아치운다.

하지만 뇌가 가치를 어떻게 계산하든, 일단 우리가 어떤 결과나 과제가 수행할 가치가 있다고 결정하면 인지조절은 그 가치 판단의 영향을 받는다. 조절을 장려하는 실험들에서 이 관계를 가장 잘 입증하는 몇몇 증거가 나왔다.

이런 실험들은 솔직한 방법을 쓴다. 인지조절 과제를 주고, 빠르게 그리고/또는 정확하게 수행하면 보상을 주는 것이다. 그런 뒤 제공된 보상의 수준에 따라 성적이 어떻게 변하는지를 시험한다. 예를 들어, 스트루프 과제를 할 때 실험자는 각 단어를 제시하기 전에 빠르고 정확하게 반응하면 큰 보상(1달러) 또는 작은 보상(5센트)을 주겠다고 말한다. 중요한 것은 제시된 장려금의 액수에 따라 스트루프 과제의 성적이 변하는가다.

당연히 높은 보상이 걸려 있을 때 성적이 전반적으로 향상된다.[5] 하지만 중요한 것은, 과제를 수행할 때 인지조절이 구체적으로 기여한 덕분에 성적이 향상되었다는 점이다. 스트루프 과제의 경우를 생각해보자. CDM에서 보았듯이, 반응을 결정할 때 인지조절은 입력 정보의 유의미한 특징, 예를 들어 단어 그 자체가 아니라 단어의 잉크색에 더 집중하게 한다. 따라서 과제를 잘 수행하게 하는 유인책이 있을 때 사람들은 조절을 통해 단어보다 잉크색에 더 초점을 맞춤으로써 두 특징이 불일치할 때 일어나는 간섭을 줄인다. 물론 이렇게 잉크색에 더 집중하다 보면, 잉크색과 단어가 일치할 땐 더 적은 이익을 얻기도 한다. 실제로 실험해보면 정확히 그런 패턴을 볼 수 있다. 잉크색과 단어가 불일치하고 사람들이 의욕이 있을 때는 스트루프 간섭이 감소하지만, 잉크색과 단어가 일치할 때는 이익을 적게 얻는다.[6] 따라서 어떤 과제 성과를 신속하게 끌어올릴 동기가 있을 때, 사람들은 인지조절계를 통해 성과를 끌어올린다. 간단히 말해서 인지조절은 도움이 된다.

유인책을 통해 인지조절을 수정하는 것은 널리 관찰되는 현상으로, 스트루프 과제에서부터 정지-신호 억제 그리고 과제 전환에 이르기까지 모든 주요 실험 검사에서 명확히 나타난다. 그러나 그런 현상을 목격해도 짜릿하다고 느끼진 않을 것이다. 우리가 진심으로 어떤 것을 원할 때 그걸 얻기 위해 더 열심히 노력한다는 것을 모르는 사람은 없기 때문이다. 하지만 이 실험들은 자칫하면 어둠 속에 묻혀 있었을 매우 중요한 통찰을 제공한다.

첫째, 적절한 동기가 주어질 때 우리가 인지조절 과제를 더 잘해낸다는 것은 우리가 애초에 110퍼센트를 쏟아붓지 않았음을 의미한다(내 고등학교 체육 선생님이 자주 했던 말이다). 다시 말해서 인지조절은 "전부 아니면 전무"가 아니다. 사람들이 스트루프 과제를 할 때 확실한 유인책이나 동기화가 없으면 최대치로 몰입하지 않는다. 유인책이 없을 경우, 사람들에게 동기를 불러일으키는 것이 무엇이든, 마음먹고 과제를 잘해야겠다는 욕심이든 실험자를 흡족하게 해주고 싶은 바람이든, 동기화는 어느 수준에 고정되고, 그 수준에 따라 조절을 할당한다. 따라서 유인책을 조작하면 이 동기화 수준의 아래나 위로 조절을 가감할 수 있다.

둘째, 조절은 여러 반응 경로들이 갈등을 일으키거나 하나의 과제 목표를 유지할 필요가 있을 때 시스템이 그에 반응하는 반사 작용에 머물지 않는다. 조절이 이루어지는 것은 또한 그 갈등을 해결하거나 과제 목표를 유지할 때 특별히 가치 있는 결과가 나오기 때문이다. 결과가 더 가치 있는 것일수록 조절이 더 많이 배정된다.

뇌를 살펴보자. 유인책이 있으면 작업기억 게이팅에 결정적으로 중요한 피질-기저핵 체계의 동역학이 변한다.[7] 가치가 이렇게 조절을 변화시킬 수 있는 것은 3장에 소개한 신경전달물질 도파민의 효과를 통해서다. 중뇌에는 흑색질substantia nigra과 복측피개영역ventral tegmental area이라는 심부 피질하핵deep subcortical nuclei이 있는데, 이곳의 신경세포들은 선조체와 전두엽으로 가는 도파민의 주요 원천이다.

신경생리학자들이 발견한 바에 따르면, 중뇌에서 도파민을 만드는 세포들은 가치와 행동을 연결하는 피질과 선조체의 목적에 중요하고도 유용한 신호를 보낸다. 신경생리학자 볼프람 슐츠Wolfram Schultz는 짧은꼬리원숭이의 중뇌에서 도파민 세포들의 반응을 확인하는 획기적인 연구를 했다.[8] 슐츠는 신호음을 먼저 주고 몇 초 뒤에 보상으로 주스를 흘려보내는 기본적인 파블로프 학습 실험을 수행했다. 실험 초기에는 주스가 나왔을 때 원숭이 중뇌의 도파민 세포들이 일제히 활성화되었다. 도파민 세포들의 발화와 보상을 연관짓기에 충분했다.

하지만 뒤이은 실험들에서 이 단순한 생각이 완전히 뒤집혔다. 경험이 쌓인 원숭이들은 신호음이 들리면 몇 초 후에 어김없이 주스가 나온다는 것을 학습했다. 이때부터는 원숭이가 여전히 주스를 좋아한다는 사실과 상관없이 도파민 세포는 더 이상 주스에 강하게 발화하지 않았다. 이제 그 세포들은 주스를 예고하는 신호음에 발화했다. 게다가 만일 신호음이 들리는데 주스가 나오지 않으면, 도파민 세포들은 주스가 나와야 할 시간에 발화를 억눌러 기준선 아래로 떨어뜨렸다.

계산신경과학자인 리드 몬터규Read Montague, 피터 데이언Peter Dayan, 테리 세이놉스키Terry Sejnowski는 이 데이터 패턴의 의미를 밝혔다. 이 패턴은 중뇌 도파민 세포들이 **보상예측오류**reward prediction error라는 중요한 학습 신호를 계산하고 있다면 예상할 수 있는 어떤 사실을 정확히 반영한다.[9] 보상예측오류는 인공지능 강화 학습 이론에 핵심이 되는 개념이다. 오류는 예상한 보상과 받은 보상의 차이로 간단히 계산된다. 이 이론에서 학습이란 바로 그 예측오류에 근거해서 보상에 대한 기대를 끊임없이, 점증적으로 수정해가는 과정이다.

예를 들어, 내가 어떤 신호음이 들릴 때마다 5달러를 벌 것을 기대한다고 상상해보자. 그런데 신호음이 들린 뒤 2달러가 주어진다. 이런, 내가 기대했던 금액보다 3달러가 적다. 이건 음의 예측오류다(2－5＝－3). 그에 따라 나는 신호음과 관련된 기대치를 조금 낮춘다. 다시 신호음이 들리고, 나는 3달러를 기대한다. 그런데 이번에는 4달러가 나온다! 이것도 예측오류지만, 이번에는 양의 오류다(4－3＝1). 그래서 다음에는 예상치를 조금 높여 3.50달러를 기대한다. 시간이 지남에 따라 이 간단한 학습 체계는 신호음에 대한 기댓값의 평균으로 수렴한다.

중뇌 도파민 신경세포의 반응은 이러한 예측오류를 알려주는 것으로 보인다. 신호음과 주스의 관계를 학습하기 전에 원숭이는 신호음을 듣고 주스를 예측할 이유가 없다. 사실상 주스를 기대할 이유 따위는 전혀 없다. 따라서 원숭이가 갑자기 주스 한 모금을 얻을 때, 이 예상치 못한 보상은 양의 예측오류가 되어 도파민 세포들을 발화시킨다. 신호음으로 주스를 기대할 수 있다는 걸 원숭이가 학습한 이후 주스가 예상대로 나올 때 예측오류는 0에 가깝고, 도파민 세포들은 발화를 변경하지 않는다. 하지만 만일 주스가 예상대로 나오지 않으면, 음의 예측오류가 발생하고 그에 따라 발화는 줄어든다.

세 과학자의 관찰 결과에서 볼 수 있는 두 번째 흥미로운 특징은 신호음 그 자체에 발화가 증가한다는 점이다. 이는 마치 학습하는 과정에서 시간이 지날수록 보상에 기반한 발화가 주스에서 신호음으로 역행하는 것처럼 보인다. 이 또한 강화 학습의 특징이다. 기본적으로 원숭이는 지금 그리고 미래의 어느 시점에 나올 수 있다고 예상되는 보상을 어떤 맥락을 통해서도 학습할 수 있다. 신호음이 가치와 결부되는 것은 그런 신호가 곧 주스가 나오리라 예고하기 때문이다. 어떤 것도 그 신호음을 예고하지 않기 때문에, 그 신호음은 기대 가치를 예기치 않게 증가시키고, 따라서 양의 예측오류가 발생한다. 하지만 그 뒤로는 보상이 주어지는 이후까지 양의 예측오류가 발생하지 않는다. 요약하자면, 중뇌에서 나오는 도파민 신호는 보상예측오류에 대한 정보를 그 체계의 나머지 부분에 있는 표적들에게 전달한다.

보상예측오류를 도파민 신호로 받는 표적들 중 하나가 선조체인데, 이 정보 입력은 피질-선조 게이팅이 가치와 연결될 수 있는 방법 중 하나다. 3장에서 도파민의 이런 역할을 잠깐 언급했다. 도파민은 선조체 안에 있는 고세포와 노고세포의 발화에 각기 다른 영향을 미친다. 노고세포들은 도파민에 의해 억제되고, 도파민 수치가 떨어질 때 더 많이 발화한다. 따라서 선조체에 도파민이 증가하면 고 편향을 초래한다. 다시 말해, 도파민이 선조-피질 게이트를 열고 작업기억에서 고려 중인 행동 또는 과제맥락을 증폭한다는 증거는 충분하다. 그와 반대로 도파민이 감소하면 노고 편향을 초래해 행동을 실행하거나 게이트를 활성화할 가능성이 줄어든다.

도파민과 행동 집행의 이러한 관계를 보여주는 고전적인 사례가 바로 파킨슨병이다.[10] 선조체에 공급되는 도파민은 흑색질 세포들이 퇴화함에 따라 크게 감소한다. 도파민이 감소한 결과 이 환자들은 노고 편향이 압도적이다. 환자들은 종종 움직임에 필요한 시상-피질 동력을 충분히 생성하지 못하고 이 병의 특징인 동결과 강직에 시달린다. 병이 심각하게 진행된 환자들은 결국 그들 자신의 몸에 갇힌 나머지, 행동을 생각하고 이해하고 고려하긴 해도 실행은 하지 못한다. 장기적인 치료법은 몸에서 도파민으로 합성되는 전구물질인 엘도파L-dopa를 투약해 도파민을 대신하게 하는 것이다. 한계가 있지만 이렇게 대체 물질을 투여하면 노고 편향을 상쇄하고 증상을 완화하는 데 도움이 된다.

이 모든 걸 종합할 때, 도파민의 게이팅 조정은 가치를 기저핵의 게이팅 작용과 연결하는 확실한 방법이다. 어떤 맥락이 현 상황에서 예상할 수 있는 것보다 큰 가치를 예고하면, 그때 도파민이 분출한다. 도파민이 분출되면 고세포들은 더 쉽게 발화하고, 그에 따라 고려 중인 행동이나 과제 표상의 게이팅이 힘을 얻는다. 이와 반대로 부정적인 결과를 예고하는 맥락이나 목표가 나타나면 도파민은 떨어진다.

이때는 노고세포들이 더 쉽게 발화하고, 선조체가 그 행동이나 과제 표상을 게이팅할 가능성이 줄어든다. 이 같은 방식으로 가치는 인지 조절의 핵심인 게이팅 작용을 직접 조정한다.

선조체로 가는 도파민 신호에는 필수적인 목적이 하나 더 있다. 학습을 지원하는 일이다. 도파민 예측오류는 고세포와 노고세포의 시냅스에 장기적인 변화를 일으켜 입력 신호의 발화 가능성을 높이거나 낮춘다.[11] 어떤 행동의 결과가 예측보다 좋을 땐 양의 예측오류가 나오고 도파민이 증가한다. 결국 고신경세포들이 시냅스를 강화한다. 반면에 결과가 예상보다 나빠서 도파민이 줄어들 땐 노고신경세포들이 시냅스를 강화한다. 이렇게 해서 고세포와 노고세포의 결정에 장기적인 결과의 역사가 반영되는 것이다.

이러한 학습된 행동에는 단순한 입력 신호에 대한 운동 반응은 물론이고 조절 기능의 핵심에 있는 고차의 작업기억 게이팅 작용까지 포함시킬 수 있다. 3장과 4장에서 살펴봤듯이, 많은 조절 문제들이 적절한 작업기억 게이팅 구조를 학습하는 문제로 요약된다. 도파민이 암호화하는 보상예측오류를 통해 선조체는 적절한 때에 적절한 맥락을 게이팅하는 법을 훈련한다. 게이팅 체계를 이루는 각각의 피질-선조 루프는 각자의 위계 차원에서, 과제의 성공률에 근거하여 작업기억 안팎으로 무엇을 게이팅할지 스스로 학습한다.

예를 들어, 시스템 출력 게이트가 색이름 대기 시험에서 "색이름 대기" 과제를 요구할 때 긍정적인 결과가 나온다. 이때 고신경세포들이 강화되고 그에 따라 체계는 미래에 비슷한 상황이 왔을 때 또다시 색이름을 출력할 가능성이 커진다. 요컨대, 도파민이 보상예측오류를 선조체에 알리면 그 결과로 작업기억 게이팅의 고 편향이 증가하고, 그래서 선조체의 도파민은 기댓값을 기준으로 유연성을 강화한다.

중뇌에서 나오는 도파민 신호는 또한 전전두피질에도 작용한다. 하지만 여기서는 선조체에서와 반대되는 효과를 일으킨다. 피질에서는 **안정성**stability을 강화한다.[12] 피질에 도파민이 증가하면 정보를 오래 유지하는 전전두피질의 능력이 올라가고 그 신경세포 표상들이 강화된다.[13] 반대로 도파민이 감소하면 이 신경세포 표상들이 불안정해지고 간섭과 주의산만에 더 취약해지는 식으로 피질에서 반대의 효과를 일으킨다.[14]

다시 말해서 만일 우리가 작업기억 안에 어떤 목표를 담고 있어도 피질에 도파민이 낮으면, 그 목표는 다른 두드러진 과제에 의해 기억에서 쉽게 밀려난다. 따라서 피질에서 도파민은 어떤 것을 작업기억에 붙잡아놓을지 그 가치를 정한다. 사람이 가치가 높은 과제에 몰두하면 도파민 수치가 올라가 그 과제의 표상이 작업기억 안에서 안정화되고, 지금 하는 일에 우세한 영향력을 계속 행사할 가능성이 커진다. 반면에 과제의 가치가 낮고 도파민이 적으면 작업기억에서 과제 요구가 더 쉽게 사라진다.

이렇게 해서 도파민은 선조체와 피질 사이에서 안정성과 융통성의 균형을 맞춘다.[15] 피질에 도파민이 증가하면 안정성이 올라가고, 그럼으로서 우리는 자기 자신에게 가치 있는 과제와 목표를 유지한다. 반대로 도파민이 선조체에 영향을 미치면 유연성이 올라가 현재 하고 있는 일보다 더 가치 있는 새로운 과제나 목표로 쉽게 이동할 수 있다. 이렇게 도파민을 통해서 가치는 인지조절의 피질-선조 게이팅 메커니즘에 본질적인 요소가 된다.

하지만 이 장 첫머리에서 소개했듯이, 가치가 높은 이익을 추구하는 것은 동기화에 관한 이야기의 일면에 불과하다. 우리가 조절을 시행하고 과제를 수행하기로 할 때는 정신노동이라는 비용이 든다는 점을 고려할 필요가 있다. 뇌가 어떻게 그 비용을 계산하고 그 결과를 우리의 조절 결정에 사용하는지는 아주 오래된 문제이자 현대 과학의 미해결 영역이다.

정신노동에 드는 비용

우리는 내가 얻을 가치뿐 아니라 그 가치를 얻을 때 지출하게 될 정신노동에 근거하여 과제 수행을 결정한다. 내가 두 자릿수 숫자 세 개를 머릿속으로 더하면 5달러를 주겠다고 여러분에게 말하면, 여러분은 내 제안을 받아들일 것이다. 정신노동에 비용이 들지 않는다면 그 5달러는 순이익이다. 하지만 초등학교 수학책에 있는 모든 문제를 풀어야 5달러를 주겠다고 말하면 아마 여러분은 그 돈을 포기할 것이다. 사실상 여러분은 그 과제의 이익과 정신적 노력을 저울질하면서 비용-편익을 분석했다. 여러분이 나의 두 번째 제안에 끌리지 않았다면, 정신노동의 비용이 여러분에게 돌아갈 5달러를 초과한 게 분명하다.

이 맞거래가 아주 분명하게 펼쳐지는 장소로, 아마존 메커니컬터크Mechanical Turk, 즉 "엠터크MTurk"라는 노동력 무한공급 시스템을 들

수 있다. 엠터크는 아마존이 운영하는 크라우드소싱 시장으로, 의뢰인은 여기에 "휴먼인텔리전스태스크Human Intelligence Tasks, HIT"라 불리는 작은 일들을 올리고, "터커Turkers"라는 자유로운 온라인 노동자들은 소액의 금전적 보상을 바라고 자신이 할 수 있는 일을 계약한다.

과제는, 음식의 종류를 분류하거나 사진에 라벨링을 하거나 웹 검색을 하거나 450자 에세이를 쓰는 등 대단히 다양하다. 대개 인간이 하기에는 단순하고 따분하지만 컴퓨터로 하기에는 굉장히 어렵거나 불가능하다. 따라서 많은 사람이 각자 조금씩 일을 맡아 하면 방대한 과제가 금세 끝난다.

대부분의 HIT는 비교적 금방 할 수 있고, 보상도 미미하다. 예를 들어, 450자 에세이를 쓰면 25센트를 받는다. 그런데 이 돈은 HIT의 보수 중에서 꽤 많은 편에 속한다. 이미지 안에 인물이 담겨 있는지 아닌지를 분류하는 등의 단순한 과제는 보수가 몇 센트에 불과하다. 최근에 연구자들은 25만여 명의 터커와 400만 개에 달하는 HIT를 조사했다. 그 결과 터커들이 엠터크에서 버는 시간당 평균 임금은 계산 방법에 따라 1.77달러부터 3.18달러까지 나왔고, 추산할 때마다 큰 차이를 보였다.[16] 하지만 우리가 주목한 지점은 이 자유로운 정신노동 시장에서 지급되는 보수가 어떤 기준에서 봐도 많은 건 아니지만 사람들이 그 일을 한다는 것이다.

이 무질서한 일터의 한심한 윤리에도 불구하고, 엠터커 시장은 정신노동과 가치의 관계를 관찰할 수 있는 자연적인 환경이 되어준다. 터커들은 하고 싶은 일을 자유롭게 고른다. 의뢰인들은 일을 시킬 터커들을 끌어모아야 한다. 아마존은 모든 사람에게 버는 돈과 소요 시간을 비교하라고 권장한다. 하지만 정신노동에 관한 언급은 어디에도 없다. 그럼에도 HIT를 하겠다는 터커들의 결정은 그에 따른 정신노동을 고려한 것이다.

컴퓨터과학자 파노스 이페이로티스Panos Ipeirotis는 비즈니스 세계의 컴퓨터 및 데이터과학 문제에 관한 블로그를 운영한다. 그는 터커들에게 왜 HIT를 완료하거나 완료하지 않는지를 묻는 비공식 연구에 기초하여 몇 개의 포스트를 작성했다.[17] 그가 블로그에 인용한 터커들의 응답은 우리의 지금 논의에 비춰볼 때 아주 흥미롭다. 몇 가지 예를 살펴보자. 강조 표시는 내가 한 것이다.

> "내가 싫어하는 과제는 *여러 단계가 복잡하게 얽혀 있는 과제*다."
>
> "내가 어떤 과제를 하려면 그 일이 *흥미롭거나 아주 쉬워야* 한다."
>
> "나를 특별한 과제에 끌어들이는 요인은 그 일이 *비교적 단순하고, 빠르고, 끝내기 쉬운가* 하는 것이다."
>
> "나는 단지 텔레비전을 보거나 인터넷 검색을 하는 등 *다른 일을 하면서도* 끝마칠 수 있는 *단순한 과제*를 선택한다."

아마존의 충고처럼 터커들이 일관되게 고려하는 건 시간과 돈이지만, 과제가 얼마나 어려운가 또는 과제가 주의를 얼마나 요구하는가도 보편적으로 고려한다. 대부분의 터커는 일반적으로는 인지, 구체적으로는 인지조절에 부담을 주는 과제를 대체로 싫어한다.

정신노동의 영향은 다양한 과제에 책정된 보상에 반영된다. 같은 규모로 실시한 연구에서 이페이로티스는 각기 다른 일과 거기에 지급되는 임금의 관계를 조사했다.[18] 연구 결과에 따르면, 웹페이지에서 회사 연락처를 찾거나 기초적인 음성 녹음 같은 간단한 과제들이 상대적으로 임금이 낮았고, 로고 디자인이나 영상 내용 묘사 같은 개방형 과제들은 평균 임금이 높았다.

엠터크는 자유 시장이라 의뢰인들은 대개 터커들이 수용할 만한 최저 보상을 제시한다. 그리고 노동의 범주에 따른 이 같은 임금 차이는 터커 본인들의 증언과 일치한다. 그들은 더 단순한 과제를 선호하고, 그래서 기꺼이 작은 보상을 수용하고 그런 과제들을 해낸다.

우리는 가치 있는 결과를 낳는 과제에 의욕을 느끼지만, 그 가치는 투입되는 정신노동에 비례하여 줄어든다. 정신노동은 얻게 될 결과의 순가치를 떨어드리는 비용이다. 만일 어떤 사람에게 더 많은 정신노동을 요구하고 싶다면 그만큼 보상해줄 필요가 있다(모든 대학의 학과장은 이 내용을 참고해야 한다). 실제로 하나 이상의 실험이 이 점을 입증했다. 우터 쿨Wouter Kool과 매슈 보트비닉은 인지 노동을 하겠다는 결정은 노동-여가 맞거래의 경제학적 기본 원리에 의존한다고 주장했다.[19] 따라서 과제에 관한 결정을 이해하려면 유인책뿐 아니라 정신노동의 비용까지 들여다봐야 한다.

정신노동이 꺼려지고 비용으로 경험될 수 있다는 사실은 오래된 심리학 개념으로, 최소한 정신적 피로에 관한 최초의 연구로 거슬러 올라간다. 예를 들어 19세기 말에 응용심리학자들은 "학교에서 학생들은 정신노동을 얼마나 견딜 수 있는가?" 같은 문제들을 고민하고 있었다. 초기에는, 정신적 피로의 느낌은 정신적인 능률이 떨어진 직접적 결과이며, 더 나아가 일단 능률이 떨어지면 몸이든 마음이든 모든 면에 영향을 미친다는 견해가 우세했다. 실제로 1892년에 한 심리학자는 체조나 산책 같은 운동은 심한 정신노동을 한 학생이 휴식할 수 있는 적절한 방법이 아니라고 주장했다.[20] 결국 정신노동이 육체노동과 같은 에너지 자원에 의존한다면, 온종일 생각에 몰두한 학생에게 운동을 시키는 것은 얼마나 잔인한가!

유명한 학습심리학자 에드워드 손다이크Edward Thorndike는 이 생각에 회의적이었다. 그는 자신이 직접 실험한 끝에, 사람들은 분명 정신노동을 오래 하는 걸 싫어하지만 장시간 일한 후에도 다양한 과제를 효과적으로 수행한다는 걸 발견했다.[21] 손다이크가 보기에 노력을 동기화의 문제로 경험하는 것과 정신노동을 능률적으로 수행하는 것은 달랐다. 전자는 일하겠다고 결정할 때 측정되는 것이고, 후자는 일 그 자체에 영향을 미쳤다.

손다이크 밑에서 박사 과정을 공부한 대학원생 쓰루코 아라이Tsuruko Arai는 1912년에 정신적 피로를 주제로 유명한 연구를 수행하고 결과를 발표했다.[22] 아라이는 자기 자신을 주요 피험자로 삼고, 예를 들어 2645 곱하기 5783처럼 무작위로 생성한 네자릿수 숫자를 곱하는 과제를 했다. 이 과제를 한 달 동안 수행한 끝에 그녀는 힐끗 보기만 해도 그 숫자들이 떠올라 눈을 감고 마음속으로 암산할 정도가 되었다.

일단 연습해도 더 나아질 것 같지 않다는 생각이 들자 아라이는 피로도를 검사하기 시작했다. 오전 11시부터 오후 11시까지 4일 연속으로 그녀는 네자릿수 곱셈 문제를 계속 풀고, 그 12시간 동안 문제와 문제 사이에 2~3초씩만 쉬었다. 각각의 문제에 대해 아라이는 암산에 걸린 시간과 답을 기록하고, 그 과정에서 느낀 주관적인 경험을 기록했다. 나 역시 정신노동에는 일가견이 있지만, 이렇게 엄청난 정신노동을 계속한다는 건 생각만 해도 끔찍하다.

아라이는 4일에 걸쳐 마라톤을 완주했다. 12시간씩 정신노동을 하는 바람에 그녀의 성적은 크게 하락했다. 문제를 끝내는 속도가 4배 느려졌다. 그녀는 숫자들을 머릿속에 유지한 채로 침투적 사고를 피하기가 얼마나 어려운지를 묘사했다.

게다가 하루에 12시간씩 수학 문제를 푸는 경험은 정신적으로 피로할 때 드는 회피적인 주관적 경험과 무관하지 않았다. 그녀의 표현을 빌리자면 그건 "특정한 정신 활동을 생각하기만 하면 몰려오고 때로는 정신적인 욕지기까지 느껴지는 혐오의 감정"이었다.

하지만 아라이는 성적의 변화가 하루 중에 주관적으로 느끼는 정신적 피로감의 비율과 거의 관계가 없다는 사실을 밝혀냈다. 후에 손다이크는 이 연구를 언급하면서 정신적 자원이 고갈된다는 견해에 강하게 반대했다. 아라이가 비록 피로하긴 했지만 결코 "텅 빈" 상태까지 고갈되진 않았고, 그래서 항상 또 다른 수학 문제를 계산할 수 있었다고 손다이크는 주장했다. 그녀의 동기 상태는 정신적 능률과 별개였던 것이다.

한 사람이 수행한 실험은 몇 가지 분명한 문제를 드러내는데, 특히 그 사람이 실험자이자 상당히 뛰어난 사람일 때는 더욱 그렇다. 그런데 어떤 기준으로도 쓰루코 아라이는 뛰어난 사람이었다. 1912년에 그녀는 전 분야를 통틀어 처음으로 박사학위를 딴 일본 여성이 되었다. 그리고 일본으로 돌아가 대학에서 학생들을 가르치고 실험실을 운영했으며, 프랜시스 골턴Francis Galton의 책을 번역해서 출간하고, 미국에서의 경험을 바탕으로 『행복한 기억*Happy Memories*』이라는 회고록을 써서 여성의 교육을 홍보하고, 그 과정에서 두 아이를 낳았다. 심지어 이 모든 일을 해내는 데 3년밖에 걸리지 않았다. 안타깝게도 쓰루코(아라이) 하라구치는 1915년 9월, 29세의 나이에 폐렴으로 눈을 감았다. 그녀는 놀랍고 영감을 주는 여성이었고, 그런 만큼 그녀의 데이터가 정신노동에 관해 모든 사람을 대표하는지 합리적으로 의심해볼 수 있다!

그 뒤 다른 과학자들이 정신적 피로에 관한 아라이의 독창적인 연구를 재현했다. 특히 1946년에 서던캘리포니아 대학교 대학원생 세 명이 아라이의 방법을 따라 마라톤식 문제 풀기에 돌입했다.[23] 그리고 아라이처럼 세 명 모두 아주 불쾌한 경험을 했다. 한 학생은 누가 1만 달러를 준다 해도 다신 하지 않겠다고 말했다(지금 돈으로 환산하면 약 13만 달러다).

하지만 세 사람 모두 아라이보다 잘했고, 심지어 피로가 쌓인 시간에도 몇 가지 방법을 통해 성적을 향상시켰다. 그들이 보기에 성적이 향상된 원인은 상호 경쟁 그리고 아라이가 정한 성적의 기준이었다. 그렇다면 우리의 성적도 시간과 함께 하락할 것이라는 데에 의심의 여지는 없다. 하지만 손다이크가 가정했듯이 동기—잘 수행했을 때의 기대 가치와 관련하여—가 강할 때 사람들은 정신적 피로가 쌓인 상태에서도 성적을 올릴 수 있다. 정신노동을 많이 한 후에도 탱크에는 항상 뭔가가 남아 있는 것이다.

주관적인 노력의 경험과 지속적인 정신노동 사이의 이 단절이 중요한 것은, 특히 인지조절과 관련하여 자원 및 정신노동에 관한 개념들이 지적 의식에 널리 스며들어 현재까지 광범위하게 영향력을 행사하고 있기 때문이다. 예를 들어보자. 버락 오바마Barack Obama는 영리하고 박식한 지식인이 현대 세계를 어떻게 바라보는지를 가늠할 수 있는 좋은 잣대다. 오바마는 패션 월간지 〈배너티페어*Vanity Fair*〉의 마이클 루이스Michael Lewis와 인터뷰하며 이렇게 말했다. "나는 결정을 줄이려고 노력하고 있습니다. 무엇을 먹고 무엇을 입을지까지는 결정하고 싶지 않습니다. 결정해야 할 다른 일들이 쌓여 있으니까요." 루이스는 오바마가 "단순한 결정 때문에 다른 결정 능력이 떨어지는 것을 보여주는 연구를 언급"했다고 말했다.[24]

마음의 노력은 흔히 육체적인 노력에 비유되기 때문에, 마음이 근육과 같아서 피로해질 수 있다는 생각은 우리에게 직관적으로 다가온다. 예를 들어, 몸을 쓰는 동안 우리는 피로감을 느끼는데, 한 가설에 따르면 피로감은 지금 역기를 들든 달리기를 하든 멈춰야 한다고 알리는 경보음이라는 것이다. 근육이 곧 완전히 방전될 것이기 때문이다. 이 경우, 피로는 활동에 따른 대사 변화와 연결되어 있다. 대사 산물의 기저층이나 누적분이 고갈되어 결국 우리가 아무리 힘을 쓰고 싶어도 근육이 수축하지 않는 것이다. 피로감은 그런 비참한 상황에 이르기 전에 그만 멈추라는 신호일 수 있다.

그러나 정신적 노력에서 벗어나고자 하는 회피적 경험을 근육에 빗대어 설명하기는 어려울 듯하다. 사실 우리가 정신노동이나 공부를 장시간 힘들게 했을 때 경험하는 정신적 피로감은 우리가 "정신적 붕괴"에 다가가고 있다는 경고다. 하지만 단지 정신노동을 많이 했기 때문에 근육 피로와 대등하게 정신 활동이 중단될 수 있을지는 불확실하다. 음식, 수면, 물에 대한 신체적 욕구가 채워졌다고 가정했을 때, 수학 문제를 너무 많이 푼 탓에 심지어 풀기를 *원한다 해*도 더는 풀 수 없다는 건 말이 되지 않는다. 일반적인 경험상 동기가 부여되면 정신 능력이 유지된다는 것이 합리적인 추론이다. 하지만 동기는 저절로 주어지는 것이 아니다.

그럼에도 정신적 피로를 한정된 자원의 고갈로 보는 이 개념은 특히 정신노동에 관한 대중의 생각에 여전히 큰 영향을 끼치고 있다. 사실 합리적으로 추측해보자면 앞서 인용한 오바마의 말에도 그 개념이 직접으로든 간접으로든 영향을 끼쳤을 것이다. 이러한 영향력을 고려할 때 우리는 이 관점을 더 철저히 검토할 필요가 있다.

자원 모델resource model의 기본 주장은 케이크 한 조각을 거부하는 것 같은 단순한 자기조절에도 우리가 일반적인 정신 자원을 쓴다는 것이다. 이 일반적인 자원이 고갈되었다는 것은 케이크 한 조각의 유혹을 거부하는 데 어려움을 겪는 건 물론이고 케이크와 무관한 다른 힘든 결정들, 예를 들어 입을 셔츠를 결정하거나 볼 만한 텔레비전 프로그램을 결정할 때도 약간 더 힘들어한다는 걸 의미한다. 다시 말해서 우리는 일반적인 정신 자원을 쓰기 때문에, 그 자원이 한 상황에서 고갈되면 완전히 다른 상황에서도 쓸 자원을 찾기 힘들다는 것이다.

이 가설을 과학적으로 뒷받침하는 기본 증거는 1998년 로이 바우마이스터Roy Baumeister와 동료들이 수행한 일련의 중대한 실험으로 거슬러 올라간다.[25] 연구자들은 그들이 **자아 고갈**ego depletion이라 부른 특별한 기법을 사용했다. 우선 참가자들은 인지조절을 요구하는 어떤 활동에 전념했다. 예를 들어, 초콜릿을 참고 무를 먹는 일을 되풀이하는 것이었다. 이 과제를 마친 후 사람들은 철자 바꾸기 퍼즐처럼 이번에도 인지조절을 요구하는 두 번째 과제를 수행했다. 이 같은 초기 연구를 통해 사람들이 대조군에 비해 두 번째 과제를 더 빨리 포기하거나 더 부정확하게 수행한다는 것이 밝혀졌다. 연구자들의 설명에 따르면, 참가자들이 두 번째 과제에 더 서툰 이유는 첫 번째 과제를 수행하는 동안 의지력이 빠져나가 까다로운 과제를 해결할 일반 자원이 부족하기 때문이었다.

진화심리학자 로버트 커즈번Robert Kurzban은 이 관점에 몇 가지 문제가 있다고 강조했다.[26] (나는 그의 논평을 보고 앞에서 인용한 오바마의 인터뷰를 알게 되었다.[27]) 그의 주된 비판 중 하나는 앞에서 논의한 문제와 사실상 똑같다. 자원이 고갈된다고 하지만, 장시간 일한 뒤에도 탱크가 비어 간다는 걸 가리키는 증거는 전무하다. 지적했듯이, 유인책과 동기화는 정신의 노력을 이끌어내고 성적을 향상시킨다. 심지어 사전에 정신노동을 상당히 한 경우도 마찬가지다. 이 사실은 자원 이론가들에게 큰 문제가 된다. 만일 자원이 자기조절 능력과도 직접 연결되어 있다면, 어떻게 외부에서 장려했다는 이유만으로 우리가 힘을 더 낼 수 있는가? 내가 역기를 계속 들다가 근육이 피로한 시점에 이르렀다면, 아무리 달콤한 제안이 와도 역기를 더 드는 건 불가능하지 않은가?

이러한 비판에 대해, 자원 이론을 지지하는 사람들은 사람에겐 분명 자원의 지출을 조절하는 능력이 있다고 대답한다.[28] 사람들은 동기에 기초하여 정신적 자원을 배분할 줄 알고, 그에 따라 더 좋은 유인책이 오면 자원을 사용한다는 것이다.

예를 들어, 핼러윈에 우리 집에서 일어나는 일을 살펴보자. 정확한 이유는 모르겠으나 우리 동네는 로드아일랜드 프로비던스에서 아이들이 많기로 특히 유명하다. 아마 이 지역에 가구가 밀집한 탓이 있겠지만, 어쨌든 아이들이 한 무더기씩 나타난다. 우리는 항상 사탕을 충분히 샀다고 생각하지만, 해마다 예측이 틀렸다고 반성한다. 우리는 아이들에게 사탕을 넉넉히 나눠주다가 밤이 깊어질수록 세 개씩, 두 개씩, 한 개씩으로 양을 줄이면서 바닥을 향해 줄어드는 사탕 바구니를 조금이라도 오래 유지하려고 애쓴다. 아마 사람들은 정신 자원의 정해진 용량에 대해서도 이렇게 할 것이다. 용량이 고갈될수록 사람들은 자원을 점점 더 인색하게 쓰고 매번 힘들게 결정하면서 정신의 사탕을 하나씩만 나눠줄 것이다. 하지만 고갈된 후에도 어떤 과제를 수행할 동기가 생기면 사람들은 다시 자원을 확보해 더 많이 분배하고 성적을 끌어올린다는 것이다.

이렇게 하면 데이터와 이론이 그럴듯하게 맞아떨어질 수 있지만, 그래도 여전히 불만족스럽다. 첫째, 일하는 속도를 조절한다 해도 자원이 완전히 고갈되는 시점이 있을 것이다. 핼러윈에 우리의 사탕이 결국 동이 난 것처럼 말이다. 하루에 12시간씩 4일간 멈추지 않고 고된 정신노동을 했다는 것은 아라이가 (그리고 우리 인간이) 상당히 큰 저장 탱크를 가졌거나 놀라울 정도로 예산을 잘 짠다는 걸을 의미하는데, 그렇다면 짧은 시간대에 끝나는 자아 고갈 실험에서 우리가 자원 배정에 왜 인색해야 하는지가 불분명해진다. 케이크를 먹을지 말지 결정하는 것처럼 나중에 더 중요한 결정들에 영향을 미치는 일상적이고 순간적인 결정에 대해서는 걱정할 필요가 없을 것이다.

그뿐 아니라 이 자원-동기화 설명에는 훨씬 더 심각한 문제가 있다. 어떤 결과든 예측할 수 있다는 것이다. 사람들이 일을 제대로 하지 못할 땐 자원이 고갈된 것이다. 일을 잘할 땐 동기가 부여된 것이다. 어떤 실험에서든, 노력을 고갈의 원인으로 보든 그렇지 않든, 동기화와 자원 고갈을 적당히 섞으면 사후事後에 현상을 설명할 수 있다. 절대 안 틀리고 싶다면 더없이 간편한 방법이다. 하지만 그건 과학적 방법을 통해 검증할 수 있는 이론 체계가 아니다. 그렇게 제약이 부족하면 반증이 불가능하며, 따라서 과학 이론으로 볼 수 없다.

일반-자원 이론의 또 다른 문제는 경험적empirical이라는 것이다. 자아 고갈을 입증하는 실험적 증거는 최근에 의심을 받고 있다. 최근까지 자아 고갈의 효과는 심리학에서 가장 확고한 관찰 결과에 속한 것으로 보였다. 예를 들어, 발표된 논문 83편에 기초하여 2010년에 수행된 메타분석에서는 고갈 효과가 중간 정도만 믿을 만한 효과임이 밝혀졌다.[29]

그러나 불과 2년 후에 수행된 후속 연구에서는 이것이 성급한 결론일 수 있으며, 문제는 훨씬 더 애매하다는 것이 입증되었다. 이전의 메타분석에 사용된 연구들을 자세히 들여다보니, 그 연구자들이 발견한 중간 크기의 효과들은 잘못된 통계적 편향에 물들어 있었다.[30] 그 편향들을 수정하고 자아 고갈을 새롭게 분석한 결과, 효과는 거의 발견되지 않았다.[31]

이 같은 논란을 고려하여 연구소 23곳이 멀티랩 반복연구에 참여해 자아 고갈 현상을 시험하기 시작했다. 이 합동 연구를 주도한 사람은 문제의 메타분석을 수행한 심리학자 마틴 해거Martin Haggar와 니코스 카치사란티스Nikos Chatzisarantis였다.[32] 각 실험실은 데이터를 수집하기 전에 그들의 가설과 방법을 등록했다. 그리고 바우마이스터를 비롯한 자원 이론가들을 포함해 독립적인 과학자들이 과제 절차를 검토해서 각각의 실험 방법이 효과를 발견하기에 적합한지 확인했다. 실험 결과는 충격적이었다. 한 곳을 제외한 모든 실험실이 고갈 효과를 관찰할 수 있다고 가정했지만, 23곳 중 3곳만이 효과가 전혀 없지는 않음을 발견했고 그중 한 곳에서는 그 효과가 반대로 나타났다. 고갈이 다음 과제에서 성적을 오히려 향상시킨 것으로 보인 것이다! 결국 이 절차를 사용한 반복연구에서 자아 고갈은 입증되지 않았다.

하지만 이 반복연구가 단 하나의 실험 설정을 사용하여 고갈 절차를 시험했다는 점에 주목할 필요가 있다. 따라서 문제는 자아 고갈 이론 전반이 아니라 이 특정한 설정에 있을 수도 있었다. 이렇게 주장한 사람은 다름 아닌 바우마이스터와 동료들이었다.[33] 그들은 또한 시행 전에 이 절차를 승인하긴 했지만, 유보적으로 "한번 해보라"라는 사전 승인이지 "이건 틀림없이 잘될 것"이라는 확정의 의미가 아니라고 말했다.

이런 주장들이 얼마나 설득력이 있는지 스스로 판단할 수 있겠지만, 2016년의 반복연구가 실패한 후에도 문제가 개선되지 않았다는 점은 주목할 가치가 있다. 2018년에 매니랩스Many Labs 프로젝트는 대학생 2000명을 대상으로 학생들의 다양한 인지능력을 시험했다. 연구자들은 스트루프 과제를 한 직후에 학생들이 풀리지 않는 철자 바꾸기 문제를 얼마나 오래 풀려고 애쓰는지를 조사했다.[34] 이 역시 전형적인 고갈 실험이었다. 사실 풀 수 없는 철자 바꾸기 문제는 1998년 최초의 자아 고갈 연구에서 사용한 수단 중 하나였다. 하지만 대규모 실험으로 인해 고갈 효과의 아주 작은 증거도 찾을 수 있게 됐음에도, 매니랩스의 연구에서는 철자 바꾸기에 대한 고갈의 증거가 전혀 나오지 않았다. 따라서 문제는 결코 해결된 게 아니지만, 우리에게 고갈될 수 있는 일반적인 정신 자원이 있다는 주장은 경험적 증거를 잃어가고 있다.

자원 이론의 마지막 문제는 이 자원이 실제로 어떤 신체적 자원과 일치하느냐와 관계가 있다. 그렇게 힘든 결정을 내릴 때 뇌에서는 무엇이 고갈되고 배분되는가?

바우마이스터와 동료들은 그 자원이 포도당일 거라고 말했다.[35] 포도당은 체내에 있는 모든 세포에 에너지를 공급한다. 뇌에 있는 신경세포들도 예외가 아니다. 뇌는 포도당을 지속적으로 대사해야 하고, 따라서 신경세포의 활동이 활발한 곳에서는 더 많은 양을 대사할 것이다. 심한 정신노동에는 포도당 대사가 따르며, 뇌가 정신적 노력(수고)에 대비해 비축하고 있는 자원이 바로 포도당이라고 바우마이스터는 언급했다.

이번에도 이 견해의 실증적 토대에 심각한 문제가 제기되었다. 2016년에 다시 한번 메타분석을 시행한 결과 정신노동을 힘들게 한 후에 포도당이 감소하거나, 포도당 수치 때문에 뒤이은 정신노동이 제약되거나, 포도당이 회복되면 자아 고갈의 영향이 역전된다는 일관된 실험 증거는 거의 나오지 않았다.[36] 이처럼 일반적인 자아 고갈 효과의 경우와 마찬가지로 포도당 가설을 뒷받침하는 실험적 증거도 흔들리고 있다.

포도당 가설은 증거가 불확실한 것은 물론이고, 그 기본적인 가정을 의심해볼 이유가 하나 더 있다. 그 견해를 비판하는 사람들이 지적해왔듯이, 우리가 눈을 뜨기만 해도 뇌에서는 포도당 대사가 크게 증가한다. 뇌의 지각 경로들이 입력 신호를 토대로 까다로운 계산 과정을 많이 수행하기 때문이다. 하지만 단지 눈을 뜨고 어떤 장면을 처리한다고 해서 우리가 정신적인 노력을 경험하는 것은 아니다. 따라서 포도당을 더 많이 분해하는 것만으로는 뇌에서 정신적 노력이 진행되고 있다고 보기 어렵다.

포도당보다 더 쓸 만한 다른 자원과의 관련성이 있을지도 모른다. 예를 들어, 계산인지신경과학자 클레이 홀로이드Clay Holroyd는 아밀로이드amyloid라는 물질이 정신적 노력을 자원으로 설명하는 이론의 기초가 될 수 있다고 말한다.[37] 뇌에 축적된 아밀로이드는 알츠하이머병을 비롯한 다양한 치매와 관계가 있다고 잘 알려져 있다. 홀로이드는 아밀로이드가 신경 처리의 효율성에 영향을 미치는데, 이는 신체적 노력을 하는 중에 몇 가지 대사 산물이 근육 피로를 야기하는 것과 유사하다고 주장했다. 이러한 피로의 축적을 피하기 위해서는 장시간 과중한 신경 처리를 하지 않아야 하며, 그래서 뇌는 이러한 처리 과정에 비용을 부과한다. 홀로이드는 그 비용의 형태가 정신적 노력이라고 주장한다. 이 같은 견해들은 흥미롭기도 하지만 데이터가 뒷받침된다면 결국 자원 모델을 구해낼 수도 있다. 하지만 그때까지는 정신적 노력의 비용을 다른 방식으로 이해하는 것이 최선일 것이다.

만일 정신적 노력의 비용이 용량이 고정된 정신적 자원의 고갈과 상관없는 것이라면, 과제가 힘들게 느껴지는 건 무엇 때문일까? 과제의 어떤 면이 뇌의 비용-편익 분석을 이끌까? 우리는 반드시 이 점을 명확히 해야 한다. 그렇지 않으면 정신적 노력이라는 개념에 의존하는 많은 이론이 논리학자들이 말하는 이른바 **순환성**circularity에 갇히기 때문이다.

논리적 오류의 하나인 **순환논법**은 어떤 주장의 전제가 결론을 끌어내기 위해 이용되고 다시 그 결론을 이용하여 애초의 전제를 뒷받침하는 경우를 말한다. 예를 들어, 사람은 어떤 과제가 힘들게 느껴지기 때문에 그 과제를 피한다는 것이 우리의 주장이라면, 과제가 힘들다는 걸 우리는 어떻게 아는가? 만일 그 과제를 피하기 때문이라고 대답한다면, 우리는 덫에 걸리게 된다. 왜 사람들은 그걸 피하는가? 힘들기 때문이다. 그건 왜 힘이 드는가? 사람들이 그걸 피하기 때문이다. 태양이 소멸할 때까지 그렇게 맴을 돈다.

이 순환성을 피하려면 과제를 피하려는 우리의 성향과 무관하게 그 과제의 어떤 면 때문에 그것이 수고스러운지를 확인해야 한다. 다시 말해서, 노력을 구성하는 부분이자 성과의 귀중함을 더 크게 떨어뜨리는 성질이 무엇인지 가려내야 한다.

이러한 종류의 유력한 가설을 맨 처음 제시한 사람은 커즈번이었다. 그는 노력 비용이 우리의 정신적 장치를 단단히 결박하여 다른 일을 하기 어렵게 한다고 주장했다. 이 관점에서 볼 때, 정신적 노력의 경험은 **동시성**simultaneity의 문제, 즉 하나 이상의 보람 있는 일을 동시에 하지 못한다는 신호를 보내기 위해 우리 인간에게 진화한 것이 된다.

5장에서 논의했듯이 우리는 한 가지 과제에 집중할 때 멀티태스킹을 제대로 하지 못하기 때문에, 지금 하고 있을 수도 있는 다른 과제로부터는 사실상 아무 이익도 얻지 못한다. 경제학자들은 이것을 **기회비용**opportunity cost이라 부른다. 어떤 일을 선택하면 다른 일을 선택할 수 없기 때문에 선택에는 비용이 따른다는 뜻이다. 가령 민감한 이메일 작성이나 세금 정산 같은 까다로운 일을 하고 있을 때는 드라마를 보거나 친구들과 페이스북을 하지 않는다. 이 이론에 따르면, 세금 정산을 하는 동안 우리는 정신적 노력이라는 회피성 경험으로서 기회비용을 지불한다.

이 가설은 다음과 같은 예측으로 이어질 수 있다. 해야 할 일이 많을 때 우리는 지금 하는 구체적인 과제와 무관하게 정신적 노력과 피로를 느낄 것이다. 예를 들어, 지금 세금 정산을 하고 있는데 잔디를 깎거나 설거지를 해야 한다면 세금 정산이 더 힘들게 느껴질 것이다. 이 같은 사례에서는 수행되지 않은 과제들의 비용과 나중에 그 과제를 하는 데 들어갈 추가적인 시간을 분리하기가 어렵다. 하지만 그렇다 해도 머릿속에 목표를 쌓아두는 것은 그 일들이 머리에 떠오를 만큼의 회피적인 경험이라는 증거가 있다.

일례로 우리는 지금 하고 있는 일과 무관한 생각을 저도 모르게 자주 하곤 한다.[38] 흔히 사람들은 그런 경우를 백일몽이나 자연발생적인 생각 또는 잠들기 직전의 순간과 연결 짓는다. 하지만 사실 그런 생각은 바쁘든 한가하든 하루 중 아무 때나 찾아올 수 있으며, 대개 우리가 지금 하는 일과는 무관하다.

과학자들은 이 자연발생적인 생각들이 어떤 내용인지 조사했다. 사람들을 무작위로 골라 하루 중 얼마나 그들이 눈앞의 과제에 대해 생각하고 있는지 아니면 무의식적으로 찾아온 다른 생각에 빠져 있는지를 묻는 것이다. 이런 식으로 조사한 결과 우리의 자연발생적인 생각이 주로 자기 자신에 관한 것이고 "미래 편향성future bias"을 띤다는 사실이 드러났다. 그런 생각은 현재나 과거의 사건보다는 미래의 사건에 관한 것일 때가 더 많다. 하지만 언제의 사건에 관한 것이든 자연발생적인 생각은 앞에서 얘기했듯이 일화적 미래 사고에도 큰 역할을 하는 복내측전두엽 및 내측측두엽medial temporal lobe 체계들의 활성과 관련이 있다.[39]

또한 정신적 노력과 관련하여, 자연발생적 생각은 주로 끝내지 못한 과제나 목표에 관한 생각들이다. 충족되지 않은 목표를 생각하는 것은 대개 부정적인 경험이라고 사람들은 보고한다. 그렇다면 어떤 의미에서 우리는 "해야 할 일 목록"을 머릿속에 담고 다니는데, 그 목록 속의 항목이 스마트폰의 알림처럼 불시에 떠오른다고 볼 수 있다. 그럴 때 그런 생각은 경미한 불안을 야기한다.

이 부정적이고 불안한 느낌이 실제로 우리의 적응에 도움이 될 수 있다는 건 솔깃한 생각이다. 해야 할 일의 목록에 적힌 과제를 완수하면 그 불안이 완화되므로, 이 완화는 머릿속의 목표 더미를 달성하게 하는 자연의 원동력인 셈이다. 한 걸음 더 나아가 우리는 이렇게 생각할 수도 있다. 그 목표들을 달성하지 못하거나, 그에 관한 생각을 멈추지 못하거나, 우리의 "목표 목록"에서 그것을 지우지 못한다면, 우리는 부정적 감정에서 벗어나지 못하고 심한 경우 정신건강 문제를 일으킬 수도 있다. 이 가설과 통하는 어떤 증거에 따르면, 자연발생적인 생각의 빈도는 불안이나 우울 같은 기분 장애에 빠질 위험성에 비례한다.[40] 따라서 해야 할 과제가 많다는 것은 우리에게 감정적 통행료와 같으며, 정신적 노력이라는 회피성 경험에 일조하는 것으로 보인다.

하지만 수많은 목표를 유지하고 관리하는 것이 우리가 어려운 과제를 수행할 때 느끼는 정신적 노력의 경험을 완전히 설명해주지는 않는다. 우선 자연발생적인 생각은 흔하긴 해도 항상 일어나는 것은 아니다. 그런데 우리는 해야 할 다른 과제가 자연발생적으로 떠오르든 아니든 어려운 과제 앞에서는 노력을 느낀다. 또한 정반대로, 만일 더 지속적이거나 활발한 어떤 과정을 통해 비용이 계산된다면, "하고 있을 수도 있는" 일에 관한 이 지속적이고 조건적인 생각은 아마 그 자체로 상당한 부담이 될 것이다. 그리고 우리는 해야 할 다른 과제가 있든 없든 과제를 어렵게 느끼는 것이 분명하므로, 정신적으로 노력하고 있다는 느낌은 우리가 하고 있을 수도 있는 다른 과제들에 근거해서만 계산되지는 않는 것으로 보인다.

하지만 기회비용이란 개념은 우리가 주변에서 기다리고 있는 다른 모든 과제를 마쳤을 때 거머쥘 수 있는 가상의 결과를 일일이 계산해야만 성립하는 건 아니다. 대신에 우리는 지금 하고 있는 과제에 근거하여 기회비용을 추정할 수 있다.

어떤 순간이든 우리가 하고 있을 수도 있는 수많은 과제가 모두 다른 가치를 발산하며 우리를 바라본다. 그중에는 가치가 작은 것도 있고 큰 것도 있겠지만, 결국 우리가 하고 있을 수도 있는 다른 모든 정신적 과제의 가치에는 평균값이 존재한다. 따라서 잃어버린 가치를 추정할 때는 우리가 하지 않고 있는 수많은 과제가 아니라 지금 하고 있는 과제에 근거하는 것이 합리적이다. 우리의 정보 처리 시스템에 병목을 일으키는 과제에는 세금을 매길 수 있다. 동시성을 가로막기 때문이다. 장기적으로 볼 때, 그런 과제들은 병목이 없는 과제들보다 더 큰 가치를 잃는다. "단순한 과제"는 "다른 일을 하면서도 끝마칠 수 있는" 과제라고 정의한 터커는 무언가를 알아낸 건지도 모른다!

5장에서 살펴봤듯이, 인지조절에 필요한 메커니즘들은 종종 과제의 병목에 해당한다. 인지조절 행위는 항상 여러 과제에 공통으로 들어가는 일반적·추상적 과제 표상에 의존하기 때문이다. 따라서, 인지조절에는 과제를 해결하는 데 필요한 만큼 비용이 든다고 합리적으로 추론할 수 있다. 그렇다면 뇌에서 무엇이 그 비용을 추적하고, 어떻게 조절 체계에 영향을 미칠까? 흥미롭게도 이 분야의 경험적·이론적 개념들은 대부분 이 장 첫머리에서 엘시 닉스의 무동무언증과 연관지어 살펴본 뇌 부위, 즉 전대상피질에 초점을 맞춘다. 전대상피질은 3장에서 살펴본 대상-판개 네트워크와 연계하는데, 이 네트워크는 전두-두정 네트워크와 무관하다. 이 메커니즘들 그리고 그것들과 인지조절의 관계는 많은 조사와 논쟁의 초점이 되어왔다. 다음 절에서는 조절의 비용과 이익을 저울질하는 이 네트워크들을 더 자세히 보기로 하자.

전대상피질의 역할

무동무언증은 전대상피질이 손상되어 발생한 동기화 장애 스펙트럼의 가장 극단적인 경우다. 동기화 장애는 건강한 사람이라면 활기를 얻을 상황과 주변 환경에 특이하게 반응하는 증상으로 나타난다. 무동무언증과 전대상피질의 연합에 근거하여 과학자들은 전대상피질을 동기화된 행동 네트워크의 중요한 연결점으로 본다. 그로 인해 전대상피질과 인지조절 메커니즘들의 관계는 상당한 논쟁의 주제가 되어왔다. 이 개념들이 중요한 것은 우리가 과제를 수행할 때 조절의 필요성, 즉 비용의 발생을 어떻게 관찰하는지 비춰주기 때문이다. 조금 더 깊이 들어가보자.

이 이야기의 출발점은 3장에서 본 CDM 모델이다. CDM이 중요하고 혁신적인 이유는 작업기억에 담긴 정보가 톱다운 방식의 맥락 신호가 되어 행동을 조절할 수 있음을 CDM이 입증했기 때문이었다. 더구나 그렇게 하면서도 상황을 "그렇게 되게끔" 설정하는 호문쿨루스에는 기대지 않는다. 그 네트워크는 과제에 대한 경험을 활용하여 입력층, 출력층, 숨겨진 층, 과제요구층을 적절히 연결했다.

중요한 혁신이었지만, CDM으로서는 시행 중에 자기가 자기 자신을 얼마나 잘 조절하고 있는지 알 수 없었다. 자기가 톱다운 지원을 넉넉하게 하고 있는지 그렇지 않은지를 확인할 방법이 없었던 것이다. CDM의 학습 메커니즘은 시행 결과에 의존하여 미래의 시행에서 행동을 조정한다. 이는 운전 중에 문자 메시지를 받았을 때 자신이 메시지를 확인했다는 걸 깨달은 후에야 다시 도로에 집중하는 것과 비슷하다. 하지만 우리는 그렇게 하지 않는다. 우리는 그런 예기치 못한 방해를 그때그때 차단하고, 조절 기능을 바로잡아 당면한 과제요구에 맞춘다.

초기 모델들이 구현하려고 애쓴 과제 조절의 주요 특징은 온라인 조정이었다. 다시 TOTE를 생각해보자. 1장에서 살펴본 TOTE 모델에는 작업 단계와 종료 단계 사이에 "테스트" 단계가 있었다. 그 덕분에 TOTE 체계는 그때그때 자기 자신을 조절할 수 있었다. 이런 식으로 CDM은 학습을 추가해서 이전 모델들보다 더 멀리 나갔지만, 그 대가로 조절을 잃어버렸다.

매슈 보트비닉과 존 코언은 갈등을 모니터하는 새로운 노드를 추가함으로써 CDM에 조절을 되돌려놓았다.[41] 스트루프 과제에서는 하나의 자극이 두 가지 반응과 동시에 연결될 때 문제가 발생한다. 두 가지 반응이 서로 경쟁하는 것이다. 이런 상황에서는 맥락을 조절해서 판정을 내려야 한다. 게다가 경쟁이 크면 클수록 조절도 커져야 맥락을 극복할 수 있다. CDM의 조절이 크다는 건 과제요구층에서 나오는 신호가 더 강하고 지속적이라는 걸 의미한다.

따라서 새로운 모니터링 노드는 단지 반응층의 반응 단위들이 보내는 신호를 받고, 그 공동 활성의 정도에 기초하여 갈등 값을 계산한다. 다시 말해 두 반응이 대략 비슷한 수준으로 함께 활성화되면 갈등 값이 커진다.

이는 우리가 직관적으로 이해하는 경쟁과 일치한다. 테니스 경기를 생각해보자. 가장 치열한 경기는 프로 선수든 아마추어 선수든 기량이 비슷한 두 선수가 펼치는 대결이다. 이처럼 만일 두 반응이 모두 활성화되면 갈등은 더 심해지고, 그로 인해 CDM 모니터링 단위들이 더 활성화될 것이다. 만일 한쪽 반응이 더 많이 활성화되고 다른 쪽 반응이 줄어들면 갈등 값은 감소할 것이다.

갈등-모니터링 노드는 CDM의 과제요구 단위들로 끊임없이 신호를 보낸다. 그 덕분에 체계는 반응층에서 현재의 갈등 수준을 읽고 그에 따라 과제요구 출력의 강도를 높이거나 낮출 수 있다. 예를 들어 반응들 사이에 경쟁이 강하면 강할수록 그걸 해소하려는 톱다운 맥락 신호도 강해질 것이다. 이렇게 갈등-모니터링 노드를 추가함으로써 CDM은 피드백 조절 루프를 갖게 되었다.

보트비닉과 코언은 구체적으로 뇌에서 이렇게 갈등을 모니터하는 노드가 바로 전대상피질이라고 보았다. 전대상피질이 반응 경로들의 신호를 받고 전두-두정 조절계를 활성화하여 갈등을 줄이고 반응을 끌어낸다는 것이다.

이 가설은 전대상피질의 기능에 대한 지배적 견해가 되어 10년 넘게 많은 연구에 불을 지폈다. 초기 성과는 괜찮았다. 예를 들어 인지조절을 다양하게 조작하면서 뇌 영상을 찍은 몇몇 실험에서 연구자들은 일치하는 스트루프 결정 대 불일치하는 스트루프 결정에서처럼 반응 갈등이 높을 때 전대상피질이 더 강하게 활성화되는 것을 반복적으로 관찰했다.[42] 이 활성 패턴은 외측전전두피질에서 볼 수 있는 맥락-유지 활성과 별개로 관찰되었는데, 이는 CDM에서 과제요구층과 모니터링 층이 분리되어 있는 것과도 일치했다.

그러나 실험적 연구가 계속됨에 따라 갈등 이론은 새로운 관찰 결과들로부터 압박을 받기 시작했다. 동물의 생리를 기록하는 연구들에서는 전대상피질에서 갈등에 주파수를 맞춘 세포는 발견되지 않았다. 그 대신 가치 예측, 결과, 실수 등 그 동물의 다양한 반응에 대응하는 세포들이 발견되었다.[43] 한편 전대상피질에 국소 손상을 입은 환자들을 연구했을 때도 반응 갈등의 변화에 기초하여 인지조절을 조

정하는 기능에는 뚜렷한 결손이 나타나지 않았다.[44]

이런 맥락에서, 계산인지신경과학자 조시 브라운Josh Brown과 윌리엄 알렉산더William Alexander는 전대상피질의 기능을 다르게 설명하는 모델을 제시하고 여기에 반응결과예측Predictions of Response and Outcomes, PRO이라는 이름을 붙였다.[45] CDM처럼 PRO도 경험을 통해 학습하는 신경망 모델이다. PRO에서 전대상피질은 감각을 통해 들어오는 자극 정보와 그 정보가 들어올 때 발생하는 행동 계획에 접근할 수 있으며, 이로부터 어떤 반응이 나오고 그 반응으로부터 어떤 결과가 나올지를 예측할 수 있다. 이는 케이크를 보았을 때 케이크를 베어 무는 계획이 있음을 알고, 입에서 케이크를 베어 무는 경험과 뒤따라올 맛있는 경험을 동시에 예측하는 것과 비슷하다.

기본적으로 이 모델은 학습을 통해 반응-결과 연합을 예측한다. 이 방식은 이 장 전반부에서 논의한 가치 연합과 미묘한 차이가 있다는 점을 분명히 하고자 한다. 즉 신호음이 주스를 예고하고, 이 예측이 중뇌의 도파민 신경세포에 영향을 미치는 방식과는 차이가 있다는 것이다. 이 연합은 자극과 결과의 연합이다. 반면에 여기서는 반응과 결과, 즉 베어 물기와 단맛의 연합이 맥락과 행동 계획에 기초하여 예측된다.

중요한 것은 이 모델에서 전대상피질이 자극을 받으면 그 세포들은 반응과 결과의 예측 때문에 발화하고, 그런 뒤 그 예측이 사라지면 억제된다는 점이다. 이는 어떤 과제를 하기 위한 선택지가 많으면 많을수록 예측되는 반응과 결과도 많아지고, 그에 따라 대상피질이 더 많이 활성화된다는 걸 의미한다. 스트루프 과제의 조건이 불일치할 때, 예를 들어 잉크색과 단어가 서로 달라 다른 반응을 예고할 때 활성이 더 큰 것은 이 때문일 것이다.

게다가 만일 반응이나 결과 예측이 잘못되었더라도 활성이 억제되지 않을 것이다. 이것은 종류가 다른 예측오류 신호다. 도파민 보상 예측의 오류와는 달리 PRO에서 전대상피질 세포들을 움직이는 예측오류는 결과가 긍정적이든 부정적이든 상관없이 예측했던 반응이나 결과가 나오지 않았을 때 발생한다. 다시 말해서 그 세포들은 의외로 흡족한 일이 일어났을 때나 참담한 결과가 주어졌을 때나 똑같이 발화한다. 이 신호는 단지 예측된 반응과 결과가 잘못되었음을 의미한다.

PRO 모델은 반응 갈등과 관련하여 전대상피질로부터 나온 많은 발견과 일치하며, 더 나아가 기본적인 갈등-모니터링 가설에서는 설명할 수 없던 생리학 및 뇌영상 데이터를 설명한다. 하지만 PRO 모델은 결과 예측과 오류를 통해 전대상피질의 생리학적 반응이 설명될 수 있음을 입증했음에도, 뇌가 이 예측 신호를 가지고 무엇을 하는지까지는 설명하지 못하고 있다.

한 가지 가능성은 예측 신호가 다가올 오류를 예고하고, 그래서 오류가 빠르게 수정될 수 있다는 것이다. 일례로 만다나 모디루스타Mandana Modirrousta와 레슬리 펠로스Lesley Fellows는 전대상피질 손상 환자 다섯 명에게 에릭센플랭커Eriksen flanker라는 갈등 과제를 수행하게 하고 그들의 뇌를 조사했다(flanker는 측면 공격수라는 뜻으로, 정중앙에 있는 표적을 에워싸고 지킨다는 뜻이다—옮긴이).[46] 이 과제에서 실험자가 화살표들로 이루어진 기호열을 보여주면 참가자는 정중앙에 있는 화살표의 방향에 따라 오른쪽 버튼이나 왼쪽 버튼을 누르는데, 방어용 화살표들의 방향은 무시해야 한다. 방어용 화살표들은 ">>>>>"처럼 정중앙 화살표와 방향이 같을 수도 있고, "<<><<"처럼 방향이 다를 수도 있다. 방향이 다를 경우 건강한 사람들은 더 느리게 반응하거나 실수로 반대 방향을 누를 가능성이 전반적으로 커진다. 이런 어려움이 발생하는 것은 왼쪽 반응과 오른쪽 반응을 정하지 못하는 반응 갈등 때문이며, 화살표들의 방향이 불일치할 땐 두 가지 반응의 신호가 동시에 들어오게 된다. 이 갈등을 극복하기 위해서는 정중앙에 있는 화살에 주의를 더 기울여야만 한다.

이 과제에서 사람들이 실수를 범하면 대개 다음에 시행할 때 속도가 느려진다. 과학자들은 이 현상을 오류 후 조정post-error adjustment으로 이해하기도 한다. 오류를 범한 뒤 미래의 실수를 막기 위해 자신의 속도를 늦춘다는 뜻에서다. 모디루스타와 펠로스가 시험한 환자들 역시 대상피질이 손상되었음에도 건강한 사람들과 똑같이 오류 후에 속도가 느려졌다. 또한 오류를 인식했다고 보고한 비율도 대조군과 똑같았다.

환자들은 한 가지 중요한 측면에서 건강한 대조군과 차이를 보였다. 바로 오류 정정의 속도였다. 한 실험에서 참가자들은 잘못된 키를 누르면 곧바로 한 번 더 버튼을 눌러 오류를 바로잡을 수 있었다. 건강한 사람들은 거의 즉시, 틀린 반응을 한 뒤 약 200밀리초(0.2초) 만에 오류를 수정했다. 이 반응시간은 플랭커 과제에서 정상적으로 반응하는 속도인 400밀리초보다 2배 정도 빠르다. 그 정정 속도가 너무 빠른 나머지 실제 오류가 발생하기도 *전에* 정정이 시작된 것으로 보인다. 불시에 일어날 오류를 예측하고 있지 않다면 그런 속도는 불가능하다.

대상피질 환자들은 이렇게 빠르게 오류를 정정하지 못했다. 오류를 정정하긴 했지만 최초 반응시간보다 느린 약 700밀리초가 걸렸다. 이는 그들이 자신의 실수를 목격하고 나서야 실수를 알아보고 수정 계획을 세운 것이라는 뜻이다. 그들은 뇌 손상 탓에 예측된 오류를 선제적인 정정 행동에 필요한 동력으로 빠르게 전환하지 못했다.

전대상피질이 우리의 조절을 감시한다는 것을 가리키는 더 확실한 단서가 조절을 할 때 드는 정신적인 노력과 동기화 경험에 관한 실험들에서 발견되고 있다. 환자 RMB의 사례를 살펴보자. 그녀는 뇌졸중으로 전대상피질을 포함한 전전두피질이 크게 손상된 환자였다.[47] 큰 손상에도 불구하고 RMB는 스트루프 과제를 수행하는 동안 갈등에 반응하여 정상적으로 행동했다. 대조군 참가자들은 더 어렵다고 느낀 시행, 항상 반응시간이 더 길었던 시행을 일관되게 보고할 수 있었다. 반면에 RMB 역시 어떤 시행에서는 더 느리고 또 어떤 시행에서는 더 빨랐지만, 주관적으로 어느 시행이 더 어렵고 어느 시행이 더 쉬운지를 말하지는 못했다. 게다가 피부 전도도를 검사하는 갈바니피부반응galvanic skin response으로 측정해도 조절의 어려움에 대한 감정적 반응이 명확히 드러나지 않았다. 갈바니피부반응이란 기본적으로 시행이 어려울 때 손에서 땀이 나는 반응이다. 하지만 RMB는 그런 감정적 반응을 전혀 보이지 않았다. 따라서 손다이크가 구분한 노력과 능률 개념을 기억할 때, RMB는 대조군과 똑같은 능률로 과제를 수행했지만 전대상피질이 손상된 탓에 그와 관련된 노력의 경험은 하지 않았다는 걸 알 수 있다.

2013년에 진행된 어느 흥미로운 연구는 전대상피질의 활성과 연관된 주관적 경험을 더 깊이 이해하게 하는 증거를 제시했다.[48] 연구 대상은 간질 수술을 받고 있는 두 명의 신경외과 환자였다. 이 수술에서는 흔한 일이지만 환자들은 깨어 있는 상태에서 수술을 받았다. 뇌는 통증을 모르고 신경세포도 촉감을 느끼지 않기 때문에 환자들은 뇌 수술을 받는 동안 통증이나 직접적인 감각 경험을 느끼지 않았다. 하지만 환자가 깨어 있으므로 의사는 수술 중에 전기로 피질을 자극할 수 있다. 자극된 세포의 기능에 기초하여 환자에게 심리적 경험이 유발된다. 이 연구에서 의사들은 반응 갈등이나 예측 오류가 없는 상태에서 전대상피질을 직접 자극하고, 그 자극이 환자의 정신적 경험에 미치는 효과를 기록했다.

전대상피질에 전기 세례를 받는 동안 환자들은 걱정이나 불길한 예감과 함께 미래에 어떤 막연한 불행을 극복해야만 할 듯한 느낌이 들기 시작한다고 묘사했다. 자극을 끄거나, "가짜" 자극을 흘려보내거나, 근처의 다른 영역을 자극할 땐 그런 느낌이 중단되었다.

한 환자는 그 느낌을 다음과 같이 은유적으로 묘사했다. "마치 3킬로미터 정도 앞에서 불고 있는 태풍을 향해 나아가는 것 같아요. 그리고 언덕을 가로질러야 해요. 갑자기 그 자리에 주저앉아요. 저걸 어떻게 넘을 수 있을까? 저 언덕 끝까지? [...] 다들 그런 걸 느끼잖아요? [가슴을 가볍게 두드린다] 내가 과연, 내가 정말로 이걸 이겨낼 수 있을까? 하는 느낌." 전대상피질을 자극하면 정신적 노력의 경험뿐 아니라, 성공하기 위해서 버텨야만 한다는 느낌이 유발된다. 이 경험과 느낌은 물론 뇌의 게이팅 및 조절 체계들에게 유용한 맥락 정보가 될 것이다.

요약하자면, 전대상피질은 조절에 틀림없이 중요하지만 그 역할은 다소 불가사의하다. 여러 연구가 일관적으로 가리키는 것은, 전대상피질은 맥락과 행동 계획이 주어질 때 예상되는 반응과 결과를 예측하고, 그런 뒤 그 예측이 실현되는지를 감시하는 데 중요한 역할을 한다는 것이다. 그 신호들이 조절 그 자체에 필요하거나 충분하지 않을 순 있다. 하지만 그 신호들은 과제를 위해 열심히 노력한다는 경험을 만들어내며, 조절 체계는 그 경험을 맥락과 동기부여로 사용한다.

이것이 현실 세계에서 의미하는 것은 무엇일까? 터커들이 싫어하는 종류의 멀티태스킹 상황을 상상해보자. 예를 들어, 우리가 세금 정산을 하면서 가끔 이메일을 확인한다고 해보자. 회사에 긴급한 업무가 있기 때문이다. 이건 우리의 조절 체계가 해내기 어려운 상황으로, 멀티태스킹에 고유한 갈등과 간섭 때문에 우리는 두 과제 모두에 조금 더 비효율적으로 되고 실수도 더 많이 할 것이다. 하지만 다른 한편으로는 우리가 각종 서식을 작성하면서 세금 정산을 하고 그와 함께 새로운 이메일 알림이 뜨는지를 볼 때, 우리의 전대상피질은 여러 개의 반응과 결과를 예측할 것이다. 전대상피질에서 가능한 모든 반응 경로와 결과가 공동으로 활성화되면, 그로 인해 정신적으로 노력한다는 느낌이 든다. 그 경험은 불쾌하며, 따라서 필요하지 않다면 누구나 피하고 싶어 하는 경험이다. 그 회피적 경험은 조절이 필요한 과제들을 할 때 드는 비용이다. 그럴 때 우리는 한 과제에 더욱 집중해서 서둘러 끝내거나, 혹은 실제로 멀티태스킹 상황을 완전히 회피하곤 한다.

이 내용은 이 장의 전반부에서 논의한 가치 개념들과 어떻게 연결될 수 있을까? 최근에 브라운 대학교의 내 동료인 아미타이 셴하브 Amitai Shenhave는 존 코언, 매슈 보트비닉과 함께 "조절 이론의 기대 가치 Expected Value of Control Theory"라는 이론적 틀을 통해 이 관계를 흥미롭게 다뤘다. 이 이론에서 셴하브는 전대상피질이 인지조절에 드는 비용만이 아니라 그에 따른 이익에도 접근할 수 있다고 본다.[49] 다시 말해 인지조절은 조절을 통해 얻을 수 있는 기대 이익과 정신적인 노력을 양쪽에 놓고 저울질한다는 것이다. 이렇게 비용-편익 분석이 이루어지고 나면, 그 결과에 따라 외측전전두 체계들이 조율되어 우리가 적절한 정신적 노력을 통해 능률적으로 목표를 달성하도록 조절에 들어갈지 아니면 다음 기회를 기다릴지 결정할 것이다. 우리는 보상—세금 정산을 끝내는 것, 업무 상황을 해결하는 것, 혹은 두 가지를 병행하는 것—의 가치가 얼마나 큰지를 고려하여 소득세 신고서 작성이나 이메일에 투입할 주의의 수준을 조정할 것이다. 이 이론은 아직 전개 과정에 머물러 있어 뇌 기능을 구체적으로 예측하기엔 부족하다. 예를 들어, 그 비용-편익 분석이 전대상피질의 신경 계산으로 어떻게 표현되는지 말해주기에는 갈 길이 멀다. 그럼에도 이 이론은 전대상피질의 기능뿐 아니라 동기화, 노력, 가치와 관련된 요인들이 조절에 미치는 영향을 이해할 수 있는 유망한 접근법이자 방향임이 분명하다.

우리에게 과제를 하도록 동기를 부여하는 것은 무엇일까? 당연하겠지만, 우리는 대체로 우리에게 가치 있는 결과를 안겨줄 과제를 추구한다. 예를 들어 커피를 끓이는 건 아침에 그 마약 같은 한 잔을 간절히 원하기 때문이다. 직장에서 회의를 소집하는 것은 회의를 통해 목표나 프로젝트가 만들어지고, 월급의 대가로 해야 할 우리의 역할을 충족하기 때문이다. 우리는 소득세 신고서를 작성하지 않았을 때 찾아올 결과를 피하기 위해 신고서를 꼼꼼히 작성한다. 이렇게 과제에 집중하고 과제를 수행하게 하는 조절 체계는 가치 있는 결과에 대한 예측을 동력으로 삼는다. 따라서 우리가 조절에 실패할 때 그 이유는 단지 작업기억의 한계나 고장 난 작업기억 게이팅에 머물지 않는다. 그 이유는 우리가 문제의 상황에서 조절 기능을 발휘할 동기를 충분히 느끼지 못한 것일 수도 있다.

하지만 이 장에서 논의했듯이 우리는 단지 낡은 목표를 위해서만 정신적 노력을 기울이지 않는다. 우리 뇌는 비용-편익 분석을 수행한다. 우리는 인지조절의 도움을 받아 과제를 해냈을 때의 이익과 그렇게 할 때 드는 정신적 비용을 저울질한다. 그 장부에 새겨진 잔고가 우리의 동력과 동기로 변환된다. 따라서 우리가 레스토랑에서 계산기를 꺼내 팁을 계산할 땐 그 액수가 큰지 작은지를 따지겠다는 것이 아니다. 그건 조절 체계에 가해지는 부담을 줄이는 동시에 그렇게 하면 암산보다 더 좋은 결과를 얻어낼 수 있기 때문이다. 인지조절의 동기는 우리가 그것을 사용할 때만이 아니라 종종 사용하지 않을 때도 부여된다.

8장 → 기억과 정보의 인출

On Task

우리는 기억과 애증 관계에 있다. 우리는 기억에 의존하여 소중한 지식을 쌓고, 가장 좋은 순간들을 저장한다. 기억 덕분에 우리의 경험은 연속적이고 체계적으로 느껴진다. 또한 기억이 인간의 지능과 효과적인 인지조절에 필수적이라는 것도 의심의 여지가 없다. 이 말은 우리의 작업기억을 가리킬 뿐 아니라, 우리의 경험과 전반적 지식이 의식을 벗어난 뒤에도 그것을 저장하는 장기기억도 가리킨다. 사실 2장에서 논의했듯이, 우리는 기억의 힘을 빌려 시간 여행을 하거나 가상의 현실을 방문한다.

하지만 기억력이 아주 좋다고 말하는 사람은 매우 드물다. 오히려 자신의 기억력에 실망하는 경우들을 쉽게 떠올리는 편이다. 예를 들어, 파티에서 누군가를 소개해야 하는데 이름이 기억나지 않거나, 틀림없이 안다고 생각하는 노래의 제목이 아무리 애를 써도 떠오르지 않는다. 이럴 때 우리가 찾는 지식은 우리를 비웃고, 우리의 기억 창고에 틀어박혀 나오지 않고, 정신적으로 아무리 애를 써도 우리를 외면한다.

스마트폰이나 노트북 같은 외부 기억장치와 비교할 때면 우리의 기억은 훨씬 더 초라해진다. 아이폰에서 연락처를 찾으니 시리Siri가 수줍은 목소리로 이렇게 대답하는 황당한 경우를 상상해보라. "그 번호를 알고는 있는데, 지금은 떠오르지 않네요. 대신 방금 떠오른 노래를 하나 들려드릴게요." 실제로 이 장치들이 인간보다 월등히 뛰어나기 때문에, 우리는 힘겹기만 한 기억 문제를 외주로 해결한다. 예전에 나는 많은 전화번호를 머릿속에 넣고 다녔지만, 지금은 친구들의 번호를 하나도 기억하지 못한다. 휴대전화에 저장하는 것이 훨씬 더 빠르고 쉽고 믿음직하다.

실수로 소파 틈새에 빠뜨릴 수 없다는 것 말고도 나의 뇌가 스마트폰보다 나은 점이 있을까? 왜 진화는 우리에게 그렇게 부실한 기억력을 주었을까? 물론 우리가 잘 잊어버리는 것은 망각이 우리 조상들에게 유용했기 때문이 아니다. 그렇다면 우리는 문제투성이인 기억 체계를 어떻게 설명해야 할까?

이 질문에 대답하려면 먼저 우리의 기억이 컴퓨터 하드드라이브처럼 기억 장치로 진화하지 않았다는 사실을 알아야 한다. 2장에서 살펴봤듯이 우리는 이 세계의 모형을 짓거나, 미래의 결과를 예측하거나, 일어날지 모를 시나리오를 상상하기 위해 기억을 이용한다. 인간의 기억은 우리가 과거의 기록을 간직할 수 있도록 진화하지 않았다. 그보다 기억은 미래에 관한 결정을 내리는 능력에 일조한다. 뇌의 기억 체계는 우리가 지금 하는 일에 유연하게 정보를 주도록 특화되었다. 즉 우리의 기억은 과학자와 데이터 전문가들이 **정보 인출 문제** information retrieval problem라 부르는 것을 해결하기 위해 진화했다.

정보 인출 문제는 인출 비용보다 큰 가치를 지닌 저장 정보를 해당 체계가 어떻게 찾아내는가의 문제다. 이 문제는 인간의 기억에 국한되지 않는다. 우리가 평생 뇌에 축적해놓은 지식 데이터베이스든 광활한 인터넷이든 대학 도서관의 장서든, 큰 데이터베이스에서 정보를 캐내야 하는 체계는 예외 없이 이 문제에 직면한다.[1] 이 모든 체계가 공통으로 직면하는 문제는 가치가 큰 정보에 어떻게 효율적으로 접근하는가다. 그리고 이 문제는 데이터베이스가 클수록 더 어려워진다.

예를 들어보자. 주기적으로 어릴 적 친구들 중 한 명이 내가 사는 로드아일랜드주 프로비던스에 온다. 친구가 올 때마다 나는 그와 함께 시내 레스토랑에 가서 식사를 한다. 프로비던스에는 공공연한 비밀이 있다. 음식의 맛이 기대 이상이기 때문에 이곳의 요리를 맛보는 게 방문객들이 놓치지 말아야 할 필수 코스라는 것이다. 하지만 나는 친구를 지난번에 간 레스토랑에 또 데려가고 싶진 않다. 따라서 식사 계획을 짤 땐 직전에 간 레스토랑을 기억해낼 필요가 있다. 이때 친구와 지난번에 식사했던 기억은 이 특별한 과제와 관련하여 잠시 가치를 획득한다. 예를 들어, 우리가 식사를 할 때 무슨 이야기를 했는지 또는 그가 무슨 옷을 입고 있었는지에 대한 기억은 우리가 무엇을 먹었는지 또는 어디서 먹었는지에 대한 기억보다 가치가 작다.

이 예에서, 기억에서 소환되는 정보의 상대적 가치는 명확하다. 어디서 먹었는가라는 내 의문에 답을 주는 기억은 가치 있는 기억이다. 하지만 가치 있는 기억을 찾을 때 고려할 비용이 있는데, 이 비용은 그만큼 명확하지 않을 수 있다. 예를 들어, 목표하는 기억을 소환하는 한 가지 방법은 친구에 관한 모든 기억을 인출한 뒤 내 과제에 대한 가치에 따라 각각의 기억을 줄 세우는 것이다. 모든 기억이 일렬로 섰을 때 나는 맨 앞에 놓인 기억을 따르기만 하면 된다.

그런데 문제가 있다. 그와 나는 중학교 시절부터 친하게 지냈다. 나는 그와 같은 밴드에 있었다. 나는 지금까지도 그와 친하게 지낸다. 그건 평생 간직해야 할 소중한 기억이다. 하지만 그 기억의 대부분이 지금 이 과제에서는 거의 가치가 없다. 설령 내가 이 친구와의 모든 기억을 떠올릴 수 있다 해도, 가장 가치 있는 기억을 찾기 위해 그 모든 기억에 순위를 매긴다면 아까운 시간을 허비하게 된다. 이건 미국 성문법이 인터넷상 표현의 자유에 미친 영향에 관한 책을 찾기 위해 도서관을 일일이 뒤져 확인하는 것과 비슷하다.[2] 표적 정보를 인출해서 얻을 가치가 얼마든, 찾는 시간과 모든 사항을 확인하는 데 드는 비용이 그 가치를 훌쩍 뛰어넘을 것이다. 만일 내가 이런 방법으로 우리가 마지막에 간 레스토랑을 기억해내려 한다면, 나는 친구가 프로비던스에서 일을 다 보고 떠날 때까지도 소파에 앉아 내 모든 기억을 분류하고 그 유용성에 순위를 매기고 있을 것이다.

이처럼 기억을 인출하려는 시도는 항상 이익과 비용을 낳는다. 비용은 기억을 검색하는 데 드는 시간 또는 틀린 정보를 찾아내는 것과 같은 인출 실패에서 발생한다. 정보 인출 문제의 맥락에서 이 같은 실패의 위험은 실패가 우리의 목표를 뒤흔들고 부정적인 결과를 낳는

데 있다. 예를 들어 이렇게 상상해보자. 나는 친구를 데리고 내가 좋아하는 레스토랑 두 곳 중 한 곳에 갔다고 잘못 기억한다. 역설적으로 이 경우에는 내가 아무것도 기억하지 못할 때보다 내가 전에 그를 데려간 장소로 다시 데려갈 가능성이 커진다. 게다가 시간과 오류의 비용 외에도 인출이라는 어려운 행위는 인지적 노력이라는 회피하고 싶은 경험으로 느껴진다. 7장에서 살펴봤던 다양한 종류의 집중적인 인지처럼 말이다. 그런 경험은 그 자체가 일종의 비용이다. 따라서 인출 방정식은 비용의 최소화와 이익의 최대화로 이루어진다.

카네기멜런 대학교 리처드킹멜런좌 교수인 존 앤더슨John Anderson은 심리학과 컴퓨터과학을 가르치는데, 그는 수학 문제 풀기에서부터 기억에 이르기까지 고차원 인지에 관한 우리의 이해에 수많은 공헌을 해왔다. 일련의 기념비적인 논문에서 앤더슨은 인간의 기억은 정보 인출 문제를 해결하기 위해 적응했을 거라고 강조했다.[3] 앤더슨의 분석에 따르면, 정보 인출을 해결하도록 최적화된 체계에서 성공적인 인출 가능성을 판단할 때는 최소한 두 가지 기본 요소를 고려해야 한다.

첫째, 체계는 저장된 항목이 과거에 얼마나 여러 번 쓸모 있었는지에 민감해야 한다. 어떤 기억이 과거에 자주 유용했다면, 이번에도 유용할 확률이 높다. 당신이 도서관 사서라고 가정해보자. 사서는 어느 책을 서가에 꽂고 어느 책을 수장고로 보낼지 결정해야 한다. 이때 한 가지 단서는 책이 얼마나 자주 대출되었는가다. 많이 대출된 책은 그만큼 유용하고, 또한 앞으로도 자주 대출될 것이다. 따라서 그런 책을 서가에 꽂아놓고 이용할 수 있게 하는 것은 좋은 전략이다. 과거의 사용량은 미래의 사용을 예고한다.

우리의 기억도 이와 똑같은 요령을 사용할 수 있다. 한번 인출된 항목은 미래의 인출에 대한 우선권을 부여받는다. 따라서 우리가 어떤 기억을 자주 떠올릴수록 그 기억은 다시 인출될 가능성이 커진다. 이런 이유로 어떤 것을 기억에 확실히 저장하는 아주 좋은 방법은 그 기억을 인출하는 연습을 하는 것이다. 인출에 성공할 때마다 그 항목은 기억 속에 더 안정적으로 자리 잡고 미래에 더 쉽게 인출된다.

앤더슨이 강조한 두 번째 요인은 인출의 맥락—즉 배경, 과제, 그리고 어떤 항목을 인출할 때 경험하는 몸과 마음의 상태—이다. 과거에 어떤 기억이 특수한 맥락에서 인출되었다고 가정해보자. 예를 들어, 특별한 장소에서나, 특별한 과제를 수행하는 중에나, 특별한 감정을 느끼고 있을 때, 또는 그 세 가지가 모두 겹치는 상황에서 말이다. 그렇다면 당신의 기억 체계는 그 맥락에서는 이 기억이 다시 유용할 거라고 가정한다.

예를 들어, 당신이 최근에 파티에서 어떤 이야기로 몇 사람을 웃겼다면, 다른 사회적 상황에서도 그 이야기를 기억하고 말할 것이다(함께 있던 당신의 파트너는 짜증이 나겠지만). 하지만 그 이야기는 회사에서 프리젠테이션을 하거나 식료품을 구입할 때 같은 다른 맥락에서는 떠오르지 않을 것이다. 사실 어떤 기억은 대단히 맥락 특이적이어서 평소에 생각한 상황과 똑같은 상황이 오지 않으면 좀처럼 그 기억을 떠올리지 못한다.

우리 기억이 맥락과 긴밀히 묶여 있는 까닭은 인간의 기억 인출이 우리가 사용할 수 있는 단서의 성질에 크게 의존하기 때문이다. 냄새,

소리, 구체적인 물건, 생각, 심지어 다른 기억까지 어느 것이나 단서가 될 수 있다. 이러한 단서가 일단 마음속에서 활성화되면 그것과 연합해 있는 기억이 인출된다. 정보-인출의 관점에서 볼 때 당신의 뇌는 이 맥락에서 쓸모 있을 정보에 내깃돈을 거는 것이다. 당신의 단서가 더 좋고 구체적일수록, 그와 연합된 기억은 더 쉽게 떠오른다. 이런 식으로 당신의 맥락은 기억 인출을 조절하고, 이전의 맥락에서 기억된 정보를 다시 쓸모 있게 한다.

이 모든 걸 종합해보자. 우리가 주변 세계를 돌아다니면서 다양한 일을 바삐 하는 동안 뇌의 기억 체계 역시 우리가 어디서 얼마나 자주 사용하는지에 따라 부지런히 기억을 저장한다. 나중에 우리의 인출 체계는 인출의 구체적인 내역과 주어진 단서를 고려하여 어느 지식이 유용한지 추정한다. 그 결과 과제나 목표가 적절하면 필요한 정보가 쉽고 빠르게 우리 앞에 나타나곤 한다. 우리는 대개 이러한 인출을 조금도 힘들다고 느끼지 않는다. 인출은 자동적으로 일어난다.

어떤 인공 체계도 이 효율성에는 근접하지 못한다. 스마트폰은 이렇게 자동적으로 정보를 인출하는 데 서툴기 짝이 없다. 현재의 스마트폰은 다음 약속 장소까지 묻지도 않은 방향과 이동 시간을 알려주고, 어떤 단어나 구절을 자동으로 완성시키는 데에 서툴다. 우리 뇌는 스마트폰보다 뛰어나다. 스마트폰과 달리 우리 뇌는 우리가 어떤 과제를 수행하는 동안 우리에게 자신의 목표, 계획, 생각을 내적으로 즉시 대령해준다. 또한 이 같은 내적 정보의 일부나 전부를 인출의 맥락 단서로 이용한다. 이렇게 해서 우리의 기억은 정보 인출을 우리가 역동적으로 수행하는 과제와 직접 결합시킨다.

물론 우리가 자동적인 인출에만 의존하는 건 아니다. 필요한 정보를 인출하고자 할 때 우리는 적절한 단서가 나타나길 바라면서 여기저기 방황할 필요가 없다. 필요한 정보가 즉시 떠오르지 않으면 우리는 주요 과제를 하는 데 필요한 정보 쪽으로 인출을 유도할 수 있다. 이 같은 기억에는 인지조절이 필수적이다. 개괄적으로 말하자면, 조절은 가장 확률이 높은 정보를 찾아내는 동시에 인출에 딸린 비용을 최소화함으로써 정보 인출을 지원한다.

이 장에서 우리는 기억의 인지조절을 자세히 살펴볼 것이다. 앞으로 보겠지만 기억 인출에 대한 조절은 기본적으로 두 범주로 나뉜다. 인출 그 자체를 실현하는 조절 과정과 정보가 인출된 후에 작동하는 조절 과정으로, 우리는 전자를 **조절된 인출**controlled retrieval이라 부르고 후자를 **인출 후 조절**postretrieval control이라 부른다. 다음 절들에서 나는 이 범주들을 정의하고 각각의 예를 든 후에 이 과정들이 정보 인출에 어떻게 기여하는지 설명할 것이다. 그런 뒤에는 뇌의 어떤 체계들이 이러한 기억조절을 뒷받침하고, 뇌가 어떻게 기억에 가치를 매기고, 우리가 자신의 기억에 대해 생각할 때 이런 특징들이 무엇을 의미하는지를 탐구할 것이다.

우리는 어떻게 기억할까?

인지조절이 인출에 어떤 영향을 미치는지 이해하려면 우리가 잘 아는 인공적인 인출조절 과정과 비교하는 것이 도움이 된다. 구글 같은 인터넷 검색 엔진이 대표적이다.

구글은 인지과학이 입증한 원리들을 이용해 정보 인출 문제를 해결하기 위해 설계되었다. 구글의 특수한 알고리즘은 여러 해에 걸쳐 서서히 발전했지만, 구글 검색 뒤에 놓인 기본 원리는 페이지랭크PageRank 시스템이다. 구글에 어떤 검색어를 친다고 가정해보자. 페이지랭크는 각 페이지에 링크된 페이지의 수에 따라 웹페이지에 권위 점수authority score를 부여하는데, 연결된 페이지들의 권위 점수에 따라 가중치가 부여된다. 예를 들어 뇌에 가해지는 충격의 효과를 설명하는 웹페이지를 찾고 있을 때, BrainFacts.org처럼 링크가 많은 페이지는 링크가 몇 개밖에 안 되는 사이트보다 권위 점수가 높다. 따라서 어떤 아마추어가 뇌진탕에 관해 올린 블로그 포스트는 그 블로거의 부모만 읽을 테고, 우리의 브라우저 윈도에는 좀처럼 도달하기 어려울 것이다. 결국 구글 검색에서 최상단에 뜨는 페이지들은 권위 점수가 높은 사이트들과 많이 연결된 것들이다.

따라서 기본적으로 페이지랭크는 많이 사용될수록 미래 가치를 제대로 가리킨다는 경험적 방법을 따른다. 만일 다수의 웹페이지가 특정한 페이지의 유용성을 인정하여 링크를 걸면, 그 웹페이지는 미래에 가치 있을 가능성이 크고 검색을 했을 때 더 위에 뜰 것이다. 이 시스템에 몇 가지 추가적인 수정이 가미된다. 예를 들어, 정부나 대학 같은 기관의 웹페이지에 보너스 점수를 주는 것이다. 이런 예외도 있지만, 사용량에 기반한 이 간단한 체계는 매우 효과적이다. 사실 구글 검색에서 최상단에 뜨는 페이지는 우리가 찾는 그것일 때가 많다.

하지만 구글 같은 정교한 검색 엔진이 있더라도 검색창에 넣을 좋은 검색어를 개발하는 것이 중요하다. 여러분이 내 웹사이트를 찾고 있다고 가정해보자. 내 이름은 독특해서 도움이 된다. 바드르Badre는 레바논 이름을 프랑스어로 음역한 것이다. 이 철자는 우리 가문에서도 희귀하다. 많은 친척들이 Badre가 아닌 Badr로 음역하기 때문이다. 끝에 e가 달린 Badre는 세상에 얼마 없고, 나처럼 이름이 David인 사람은 프랑스 어딘가에 단 한 명 있는 것으로 알고 있다. 따라서 내 이름을 구글에 치면 나에 관한 모든 정보를 쉽게 만날 수 있다.

정반대로 여러분이 3장에서 소개한 브라운 대학교의 교수 마이클 프랭크를 찾으려 한다고 가정해보자. 그의 이름은 기본적으로 구글링 저항성이 강하다. 흔하디흔한 이름 두 개로 이루어져 있기 때문이다. 문제를 더 복잡하게 하는 것은, 스탠퍼드 대학교에도 마이클 프랭크 교수가 있고, 그 역시 컴퓨터인지과학자라는 점이다! 그래서 브라운 대학교의 마이클 프랭크에 관한 정보를 찾으려면 "마이클 프랭크 브라운 대학교"처럼 더 구체적인 검색어로 찾아야 한다.

웹 브라우징을 해본 사람이라면 누구나 이 같은 과제에 익숙해서 두 번 생각할 것도 없이 바로 그렇게 한다. 실제로 나를 찾는 사람은 "Badre"를 치고 조금만 스크롤하면 되는 반면, 마이클을 찾으려고 "Frank"만 치는 사람은 없을 것이다. 이렇게 우리는 마이클에 관해 이미 알고 있는 정보—브라운 대학교에 재직한다는 것—를 이용해서 더 자세한 정보에 접근한다. 바로 이것이 인출을 조절해 필요한 정보를 획득할 확률을 높이는 인출 계획이다.

인간의 기억으로 돌아가보자. 우리 인간은 원하는 정보를 찾을 때 하던 일을 중단하고 뇌 검색창에 검색어를 칠 필요가 없다. 이 점에서도 인간의 기억은 구글 같은 인공계보다 유리하다. 단지 어떤 정보를 인지하거나 생각하거나 처리하기만 해도 자동적으로 기억을 조회하게 되고, 그에 따라 관련된 정보가 쉽게 소환된다. 하지만 중요한 건 따로 있다. 현재 상황에서 이용할 수 있는 단서들로 필요한 것을 자동적으로 인출하지 못할 때, 인출 계획을 짜서 인출을 조절할 수 있다는 것이다. 구글 검색과 마찬가지로, 이때 우리는 기존의 지식으로 더 구체적이고 유용한 지식을 만들어내 그렇게 할 수 있다.

예를 들어, 내가 코끼리에 관해 필요로 하는 정보는 우리 아이에게 코끼리를 설명해주려 하는지 아니면 내가 코끼리를 타고 싶어 하는지에 따라 매우 다르다. 코끼리를 타고 싶은 경우 나에게 필요한 정보는 내가 코끼리와 가장 강하게 연관 짓는 것들, 예를 들어 거대한 몸집과 어금니보다는 코끼리의 성향과 그런 서비스를 제공하는 장소일 것이다. 그에 따라 나는 코끼리 여행의 여러 특징을 인출할 수 있도록 검색을 구체화할 것이다. 나에게 필요한 인출 계획은 더 구체적인 단서로 정보를 인출하는 과정을 포함해야 한다.

사람들이 어떻게 인출 계획을 생성하는지를 우리는 인지 기능 평가에서 아주 분명히 볼 수 있다. 이 평가를 받는 사람들은 생전 처음 들어볼 법한 질문에 확률 높은 추측으로 대답해야 한다. 이런 질문이다. "남성 척추의 평균 길이는 얼마일까요?"

우리는 어떻게 대답할까? 이미 척추의 길이를 아는 척추 전문가가 아니라면, 어떻게 접근해야 이 질문에 답을 할 수 있을까? 모든 사람이 나름의 방법을 쓰겠지만, 내 방법은 다음과 같다. 우선 남성의 평균 신장을 생각해본다. 대략 170센티미터 정도일 것이다. 다음으로,

우리의 척추는 머리끝에서 발목까지 이어지지 않았으므로, 대략 다리 길이로 90센티미터 머리 길이로 20센티미터를 빼면, 짜잔 답이 나온다. 나는 척추가 60센티미터가 조금 넘는다고 추정한다. 이 계산은 실제 수치에 가깝다. 구글을 검색해보면 70센티미터로 나오기 때문이다. 확실히 배운 적이 없다는 점을 감안하면 꽤 괜찮은 추정이다.

우리는 일상에서 이 같은 문제를 수시로 해결한다. 위에서 볼 수 있었듯이 그런 문제를 해결하기 위해서는 사람의 평균 신장처럼 이미 알고 있는 사실들을 떠올려야 할 뿐 아니라 인출 계획—결과를 계산하는 데 필요한 정보를 선택하는 사고 과정—도 필요하다.

따라서 순차적 행동을 조절할 필요가 있을 때 기억으로부터 일련의 생각을 조절하면 도움이 된다. 인지조절에 문제가 있는 환자들은 이 과제를 힘들어한다.[4] 환자들은 예를 들어 사람의 평균 신장처럼 이미 알고 있는 사실을 나열하긴 해도, 남성의 평균 척추 길이처럼 기억된 대답이 없는 질문에는 합리적인 답변을 하는 데 애를 먹는다. 환자들은 남성의 평균 신장을 답하는 식으로, 즉시 인출할 수 있는 것만 대답하는 경향을 보인다.

인출 계획이 추정에만 적용되는 건 아니다. 우리는 이미 기억에 저장해놓은 구체적인 사실, 세부사항, 경험을 끄집어내기 위해서도 인출 계획을 사용한다. 예를 들어, 내가 당신에게 미국의 50개 주를 모두 나열해보라고 한다면, 당신은 이 과제를 어떻게 해낼까? 당신이 미국 사람이라면, 이건 새로운 사실을 추정하라고 요구하는 게 아닐 것이다. 초등학교 때부터 50개 주의 이름을 알고 있었기 때문이다. 하지만 그 이름을 모두 떠올리는 건 꽤 힘든 기억 과제다. 생각나는 대로 이름을 말하다 보면 어느 정도까지는 갈 수 있지만 50개 주에 도달하기 전에 기력이 다할 것이다. 그래서 사람들은 대부분 계획을 세워 인출을 조직하고 유도한다. 예를 들어 알파벳 순서에 따라 특정한 철자로 시작하는 주들을 떠올리거나, 마음속으로 미국 지도를 일주하면서 이름을 떠올릴 것이다.

구체적인 사항은 달라도 인출 계획은 기존의 지식을 사용한다는 점에서 공통적이다. 2장에서 살펴본 인출을 유도하는 도식이 대표적이다. 검색어 "마이클 프랭크"에 "브라운 대학교"를 더하는 경우처럼 우리는 어떤 정보를 검색어로 사용해 더 많은 정보에 도달한다. 기억 체계는 우리가 알고 있는 것을 정교하게 구부리고 매만져서 유용한 정보가 인출될 가능성을 높인다.

가장 정교하고 효율적인 기억 조직 전략 중에 "장소법method of loci" 또는 "기억의 궁전mind palace"이라는 것이 있다. 사람들이 믿는 것과 달리 이 기법은 베네딕트 컴버배치Benedict Cumberbatch가 주연한 유명한 BBC 드라마 〈셜록 홈즈〉의 주인공이 발명한 게 아니다. 실은 아주 오래되었다. 이 기법을 소개한 사람은 로마의 정치가이자 웅변가인 키케로Cicero로, 그는 시인인 케오스의 시모니데스Simonides가 이 능력을 가졌다고 언급했다. 이야기에 따르면 시모니데스는 어느 만찬에 초대받았는데, 끔찍한 화재로 다른 모든 손님이 형체를 알아볼 수 없이 불에 타버리고 그만이 유일하게 살아남았다. 시모니데스는 만찬장을 머릿속에 그리고 테이블 주위를 "걸어 다니면서" 손님들이 앉았던 자리에 기초하여 모든 사람을 기억했다.

기억을 연구하는 뉴욕 대학교의 역사학자 메리 캐러더스Mary

Carruthers에 따르면, 장소법이 정교해진 건 중세 학자들이 고도의 기술로 발전시켰기 때문이라 한다.[5] 실제로 중세에 이 기술을 정복하는 것은 학문적인 훈련의 기본 조건이었다. 예를 들어 학자가 바티칸궁전 도서관에 들어가 특별한 문서를 읽는 건 일생에 단 한 번 오는 기회였기 때문에 그 문서를 고스란히 기억에 담는 것이 대단히 중요했다. 따라서 학자로서 성공하려면 장소법 같은 기억술을 반드시 정복해야만 했다. 실제로 중세에는 뛰어난 기억력을 천재의 징후로 존중했는데, 오늘날 추천서에 창의성이나 독창성이 적혀 있는 것과 흡사했다.

여느 기술처럼 이 방법도 숙달하기까지는 훈련이 필요하다. 우리가 아주 잘 아는 장소, 예를 들어 자신의 집을 상상해보자. 우리는 그 장소를 너무 잘 알아서 세부적인 특징들과 배치를 마음의 눈으로 그려볼 수 있다. 그렇다면 어떤 물건을 기억하려 할 때 마음속으로 그 건물을 돌아다니면서 각기 다른 장소에 기억해야 할 물건들을 놓는다. 예를 들어, 우리는 마음의 궁전을 돌아다니면서 50개 주를 각기 다른 방, 다른 서랍에 넣을 수 있다. 그런 뒤 물건들을 회수할 때가 되면 마음속으로 그 공간을 걸어 다니면서 서랍을 열고 거기에 놓인 것을 되찾는 것이다.

이 기술은 놀라울 정도로 효과적이다. 무작위로 고른 단어 145개를 5분 만에 외우는(2018년 암기 챔피언 야니아 윈터솔Yanjaa Wintersoul이 세운 세계 기록) 등 암기를 잘하는 사람들은 이 기술의 사용법을 열심히 훈련한다. 그들의 실력은 경이롭지만 그건 마술이 아니다. 그런 재주를 가능하게 하는 것은 학습을 체계적으로 조직하고 이미 아는 정보와 함께 암기하여 기억을 쉽게 하는 우리의 선천적인 능력이다.

우리는 뭔가를 기억할 때 기억의 궁전을 걸어 다니지 않지만, 기억 인출을 조절할 때는 그와 비슷하게 조절 행위를 조직화한다. 우리는 중세 학자가 마음의 궁전을 돌아다니듯이 우리의 지식을 누비고 다니면서 적절한 배경 지식에 접근하고 그 지식을 이용해 인출을 유도한다. 그리고 그러는 동안 우리는 중요한 지식을 전경에 놓아 마음이 그 정보를 이용할 수 있게 한다. 일단 활성화된 정보는 단서가 되어 당면 과제에 필요한 정보를 쉽게 인출하게 한다.

이러한 지식의 건물을 만들고 그 안을 누비기 위해서는 인지조절이 필요하다. 그렇다면 전두엽에 손상을 입은 환자들이 공부를 하거나 회상을 할 때 조직화 전략을 사용하기 어려워하는 것도 놀라운 일이 아니다. 버클리 대학교의 인지신경학자 아트 시마무라Art Shimamura는 다수의 연구를 통해 전두엽 손상 환자들의 기억력 결손을 조사했다.[6] 한 연구에서 그는 환자들과 대조군에게 서로 무관한 단어들을 주고 기억하게 한 뒤, 나중에 원하는 순서대로 자유롭게 기억해내게 했다. 대조군은 그 단어들을 엮어 이야기를 만드는 등 다양한 조직화 전략을 활용해 단어들을 암기한 뒤 기억해내는 경우가 많았다. 전두엽 환자들은 이야기를 만드는 등의 전략을 3분의 1 정도로 훨씬 적게 사용했다. 환자들은 회상하는 동안 그저 눈을 감거나 어떤 전략도 사용하지 않는 경우가 더 많았다.

위와 같은 환자들에 대한 시마무라의 연구를 통해 인출 계획이 자연발생적으로 적용되는 게 아니라는 사실을 알 수 있다. 인출 계획을 적용하는 과정은 전전두피질에 기초한 조절 체계들을 가동해야 하는 능동적인 과정이다. 하지만 인지조절의 역할은 이야기를 만들거나 마음의 구조물을 걸어 다니는 것과 같은 조직화 전략을 실행하는 데만 있지 않다. 그보다 조절 체계는 이 전략이 더 가치 있는지 또는 다른 전략으로 넘어갈 때가 되었는지를 평가하는 데 중요할 수 있다. 이를 위해서는 정보 인출 문제의 핵심인 비용-편익 분석이 필요하다. 현재의 전략을 고수하는 것과 새로운 전략으로 넘어가는 것의 가치는 각각 얼마인가? 이런 면에서 인출은 또 하나의 채집 문제라고 볼 수 있다. 7장에 소개한 산딸기를 찾는 동물처럼 우리도 더 많은 정보를 조사할 때 특정한 인출 계획을 언제, 얼마나 오래 사용할지 그리고 새로운 계획을 시도할 때가 언제인지를 결정해야 한다.

예를 들어, 앞에서 설명한 기초적인 자유-회상 과제를 생각해보자. 사람들이 외워야 할 단어 목록을 받아들 때 거기에는 대개 다양한 범주에서 선정된 단어들이 적혀 있다. 예를 들어, 동물, 도구, 건물 들이 목록에 있다. 인출할 때 이 범주들은 인출 유도에 쓸모가 있다. 따라서 공통으로 관찰되는 사실은, 원하는 어떤 순서로든 단어들을 암기할 때 사람들은 암기할 때 본 순서와 상관없이 범주에 따라 함께 묶은 항목들을 회상한다는 것이다.[7]

이런 식으로 항목들을 암기한다고 가정할 때, 우리는 한 범주의 항목을 얼마나 오랫동안 수집한 뒤 새로운 범주로 넘어갈까? 각각의 범주는 산딸기가 아닌 암기한 단어를 수확할 수 있는 수풀이라는 점에서 이 문제는 채집 문제와 비슷하다. 우리는 한 범주에 단어-산딸기가 언제 충분히 부족해져서 더 풍성한 다른 범주로 넘어가는 게 좋을지를 결정해야 한다.

환자들이 보여주는 증거에 따르면 이 같은 결정을 내리는 데는 전두피질이 필요하다. 전전두피질이 손상된 환자들은 자유 회상free recall을 하는 동안 군집화clustering의 평균 점수가 대조군보다 낮지만, 그럼에도 어느 정도의 군집화를 보여준다.[8] 하지만 환자들은 대조군보다 한 범주에 더 오래, 즉 거기에 머무는 것이 유용한 시점을 초과할 때까지 머무는 경향이 있다. 그 결과 환자들은 항목을 더 적게 외우고, 목록에 없는 단어를 떠올리거나, 같은 단어를 두 번 말하는 등의 실수를 더 많이 한다.[9] 하지만 회상한 단어가 적은 것이 반드시 기억력 감소 때문은 아니다. 적어도 부분적으로는 한 범주에서 얻는 이익의 감소와 인출 비용의 상승을 균형 있게 조정해서 적절히 이동하는 것을 하지 못했기 때문이다.

그렇다면, 사람들은 인출이 얼마나 효과적으로 이루어지고 있는지 평가하고 그에 따라 새로운 인출 전략으로 넘어가 다른 지식과 다른 방법을 이용해 기억을 조사할 줄 안다는 점이 분명해진다. 또한 사람들은 그 지식을 이용해 기억으로부터 구체적인 정보를 인출하는 데 정신적 노력을 쓰는 것이 가치 있는지를 결정하기도 한다.

예를 들어, 그림 형제의 〈빨간 망토Little Red Riding Hood〉 이야기를 생각해보자. 만일 내가 나중에 이 이야기에서 빨간 망토가 선물 바구니에 에너지 음료를 담아 할머니에게 가져왔는지를 묻는다면, 당신은 둘 중 하나를 할 수 있다. 이야기의 줄거리를 떠올리면서 빨간 망토의 바구니에 담긴 내용물을 구체적으로 묘사할 것이다. 만일 그때 빨간 망토가 할머니에게 가져온 것이 케이크 한 조각과 포도주 한 병이었다는 걸 정확히 기억한다면,[10] 당신은 그 직접 인출에 기초하여 내 질문에 아니라고 대답할 것이다. 하지만 줄거리가 쉽게 기억나지 않아도 합리적인 판단을 내릴 수 있다. 당신은 빨간 망토가 할머니에게 선물을 가져왔다는 걸 쉽게 기억한다. 그리고 이야기의 배경으로 보아 에너지 음료는 있을 수 있는 물건이 아니라는 것을 안다. 그래서 바구니에 구체적으로 무엇이 들었는지를 직접 기억해내지 못한다 해도 그건 있을 수 없는 일이기 때문에, 당신은 아니라고 대답한다. 이 예에서 당신은 이야기를 직접 떠올리기보다는 쉽게 기억할 수 있는 것—이 이야기는 에너지 음료가 나오기 이전의 이야기라는 것—을 기억해내고, 논리적 추론을 이용하여 그 대답을 떠올린 것이다. 그렇다면 에너지 음료의 경우 타당성을 판단하는 것이 구체적인 줄거리를 떠올리는 것보다 더 쉬울 것이다.

비슷한 맥락에서 카네기멜런 대학교의 린 레더Lynn Reder 교수는 이야기의 구절을 직접 떠올려 답할 수 있는 질문을 만날 때도 사람들은 종종 사실을 인출하는 대신, 단지 질문의 내용이 그 배경에 비추어 타당한지를 판단한다는 것을 밝혀냈다.[11] 관련된 정보가 얼마나 쉽게 인출될 수 있느냐에 따라 전략 선택이 이루어진다는 사실을 발견한 것이다. 따라서 위의 사례에서 만일 어떤 사람이 바구니에 담긴 내용물을 잘 몰라 기억하기 어렵다면, 그 대신 타당성을 판단할 가능성이 커질 것이다.

물론 타당성을 판단하는 데는 오류의 위험이 있다. 만약 빨간 망토가 에너지 음료가 아니라 머핀과 쿠키를 가져왔냐고 묻는다면 어떻게 될까? 타당성을 따진다면, 길을 잘못 들어 "예"라는 틀린 대답을 할 것이다. 실제로 나는 이 이야기를 읽기 전까지는 포도주가 바구니에 들어 있으리라고는 짐작조차 하지 못했다. 사람들은 항상 타당성을 따지지는 않는다. 레더의 실험 대상자들이 그 이야기를 자세히 알고 있었다면 직접 인출을 사용했을 테고, 정확히 대답했을 가능성이 더 높았을 것이다. 두 가지 경우에 모두 사람들은 높은 인출 비용과 낮은 오류 가능성의 이익을 양쪽에 놓고 자연스럽게 저울질한다.

이상의 논의로부터 다음과 같은 결론이 나온다. 우리의 인지조절 체계는 우리가 어떤 것을 얼마나 잘 아는지 또는 심지어 미래에 그것을 얼마나 잘 기억하거나 알고 있을 가능성이 있는지에 관한 어떤 정보에 접근한다는 것이다. **메타-기억**meta-memory이라 불리기도 하는 이 기억은 자기가 가지고 있는 지식의 상태에 관한 지식을 가리키며, 우리가 그런 기억을 사용하는 까닭은 지식 그 자체로부터 끌어낸 단서와 정보를 기억 체계에 제공함으로써 인출에 영향을 미치기 위해서다. 우리가 정밀하게 다듬거나 생각한 개념은 구글의 검색어와 비슷하게 하나의 단서가 되고, 우리의 인출 방법을 구체화한다. 우리는 성공 가능성을 한쪽에 놓고, 인출에 필요한 노력과 더 쉬운 방법을 모르고 지나쳤을 때의 위험을 반대편에 놓고 무게를 잰다. 그러므로 어떤 것에 대한 기억을 결정하는 요인은 저장의 안정성이 아니라 성공의 이익과 그 성공에 따르는 비용이 이룰 최적의 균형이다.

우리는 어떻게 기억을 꺼낼까?

인출조절이 기억의 비용과 이익을 관리하는 유일한 방법은 아니다. 일단 인출을 마치면 인출된 것을 최대한 활용하게끔 가동할 수 있는 일련의 기능이 있다. 우리는 이런 기능을 묶어 인출 후 조절 과정이라 부른다. 이 과정들은 조절된 인출만큼이나 성공적인 정보 인출에 필수적이다.

앞에서 예로 든 구글 검색으로 돌아가보자. 검색어를 잘 선택했더라도 원할 때 원하는 웹페이지로 가기 위해서는 추가로 일을 해야 한다. 무엇을 검색하든 화면에는 하나 이상의 웹사이트가 뜨기 때문이다. 심지어 구글 초기에도 조회를 할 때 단 하나의 결과만 불러오기가 너무 어려운 나머지 "구글왜킹Googlewhacking"이라는 괴상한 놀이가 출현했다. 구글왜킹의 목표는 간단했다. 구글에 인용부호 없이 두 개의 키워드를 쳐서 정확히 하나의 웹사이트를 불러내는 것이었다. 단어 쌍을 수천 개 시도해서 성공한 사람은 구글왜킹 웹사이트에 그들의 이름과 검색어를 높이 게시할 수 있었다. 인터넷의 발할라로 올라가는 셈이니, 실로 대단한 영광이었다.

구글왜킹이 우리에게 가르쳐주는 것이 있다면—이미 아주 중요한 걸 가르쳐줬지만—단지 검색어로만 정확히 원하는 대상을 인출하기는 믿기 힘들 정도로 어렵다는 것이다. 거의 모든 경우, 검색어를 입력한 뒤에는 그 목록에서 원하는 웹사이트를 고르기 위해 다시 일을 해야 한다. 가끔 우리가 원하는 웹사이트가 맨 위에 뜰 때도 있지만, 그렇지 않을 때가 훨씬 많다. 그런 이유로 누구도 구글이 제공하는 "I'm feeling lucky" 버튼을 사용하지 않는다. 구글은 당신을 브라우저 윈도를 지나 최상단 사이트로 직접 데려다주기 위해 이 버튼을 마련했지만 말이다. 2007년에 구글은 검색 중 1퍼센트가 그 버튼을 사용

한다고 추산했는데, 그들이 끝수를 반올림했다는 것에 돈을 걸겠다.[12]

이 문제는 구글에만 국한되지 않는다. 조회를 하면 필요한 결과와 함께 불필요한 결과를 많이 생산하는 크고 분산된 기억 체계에는 모두 이러한 특징이 있다. 따라서 인출 후 관찰과 선택이 어떤 형태로든 거의 항상 필요하다.

인간의 기억도 이 법칙에서 예외가 아니다. 우리가 기억하는 정보는 우리의 목표에 쓸모 있는 정도가 제각각이고, 기억의 구성적 성질(사람의 기억은 일어난 사실과 개인이 가지고 있던 경험과 추측 그리고 지식이라는 추가 요소들이 합쳐져 만들어진다—옮긴이)을 고려할 때 그 질도 제각각이다. 우리는 자신의 목표와 세계 관념에 비추어 인출한 결과물을 거르고 관찰할 필요가 있다. 그렇게 하지 못하면 2장에서 살펴본 작화증 같은 다양한 기억 문제가 발생한다. 게다가 브라우저 윈도의 물리적 한계 때문에 우리가 많은 사이트를 한 번에 볼 수 없는 것처럼, 우리의 작업기억도 인출의 결과물을 다 담기에는 용량이 제한되어 있다. 결과적으로 우리는 장기기억에서 작업기억으로 들일 정보를 제한해야 한다.

그렇다면, 일반적으로 우리가 기억된 지식에 따라 행동하기로 결정할 때마다 인출 후 조절이 필요할 것이다. 그 행동은 반응일 수 있고, 추가 인출일 수 있고, 인출된 지식을 작업기억에 붙잡아놓는 것일 수 있다. 이런 면에서 인출 후 조절은 앞에서 논의한 게이팅 과정과 밀접하게 관련되어 있을 것이다. 하지만 이 경우에는 우리의 지각체계들로부터 작업기억으로 정보를 게이팅한다기보다는 장기기억에서 나온 정보를 게이팅한다.

인출 후 조절에 해당하는 아주 간단하고 일상적인 예로는 이른바 출력입자output grain, 즉 우리가 기억으로부터 선택하는 자세함의 정도에 관한 조절이 있다.[13] 과거의 사건을 떠올릴 때 우리의 기억은 전반적인 것과 세부적인 것에 걸쳐 무수히 많은 데이터를 제공한다. 능숙한 이야기꾼은 이야기를 이해하는 데 필요한 부분만 고르고 불필요한 세부사항은 제외한다. 조절되지 않은 이야기는 세부사항을 크든 작든 있는 그대로, 똑같이 중요하게 모두 늘어놓는다. 저녁 식사 자리에서는 절대 일어나지 말아야 할 상황이다.

출력입자 조절은 비록 인출한 뒤에 일어나기는 해도 인출의 비용과 이익을 효과적으로 관리하는 또 다른 방법이다. 아주 자세하고 많은 정보를 전달할 순 있겠지만 그러면 실수할 위험이 커진다. 만일 내가 아이들에게 일주일 전에 했던 말다툼에 관해 묻는다면, 아이들은 그 사건의 골자를 이야기할 것이다. 때는 오후였다. 아이들은 교대로 하는 걸 힘들어했다. 만일 더 자세한 내용을 원한다면, 더 깊이 캐물어야 한다. 정확히 몇 시였지? 무슨 말이 오갔지? 누가 누구에게 뭘 원했지? 질문이 자세해질수록 나는 아이들의 기억을 점점 믿을 수 없게 되고, 물론 두 아이의 이야기도 점점 더 멀어질 것이다. 그럴 만도 하다. 일반적으로 과거에 일어난 일의 세부사항은 줄거리보다 기억하기가 어렵고, 그래서 비록 세부사항에 더 많은 정보가 담겨 있더라도 줄거리가 더 정확한 것이다.

일상에서 어떤 일을 보고할 때 사람들은 정확성과 정보성을 균형 있게 맞거래한다.[14] 그리고 이를 위해 몇 가지 맥락 신호를 이용한다. 어떤 상황에서 우리는 정확성의 손을 들어주는 요인에 민감해진다. 예를 들어, 친구에게 아무 생각 없이 이야기하는 상황과 법정에서 증언하는 상황을 비교해보라. 또한 우리는 자신이 기억에서 불러내고 있는 증거의 강도와 신뢰도에 관한 메타-인지적 신호를 참조한다. 이런 신호를 이용함으로써 효율적으로 입자의 크기를 조절하고 정보성과 정확성의 균형을 맞춘다.

당연히 전두엽이 손상된 환자들에겐 출력입자 조절이 극히 어렵다. 환자 A에 관한 브리크너의 1936년 보고서는 몇 가지 구체적인 예를 보여준다. 브리크너는 다음과 같이 묘사했다. "지능 부전을 대표하는 예가 바로 A의 상술증particularization이다. 모든 세부사항이 똑같이 중요해서, 예를 들어 무언가를 이야기를 할 땐 거의 모든 것을 낱낱이 얘기한다."[15]

어느 날 한 의사가 A에게 그날 아침에 무엇을 했느냐고 물었다.

> 오늘 아침 5시경에 일어났어요. 4시 반이나 5시. 잠이 깬 채로 한참 누워 있다가 7시 30분이나 40분쯤에 일어났어요. 침대에서 일어나 욕실로 가서 리스테린을 입에 물고 양치를 했어요. 그런 다음 온수를 틀고 비누를 문지르고 손을 씻었어요. 그런 뒤 이 방에 들어와서 아버지와 어머니를 봤어요. 신문을 보고 계셨죠. 난 아빠 엄마에게 방해가 될까 봐 내 방으로 갔어요. 살금살금. 그런 뒤 애넘스 부인[그의 아내] 방으로 걸어갔어요. 그녀는 8시까지 방해받지 않고 푹 자고 싶어 해요. 그래도 들어갔어요. 방으로 걸어 들어갔더니 그녀는 자고 있었어요. 그렇게 보였죠. 하지만 자고 있었는지 깨어 있었는지는 모르겠어요. 표정이 자는 것 같았어요. 왜 있죠, 여자들은 희한한 방식으로 시간을 끌잖아요? 나는 작게 헛기침을 했어요. 하지만 그

작은 소리에 그녀가 잠에서 깼어요. 그런데 나는 어젯밤에 그녀를 보지 못했어요. 브리지를 하고 있었을 거예요. 나는 포커를 했고요. 분명히 간밤에 그녀를 보지 못한 것 같아요.[16]

우리는 대부분 아침에 일찍 일어나 옷을 입은 뒤 심심하거나 그리워서 배우자를 깨우고, 함께 하루를 준비한다고 대답한다. 하지만 이런 요점들은 그가 사용한 구강 청결제의 상표 같은 세부사항에 파묻혀 사라졌다. 어린아이들과 많은 시간을 보낸 적이 있는 사람은 아이들의 이야기에도 이 같은 매력이 있다는 걸 알 것이다. 이번에도 문제는 기억이 아니라 조절이다. 문제는 정보성과 정확성의 균형에 기대 가장 유용한 세부사항을 확인하고 선별하지 못한 것이다.

인출 후 조절은 망각의 주된 원인을 상쇄하는 최고의 수단이기도 하다. 우리는 흔히 망각이 퇴화 과정이라고 생각한다. 기억에 저장된 정보는 결국 오래된 하드드라이브의 불량한 조각 또는 세월과 함께 색이 바랜 그림처럼 부식되고 저하된다고 말이다. 하지만 망각에 관한 이 이야기가 전적으로 옳은 건 아니다. 망각은 시간에 따라 수동적으로 퇴화하는 과정이라기보다는, 많은 부분 다른 기억들의 적극적인 방해로 일어난다. 다른 기억들이 표적 기억을 가로막고 오염시키는 것이다.[17]

예를 들어, 특정한 노래를 기억해내려 하는데 다른 노래가 떠오르는 경우를 들 수 있다. 그런 일은 자주 일어난다. 나는 크리스토퍼 리브Christopher Reeve가 주연한 영화 〈슈퍼맨Superman〉의 주제곡을 떠올리려 할 때 그런 일을 겪곤 한다. 어릴 적 나는 영화 〈슈퍼맨〉에 흠뻑 빠졌고, 그 영화의 주제곡을 아주 좋아했다. 하지만 어른이 되고부터는 그 주제곡을 기억하려 할 때마다 〈스타워즈Star Wars〉의 주제곡이 떠오른다. 그러면 끝이다. 아무리 해도 〈슈퍼맨〉 주제곡이 떠오르지 않는 것이다.

하지만 〈슈퍼맨〉 주제곡은 지금도 내 머리 어딘가에 있다. 나는 그걸 잃어버리지 않았다. 온라인 음원 서비스에서 찾으면 즉시 알아들을 수 있다. 처음에 호른 소리가 들리면 거의 즉시 주요 테마가 떠오른다. 하지만 혼자 기억해내려 하면 다른 기억이 끼어든다. 이럴 때 우리는 사기꾼에게 홀려 사실을 혼동하게 된다. 사기꾼이 멀리 떠나거나 우리가 그를 억제할 때까지 우리의 기억은 가로막힌다. 가끔은 시간이 충분히 흐르면 방해하는 기억이 마음속에서 약해지고 기억해내려 했던 기억이 자연히 떠오를 때가 있다. 하지만 불행하게도 이런 일은 그 기억이 더는 필요하지 하지 않거나 신경 쓰지 않을 때 일어난다. 따라서 단어 읽기 경로를 억누르고 색이름 대기 경로를 지원했듯이, 방해되는 기억을 억누르고 정확한 기억을 선택할 때도 인출 후 조절 메커니즘을 사용할 수 있다.

그렇다면 인출 후 조절이 고장 났을 땐 간섭이 커지고 망각이 증가할 수 있다는 결론이 나온다. 예를 들어 노화와 함께 찾아오는 건망증을 생각해보자. 노인들의 기억 문제에는 많은 원인이 있는데, 간섭을 제어하는 인출 후 조절의 변화도 그중 하나다. 내 연구실에서 박사후 과정을 마친 일케 외체킨Ilke Öztekin은 노인 집단을 대상으로 이 현상을 직접 조사했다.[18] 외체킨은 60세에서 74세 사이의 노인들을 18세에서 26세의 젊은이들과 비교했다. 그는 두 집단 모두에게 세 단어를 주고 암기하게 한 뒤 테스트 단어를 제시했다. 검사할 때마다 그들은 테스트 단어가 방금 본 세 단어 중 하나와 일치하는지 판단해야 했다. 그리고 이 과정을 되풀이했다. 세 단어를 외우고, 검사를 받고, 다시 세 단어를 받아 외우기를 반복한 것이다.

외체킨은 지원자들에겐 말하지 않고 테스트 단어의 일부를 조작해서 경쟁을 유도했다. 구체적으로, 현재의 단어 묶음에는 없고 이전 묶음에 있던 유도성 단어를 포함시킨 것이다. 이렇게 배치하자 모든 나이의 사람들이 유도성 단어를 현재의 묶음에 있는 단어로 기억한다고 말하는 경향이 나타났다.

이 틀린 기억은 간섭interference 때문일 것이다. 유도성 단어가 나타날 때 사람들은 그 단어가 얼마 전에 본 것이라서 친숙하다고 느낀다. 이 친숙함에 이끌려 우리는 현재의 묶음에서 그걸 봤다고 말하지만, 정확히 답하려면 그 단어가 현재의 묶음에 들어 있지 않았다는 걸 생각해내야 한다. 다시 말해, 품질 보증을 위해 기억 체계가 만들어낸 산물을 모니터해야 한다. 인출 후 관찰을 할 시간이 충분히 주어지면 사람들은 유도성 단어를 제대로 거부할 것이다.

노인들은 유도성 단어 때문에 젊은이들보다 기억을 더 많이 틀리게 보고한다. 경쟁 효과에 더 크게 좌우되기 때문일 것이다. 하지만 왜 그럴까? 기억 검사의 타이밍을 영리하게 조작한 뒤 외체킨은 노인들이 젊은이들보다 더 늦게 인출 후 조절을 한다는 것을 알아냈다. 그 결과 노인들에게선 기억에 대한 친밀감이 쌓이고 강해졌다. 그 강도가 틀린 기억의 비율로 전환된 것이다.

그렇다면 노년의 기억 문제는 기억 창고에서 정보를 잃어버리는 문제만이 아니라, 때론 기억 인출을 유도하고 간섭을 해소하는 조절 과정에서 발생하는 것으로 볼 수 있다. 외체킨의 실험에서 기억 오류는 구체적으로 인출 후 모니터링의 차이 때문에 발생했다. 9장에서 살펴보겠지만, 인지조절은 나이가 듦에 따라 변하는 만큼, 인지조절의 변화는 우리가 늙어갈 때 경험하는 기억 문제에 원인이 된다.

일상생활에서 우리는 현재 상황에 기초하여 인출 후에 기억을 평가한다. 예를 들어, 우연히 아는 사람을 만났는데 전에 그 사람을 어디에서 봤는지 아리송한 경우를 생각해보자. 이 같은 상황에서 기억은 과거의 지식을 증거로 제공하고 있지만 그건 확실한 증거가 아니다. 또한 우리는 완전히 새로운 것에서 친숙한 느낌을 경험하기도 한다. 실제로 많은 사람이 기시감déjà vu을 경험한다. 과거에 경험했을 리 만무한 상황에서 친숙함을 느끼는 것이다. 이렇듯 인출 후 조절은 우리가 기억에서 꺼낸 증거를 평가할 때도 제 몫을 한다.

중요한 것은, 행동할지 말지에 대한 결정이 결과를 낳는다는 것이다. 어쩌면 그 사람이 내가 아는 다른 사람과 아주 똑같이 생긴 것인지 모른다. 전혀 모르는 사람에게 열심히 손을 흔드는 건 실질적으로 사회적 비용을 야기한다. 하지만 그 사람을 전에 만난 적이 있는데 알아보지 못하고 지나치는 것도 상대방이 섭섭하다고 느끼는 만큼의 비용을 치르는 일이다.

따라서 기억에서 나온 증거와 대면할 때 우리는 그 증거에 따라 행동할지 말지를 결정해야 한다. 내 결정은 기억에서 나온 증거가 얼마나 강한지에 따라 불확실성을 띠므로, 내가 취할 행동의 다양한 비용과 이익을 고려해 균형 있는 결정을 내려야 한다. 만일 아는 사람이라는 느낌이 강하게 들면 용기를 내 인사할 가능성이 크다. 반대로, 친숙한 느낌이 아주 약하다면 가던 길을 계속 갈 것이다.

기본적으로 우리는 기억에서 나온 증거에 대해 역치를 설정할 필요가 있다. 친숙함의 강도가 이 내적 역치를 초과하면 나는 이 사람을 아는 사람으로 취급하고, 그렇지 않으면 모르는 사람으로 취급할 것이다. 상황에 따라 그 역치를 유연하게 설정하는 것 또한 중요하다. 예를 들어, 인도의 외진 곳을 여행하고 있는지 아니면 아는 사람을 만날 확률이 훨씬 높은 학회에 참석했는지에 따라 나의 역치는 사뭇 달라질 것이다.

실험실 연구가 보여주는 바에 따르면, 기억 검사를 하는 동안 사람들은 새로운 물건이나 익숙한 물건을 만날 가능성에 대해 자신이 알고 있는 정보에 기초하여 기억의 역치를 조정한다. 전에 본 물건과 마주칠 가능성이 없다는 걸 알거나,[19] 실제로 제시되지 않은 물건을 알아보겠다고 말하지 말도록 지시받았을 때 사람들은 역치를 더 보수적으로 조정한다.[20] 그와 반대로, 전에 본 단어의 빈도를 높이면 사람들은 더 진보적으로 변해서 실제로는 보지 못한 단어들이 나와도 더 많은 단어를 안다고 말한다.

두 경우에 사람들의 기억은 동일하다. 검사를 위해 암기하는 동안 조건에 관한 어떤 정보도 누설되지 않았다. 맥락에 의해 발생한 차이는 단지 기억에서 인출한 증거를 어떻게 사용하는가였다. 사람들은 익숙한 물건을 정확하게 알아볼 가능성과 실수의 비용을 양쪽에 놓고 균형을 맞추기 위해 자신의 결정 역치를 조정했다. 인출 후 조절이 그 방법이었다.

요컨대, 정보를 인출할 때 조절은 두 가지 방식으로 기억에 영향을 미친다. 우선, 기존 지식을 활용해 단서가 될 수 있는 특정한 정보를 전경에 놓는 방식으로, 우리는 조절된 인출을 통해 더 유용할 것 같은 정보를 불러낸다. 하지만 기억의 결과물과 상관없이 우리는 주어진 목표에 가장 쓸모 있는 기억에 따라 행동할 수 있도록 인출 후 조절을 시행한다. 그렇다면 이러한 과정은 뇌에서 어떻게 지탱될까? 이것이 다음 절의 주제다.

기억을 조절하는 두 경로

조절된 인출과 인출 후 조절은 서로 무관한 과정이 아니다. 두 과정은 필연적으로 맞거래를 한다. 검색 엔진에 한 번 더 비유해보자. 검색어의 질이 좋을수록 당신의 브라우저 윈도에는 불필요한 것들이 적게 뜨고, 그에 따라 원하는 것을 찾는 시간이 줄어든다. 반면에 좋은 검색어를 만들어내기 어렵다면, 인출 후 과정을 통해 필요한 정보를 고르고 불필요한 정보를 억제해서 남은 일을 마무리해야 한다.

하지만 인출 전과 인출 후라는 구분은 기술적인 문제일 뿐이다. 인지신경과학 연구에 따르면, 뇌는 말 그대로 노동 분업을 구현해 인출 전 조절과 인출 후 조절을 각기 다른 체계로 실행한다.

신경심리학자들은 조절 체계들이 기억 기능에 얼마나 중요한지를 오랫동안 조사해왔다. 앞에서도 논의했듯이, 전두엽 환자들은 기억조절력의 결손 때문에 조직화 전략을 사용하지 못하거나 출력입자를 조

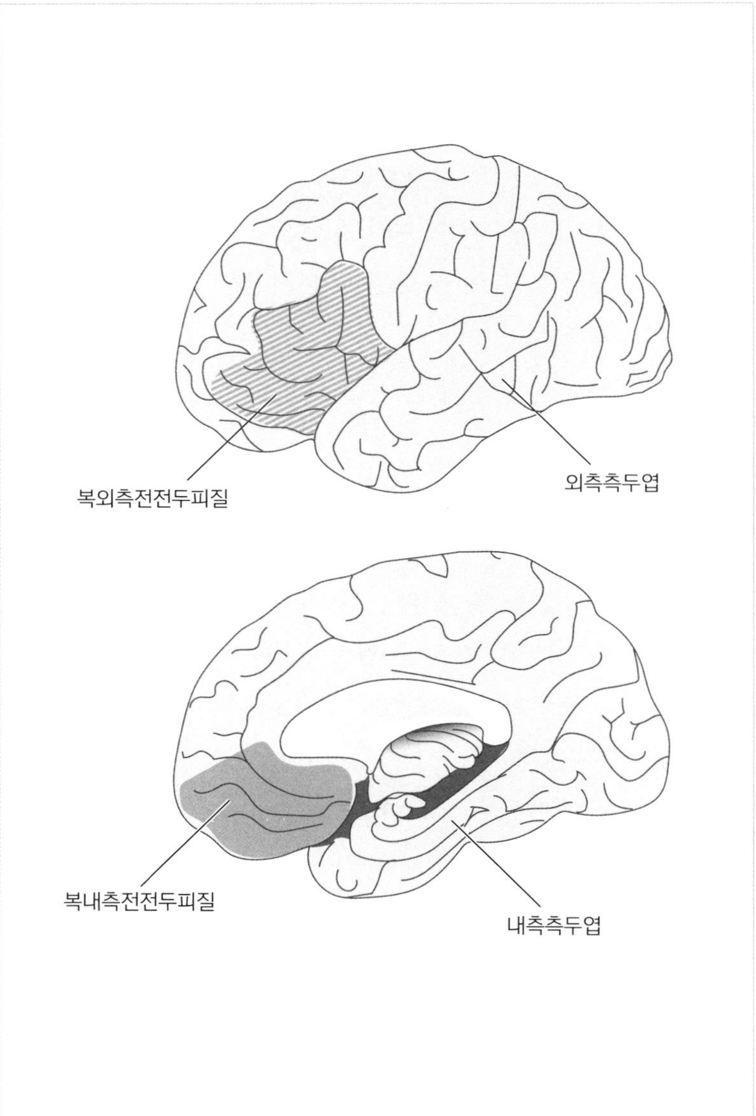

그림 8.1 좌측 복외측전전두피질, 복내측전전두피질, 외측측두엽, 내측측두엽이 표시된 좌뇌 외측 표면과 내측 표면.

정하지 못한다. 대체로, 인지조절에 전반적으로 문제가 있는 환자들은 인출 문제가 어렵거나 기억을 사용해 새로운 문제를 해결해야 할 때 기억 기능에서도 문제를 보인다.

기억조절 문제는 지금까지 살펴본 조절 체계 중 어느 것이 고장 나도 발생할 수 있지만, 과학자들이 오랫동안 관찰한 바에 따르면, 좌측 복외측전전두피질(그림 8.1)에 손상을 입은 환자들이 이 문제에 특히 취약하다.[21] 이 일반적인 관찰 결과 때문에 기억을 조절할 때 이 부위가 어떤 역할을 하는지를 두고 기나긴 논쟁이 이어졌다.

초기의 증거에 따르면, 좌측 복외측전전두피질이 손상된 환자들은 특히 조절된 인출에 문제가 있는 것 같았다. 예를 들어, 이 환자들은 장기기억에 의존하는 생성 과제에서 심한 결손을 보이곤 했다. 그중 한 과제가 동사 생성 과제다.[22] 이 시험에서 환자들은 가령 "공" 같은 명사가 단서로 주어지면 그 단어와 연결할 수 있는 동사—차다, 던지다, 놓치다, 굴리다 등—를 최대한 많이 생성해야 한다. 좌측 복외측전전두피질이 손상된 환자들은 대체로 이런 과제를 잘 수행하지 못하고 대조군보다 더 적은 수의 동사를 생성했다. 이 결손에 대한 기존의 해석은 환자들이 조절된 인출에 문제를 겪는다는 것이었다. 즉 환자들은 그 명사에 대한 지식을 이용하여 관련된 동사에 도달하지 못하는 것으로 보였다.

인지신경과학자 샤론 톰프슨-실Sharon Thompson-Schill은 기초적인 연구를 통해 이 해석에 의문을 제기했다.[23] 이 연구에서 톰프슨-실은 "공"처럼 연결될 수 있는 동사가 많은 명사들과, "책"처럼 연결될 수 있는 동사가 적은 명사들을 각각 선정했다. 이럴 때 기억 인출에 문제가 있는 환자들은 두 번째 경우를 어려워할 거라고 우리는 예측하게 된다. 더 적은 동사 중에서 찾아야 하기 때문이다. 하지만 좌측 복외측전전두피질에 손상이 있는 환자들은 정반대 문제를 보였다. 연결할 동사가 많을 때 더 어렵게 대답한 것이다. 따라서 문제는 인출이라기보다는 경쟁하는 후보가 많은 상황에서 대답할 동사를 고르는 것이었다. 이 문제는 인출 후 조절 과정으로 보는 것이 더 정확했다.

톰프슨-실의 연구는 인지신경과학계에 기억의 인지조절 과정에서 좌측 복외측전전두피질이 하는 역할을 어떻게 규정하는 것이 최선인가에 대한 작지만 활기찬 논쟁을 촉발했다. 이 영역은 조절된 인출의 토대인가, 인출 후 조절의 토대인가, 아니면 둘 다의 기초인가? 나 역시 젊은 과학자로서 이 논쟁에 참여했고, 박사 과정을 밟을 때 이 주제에 전념해 전전두피질이 기억조절에 기여하는 점들에 관한 이론을 전개했다.[24] 하지만 보다 분명한 그림이 떠오르기 시작한 것은, 이 분야에서 개별 영역들이 국소화된 기능을 한다는 개념이 물러가고 여러 영역이 네트워크 연결을 통해 계산한다는 생각이 부상하고 난 뒤였다.

논쟁이 거의 수그러들고 여러 해가 지났을 때 나의 박사 과정 학생인 제니퍼 배레도Jennifer Barredo와 나는 기억조절 문제로 다시 돌아갔지만, 이번에는 달라진 조절 양식에 중요한 네트워크들을 고찰했다. 배레도는 같은 실험으로 조절된 인출과 인출 후 조절을 모두 조작할 수 있는 기억 과제를 고안했다. 이 방법으로 그녀는 두 과정을 직접 비교할 수 있었다.[25] 더 나아가 그녀는 좌측 복외측전전두피질에만 초점을 맞추지 않고, 조절된 인출과 인출 후 조절에 관련된 폭넓은 네트워

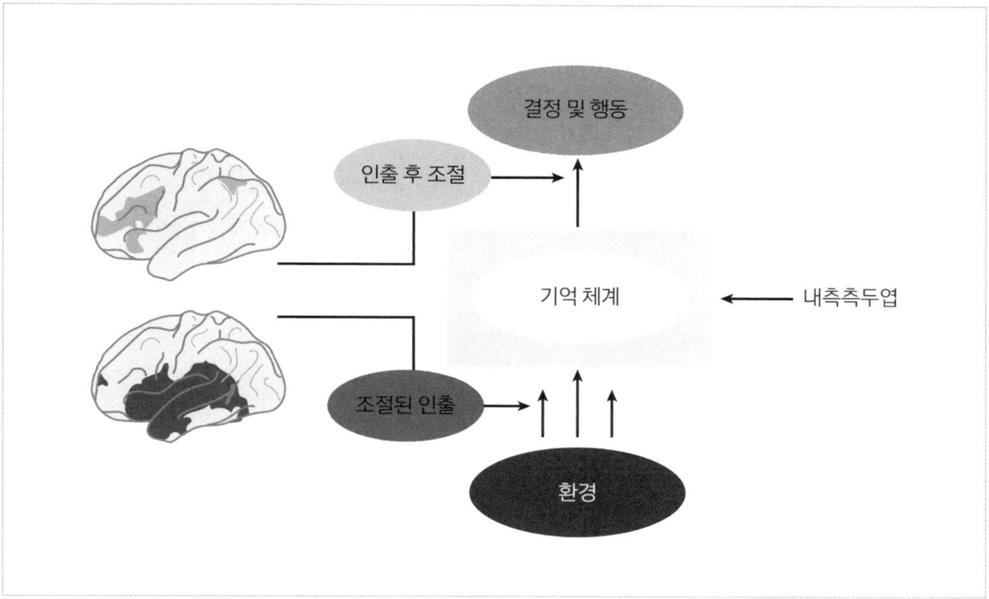

그림 8.2 조절된 인출 체계와 인출 후 조절 체계가 기억 처리와 어떻게 상호 작용하는지를 보여주는 도식. 외부 환경에서 들어온 정보는 하뇌 부분에 검게 표시된 조절된 인출 경로에 의해 조정된다. 일단 기억에서 결과물이 나오면 상뇌에 표시된 인출 후 조절 시스템들이 결정과 행동을 위해 그 결과물을 관찰하고 선택한다.

크들을 연구했다.

이 방법을 통해 배레도는 복외측전전두피질이 두 형태의 조절에 모두 관여한다는 사실을 발견했다. 이 발견은 이전의 보고들과 일치한다. 하지만 이 일에 참여한 광범위한 네트워크는 이전과는 완전히 달랐다(그림 8.2). 조절된 인출 과정은 해마처럼 기억에 중요한 측두엽 영역들과 전두엽을 연결하는 복측-전두-측두 네트워크를 사용한다. 반면에 인출 후 처리 과정은 앞에서 논의한 전두-두정 조절계와 거의 일치하는 배측 네트워크를 사용한다.

그렇다면 뇌는 최소한 두 개의 체계를 통해 기억을 조절한다. 인출 후 조절은 통상적인 전두-두정 조절계를 토대로 한다. 사실 인출 후 조절은 작업기억 게이팅 메커니즘들에 의존해서 그 기능을 수행한다고 생각하는 것이 합리적이다. 구체적으로 말하자면, 정보가 기억에서 소환될 때 그 기억들은 작업기억에 업데이트될 수 있다. 일단 작업기억에 도달한 기억들은 그 가치에 따라 입출력 게이팅 체계를 통해 반응을 좌우할 수 있다.

인출조절은 전두-두정 체계와는 다른 네트워크에 의존하지만, 그 메커니즘들이 어떻게 작동하는지에 관한 충분한 데이터는 아직 나오지 않았다. 이 상황에서 합리적인 가설이 하나 있다. 그 네트워크가, 우리가 앞서 다른 종류의 조절을 실행한다고 가정한 것과 비슷한 작업기억 과정에도 의존한다는 것이다. 하지만 이 경우 작업기억에 담겨 있는 건 과제요구가 아니라 우리가 장기기억을 조사하기 위해 사용하는 단서와 지식이다. 이 정보가 기억에 담겨 있으면, 그에 따라 지식을 저장하는 다른 뇌 부위들이 어떤 패턴으로 활성화될지가 구체화된다.

하지만 잊지 말아야 할 것은, 이렇게 네트워크가 다르다는 점을 근거로 이 두 가지 조절 기능이 서로 완전히 독립되어 있다고 해석해서는 안 된다는 것이다. 앞에서 살펴보았듯이, 이 두 가지 기억 과정은 서로 밀어주고 당겨준다. 인출 계획을 잘 세우거나 유용한 단서를 공들여 설정하면, 유용한 정보가 마음에 떠오르기 마련이다. 그러나 조절된 인출 체계가, 예를 들어 부적절한 정보를 생성하는 등 효과적으로 작동하지 않으면, 인출 후 조절을 압박하게 된다. 다시 말해서 기억조절 과정들 사이에는 평형, 즉 항상성의 관계가 유지된다. 어떤 상황에서는 한 과정에 더 많이 의존하고 또 어떤 상황에서는 다른 과정에 더 많이 의존하지만, 최종적으로 기억 수행은 안정적으로 유지된다.

이런 식으로 두 가지 기억조절 체계가 상호작용한다는 사실에는 깊은 의미가 있다. 하나만 예를 들어보겠다. 알츠하이머병 같은 퇴행성 장애의 기억 결손을 생각해보자. 알츠하이머병연합Alzheimer's Association에 따르면 2019년에 580만 명으로 추산되는 미국인이 알츠하이머병을 앓고 있으며, 고령자가 증가하면서 환자 수도 일정하게 증가하고 있다.[26] 이 병에 걸리면 뇌가 천천히 퇴화하고, 그와 함께 진행성 기억상실과 치매가 찾아온다. 환자들은 결국 가족과 사랑하는 사람들을 기억하지 못하고, 자신이 어디에 있는지 그리고 주변에서 무슨 일이 일어나는지를 인식하지 못한다. 당혹과 혼란에 갇혀 더 이상 독립적으로 살아가지 못한다. 결국 이 병은 치명적인 결말을 낳는다. 이 모든 과정은 환자 본인뿐 아니라 사랑하는 사람들까지 힘들고 가슴 아프게 하는 비극이다. 이 병을 더 잘 이해하고, 최종적으로는 더 잘 치료하고 치유하려는 노력이 전 세계적으로 진행되고 있다.

증거에 따르면, 복외측전전두피질과 측두엽을 연결하는 구상속uncinate fasciculus과 복측뇌간ventral stem 백색질은 알츠하이머병 초기에 퇴화하는 백색질 경로로, 알츠하이머병으로의 전환을 예고한다.[27] 배레도가 조절된 인출과 관련되어 있음을 확인한 바로 그 백색질 경로들이다. 이 경로들이 퇴화하고 있다면 왜 사람들은 더 일찍부터 기억력 문제를 드러내기 시작하지 않을까?

아무도 확실하게 답할 수 없지만, 가능한 대답 하나는 기억조절 체계들 간의 항상성 관계에 있을 수 있다. 복측에 있는 조절된 인출 체계의 효율이 떨어지면, 마무리되지 못한 일을 인출 후 조절 체계가 어느 정도 처리하기 시작할 수 있다. 시간이 지날수록 조절된 인출 체계는 계속 퇴화하고, 그에 따라 인출 후 조절 체계는 점점 더 많은 압력을 받다가 급기야 그 자체도 퇴화하기 시작한다. 어느 시점에 이르면, 인출 후 조절은 더는 보완을 하지 못하고, 전면적인 기억상실과 함께 기억력은 파국에 이른다.

하지만 이것은 뇌 체계들의 항상성 관계가 변할 때 그 변화가 퇴행성 질환으로 어떻게 표현될 수 있는가를 보여주는 실례에 불과하다. 나는 알츠하이머병에 대한 이론을 제시하는 것이 아니며, 알츠하이머병에서 이 같은 구체적인 역학적 변화가 일어난다고 입증하는 증거 또한 존재하지 않는다. 그럼에도 내가 이 시나리오를 제시하는 이유는 항상적 기억조절 체계가 노화와 질병에 어떤 의미가 있는지를 드러내기 위해서다. 구체적으로, 이 동역학은 진단이 곤란하며 그에 대응하는 뇌졸중이나 폐쇄성 뇌 손상 같은 파국적인 사건이 없는 상태에서도 인지 기능을 파국적으로 변화시킬 수 있다.

뇌는 여러 체계가 상호 보완하는 항상적 기관이다. 이 책에서 확인했듯이 인지조절 기능이 그 사실을 분명히 보여준다. 따라서 그 기능을 이해하기 위해서는 다양한 하위요소가 서로 맞물려 작동하고 맞거래하는 과정을 이해할 필요가 있다. 또한 주요 질환에서 발생하는 조절 기능의 변화를 이해하고자 할 때는 한 체계나 한 기능에 초점을 맞추기도 불가능하다. 병의 진행과 함께 그 균형이 어떻게 변하는지를 이해할 필요가 있는데, 바로 이 지점이 현재 알츠하이머병을 겨냥해 시스템 신경과학이 역량을 모으는 전선이다.

가치와 기억

기억조절에 관한 지금까지의 논의에는 포함되지 않았지만, 가치는 정보 인출 문제와 관련하여 우리의 기억조절 이론에 대단히 중요하다. 앞에서 언급했듯이, 많은 외적 정보 인출 체계가 사용량을 가치의 지표로 삼는다. 하지만 가치를 더 직접 추적할 수 있다면 어떻게 될까? 만일 도서관 사서가 우리가 대출받은 그 책을 얼마나 좋아하는지 또는 우리가 논문을 쓰는 데 그 글이 얼마나 필요한지를 안다고 상상해보자. 또는 구글이 우리의 웹 검색을 추적해서 그 웹사이트가 결국 얼마나 유용했는지를 물어본다고 상상해보자. 더 나아가, 우리의 구글 검색이 얼마나 유용했는지를 구글이 자동적으로 안다면 어떻게 될까? 만일 그 시스템에 그런 종류의 정보가 있다면, 정보 인출을 해결하게끔 설계된 검색 장치가 과거의 인출 시도를 기반으로 학습을 하고, 유용성에 더 직접 기초하여 정보의 순위를 매길 것이다. 그러면 구글은 우리에게 필요한 것을 필요할 때 훨씬 더 효율적으로 제공할 것이다.

구글이나 도서관 사서와는 달리 우리 뇌의 검색 엔진은 실제로 그러한 정보에 접근할 수 있다. 우리가 과제를 성공적으로 해냈을 때 우리 뇌는 그에 걸맞은 점수를 부여한다. 뇌는 단지 사용량이 아니라 그 이상을 활용한다. 우리 행동의 목표와 결과에 접근할 수 있기 때문이다. 이런 이유에서도 우리의 내적 기억 체계는 인공적인 기억 체계를 가볍게 넘어선다.

7장에서 우리는 보상예측오류가 어떤 식으로 신경전달물질인 도파민을 증가 또는 감소시키는지를 논의했다. 또한 이 가치 정보가 어떻게 조정되어 작업기억 게이팅 체계 같은 인지조절계들에 학습 신호로 쓰일 수 있는지를 보았다. 최근 몇 년 사이, 도파민이 해마 자체를 포함해 장기기억으로부터 정보를 인출하는 뇌 체계들 안에 표적을 가지고 있음이 관찰되었다.[28] 이 신호 방식은 인출 체계가 가치, 진행 상황, 결과에 관해 피드백을 받는다는 걸 의미한다. 인출 체계는 그 정보를 사용하여 기억 그 자체를 조정할 수 있다.

에린 브라운Erin Braun, 엘리엇 위머Elliott Wimmer, 다프나 쇼하미Daphna Shohamy는 미로학습 과제로 이 현상을 입증했다.[29] 참가자들이 컴퓨터 화면에 뜬 미로를 돌아다니면서 숨겨진 보물을 찾는 과제였다. 미로를 돌아다니는 동안 참가자들은 또한 다양한 물체를 그린 그림과 마주쳤다. 당면한 과제와 무관하거나 부수적인 물건들이었다. 하지만 24시간 후에 기억 검사를 하자 참가자들은 목표물과 거리가 멀었던 물체들보다 가까웠던 물체들을 더 잘 기억했다.

무슨 일이 일어난 것일까? 사람들은 보상이 어디에서 나올지 몰랐고, 그래서 어떤 물체를 만났을 때 그것이 목표물과 가까운지 먼지 알지 못했다. 사람들은 실제로 목표물에 도달한 순간에야 물체와 목표의 거리를 알 수 있었다. 따라서 미로 과제를 마친 후 24시간이 흐르는 동안 사람들의 기억 체계는 목표물에 도달한 순간들을 재평가하고, 물체들의 가치에 근거하여 각각의 물체에 기억의 강도를 배정했음이 분명했다. 그로 인해 더 쉽게 기억해낸 것이다.

이러한 보상 결과에 대해 기억 체계에 신호를 보내는 것은 무엇이었을까? 이 연구의 저자들은 이 같은 종류의 기억조절에는 도파민이 중요한 역할을 할 것이라고 추측했다. 7장에서 논의했듯이, 다가올 보상을 예측하면 도파민이 증가한다. 게다가 동물을 모델로 한 연구에서도 해마가 새로운 기억을 형성할 때 도파민이 증가하여 해마를 조절한다는 사실이 입증되었다.[30] 그렇다면 도파민은 뇌가 가치와 연동하여 학습에 우선순위를 매기는 한 방법일 수 있다.[31] 뇌는 어떤 것이 지금 왜 좋은지 또는 생각의 내용이 그 자체로 특별히 좋은 것인지를 알 필요는 없지만, 보상 신호가 증가할 때 뇌는 그 순간에 생각의 내용이 무엇이었는지 또는 어떤 순간에 그 보상적인 상황에 이르렀는지에 대한 기억에 우선순위를 매긴다. 그에 따라 그 정보는 미래에 기억될 가능성이 커진다.

하버드 대학교의 임상심리학자인 대니얼 딜런Daniel Dillon과 디에고 피차갈리Diego Pizzagalli는 이 내적 우선순위 체계의 붕괴가 임상 우울증 환자들이 겪는 기억 장애를 설명할 것이라고 보았다.[32] 우울한 사람들은 기억에서 부정성 편향이 관찰된다. 건강한 사람들보다 삶의 긍정적인 사건을 잘 기억하지 못하고 부정적인 사건을 더 잘 기억하는 경향이 있는 것이다.

딜런과 피차갈리는 스트레스를 일으키는 사건이 일반적으로 우울 단계를 촉발한다는 사실에 주목했다. 스트레스는 또한 뇌에 기억 문제를 일으킬 수 있는 몇 가지 영향을 미치는데, 그중 하나가 중뇌의 도파민 분비를 둔화시키는 효과다. 우울 단계 중에 도파민이 줄어들어 해마의 학습을 원활히 조절하지 못하면, 건강한 사람들이 누리는 긍정성이 전반적으로 사라진다. 이 모든 것을 종합하면, 환자가 우울 단계를 겪을 때는 긍정적인 사건에 반응하는 중뇌의 도파민이 줄어든다. 그에 따라 도파민 감소는 해마를 조절해서 긍정적인 사건을 기억하게 하는 기능의 저하로 이어진다. 그 결과 우울증 환자는 긍정적인 사건을 기억하는 비율이 건강한 사람보다 낮다.

살면서 겪은 부정적인 사건보다 긍정적인 사건을 더 잘 망각하면 어떤 문제들이 일어날지 어렵지 않게 상상할 수 있다. 현재 상황이 그들이 느끼거나 인지하는 것보다 더 긍정적으로 보일 때도 슬프거나 심지어 절망적이라고 느끼는 것이 우울한 사람들의 특징이다. 우리가 스스로 구축하는 세계 모델에 기억이 중요하다는 점을 감안할 때, 기억의 부정성 편향은 이러한 세계의 특성을 구축하는 데 중요한 역할을 할지 모른다. 다시 말해서 기억을 적절하게 평가할 수 있다면 우리는 유용한 것들을 기억해낼 수 있고, 더 나아가 우리 주변 세계에 대한 이해를 형성할 수 있다.

어릴 적에 내가 어머니에게 말하려 했던 것을 잊고 좌절할 때, 어머니는 편안한 미소를 지어 보이며 이렇게 말씀하셨다. "기억나지 않는다는 건 중요하지 않다는 뜻이겠구나." 그 순간 나는 그 말에 더 깊이 좌절했다. 하지만 세월이 흘러 인지조절을 연구하는 과학자가 되고 보니, 그 금언에 담긴 지혜를 인정하게 된다. 이 장에서 논의했듯이, 우리 기억은 컴퓨터 하드드라이브 같은 저장 장치가 아니라, 구글 같은 검색 엔진으로 진화했다. 어떤 과제나 목표에 직면할 때 우리는 그 상황에 유용한 정보를 떠올린다. 서로 상호작용하는 다수의 조절 체계가 소매를 걷어붙이고 나서서 인출 계획을 생성하고, 인출 후에는 간섭을 줄인다. 우리는 행동의 결과에 기초하여 기억에 가치를 부여하고, 그에 따라 기억에 우선순위를 매긴다. 그런 뒤에는 불러낸 지식을 활용하여 세계 모델, 미래의 시나리오, 일어날 수 있는 일들을 구성한다.

정보 인출이라는 관점으로 기억을 바라보면, 우리 기억을 개선하는 방법이 명확해진다. 어떤 것을 학습하고 싶다면 그것을 사용해야 한다. 우리의 기억 체계는 사용량에 주목하기 때문이다.

마찬가지 이유로 나는 학생들에게 능동적인 학습을 권한다. 강의 중에 적은 노트를 그저 수동적으로 읽어 넘겨선 안 된다. 노트에 적힌 것이 이해된 것 같겠지만, 그건 분명히 착각이다. 대신에 그 개념들을 다른 사람에게 설명해보라. 거기 적힌 내용으로 질문을 만들어 자신의 지식을 테스트해보라. 혹은 논쟁이나 문제를 만들어보거나 내용을 새로운 방식으로 통합하거나 생각해보라.

조절 기능을 사용해서 이 같은 과제를 자신에게 부여하고 기억을 사용할 때, 뇌는 단지 기억을 저장할 기회만이 아니라, 그 정보를 우리가 가진 다른 지식 그리고 우리가 하고 있는 과제와 연결할 기회를 갖게 된다. 기본적으로 우리는 기억을 사용해 과제를 수행하지 않는다. 반대로, 과제가 기억을 위해 사용되는 도구다.

9장 → 인지조절과 생애주기

On Task

양육과 집행기능에 관한 기사를 읽어본 사람이라면 다음과 같은 메시지를 접해봤을 것이다. "어린아이는 크고 작은 집행기능 장애를 가진 작은 전두엽 환자이므로, 아이들이 인생의 낙오자가 되기 전에 이 문제를 확인하고 바로 잡을 필요가 있다." 신문과 잡지의 기사들은 집행기능과 모든 종류의 삶의 결과를 바라보는 태도가 상호 관련되어 있다고 경고한다. 학교에서는 설명회를 열어 아이들의 집행 능력을 평가하고 개선하는 방법을 홍보한다. 인기 있는 웹사이트들은 "인지 유연성cognitive flexibility"과 "억제 조절inhibitory control" 같은 애매한 집행기능적 용어를 나열하면서, 아이들의 인지조절 발달이 지연되고 있는 건 아닌지 모든 신호를 잘 살피라고 부모에게 경고한다.

그 신호는 무엇일까? 많은 정보가 돌아다니지만 온통 혼란스러운 것들뿐이다. 권위 있는 교육기관에서 부모들을 상대로 운영하는 유명 사이트에서는 집행기능의 발달이 지체되면 아이가 듣기를 어려워하거나 제멋대로 하려는 고집스러운 성향을 나타낸다고 경고한다. 솔직하고 양심적인 부모들은 이렇게 생각한다. "오, 이런! 떼를 쓰고 고집을 부린다고? 우리 아이 얘기잖아!"

하지만 이 순간 조금 진정할 필요가 있다. 신경질적이고 고집이 센 데다 학습 문제가 있다는 말은 시대를 뛰어넘어 거의 모든 아이를 묘사하는 표현이다. 오늘날 세계에서 크게 성공한 사람들을 조사해본다면 어렸을 때 부모의 골치 썩이지 않고, 어른이 되어 아주 어리석은 짓을 하지 않은 사람이 한 명이라도 있을까? 그들 역시 과제를 끝내지 못해 전전긍긍했거나 시험공부를 제대로 하지 않았다는 데 1달러를 걸겠다. 고백하건대 나도 어릴 적에 가끔 말썽을 피웠다. 여러분은 아니라고? 부모님에게 물어보라.

버릇없는 행동을 근거로 아이들을 재활이 필요한 집행장애 환자로 보는 관점에는 많은 문제가 있다. 첫째, 대부분의 아이에게 그런 행동은 그 자체로 특이하거나 걱정스러운 어떤 문제를 반영하지 않는다. 물론 주의력결핍장애attention-deficit disorder나 자폐증autism 같은 정신건강 문제는 유년기에 발생하며, 따라서 그런 질병에 걸린 아이를 조기에 확인하고 개입하는 건 매우 중요한 일이다. 하지만 수업 중에 버릇없이 구는 모든 아이가 정신건강에 문제 있는 것은 아니다. 따라서 전문적인 영역 바깥에서 우리는 개별 아동의 행동에 기본적으로 문제가 있다는 신호를 살펴볼 때 주의해야만 한다. 특히 전체 인구에서 그 행동이 어떤 빈도와 가변성을 띠고 나타나는지를 모른다면 더욱 그래야 한다. 그렇지 않을 때 우리는 유년기 자체를 병으로 진단할 위험에 빠진다.

게다가 모든 아이의 집행장애 행동을 "결함", 즉 교정해야 할 문제로 취급하는 것도 문제가 있다. 대부분의 아이에게 집행장애 행동은 완전히 정상이다. 실제로 그런 행동은 사람의 뇌가 성장하는 과정에 꼭 필요한 부분이다. 아이들에게 건강한 뇌와 인지 발달에 도움이 되는 환경을 제공하는 건 중요하지만, 언제 어떻게 아이에게 개입해야 할지의 문제는 환자의 결함을 치료하는 문제와는 미묘하게 다르다. 예를 들어, 환자의 집행 문제를 완화하기 위해 그들의 환경에서 조절 체계에 압박이 되는 요소를 제거하는 것은 완전히 타당하다. 하지만 아이에게는 좋은 생각이 아닐 때가 있다. 아이의 뇌는 조절하는 법을 익히기 위해 좋든 싫든 경험을 이용하기 때문이다.

더 나아가 집행장애를 가진 많은 환자가 경험하는 "결함"과는 달리, 아이의 집행기능은 그 자체로 하나의 종료점이 아니라, 동적이며 발달 중인 기능 체계의 단면이다. 아이가 타고난 성향만 주어진 상태에서 쿠키를 너무 많이 먹는다든지, 집을 나설 때 모자나 장갑을 잊는다든지, 장난감을 친구와 나누지 않으려 하는 걸 보고 놀라는 사람은 없을 것이다. 그보다 우리는 아이의 인지조절이 미래에 어디로 향하는지, 아이가 언제 독립적으로 살아야 하는지를 평가하는 일에 관심을 기울인다. 그러한 예측은 훨씬 어려운데, 특히 아이들은 저마다 다양한 속도로 발달하기 때문이다. 인지조절이 하나의 정신 기능이 아니라 생각과 행동을 연결하기 위해 긴밀히 상호작용하는 복잡한 체계들로부터 발생한다는 점을 고려하면 문제는 훨씬 더 복잡해진다. 요컨대, 유년기의 인지조절은 그 자체로 역동적·발달적 과정이라고 이해하는 것이 중요하다.

생애주기의 반대편에서는 무슨 일이 일어날까? 성년에 도달하면 인지조절이 어느 정도 안정되지만, 그럼에도 변화는 멈추지 않는다. 인간의 인지조절 능력은 20대에 정점에 도달한 뒤 30세가 넘으면서 줄어들기 시작하고, 결국 최소한 60대와 70대에 이르면 생활 속에서 현저한 변화들이 나타난다. 수표책을 결산하든, 외식 계획을 짜든, 시끄러운 레스토랑에서 대화를 이어나가든, 새로운 스마트폰 애플리케이션을 이해하든 모든 것이 더 어려워지고, 인생이 더 빨리 흘러가는 것처럼 느껴진다. 그래서 노인들은 점점 더 활동이 제한되고, 일을 처리할 때 다른 사람의 도움을 많이 받고, 결국에는 독립성을 완전히 상실한다.

나이가 들수록 인지조절이 어려워지는 원인들은 생애 초기에 발달을 이끄는 원인들과 대조된다. 아이들이 일상에서 조절에 실패하면 종종 "결함"이라는 잘못된 이름을 붙이는데, 사실 이 표현은 노년기의 변화에 적합하다. 노화에 따른 인지조절의 쇠퇴는 뇌 그리고 주변 세계와의 상호작용에 변화가 왔음을 반영한다. 그 쇠퇴는 기능의 상실이며, 자연적인 진행은 대개 문제의 개선이 아닌 악화로 이어진다. 하지만 이번에도 완전히 암울한 뉴스로 끝나진 않는다. 뒤에서 보겠지만, 인지조절을 포함한 우리의 인지에는 나이가 들수록 강인함과 회복력을 높여주는 측면이 많기 때문이다.

요컨대, 인지조절을 제대로 이해하려면 인지조절을 고정된 능력이 아닌 역동적인 기능으로 봐야 한다. 이 장에서 우리는 인지조절을 정적인 것으로 봐왔던 지금까지의 관점을 탈피할 것이다. 우리는 유년기에서 노년기에 이르기까지 인지조절이 어떻게 변하는지를 고찰하고, 오늘날 생애 스펙트럼의 양쪽 끝에서 사람들이 어떤 개입을 통해 어떻게 "뇌를 훈련"하려 하는지를 살펴볼 것이다.

인지조절의 발달 과정

만일 여러분이 어린아이를 키우거나 적어도 한동안 어린 친구들 주위에 있었다면, 아이들의 인지조절에 결함이 있다는 말이 어디에서 비롯되는지 쉽게 알 것이다. "캐머론은 20분 동안 같은 얘기를 쉬지 않고 되풀이해." "준은 식당에서 방금 화장실에 다녀왔다고 모든 사람이 듣게 얘기해." "엘로이는 매일 신발을 짝짝이로 신고, 셔츠를 거꾸로 입는다니까."

이 순간 우리는 얼굴을 찡그리거나 빙그레 웃게 되지만, 코미디언 레이 로마노Ray Romano는 개그 프로에서 이렇게 지적했다. "할머니가 그러는 건 하나도 안 귀여워요. 안 그래요? 우리에겐 이중 잣대가 있거든요." 그리고 레이의 말은 아주 정확하다. 일찍부터 신경학자들은 전두엽이 손상된 성인 환자들이 아이들과 아주 똑같이 행동하며, 그로 인해 그들의 삶이 아주 힘들어지는 걸 지켜봤다.

항상 신뢰할 수 있는 1936년 환자 A의 사례는 어린애 같은 행동의 전형이다. 예를 들어 아래는 그의 의사, 아내, 어머니가 있는 자리에서 A가 옷을 차려입는 이야기다.

〔환자 A가〕 손을 씻는다. "세수를 왜 해야 하지? 이발사가 해줄 텐데. 이발사가 뜨거운 수건을 얹어주면, 정말 좋은데." (거기 있는 비누가 뜨거운 수건보다 더 잘 씻겨요.) A가 대답한다. "순 헛소리!"

〔…〕

A는 이 방 저 방 돌아다니면서 어머니에게 익살스러운 농담을 하고 아내에게 빈정거린다. 그는 휘파람을 불고, 노래를 부르고, 싱글거리고, 춤을 추고, 촐랑거리고, 이렇게 외친다. "난 춤도 잘 추는 편이야. 넌 절대 못할 거야." (아무 대답이 없자 A는 싸우는 자세를 취하고 주먹으로 L을 민다.) 그는 수시로 〔증권〕 거래소와 〔주식〕 시장을 들먹인다. 그는 셔츠를 입은 뒤, 바지를 오른쪽 가랑이부터 입고, 단추를 몇 개만 채운다. 구두를 신지만 끈을 매지는 않는다. 손에 슬리퍼를 든 채 일어난다. 그의 어머니가 봤다면 즉시 슬리퍼를 뺏으러 달려갔을 것이다.[1]

나와 아내도 그와 똑같은 아침을 보낸 적이 있다. 아이들의 등교를 준비해주고 있을 때였는데, 뉴욕 증권 거래소 얘기를 하는 대신 마인크래프트 게임 얘기를 했다. 이 두 행동의 유사성은 두 집단의 행동을 떠받치는 공동 체계가 있음을 가리킨다. 다시 말해서, 그러한 공통점들이 인지조절은 아이들의 발달 변화가 집약된 중요한 장소라는 가설의 근거가 된다. 하지만 비유는 여기까지다.

인지조절이 서서히 발달하는 만큼 인지조절에 중요한 역할을 하는 뇌 체계들은 유년 초기부터 청소년기에 진입하기까지 오랜 시간에 걸쳐 변화한다.[2] 하지만 이 말은 전두엽이 발달하길 기다리고 있다거나 유년 후기까지 활동을 미룬다는 뜻이 아니다. 사실 그 과정은 자궁에서 시작되며, 실제로 우리가 세상에 태어나기도 전에 뇌는 전전두피질의 각 부위와 그 네트워크를 분화하기 시작한다.

세포이동cell migration이란 어린 세포들이 배아를 돌아다니면서 발달 중인 유기체 안에서 자리를 잡는 과정을 말한다. 태아기에 신경세포의 세포이동은 신경계의 발달에 중요하다. 신경세포들이 어떻게 위치를 잡고, 집단을 이루고, 다른 신경세포과 연결될지를 결정하기 때문이다. 특히 전두엽 안에서 신경세포의 세포이동은 대개 전-후 방향으로 이루어지고, 그래서 문측전전두피질이 미측보다 일찍 분화한다.[3]

이와 반대로 시상은 후-전 패턴으로 전전두피질과 연결된다. 앞서 보았듯이, 시상-피질 동력은 선조체에 의해 조절되고 작업기억 게이팅을 지원한다. 따라서 4장에서 봤듯이 게이팅 루프들이 위계적 인지조절을 비대칭 방식으로 지원하는 것은 피질-시상이 이렇게 미측-문측으로 연결되어 있기 때문일 것이다.

더 나아가 시상의 미측-문측 신경분포와 전두엽 세포들의 문측-미측 세포성숙은 구조적 결과에 중요할 수 있다. 유기적 구조물로서 시상은 사실상 뇌의 도떼기시장이라 할 수 있다. 뇌 바깥에서 들어오는 어떤 입력 신호도 먼저 시상을 거치지 않고서는 뇌와 접촉하지 못한다. 또한 시상은 후방 신피질 부위들에서 들어와 전두엽에 이르는 감각 정보의 중간 휴게소다. 처음에 문측전두엽 부위들은 이 시상 신호를 받지 않기 때문에, 후뇌에서 들어오는 감각 정보가 없는 상태에서 성숙한다.[4] 따라서 문측전전두 신경세포의 초기 분화는 기본적으로 전두엽의 국지 신호를 통해 이루어진다. 이 국지적 통합 처리는 4장에서 살펴봤듯이 위계적 조절을 위한 전전두 구조물의 또 다른 특징이었다. 놀랍게도, 이 특징들은 태어날 때 이미 존재한다.

하지만 중요한 것은 다른 변화들이 출생 이후에 뇌 전체에서 계속 발생하며, 특히 전전두피질에서는 오래 지속된다는 것이다. 생애 초기에 뇌의 크기는 전체적으로 증가한다. 전전두피질의 증가량은 다른 부위의 2배에 달하는데, 이는 인간의 전뇌에 일어난 진화적 팽창을 반영한다.[5]

전전두피질은 또한 마지막에 성숙하는 부위에 속한다. 뇌 전체의 피질이 성숙하는 과정에서, 피질의 두께는 처음에 증가하다가 성인기에 이르면 안정적인 수준으로 감소한다. 하지만 이 성숙 과정의 시간은 부위별로 다르게 흐르기 때문에, 성장 곡선의 추이를 이용하면 주어진 뇌 영역의 성숙을 측정할 수 있다. 이 측정법을 사용한 연구들은 다음과 같은 사실을 일관되게 발견했다. 기본적인 감각피질과 운동피질의 영역들은 대부분 3세에서 6세 무렵에 안정적이고 성숙한 단계에 도달하는 반면, 전전두피질에서는 청소년기와 20대 초반까지 성숙 과정이 지속된다.[6] 이 시간의 흐름이 그림 9.1에 나타나 있다. 백색질의 측정치 역시 뇌의 다른 부위들에서와 달리 전두엽 부위들처럼 장기적인 시간의 흐름을 나타낸다.

성숙하는 동안 피질의 두께가 변하는 한 가지 이유는 신경세포들이 서로 소통하는 시냅스의 밀도가 변하기 때문이다. 출생 후에 새로운 시냅스가 뇌 전체에서 형성되는 과정을 발달생물학자들은 **시냅스 생성**synaptogenesis이라 부른다. 시냅스생성은 처음에는 시냅스의 수가 급격히 팽창함에 따라 증가하는 경향을 보이고, 그런 뒤 시냅스 가지

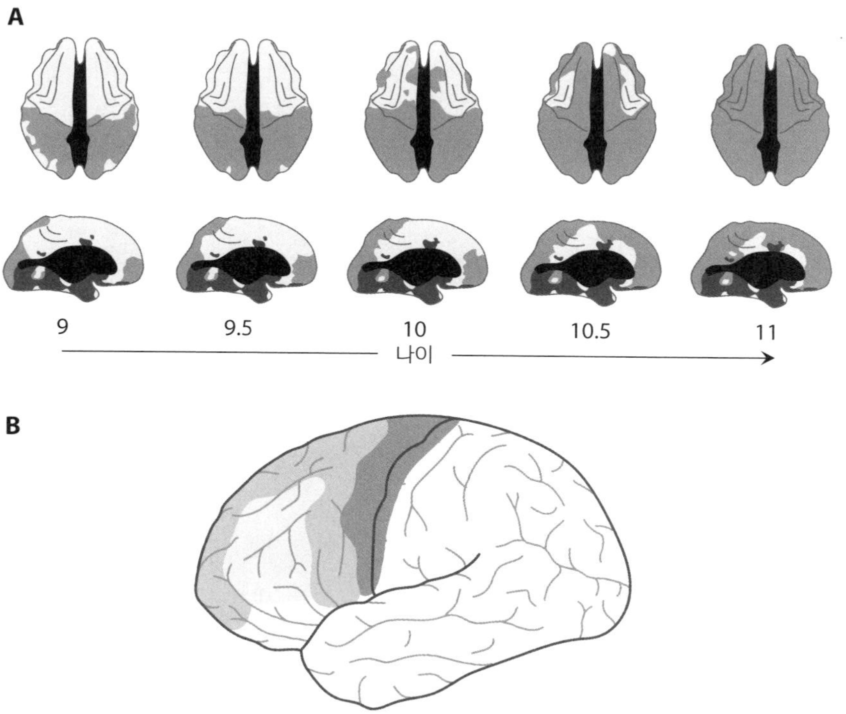

그림 9.1 피질 표면에서 진행되는 회백질의 성숙. (A) 위에서 내려다본 그림들은 Shaw et al. (2008)에서 인용함. (B) Gogtay et al. (2004)를 토대로 재구성한 측면 모습. 명암의 차이는 회백질의 양에 따른 것으로, 성숙이 진행될수록 회백질은 대체로 얇아진다. Badre, D., and D'Esposito, M. (2009). Is the rostro-caudal axis of the frontal lobe hierarchical? *Nature Reviews Neuroscience* 10, 659~669, Box 2. Shaw, P., et al. (2008). Neurodevelopmental trajectories of the human cerebral cortex. *Journal of Neuroscience* 28(14), 3586~3594. Copyright 2008 Society for Neuroscience.

치기의 시기에 들어서는데, 그때 많은 시냅스를 제거한다. 이 가지치기 과정은 네트워크 처리 과정이 효율적으로 이루어지는 데 필수적이다. 사용되지 않는 시냅스는 사라지고, 그에 따라 함께 발화하는 신경세포들은 더 강한 시냅스 연결을 이룬다. 피질에서 일어나는 이 사용의존적 변화가 대단히 중요한 이유는, 뇌의 변화는 피할 수 없는 것이 아니라 사용량에 따라 다르다는 것이 우리의 첫 번째 실마리이기 때문이다. 뇌가 어떻게 사용되는가는 개인이 세계에서 어떤 경험을 하느냐에 좌우된다. 이 시냅스 변화 과정은 전전두피질에서 장기간 진행되는데, 다른 부위들보다 더 늦게 정점에 도달하고 시간도 더 오래 걸린다.[7]

이상을 종합하자면, 전전두피질 및 그와 연결된 부위들은 유년기에 중요한 구조적 변화를 겪고, 이후 청소년기가 끝날 때까지 계속 정교해진다. 아이들의 인지조절 기능에 관해 이야기할 때 사람들은 대개 전전두 체계들의 장기적인 발달을 언급한다. 하지만 그에 못지않게 흔한 것은, 이 사실로부터 이끌어낸 결론이 확실한 증거에 기초하지 않았다는 것이다. 일반적으로 사람들은 뇌 발달이 오래 걸리면 인지조절이 환경의 부정적인 영향에 그만큼 취약해진다고 주장한다. 나는 이 견해를 인지조절 발달의 "죽음의 별 모델Death Star model"이라 부르고자 한다('죽음의 별Death Star'은 〈스타워즈〉 시리즈에 나오는 행성 파괴 무기다—옮긴이). 이 이론의 논리는 다음과 같다. 첫째, 죽음의 별이 만들어질 때처럼 조절에 필요한 전두 및 두정 체계들은 발달하는 데 오랜 시간이 걸린다. 둘째, 죽음의 별처럼 인지조절은 기나긴 구축 과정을 다 겪을 때까지는 "충분히 가동되지" 않는다. 그 과정을 다 겪은 뒤에야

행성들을 파괴하고 단어의 잉크 색깔을 확인할 수 있다. 그렇다면 이 두 가지 전제에서 다음과 같은 논리적 결론이 나온다. 구축 과정이 긴 탓에 뇌 체계들이 분열되어 아이들은 환경에서 들어오는 부정적인 영향에 쉽게 흔들리고, 그에 따라 제국군을 습격하는 저항군 우주선처럼, 부정적인 영향들이 인지조절의 발달을 저해할 수 있다.

뒤에서 논의하겠지만, 환경 요인이 인지조절 발달에 영향을 미친다는 것은 사실이다. 또한 극단적이거나 만성적인 스트레스 또는 심리적·신체적 외상이 인지 발달과 감정 발달에 영향을 미칠 수 있다는 것도 부인할 수 없는 사실이다. 하지만 이런 극단들을 제외하면, 환경이 인지조절 발달에 지장을 준다는 생각은 과학적 증거가 불충분하고 의심을 부르는 측면도 있다. 그 이유를 살펴보자.

첫째, 인지조절이 완전히 가동되어 전투태세를 갖추기까지 오랜 시간이 걸린다는 전제를 생각해보자. 우리의 뇌 체계가 준비 단계에서 그렇게 눈에 띄게 취약하도록 진화되었다고 생각하기는 힘들다. 뇌의 전두-두정 체계들은 20대 초반에 들어서도 발달상의 변화를 겪는다. 어떤 기능이 "충분히" 발달하거나 "형성"되는 데 20여 년이 걸린다면, 특히 훨씬 더 이전에 번식을 할 수 있는 생물종에겐 너무 긴 시간이다. 또한 20년은 그러한 발달에 해로운 부정적 사건들을 피하기에도 너무 긴 시간이다. 운이 좋은 몇몇을 제외한 모든 사람이 온전히 성년기를 맞이하기가 거의 불가능해지고, "정상적인" 인지조절의 의미가 아주 특이하게 정의될 것이다.

더구나 우리 조상들은 "정상적인" 인지조절을 발달시키기가 더 어려웠을 것이다. 훨씬 더 가혹한 세계에서 살아간 조상들은 우리보다 부정적인 생애 사건을 더 많이 경험했을 것이다. 따라서 만일 인지조절이 정상적으로 발달하도록 안정적이고 부유하고 편안한 중산층 가정에서 세심한 양육과 클래식 감상 수업을 받으며 20년을 자라야 한다면, 조상들은 거의 다 인지조절 발달에 실패했을 것이다. 진화의 관점에서 인지조절은 영장류에 해당하는 우리 조상의 표현형에 들어오지 않았을 테고, 아예 선택되는 일조차 없었을 것이다.

"죽음의 별 모델"의 두 번째 문제를 살펴보자. 이 모델은 표준적인 환경에서는 정상적인 과정이 반드시 완료된다고 가정하고, 왜 그리고 어떻게 그렇게 오래 걸리는지에 대해서는 "어렵다"는 애매한 개념 이외에 어떤 메커니즘도 제시하지 않는다. 그런데 오디오 스테레오 시스템을 통해 모든 사람이 알고 있듯이, 어려운 일은 설정하는 데 시간이 걸린다.

물론 뇌가 하는 다른 어려운 일들은 발달하는 데 수십 년이 걸리지 않는다. 예를 들어 계산 차원에서 볼 때 시각 과정은 상상을 초월할 정도로 어렵다.[8] 실제로 망막에 맺힌 2차원의 이미지를 마음속에서 깊이가 있는 3차원의 표상으로 변환하는 역문제는 가장 어려운 문제의 대표적인 예다(복잡계 이론가들은 이를 "NP-난해" 문제라고 부른다). 망막에 맺힌 어떤 2차원 이미지에 대한 3차원 물체 해법의 가짓수는 무한이기 때문이다. 하지만 뇌는 생애 초기부터 이 문제를 직관적으로 해결한다. 언어는 또 어떠한가? 지금까지 어떤 인공 체계도 4세 아동 수준에 이르지 못했을 정도로 언어는 지극히 어렵다.

"죽음의 별 모델"은 왜 인지조절이 계산 차원에서 더 어려운지 또는 왜 시각이나 언어보다 더 오랜 시간에 걸쳐 설정되어야 하는지를 설명하지 못한다. 단지 인지조절은 "더 어려운" 인지 기능이라는 직관만 제시한다. 이는 명백히 순환논리다. 인지조절은 어렵기 때문에 설정하는 데 오랜 시간이 걸린다. 인지조절이 더 어렵다는 걸 우리는 어떻게 알 수 있는가? 설정하는 데 오랜 시간이 걸리기 때문이다.

이 같은 이유로 나는 인지조절 발달에 대한 "죽음의 별 모델"을 그다지 신뢰하지 않는다. 조절을 위한 뇌 체계들이 여러 해 동안 계속 변하는 것은 맞지만, 그 과정에서 환경은 사람들이 건강한 과정을 거치면서 털어내야 하는 썩은 경험의 원천이 아니라 훨씬 더 직접적인 원인으로 작용한다.

내가 제시하고자 하는 대안은 다음과 같다. 인지조절의 발달이 오래 걸리는 이유는 최적화와 맞춤화가 필요한 기능이기 때문이다. 바라건대, 이미 여러분은 인지조절이 사고와 행동을 연결하는 기능에 폭넓게 기여한다는 것을 분명히 알았을 것이다. 인지조절은 일반적·추상적·가상적 목표를 구체적인 실행과 연결한다. 세계는 예측하기가 까다롭기 때문에 그 방정식의 구체적인 변수를 유전적으로 프로그래밍하기가 어렵다. 오늘날 우리가 다양한 과제를 해내기 위해 사용하는 컴퓨터, 스마트폰, 내연기관 같은 도구들은 우리 조상들이 해가 넘어갈 때까지 석기를 다듬던 시절에는 존재하지 않았다. 우리의 조절 체계들은 우리가 사는 세계에 적응하고 맞춤화된 것인데, 이런 종류의 최적화에는 데이터가 필요하다. 이 경우 데이터는 세계 안에서 살아가고 행동하는 데서 나온다. 조절 체계가 성립하려면 또한 뇌의 다른 부분들이 충분히 안정화되어 조절 체계가 다른 체계로부터 유의미한 데이터를 받으면서 그 상태에 관해 학습할 수 있어야 한다. 따라서 어쩔 수 없이 조절 체계는 다른 체계들이 안정화된 이후에 성숙한다. 이렇게 볼 때 인지조절의 발달은 환경의 가변성에도 불구하고 장기적인 것이 아니라 오히려 그 가변성 때문에 장기적이다. 인지조절은 경험으로부터 데이터가 들어와야 잘 발달할 수 있다. 그렇다면 조절 문제는 적응을 통해 결정된 해법들이 우리가 나중에 살게 된 세계와 잘 맞지 않는 한에서 발생할 수 있다.

이 가설이 인지조절 발달에 대한 증거와 잘 들어맞을까? 첫째, 기초적인 조절과 억제에 관한 증거는 유아기에 즉시, 생애 첫해에 나타나기 시작한다. 예를 들어, "A-not-B" 오류를 피하는 유아의 성향은 20세기 초의 발달심리학자 장 피아제Jean Piaget의 고전적인 저작이 나온 이후 정신적 유연성을 평가하는 기준이 되어왔다.[9] 이 실험에서 아이는 탐나는 물건(장난감)이 상자 아래에 놓이는 것을 본다. 이 상자의 이름은 "상자 A"다. 장난감이 숨겨진 후에 유아는 상자 A에서 그 장난감을 꺼내 갖고 놀 수 있도록 허락된다. 몇 번 그렇게 한 뒤 결정적 시험에서는 아이가 잘 볼 수 있는 상태에서 다른 상자, 즉 상자 B 밑에 장난감을 숨긴다. 아이는 어느 상자를 볼까? 12개월 미만의 아기는 방금 장난감이 상자 B에 숨겨지는 것을 봤음에도 다시 상자 A의 아래를 본다. 이것을 A-not-B 오류라 한다.

A-not-B 오류를 해석하는 한 가지 방법은 이 오류가 인지조절의 실패를 반영한다는 것이다.[10] 상자 A를 탐색해서 장난감을 손에 쥐는 그 모든 과정을 통해 아기는 그 상자 아래를 보는 경향을 갖게 되고, 그래서 장난감이 상자 B 아래 숨겨지는 것을 봤을 때도 그 상자로 빨리 전환하지 못한다. 물체의 위치에 관한 지식과 자신의 행동을 연결

하지 못하는 것이다.

실험적 증거에 따르면, 결정적인 B를 시행하는 중에만 아이를 일어서게 하는 등으로 맥락을 변화시켜 환경의 지원을 가미하면 A-not-B 오류를 줄이는 데 도움이 된다.[11] 그 같은 결과는 이치에 닿는다. 그렇게 변화시키면 상자 B의 상황과 앞선 상자 A 상황들이 덜 겹치게 되고, 그로 인해 전환이 쉬워지기 때문이다. 인지조절이 가장 필요할 때는, 우리를 둘러싼 세계가 확실하게 변하지 않았음에도 우리가 우리 자신의 내적인 세계 관념을 변화시켜야 할 때다. 하지만 12개월이 되면 아이들은 맥락 지원이 없는 상황에서도 A-not-B 오류를 보이지 않는다. 생애 초기에 아이들은 지금까지 강화된 경향과 반대되어 내적 맥락을 변화시켜야 하는 세계 변화에 신속히 대응한다.

취학 전인 3~4세에서 청소년 초기인 10~12세에 이르는 기간에 인지조절 능력은 실험실에서 수행하는 거의 모든 시험에서 가장 급속히 발전한다.[12] 이후에도 인지조절은 계속 향상되지만, 청소년기에는 변화 속도가 느려진다.[13] 청소년기는 여전히 중요하고 특히 감정 조절에는 더욱 중요하지만, 유년기에 비해서는 인지조절이 가다듬어지는 시기라고 말할 수 있다.

그에 따라 4세에서 10세에 이르는 유년 중기가 인지조절 발달을 조사하고자 하는 노력이 집중되는 시기다. 기초적인 억제를 비롯한 몇몇 기능은 비교적 빨리 발달한다는 증거가 있긴 하지만, 이 연령대에서는 인지조절의 모든 측면이 빠르게 향상된다. 그리고 이 향상은, 어린이의 행동을 안내하기 위해 세상에 대한 더욱더 많은 차원을 고려함으로써 더 복잡한 상황을 처리하는 능력의 전반적인 증가와 관련되는 경향이 있다.

이러한 과정을 보여주는 사례로 규칙 따르기와 위계적 조절을 생각해보자. 일반적으로 규칙 따르기는 발달기 전반에 걸쳐 개선된다. "잠깐만!" 10대를 키우는 부모가 앞 문장을 읽으면 이렇게 말할지 모른다. "그에 대한 반례가 있거든요." 인지신경학자들이 "규칙 따르기"라고 말할 때 그 말은 집안의 규칙을 지키는 것이라기보다는 과제나 행동을 수행하기 위해 임의적인 지시에 따르는 능력을 가리킨다.

이렇게 정의할 때, 3세 무렵의 아이들은 언어로 된 단순하고 완전히 임의적인 규칙—예를 들어, "내가 숭어라고 말하면 사과를 잡으세요"—을 즉시 따를 줄 안다. 나의 아이들은 3세 때 이 규칙을 따라본 적이 없지만, 짐작건대 규칙 따르기 능력을 발휘해 내가 "멀릿mullet"(앞은 짧고 옆과 뒤는 긴 남자 헤어스타일—옮긴이)이라고 말하면 사과를 잡을 것이다. 아이들은 멀릿이 무엇인지 알 필요가 없고, 다행히도 정말 모르는 것 같다. 그리고 아이들은 어떻게 해야 하는지를 경험하면서 강화 과정을 겪지 않아도 단번에 그렇게 한다. 하지만 규칙이 더 복잡해지고 위계적으로 바뀌면 3세 아이들은 지시를 따르지 못한다.[14]

예를 들어, 차원전환 카드분류dimensional change card sorting 과제에서 시험자는 아이들에게 빨간 토끼나 파란 자동차 같은 물체가 그려진 카드를 준다.[15] 그런 뒤 아이들에게 그 카드의 색이나 형태, 둘 중 하나에 기초하여 그 카드를 다른 표적 카드와 짝을 지어보라고 지시한다. 실험의 요점은 표적 카드가 형태냐 색이냐의 갈등을 유발한다는 데 있다. 예를 들어, 이 예에서 표적 카드는 파란 토끼와 빨간 자동차일 것이다. 색에 따라 분류한다면 아이는 빨간 토끼와 빨간 자동차를 짝지어야 한다.

이렇게 혼란스러운 상황에서도 3세 아이들은 주어진 첫 번째 자의적인 규칙에 따라 카드를 분류한다. 아이들이 한동안 형태나 색에 따라 카드를 분류하고 있을 때, 다음 단계로 넘어가 실험자는 아이들에게 규칙이 바뀌었으니 이제부터는 색이나 형태 중 지금까지 기준으로 삼았던 것과 다른 차원에 따라 카드를 분류해야 한다고 말한다. 이때 3세 아이들은 보속 오류perseveration error를 범하기 시작한다. 새로운 차원으로 전환하지 못하고 첫 번째 차원에 따라 계속 분류하는 것이다. 한두 해가 지나 4~5세만 되어도 아이들은 이 과제를 더 잘 수행해서, 바뀐 규칙에 따라 집요한 반복을 현저히 줄인다.

도대체 무슨 일이 일어난 걸까? 아이들은 새로운 분류 규칙을 기억에 담지 못하거나, 단지 그 규칙을 실행하지 못하는 것일 수도 있다.[16] 하지만 다른 각도에서 보면 그 아이들은 우리가 4장에서 정의한 위계적 조절에 어려움을 겪는 것일 수 있다. 새로운 규칙을 들은 아이들은 마음속으로 새로운 맥락에 적용하지 못하는 바람에, 지금 하는 과제—색 분류—와 방금 하고 있던 과제—형태 분류—를 분리하지 못한 것일 수 있다. 실험 설정은 그대로이므로 이 맥락 전환은 완전히 내적임—아이 자신의 머릿속에 있음—이 분명하다. 따라서 맥락을 분리하는 데 실패하면 두 작업이 직접 경쟁하기 때문에 오류가 발생할 가능성이 높아진다.

최근에 겐트 대학교의 프레트 베르부르겐Fred Verbruggen과 동료들은 다른 실험 과제를 사용해 위계적 조절 이론의 증거를 제시했다.[17] 이 연구에서 실험자는 다양한 나이의 아이들에게 간단한 규칙을 알려주

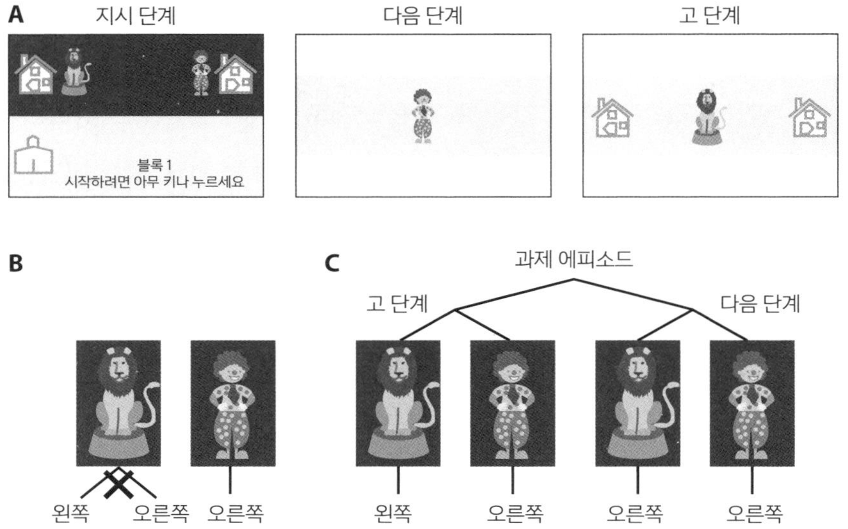

그림 9.2 베르부르겐의 연구에서 인용한 설계와 논리의 도식. (A) 지시 단계(왼쪽)에서 실험자는 아이들과 성인들에게 "고 과제"를 할 때는 캐릭터에 따라 왼쪽이나 오른쪽 반응을 하라고 지시했다. "다음 과제"(가운데)에서 참가자들은 캐릭터를 보면서 각각에 대해 오른쪽 반응을 했다. 그런 뒤 "고 과제"(오른쪽)에서 참가자들은 캐릭터를 구분하여 왼쪽이나 오른쪽 반응을 했다. Verbruggen et al. (2018)에서 인용함. (B) 과제맥락을 적용하지 않은 경우 "고 과제"와 "다음 과제"에 대한 반응 세트의 중복이 발생한다. (C) 과제맥락을 적용한 경우 중복되는 세트가 분리되고 간섭이 줄어든다.

고, 만화 캐릭터에 반응하여 키패드의 왼쪽 또는 오른쪽 버튼을 누르라고 지시했다(그림 9.2). 그리고 아이들에게 이 과제의 이름을 "고 과제Go task"라고 했다. 중요한 것은, 이 과제의 지시문을 주었지만 실제로 수행하기 전에, 실험자는 아이들에게 만화 캐릭터를 모두 보여주었다. 한 캐릭터를 본 뒤 아이들은 버튼—예를 들어 항상 오른쪽 버튼—하나를 눌러야 다음 캐릭터를 볼 수 있었다. 이 과제는 "다음 과제Next task"였다.

처음 볼 땐 분명치 않을 수 있지만, 실험자들이 가미한 것은 신의 한 수였다. 놀라우리만치 단순한 "다음 과제"를 통해 아이들의 조절 체계에 작은 수수께끼를 던진 것이다. "다음 과제"를 할 때 아이들이 눌러야 할 버튼은 "고 과제"에서 누를 바로 그 버튼이었다. 하지만 앞서 진행된 지시 단계에서 아이들은 "고 과제"를 할 때 만화 캐릭터의 절반가량은 다른 키와 일치한다고 들었다. 그렇다면 "다음 과제"의 절반가량에서 아이들은 그들이 나중에 "고 과제"를 할 때 왼쪽 버튼을 누르라고 지시받은 캐릭터에 반응하여 오른쪽 버튼을 눌러야 한다.

그림 9.2에 그림으로 묘사되어 있듯이, 이 중복이 미치는 영향은 아이가 이 과제를 어떻게 표상하는가에 따라 달라진다. 만일 아이가 "다음 과제"와 "고 과제"를 머릿속에서 겹치지 않게 유지해 두 과제의 에피소드를 다르게 시행한다면, 중복은 일어나지 않고 그에 따라 간섭도 거의 일어나지 않을 것이다. 하지만 그렇게 하지 못할 때는 갈등하는 두 가지 반응이 중복되어 간섭을 일으키는데, 그 간섭은 "다음 과제"를 할 때 반응시간이 느려지는 식으로 나타날 것이다. 실제로 그랬다. 아이들은 "다음 과제"를 하는 중에 반응이 일치할 때보다 불일치할 때 더 오래 지체했으며, 간섭의 효과는 4세부터 시작하는 어린 참가자들에서 가장 크게 나타났다.

내가 보기에 이 실험은 깊은 의미를 함축하고 있다. 첫째, 아이들이 "고 과제"를 수행하지 않고 "다음 과제"를 수행할 때를 기억해보자.

아이들은 단지 규칙만 들은 상태였다. 따라서 이러한 반응 갈등이 일어날 수 있는 경우는 아이들이 규칙을 잘 받아들인 뒤 기억에 담아 놓고 "고 과제"를 준비하고 있을 때뿐이다. 만일 기억이나 준비가 문제였다면, 아이들에겐 간섭이 더 많지 않고 *더 적게* 일어났을 것이다. 물론 가끔은 준비가 문제일 수 있지만, 이 경우에는 그것으로 설명되지 않는다.

어쨌든 이 관찰 결과는 위계적 조절 이론과 일치한다. 사람이 규칙을 잘 준비했을 때 간섭을 피할 수 있는 유일한 방법은 이 상황에 두 가지 맥락 과제를 달리 적용하는 것이다. 외부 세계에 별다른 변화는 일어나지 않았지만, 우리는 마음속에서 "다음 과제" 에피소드와 뒤이어 진행될 "고 과제" 에피소드를 분리하고, 그에 따라 각각의 반응 세트를 분리해야 한다. 이 분리에 성공한다면 간섭은 줄어들 것이다. 우리는 이 경우를 나이 든 아이들과 청소년들에게서 관찰할 수 있다. 더 어린 아이들은 "다음 과제" 맥락과 "고 과제"를 따로 유지하지 못했고, 그 결과 간섭에 취약했다. 위계적 조절에 실패한 것이다.

위계적 조절 능력의 향상은 결정적 시기인 유년 중기에 인지조절이 어떻게 발달하는지를 이해하는 열쇠가 될 수 있다. 멀릿과 사과를 연결하는 단순한 규칙에서 차원전환 카드분류로 이동할 때, 아이들은 위계적 차원들을 추가하며 추가된 차원은 인지조절을 압박한다. 우리는 이미 1장에서 위계가 깊어질수록 세계를 더 많이 관찰하고 시험할 필요가 있다는 기본적인 원리를 살펴봤다. 이렇게 위계적 조절에 추가되는 요구들이 발달적 변화의 일부분일 수 있을까?

적어도 부분적으로나마 이에 대한 증거가 존재한다. 발달인지신경과학자 디마 암소Dima Amso와 나는 유년 후기부터 청소년 초기에 이르는 아이들을 대상으로 난이도가 높은 다른 측면들을 제어하면서 위계적 규칙 따르기를 시험했다.[18] 그리고 다른 종류의 어려운 규칙들에서도 어린 아이들은 규칙 나무가 깊어질 때 확연히 어려워하는 것을 발견했다. 다른 차원의 맥락이 규칙에 더해지고 나무가 깊어질 때마다, 어린 아이들은 나이든 아이들과 청소년들에게 현저히 밀렸다.

결론적으로 위계적 조절은 결정적 시기인 유년 초기에서 유년 중기에 발달적 변화를 보인다. 중요한 점은, 이 연구로부터 "죽음의 별" 결론을 끌어내선 안 된다는 것이다. 위계적 조절은 아이들이 컸을 때 "형성"되는 것이 아니다. 그보다는, 발달적 변화의 과정이 있어서 아이들이 보여주는 능력들을 향상시킨다. 다음 절에서는 이 발달적 변화가 어떤 메커니즘들에 의해 일어나는지를 살펴보고자 한다.

아동발달 단계에 따른 인지조절의 변화

인지조절에서 이 발달적 변화를 이끄는 요인은 무엇일까? 이건 심오한 질문이다. 그 대답을 통해 우리는 개인들의 인지조절 능력이 왜 다르고, 더 나아가 아이들의 뇌와 인지조절이 건강하게 발달하도록 도우려 할 때 어떻게 개입해야 하는지 알 수 있다. 예상할 수 있듯이, 이 문제는 워낙 중요하고 복잡해 많은 과학적 논쟁을 일으키고 있다.

인지와 뇌 기능은 유전적 요인과 환경적 요인, 그리고 가장 중요하게는 두 요인의 상호작용에 의해 결정된다. 환경적 요인에는 생물학적 환경—자궁으로 거슬러 올라가는 호르몬 및 분자의 작용뿐 아니라 감각을 통해 처리되는 정보의 영향 같은—이 포함된다. 우리가 하는 경험들은 다양한 인지 기능의 발달에 영향을 미치는데, 인지조절도 예외가 아니다.

환경과 유전이 인지조절에 미치는 영향을 이해하려면 먼저 사람들 사이에서 나타나는 인지조절 능력의 차이를 과학자들이 어떻게 측정하는지 논의할 필요가 있다. 사람마다 인지조절 능력이 다르다는 사실을 말할 필요는 없을 듯하다. 나로 말하자면, 전형적으로 건망증이 심한 교수다. 예를 들어, 최근에 외국 출장을 가서는 국가 간 호환용으로 쓰는 파워 어댑터를 모두 잃어버렸다. 잃어버린 어댑터는 하나가 아니었고, 그걸 한 번에 잃어버린 것도 아니었다. 실은 호텔에서 하나를 잃어버렸다고 아내에게 슬픈 문자 메시지를 보낸 직후에 공항에서 다른 어댑터마저 잃어버린 것이다. 그러기도 쉽지 않다.

이렇게 인지조절은 사람마다 다르다. 그런데 과학자들이 이 차이를 측정하려 할 때는 난처하고 어려운 문제에 부딪힌다. 우리는 억제 같은 다양한 추상적 심리 능력이 사람마다 어떻게 다른지 알고자 한다. 하지만 그것을 직접 측정할 방법은 없다. 정지-신호 검사처럼 그 능력들을 사용하게끔 과제를 고안해서 시험할 수는 있지만, 실험실에서 진행하는 과제 중에서 순수한 것은 없다. 사람들이 어떤 과제를 수행할 때는 다수의 인지 및 뇌 체계들이 복잡하게 관여해 눈앞의 행동을 만들어낸다.

예를 들어 정지-신호 과제는 억제를 측정하지만, 그밖에도 시각과 청각, 공간 주의력, 운동 준비, 언어, 기억 등을 끌어들인다. 우리는 제어를 통해 다른 요인들이 미치는 영향을 해결하지만, 이 제어법들마저도 순수하지 않아서, 우리는 목록에 올린 다른 모든 요인으로부터 억제가 얼마나 분리되었는지를 추정해야 한다.

이 문제를 해결하기 위해 과학자들은 다음과 같이 가정한다. 어떤 과제도 순수하지 않지만, 여러 과제가 순수하지 않은 방식은 제각기 다르다. 그에 따라 우리는 정지-신호 과제를 그냥 사용하기보다는 가상의 억제 요소 하나를 공유하는 여러 과제를 시험한다. 그러면 그 과제들에 대한 수행이 어떻게 비슷한지 물을 수 있다. 예를 들어 억제에 특히 뛰어난 사람은 다른 요소들을 포함한 과제들에 비해 억제 요소를 포함한 과제에 뛰어날 것이다. 물론 이 방법에도 커다란 한계가 있다. 억제든 우리가 측정하고자 하는 어느 과정이든, 그것이 어떤 과제에 포함되어 있는지를 우리가 안다고 가정하는 것이다. 이건 절대로 단순한 문제가 아니다. 그럼에도 그렇게 접근한 덕분에 우리는 인지조절 기능의 차이와 관련된 일반적이지만 일관성 있는 패턴을 얻어내고 있다.

콜로라도 대학교의 아키라 미야키Akira Miyake와 나오미 프리드먼Naomi Freidman은 인지조절의 개인차를 주제로 기념비적인 연구를 수행했다.[19] 두 사람은 인지조절의 세 가지 요소를 가설적으로 분류하고 각각에 억제, 업데이트, 작업기억이라는 이름을 붙였다. 대략 그들의 "억제" 개념은 6장에서 우리가 정지 억제라 부른 것과 내용상 비슷한 반면, "업데이트"와 "작업기억"은 이 책에서 정의한 작업기억 게이팅의 유연성 차원과 안정성 차원에 가까웠다. 그들은 몇 가지 기준에 따라 각각의 요소를 테스트했다. 예를 들어, 억제에 대해서는 정지-신호 검사, 스트루프, 그리고 고-노고 시험이라는 세 번째 검사로 조사했다.

실험 결과는 강력하고도 역설적이었다. 먼저, 사람들의 성적은 억제나 업데이트 같은 개별 요소에 의거하여 어느 정도 설명될 수 있었다. 다시 말해서 주어진 억제 검사에서 사람들이 보인 성적은, 예를 들어 작업기억 검사보다는 다른 억제 검사에서 올린 성적과 더 밀접하게 관련되어 있었다. 따라서 우리가 예상할 수 있듯이, 인지조절의 다른 측면들은 각기 다른 방식으로 성적을 결정했다.

하지만 중요한 것은, 과제에 사용된 구체적인 조절 기능과 무관하게 모든 과제의 수행을 예측하게 하는 일반적인 요소가 있었다는 점이다. 만일 어떤 개인이 인지조절 과제 중 하나에 뛰어나다면, 그 사람은 인지조절의 다른 모든 검사에도 어느 정도 뛰어나리라고 예측할 수 있었다.

미야키와 프리드먼은 이 역설적인 발견들을 "집행기능의 통일성과 다양성"이라 표현했다. 다시 말해서 조절 기능들은 독립적으로 작동하는 간이나 심장처럼 완전히 분리될 수 있는 단위들이 아니다. 오히려, 뇌 기능에는 모든 인지조절 수행에 영향을 미치는 일반적인 측면들이 있고, 특정한 조절 수행에 기여하는 체계나 요소가 있다.

이 복잡성을 염두에 둔다면, 유전 요인과 환경 요인이 인지조절 발달에 어떤 영향을 미치는지 물을 수 있다. 쌍둥이 연구는 유전과 환경 요인이 인지조절 발달의 일반적인 구성요소와 특수한 구성요소에 미치는 영향을 가장 확실하게 조사하는 방법이다.

쌍둥이 연구에서는 유전자가 100퍼센트 일치하는 일란성 쌍둥이와 유전자가 절반만 일치하는 이란성 쌍둥이를 조사한다. 연구자들은 양쪽 쌍을 비교하여 세 가지 요인이 수행에 미치는 영향을 평가한다. 먼저, 유전자의 영향은 일란성 쌍둥이가 공유하는 유사성이 이란성 쌍둥이가 공유하는 유사성보다 얼마나 크게 나타나는지를 보고 추산한다. 두 번째는 쌍둥이가 공유하는 환경의 영향이다. 환경은 유전적 유사성과 무관하게 모든 쌍에게 유사하다. 마지막으로, 공유되지 않은 환경의 영향이 있으며, 이 영향은 같은 환경을 공유하는 일란성 쌍둥이 간의 차이에 기초하여 평가된다.

예리한 독자들은 즉시 지적할 것이다. 이 방정식에는 공유 환경이나 공유하지 않는 환경이 유전자와 주고받는 상호작용이 빠졌다고 말이다. 함께 자랐거나 떨어져 자란 쌍둥이를 모아 대규모 표본을 만들지 않으면 그 상호작용을 평가하기란 대단히 어려우며, 그런 표본이 있다 해도 그들을 완전히 무작위로 배정하기가 어려울 것이다. 유전적 영향과 후성적 영향에 관해 우리가 알고 있는 지식을 고려할 때, 이 상호작용은 개인차에 크게 기여하므로, 이 요소가 빠진다면 인간 행동유전학 연구에서 어떤 결론을 이끌어내든 큰 한계에 부딪히게 된다. 그럼에도 일단 이 문제를 유보한다면, 쌍둥이 연구에서 나온 증거는 숙고할 가치가 크다.

인지조절에 관한 쌍둥이 연구에서 일관되게 나온 결과는 다음과 같다. 공통된 인지조절 구성요소—모든 인지조절 검사에서 수행 능력과 관련된 구성요소—에서 드러나는 개인차는 공유된 유전자로 거의 다 설명된다.[20] 어린아이와 청소년을 대상으로 하고 사회경제적 지위, 교육, 인종, 기타 인구통계학적 요소를 다양하게 섞은 복수의 연구에서 이 구성요소는 약 99퍼센트가 유전적인 것으로 나타났다. 공유된 환경이나 독특한 환경의 영향은 거의 없거나 전혀 없었다. 게다가 성인기에 이르기까지, 일반지능처럼 유전에 따라 발달하는 다른 특성들과는 달리 공통된 인지조절 요인은 어린이, 청소년, 성인에 걸쳐 대단히 그리고 동등하게 유전적인 것으로 나타난다.

하지만 유전율heritability이 이렇게 높다는 것을 근거로 환경이 인지조절 발달에 어떤 역할도 하지 않는다고 해석하는 건 잘못이다. 첫째, 이 높은 유전율은 공통의 인지조절 구성요소에만 적용된다. 곧 논의하겠지만, 더 중요할 수도 있는 구체적인 구성요소들은 환경이 영향을 줄 여지가 아주 많다. 둘째, 몇몇 연구에 다양한 표본이 사용되었지만, 그럼에도 이 연구에 포함된 개인은 대부분 제한된 범위의 환경 효과를 벗어나지 않는다. IQ에 대한 유전학 연구에서는 사회경제적 지위에 따라 유전율이 증가한다는 결과가 일관되게 나왔으며,[21] 따라서 그와 비슷한 현상이 인지조절에 대한 이 실험 결과에 영향을 미칠 수 있다. 셋째, 앞에서 언급한 유전자와 환경의 상호작용은 대단히 중요하지만 이 분석에는 그 요소가 평가되지 않았다. 마지막으로, 극단적인 방치, 학대, 영양실조 같은 특이한 환경 요인이 공통의 조절 구성요소에 영향을 주는지, 또는 영향을 준다면 어떻게 주는지가 밝혀지지 않았다. 그럼에도 이 관찰 결과들은 인지조절 검사들을 수행하는 공통된 능력의 일부가 유전자에 토대를 둔 안정적인 개인차에서 비롯된다는 것을 가리킨다.

이 공통의 인지조절 능력이 생물학적으로 무엇과 관련되어 있는지는 아직 불확실하다. 하지만 최근에 영국 바이오뱅크Biobank에서 42만

7037명을 대상으로 유전체 수준의 분석을 실시한 결과, 유전자자리 gene locus 299개가 인지조절의 일반적인 구성요소와 관련이 있는 것을 확인했다.[22] 개괄적으로 보아 이 자리들은 빠른 시냅스 경로의 형성 그리고 신경전달물질 GABA의 확산과 관련된 생물학적 특징들과 관계가 있었다. 빠른 신경운동이나 GABA 같은 특징이 왜 또는 어떻게 인지조절에 중요할 수 있는지는 더 알아내야 할 문제로 남아 있다. 그럼에도 불구하고 이러한 핵심적인 특징은 조절계 발달에 관여하는 뇌 기능의 기준선을 설정할 수 있다. 하지만 이 요인들은 너무 일반적이라서 억제나 전환 등을 요구하는 모든 과제에서 변화가 없고, 그래서 학습하기가 쉽지 않다. 그 요인들은 개인차의 역설 중 다양성 측면을 설명하지 못한다.

인지조절의 일반적인 구성요소는 유전율이 높은 반면, 우리가 일상에서 마주치는 더 구체적인 인지조절 구성요소나 개별 과제에 대한 수행 능력은 분명 그렇지 않다. 예를 들어, 7～12세의 쌍둥이를 대상으로 한 어느 연구에서는 비공유 환경이 정지-신호 과제 수행의 주된 결정 인자였고, 공유 환경이 그다음이었다.[23] 기여도 순서에서 유전자는 마지막이었다. 이렇게 구체적인 과제들에서 유전율이 감소하는 것은 부분적으로 우리가 앞에서 논의한 과제 순수성의 문제 때문이다. 하지만 부정확한 과제가 문제의 전부는 아니다. 유전율은 또한 업데이트나 억제처럼 복수의 과제에 의존해야 하는 조절 구성요소에서 더 낮게 나온다. 앞서 말한 연구에서 쌍둥이의 비공유 환경은 억제, 업데이트, 작업기억에 영향을 미치는 주요인이었다.

조절 체계를 구성하는 데 학습이 중요하다는 점을 고려할 때, 환경의 영향이 개인의 조절 기능에 큰 역할을 한다는 건 이치에 닿는다. 예를 들어 작업기억 게이팅을 들여다보자. 3장에서 보았듯이, 주어진 과제에 게이팅 방침을 맞추는 것은 그 과제를 잘 수행하는 데 결정적으로 중요하다.[24] 우리는 게임의 규칙을 알아야 할 뿐 아니라, 작업기억을 드나드는 입력과 출력의 관계에 이 규칙을 어떻게 적용해야 하는가를 알아야 한다. 위계 구조가 복잡해질수록 여러 차원의 목표를 관리하는 데 게이팅이 특히 중요해지는데, 올바른 게이팅 방침은 경험을 통해 학습된다.

디마 암소와 나는 박사 후 과정에 있는 커스틴 웅거Kerstin Unger와 함께 공동 연구를 기획하여, 3장에서 살펴본 맥락-우선/맥락-차후 과제를 할 때 7세 아이들이 10세 아이들보다 잘못된 게이팅 방침을 더 많이 선택하는 것을 관찰했다.[25] 이처럼 올바른 게이팅 방침을 선택하지 못하는 것은 더 나이 많은 아이들보다 수행 성적이 낮은 이유를 어느 정도 설명한다. 아이들이 매번 조절 기능을 가동하지 못하는 건 아닐 것이다. 그보다는 과제를 효과적으로 수행하기 위해 과제를 구성요소들로 쪼개고, 작업기억의 안팎으로 입력과 출력을 게이팅하는 적절한 방법을 발견하지 못한 것이다.

그렇다면 유년 중기에 해당하는 이 긴 결정적 시기에 아이들은 무엇을 언제 게이팅할지를 학습하고 있을 것이다. 아이들은 시간이 지날수록 부지런히 추상적인 게이팅 방침들을 정하고, 그 방침들을 더 많은 상황에 적용하면서 갈수록 더 복잡한 과제를 수용할 것이다. 아이들은 그 시기에 내적 조절을 가동하는 법을 학습한다. 물론 그러는 동안 발달 과정에 있는 지각, 개념, 언어, 운동을 비롯한 다른 체계들로부터 제약을 받는다.

인지조절 발달을 이 관점에서 본다면, 학습과 경험, 특히 유년기 경험의 다양성이 더욱 중요해진다. 나중에 수많은 상황에 유용하게 적용할 추상적 게이팅 방침을 구축하기 위해서는 다양하고 많은 환경에서 우리 자신을 조절할 필요가 있다.

신경망에서 일어나는 인지조절을 컴퓨터 모델로 재현하면 이러한 기본 특성을 볼 수 있다. 3장과 4장에서 살펴본 피질-선조 게이팅 모델을 예로 들어보자. 많은 훈련을 되풀이하면 이 모델은 도파민 예측 오류에 근거하여 어떤 신호를 작업기억에 들이고, 들어온 정보를 언제 내보내야 할지를 학습한다.[26] 이와 마찬가지로 이 모델에 여러 가지 과제를 주면, 모델은 그것들을 일반화하여 특정한 과제에만 쓸모 있는 것이 아니라 여러 과제에 거듭 쓸 수 있는 추상적인 맥락 표상을 만들어낸다.[27] 이처럼 이 모델들은 우리의 가설을 존재로서 증명해준다. 인지조절을 위한 게이팅 체계를 구축할 땐 게이팅을 적절히 할 수 있도록 학습과 다양한 경험이 필요하다는 점을 보여주는 것이다.

현실 세계에서 이 개념은 다양하고 낯선 환경에 잘 대응하는 인지조절의 발달에 환경 풍부화environmental enrichment가 중요하다는 것을 보여주는 데이터와 일치한다. 환경 풍부화를 결정하는 것은 아이의 다양한 경험과 학습 환경이다. 환경 풍부화는 오래전부터 긍정적인 학습 결과들과 관련이 있다고 알려져 있는데, 여기에 인지조절이 포함된다.[28] 따라서 이 관찰 결과를 토대로 우리는 환경이 풍부할 때 아이들이 추상적인 게이팅 방침을 발달시켜 낯선 상황에 널리 적용할 수 있다고 말할 수 있다. 그러면 나중에, 성인기의 세계가 유년기의 세계와 다르다는 걸 알게 되었을 때 도움이 된다. 아이들은 넉넉하게 저장한 게이팅 방침들을 목표가 요구하는 대로 짜 맞춰 문제를 해결한다.

학습 다양성 이론의 또 다른 매력은 인지조절의 장기적 발달을 설명한다는 것이다. 경험으로부터 최대한 많은 데이터를 모으려면 오랜 시간이 필요한데, 그 과정을 통해 우리의 조절 체계는 우리를 둘러싼 세계에 최적화된다. 기본적으로 뇌는 처음 15년의 표본이 이후 65년 동안에도 유효하리라고 가정한다. 뇌는 그 토대 위에서 조절을 최적화한다. 이 사실은 또한 이 가정이 타당할 때에만, 즉 뇌가 좋은 모델을 구축할 때만 인지조절이 제 기능을 발휘한다는 것을 의미한다. 모든 통계적 모델이 그렇듯이 뇌도 데이터—나중에 살면서 만나게 될 요구들의 유용한 표본—를 많이 모으면 그만큼 좋은 결과물을 만들어낼 것이다.

조절을 사용하는 학습과 경험의 이러한 중요성은 갈수록 개입을 중시하는 양육법에 경고가 되기도 한다. 2000년대의 "헬리콥터 양육"(아이의 모든 문제를 그때그때 직접 해결해주는 부모의 양육법—옮긴이)은 오늘날 학교에서든 가정에서든 아이의 앞길을 가로막는 장애물을 남김없이 치워주는 "잔디깎기형 양육"으로 발전했다. 극단적인 형태에서는 아이가 자율성을 키우고 스스로 선택하여 성공하거나 실패할 기회를 완전히 제거한다.

이런 경향이 유행하는 데에는 납득할 만한 이유가 많이 있다. 아이를 사랑하는 마음, 아이가 자신감과 성취감을 느끼며 성장하기를 바라는 마음과 더불어 안전에 대한 우려가 중요한 압력으로 작용한다. 부모는 갈수록 경쟁이 심해지는 학교 환경에서 아이가 뒤처지지 않고 성공하려면 무엇이 필요한지를 날카롭게 인식한다. 아이 혼자 등교 준비를 하거나 숙제를 하도록 내버려두는 건 생각조차 할 수 없다. 그리고 많은 부모의 경우 자녀에게 독립심을 키워주고 싶어도 요즘 세상에는 그렇게 하기가 어려울 것이다. 아이가 공원에 가서 놀고 싶어 한다고 해도, 누구와 놀겠는가?

물론 아이들은 상당한 자율성을 발휘할 줄 안다. 이전 세대의 아이들에겐 요즘과 같은 성장 방식이 낯설었을 것이다. 아이들은 조직되지 않은 자유로운 놀이에 몰입할 줄 알았다. 아이들은 구속받지 않고 동네 공원과 거리와 숲을 자유롭게 쏘다닐 수 있었다. 그리고 다양한 나이의 친구들과 어울리면서 그들 자신의 목표, 게임, 규칙, 문제에 대한 해법을 생각해냈다. 그중 많은 해법이 실패로 귀결되는 한심하거나 심지어 끔찍한 생각이었다. 하지만 안전하기만 하다면 실패는 좋은 배움의 수단이며, 특히 인지조절 발달에 필수적이다.

예를 들어 성공과 실패에 대한 자율성은 좋은 어린이 축구팀 코치들이 잘 알고 있는 학습 원리다. 팀에 갓 들어온 아이들은 운동장에서 자리 잡기와 간격 유지하기를 제대로 하지 못한다. 아이들은 그 과정을 통과하지 못할 수도 있으며, 통과한다 해도 오래 기다려야 한다. 이 상황에서 부모는 아이에게 어디로 달려야 하는지, 언제 차야 하는지, 누구에게 차야 하는지 등을 알려주고 싶어진다. 하지만 부아가 치미는 부모들과 달리 좋은 코치는 아이가 스스로 결정할 때까지—또는 결정하지 못할 때까지—기다리고, 그에 따라 칭찬을 하거나 실수를 바로잡는다. 좋은 코치들은 아이가 그 상황에서 할 수 있었지만 하지 못했던 것을 지적해준다. 하지만 중요한 것은 아이들에게 먼저 결정의 기회를 주었다는 점이다. 코치들이 그렇게 하는 이유는 만일 아이에게 끊임없이 지시를 내리면 그 아이는 적절한 행동을 위해 스스로 맥락을 해석하는 법을 배우지 못하기 때문이다. 아이는 게임의 역동적인 체계를 해석하고 좋은 행동을 선택하는 데 필요한 적절한 조절 방침들을 정하지 못한 채 하나의 조절 방침만을 배우게 된다. 코치의 말에 귀를 기울여라.

인생은 축구장이 아니다. 그렇다면 부모 입장에서 아이들에게 안전하지만 효과적인 학습 환경을 어떻게 만들어줘야 할까? 유망해 보이는 한 가지 방법은 피아노 레슨과 운동과 숙제의 중간에 아이가 체계에 얽매이지 않고 활동할 수 있는 시간을 마련해주는 것이다. 실제로 초기에 체계가 전혀 없거나 일부만 있는 학습을 조사한 연구자들은 그런 학습이 인지조절 발달에 유익하다는 증거를 발견했다.[29] 이 연구들에서 체계 없는 놀이란 아이들이 목표와 과제를 스스로 정하고, 계획과 활동을 스스로 조직하고, 문제 해결 방법을 스스로 찾아낼 수 있는 시간을 말한다. 인지조절을 스스로 주도하며 배우는 과정에는 이렇게 기회를 갖는 것이 특히 중요하다. 다른 사람이 내린 직접적인 지시를 따르는 것과는 극명하게 대비된다.

만일 아이가, 특히 저 혼자 스스로 새로운 문제와 마주하고 애쓰고 실패하고 해결할 기회를 다양하게 경험한다면, 아이의 뇌는 그 과정에서 추상적이고 효율적인 조절 방침을 규정할 것이다. 보호자들은 "그냥 대신해주고" 싶은 유혹을 지우고, 아이가 자율성을 발휘하고 성공하고 더 나아가 안전하게 실패할 기회를 찾아야 한다. 이런 것들을 경험하는 동안 아이의 조절 체계는 최적화되어 나중에 부딪힐 새로운 상황에 적응할 힘을 갖게 된다. 이것이 더욱더 중요해지는 것은 다음 절에 묘사되어 있듯이, 우리가 늙어감에 따라 인지 체계는 우리에게 문제가 아니라 도움을 주는 최고의 원천이기 때문이다.

노화와 인지조절 능력의 변화

사람들이 알고 있듯이 인간은 나이가 들수록 인지가 쇠퇴한다. 2009년에 퓨리서치센터는 모든 연령의 응답자에게 "노년"의 시작을 알리는 변화가 무엇인지 물었다.[30] 상위를 차지한 응답 다섯 개 중 둘은 구체적인 나이—예를 들어, 65세나 85세—였지만, 나머지 셋—독립적인 생활의 상실, 운전 능력 상실, 기억력 감퇴—은 모두 인지와 관련이 있었다. 손자를 보거나 흰 머리가 나는 등 인지와 무관한 지표들은 리스트에서 한참 아래로 밀려났다.

하지만 노화와 인지는 잡동사니 주머니다. 사람들은 흔히 나이가 들수록 기억력이 쇠퇴한다고 말하지만, 기억력이 유일한 문제는 아니고 심지어 주된 문제도 아니다. 나이가 들면 인지의 많은 측면이 두루 쇠퇴한다. 시험을 해보면 지각 식별, 추리와 의사 결정, 공간 시각화는 물론이고 간단한 운동 속도 면에서도 나이가 들수록 꾸준히 쇠퇴하는 것으로 드러난다. 그러나 뒤에서 보겠지만, 나이가 들수록 좋아지는 기능도 있다.

그림 9.3은 버지니아 대학교 팀 솔트하우스Tim Salthouse와 동료들의 논문에서 인용한 고전적인 그래프다.[31] 이 그림에는 18세에서 84세의

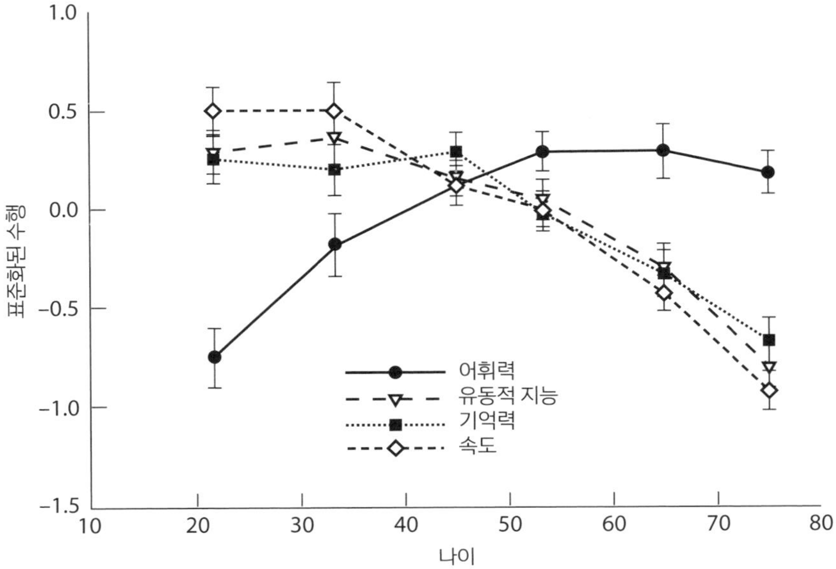

그림 9.3 생애주기에 걸쳐 표현한 인지 수행 능력의 네 가지 주요소의 추이. Salthouse, Atkinson, and Berish(2003)의 Figure 4.

다양한 사람으로부터 얻은 네 가지 심리 요인의 점수가 10년 간격으로 표시되어 있다. 가장 먼저 주목해야 할 점은 네 가지 요인 중 세 가지가 전체적으로 감소한다는 것이다. 기억에 따른 수행, 유동적 지능, 정신운동 속도는 30세경에 쇠퇴하기 시작한다. 게다가 그 쇠퇴 선은 일직선에 가깝지만, 완전히 똑바르진 않다. 나이가 들수록 빨리 감소하는 것이다. 어떤 사람은 젊었을 때부터 감소되기 시작한다는 사실에 놀랄 수도 있겠지만, 그림이 보여주는 감소 추이는 노화가 폭넓게 그리고 부정적으로 인지에 악영향을 미친다는 일반적인 인상과 일치한다.

하지만 중요한 것은, 그림에 나타나 있듯이 모든 인지 기능이 쇠퇴하지는 않는다는 것이다. 실제로 어휘는 시간이 지남에 따라 점수가 올라가다가 속도가 줄어들어 50세경에 안정화된다. 어휘는 유동적 지능과 대비되는 이른바 결정화된 지능의 지표다. 과학자들에 따르면 **유동적 지능**fluid intelligence은 우리의 순수한 문제 해결 능력 그리고 새로운 상황에서 민첩하게 행동하고 생각하는 능력을 말한다. 이 개념은 인지조절과 아주 밀접하다. 반면에 **결정화된 지능**crystallized intelligence은 저장된 지식과 기술을 사용하는 능력에 초점을 맞춘다. 어휘처럼 결정화된 지능에 대한 검사 결과는 나이가 듦에 따라 안정화되거나 향상되는 경향을 보인다.

따라서 다음과 같은 좋은 소식이 들려온다. 나이가 들 때 모든 인지 기능이 쇠퇴하는 것은 아니며, 여기에는 젤다 고모가 "ginchiest"의 뜻을 안다는 사실보다 더 많은 의미가 내포되어 있다(젤다 고모는 미국의 한 드라마에 등장하는 인물이며, ginchiest는 멋지고 매력적인 것을 뜻하는 오래된 속어다—옮긴이). 예를 들어, 나이 든 고모들은 감정 조절에 뛰어나다.[32] 고모들은 기억과 주의 측면에 긍정성 편향이 있어서, 긍정적 감정을 촉발하는 물건이나 경험에 마음을 집중하는 경향이 있다. 게다가 나이 든 성인은 타인에 대한 책임 같은 내면의 동기적 단서에 젊은 성인보다 더 많이 반응한다는 증거가 있다. 반면에 젊은 성인은 주로 외적 보상에 반응한다. 심지어 7장에서 살펴본 인지적 노력도 마찬가지다. 나이 든 성인은 자신의 소중한 인지적 자원을 할당하는 일에 대단히 신중하고 심지어 인색한 경향을 보이지만, 동기를 느끼는 목표에 노력을 할당할 때는 매우 적극적이라는 증거가 있다.[33] 물론 젤다 고모는 가끔 열쇠를 놓고 다니지만, 방과 후에 아이들을 태우러 학교에 가겠다고 말할 땐 진심으로 그렇게 해주려 하고, 약속에 늦지 않으려고 정신적인 에너지를 아낌없이 쓴다. 사실 그 점에 있어서는 젤다 고모가 수제 비누를 만드는 젊은 사촌 캐머런보다 더 믿음직스럽다. 이렇게 우리의 인지에는 생애 말년에 상당한 기쁨을 줄 수 있는 많은 측면이 있다. 사실 이런 것들도 노화에 중요한 부분일 것이다.

그렇긴 해도 인지조절 기능은 기본적으로 이 장부의 손실 쪽에 있다.[34] 거의 모든 인지조절 검사에서 나이와 수행 능력은 반비례한다. 억제 또는 작업기억 같은 조절의 어느 특수한 측면이 나빠진다는 견해는 오래전부터 상당한 논란을 일으켜왔다. 작업기억이 상대적으로 취약하다는 증거가 있고, 인지조절의 모든 측면이 나이에 따라 쇠퇴한다는 증거도 있다. 여행 같은 새로운 상황에서나, 새로운 주관식 문제를 만났을 때나, 스마트 TV의 작동법을 알아내는 과제처럼 경험이나 연습을 거의 해본 적이 없는 과제를 만났을 때는 특히 그러하다.

많은 노인이 식사를 준비하거나 옷을 차려입는 것에서부터 청구서를 계산하는 것에 이르기까지 일상의 과제들을 어려워하는 원인 중 하나가 인지조절 기능이 이렇게 전반적으로 쇠퇴하기 때문일 것이다. 자기관리 역시 나이가 들수록 어려워진다. 나이가 많은 노인일수록 대개 건강 관리를 위해 약을 더 많이 복용하고,[35] 일을 할 때 자기

감시를 더 많이 하고, 특별한 식이요법을 더 많이 따른다. 더 느리고 더 굼뜨고 잘 회복되지 않는 몸을 관리하면서 말이다. 이런 과제를 해내지 못하면 더 심각한 건강 문제나 합병증을 갖게 되고 심지어 병원에 입원하거나 죽음을 맞는다. 따라서 인지조절에 걸린 중요성은 나이가 들수록 커진다.

노인들이 일상 활동에서 독립성을 잃어가는 데 인지조절의 변화가 한몫한다는 사실은 분명하다. 그림 9.4는 3세에서 93세까지 4000명 이상의 사람이 전문 평가자들 앞에서 샌드위치 만들기 같은 일상적 과제들을 얼마나 잘 수행하는지를 관찰한 대규모 연구에서 인용한 그래프다.[36] 평가자들은 운동 및 절차 적격성process competency에 따라 참가자들의 수행 능력을 평가했다. 절차 적격성은 우리의 인지조절 개념과 비슷하다. 과제 수행을 구성하는 주의, 개시, 순서 정하기, 조직화, 조정, 수용에 주목하기 때문이다. 이 기준은 조잡할 수 있으나, 폭넓은 연령 범위에 적용할 수 있다는 장점이 있다.

연령에 따른 절차 점수의 분포를 보면 일상적인 과제 조절이 나이에 따라 어떻게 변하는지를 명확히 알 수 있다. 점수는 생애 초기에 급격히 올라가 20대에 정점에 이른다. 그러나 30세경 이후로 서서히 일정하게 쇠퇴하다가 대략 청소년 초기와 비슷한 수준에서 끝이 난다. 물론 이건 평균치이므로, 더 잘하는 사람도 있고 애석하게도 더 못하는 사람도 있을 것이다.

이 연구는 인지조절을 직접 측정하진 않았지만, 비슷한 다른 연구들은 달랐다. 연구자들은 인지조절 검사에서 노화로 인해 수행 능력이 떨어지는 것과 독립적인 활동에서 나타나는 쇠퇴가 상관성이 있

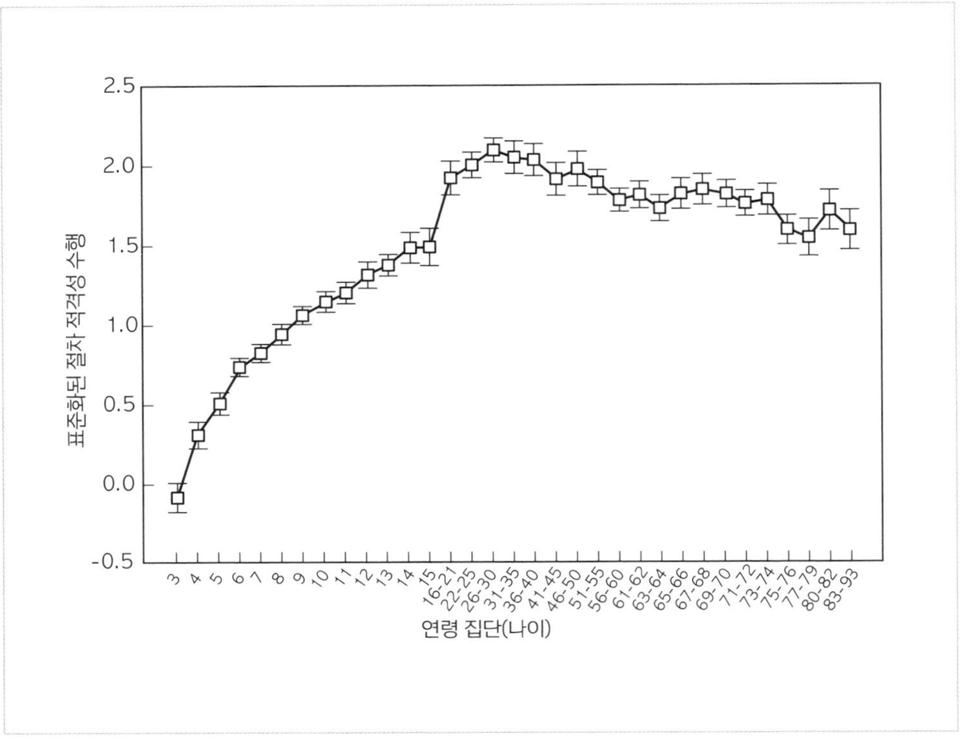

그림 9.4 생애주기별 일상에서 독립적으로 수행하는 활동의 평균 절차 점수. Hayase et al. (2004)의 그림 2를 인용함.

음을 발견했다.37 따라서 다른 면에서는 건강하고 혼자 살아갈 경제적 수단이 있는 사람들 사이에서도 노화에 따라 인지조절을 상실함으로써 과제 수행이 하락하고 독립성이 감소한다고 볼 수 있다. 노인 인구가 증가함에 따라—미국에서는 2060년이면 65세 이상 노인이 인구의 4분의 1이 될 것이라고 학자들은 추산한다—노령 인구를 돌보는 부담이 중요한 사회적 관심사가 될 것이다.38 노년에도 부족함 없이 살아갈 수 있도록 인지조절 기능을 유지하는 방법을 이해하는 것이 더욱 중요해질 것이다.

나이가 들면 왜 인지 능력이 달라질까?

노화와 함께 찾아오는 인지조절의 변화는 구체적으로 무엇 때문에 일어날까? 적어도 그 답의 일부는 뇌 자체의 변화에 있다. 생애주기에 걸쳐 뇌의 부피가 줄어든다는 사실은 이미 잘 알려져 있다. 여기에는 피질이 얇아지는 현상과 백색질의 변화가 포함된다. 하지만 뇌에서 부피 감소는 일률적으로 일어나지 않는다. 특히 외측 및 배내측전두피질은 부피가 가장 가파르게 감소하는 부위에 속한다.[39]

그림 9.5의 그래프는 뇌의 노화를 내가 아는 한 가장 야심 차게 연구하여 얻은 결과로, 뇌의 부피 감소를 잘 보여준다.[40] 실험자들은 다양한 연령 범위가 포함된 대규모 표본을 대상으로 복수의 뇌 영역을 측정했다. 더 나아가 그들은 종적인 조사를 수행했다. 각각의 대상자를 몇 년 후에 다시 측정하여 개인의 뇌가 시간이 흐름에 따라 어떻게 변하는지 조사했다. 그림 9.5에 표시된 추이는 이렇게 단기간에 얻은 종적 측정치를 재구성하여 60년에 걸친 변화를 보여준 것이다. 지금쯤 이 패턴에 익숙해졌을 것이다. 왼쪽 그래프는 외측전두피질의 부피 변화를 보여주는데, 나이에 반비례하는 직선에 가까운 하락이 있고 그런 뒤 60세경에 급격히 쇠퇴하기 시작한다. 하지만 오른쪽 그래프에서 볼 수 있듯이 후두피질은 그러한 변화를 보이지 않는다.

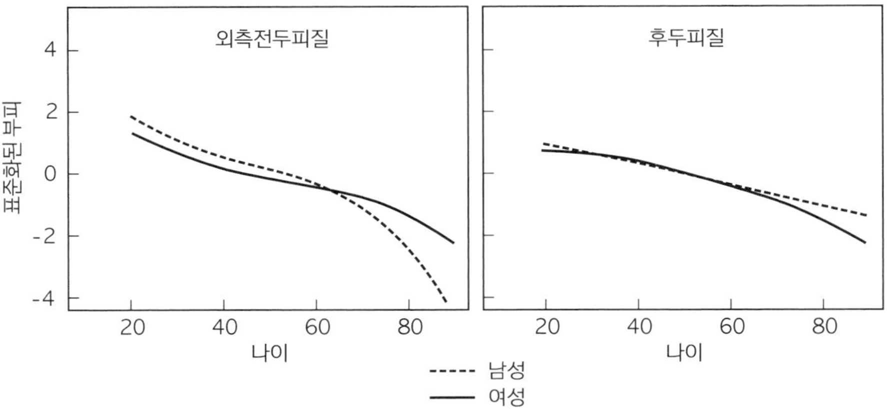

그림 9.5 생애주기에 걸쳐 진행되는 외측전두피질(왼쪽)과 후두피질(오른쪽)의 부피 변화. 점선은 남성, 실선은 여성을 나타낸다. Pfefferbaum et al. (2013)의 그림 2B에서 인용.

형식적으로 수치를 연결할 수는 없지만, 이 그림과 그림 9.3에 나타난 솔트하우스의 인지 쇠퇴 그리고 그림 9.4에 나타난 독립성 감소의 관련성은 우리의 호기심을 자아낸다. 그 데이터들은 30세 이후에 진행되는 점진적인 쇠퇴와 65세경에 진행되는 급격한 쇠퇴를 함께 보여준다. 이러한 관찰 결과들에 힘입어 노화에 관한 연구에 "전두엽 가설"이라 불리기도 하는 중요한 가설이 출현했다. 이 가설에 따르면, 인지조절의 쇠퇴는 전두피질 통합성의 점진적인 변화에 기인한다.

물론 우리가 보았듯이 전두피질은 두뇌의 인지조절계에서 유일무이한 부위다. 다른 주요 부위는 기저핵, 특히 전두 네트워크들과 상호작용하면서 작업기억 게이팅을 운용하는 선조체다. 미상핵과 피각으로 이루어진 선조체 역시 나이가 듦에 따라 부피가 감소한다.[41] 게다가 신경전달물질인 도파민의 효과도 건강한 노화에 비례하여 감소한다.[42] 도파민의 이러한 변화는 게이팅 전환에 영향을 미치는 고세포와 노고세포의 균형이 변한다는 것을 의미한다. 피질의 변화와 맞물릴 때 이 변화는 노년에 꾸준하고 분명하게 나타나는 작업기억 업데이트 문제의 원인이 될 수 있다.[43] 이 설명이 옳다면, 우리가 일상생활에서 해야 하는 복잡하고 위계적인 과제들—즉 작업기억 게이팅에 더 큰 부담을 주는 과제들—이 노인들에게 특히 어려워지는 이유가 한결 분명해진다.

전두엽 가설은 중요하고 신빙성 있지만, 해결되지 않은 중요한 문제가 하나 있다. 노화와 함께 그러한 뇌 변화들이 왜 또는 어떻게 발생하는가다. 물질대사, 해부학적 구조, 혈관의 변화를 포함하는 몇 가지 변화가 뇌의 노화 과정과 연결된다. 하지만 뇌 전체에 걸친 이러한 일반적인 변화들이 어떻게 전두피질에서만 관찰되는 더 큰 변화의 원인이 되는지를 입증하는 일은 과학계의 변경에 머물러 있다.

게다가 뇌의 변화와 인지조절 감퇴의 인과적 관계도 여전히 입증되지 않았다. 사실 전두피질에서 세포조직이 감소하는 것이 인지조절 쇠퇴의 원인이 아니라, 인지조절의 효율과 사용 능력이 변함에 따라 조절 네트워크에 변화가 발생한다는 말 역시 고개를 끄덕이게 한다. 우리는 이미 노인들이 조절 기능을 다르게 사용하는 방식들을 언급했다. 노인들은 더 신중하고 반응을 잘하는 경향이 있으며, 충동과 동기화에서도 차이를 보인다. 8장에서 살펴봤듯이, 조절을 느리게 하는 경향은 그 자체로 조절 체계에 더 큰 요구가 될 수 있고, 결국에는 조절의 실패로 이어질 수 있다. 조절 사용 능력이 이렇게 변하면 뇌 구조와 기능에 영향이 미칠 것이다. 실제로 최근의 연구들은 그 인과 관계가 양방향으로 작동한다는 사실을 암시한다.[44]

마지막으로 살펴볼 요인은 우리의 인지 체계가 노년의 과제들에 얼마나 준비되어 있는가다. 여기서도 우리는 유년기를 성인이 되어 만날 세계를 예측하는 본보기로 여길 수 있다. 하지만 인간 사회는 항상 변하고, 우리가 살아갈 세계는 해가 갈수록 유년의 그 활기찬 세계와 멀어지고 다르게 변한다. 헤어스타일과 좋아하는 음악만 그런 것이 아니라 시대를 지배하는 규범까지 그렇게 변한다. 우리가 일을 해내기 위해 사용하는 기본적인 도구도 변한다. 인터넷과 스마트폰 그리고 이제는 기계학습 알고리즘이 우리가 성취할 수 있는 목표의 범위를 얼마나 크게 변화시켜왔는지 생각해보자. 오늘날과 같은 세계에서 유용하게 운용될 수 있는 많은 방침은 20세기 중반에 자란 아이에게 유용했던 방침과 크게 다를 것이다. 수량화하기 어려운 문제지만, 우리의 조절 능력에 생긴 이 변화의 일부는 뇌의 변화나 조절 방식의 변화에서 오는 것이 아니라, 우리가 어렸을 때 최적화했던 세계와 지금 살아가는 세계가 점점 더 어긋나기 때문에 발생한다. 이 어긋남은 노년에 조절 체계를 사용하는 사람이면 누구에게나 발생하고 젊은 사람들에겐 발생하지 않는 간접비의 원인이다.

노인의 인지조절 보완

조절 체계를 쇠퇴하게 하는 원인과 무관하게, 폭넓은 관찰 결과에 따르면 젊은 사람에 비해 노인들은 인지를 조절해가며 어려운 과제를 수행할 때 뇌 체계들을 과도하게 가동한다.[45] 노인의 뇌를 뇌영상으로 조사한 결과를 보면, 조절 체계를 가동할 때 노인들은 인지조절 네트워크가 더 넓게 활성화되는 경향을 보인다. 이 역설적인 관찰 결과를 어떻게 설명할 수 있을까?

한 가지 가능한 설명은, 노인들은 다른 체계들에서 발생하는 문제를 보완할 목적으로 인지조절계에 의지한다는 것이다. 그 결과 어떤 과제를 할 동기가 생겼을 때 노인들은 비록 용량이 감소했음에도 젊은이들보다 조절 체계를 더 많이 가동한다.

미시간 대학교의 패티 로이터-로런츠Patti Reuter-Lorenz와 텍사스 대학교 댈러스캠퍼스의 데니스 파크Denise Park는 노화와 인지에 관한 비계 이론Scaffolding Theory of Aging and Cognition, STAC이라는 이름으로 인지와 뇌의 노화를 설명하는 중요한 이론을 제시했다.[46] 두 사람은 다음과 같이 제언했다. 쇠퇴했을지 모를 인지 체계나 운동 체계를 가동하여 과제를 수행할 때 노인들은 인지조절에 필요한 뇌 체계들을 끌어들여 이를 보완하려 한다. 예를 들어, 기본적인 지각 처리 능력이 감소한 탓에 책 읽기가 어려울 때 노인들은 지면에 더 많은 주의력을 할당하거나 글자를 확대해서 보려 하는 식으로 부족분을 보완한다. 이때 인지조절은 노인들이 수행하고자 하는 과제에 몰두하는 동안 노화 문제를 해결할 수 있는 수단이 된다.

인지조절을 보완 수단으로 보는 견해는 인지 비축 이론과 관계가 깊다.[47] **인지 비축**cognitive reserve은 어떤 사람의 인지는 다른 사람보다 더 부드럽게 노화하고, 심지어 뇌졸중 같은 뇌 손상이 와도 타격을 적게 받는 현상을 설명하기 위한 용어다. 즉 인지적 자원의 우물이 더 깊어서 여기서 나오는 자원으로 인생의 고난과 시련을 보완할 수 있음을 빗댄 표현이다. 그에 따라 인지적 비축의 토대를 이해하고자 많은 연구가 진행되어왔다.

인지조절의 개인차는 인지 비축의 이론적 토대 중 하나다.[48] 이 관점에서 볼 때, 인지조절은 뇌 손상이나 뇌 질환의 결과든 건강한 노화의 결과든 상관없이 뇌와 인지 체계의 문제를 얼마든지 보완한다. 인지조절 능력은 사람에 따라 다르므로, 그러한 보완 능력도 제각기 다를 것이다. 이 가설을 우선적으로 뒷받침하는 증거가 있다. 실험실에서 진행하는 인지조절 검사에서 개인차가 드러난다면 그 차이는 인지 비축의 추산치들과 대체로 상관성을 보인다는 것이다. 하지만 이 결과를 해석할 때는 신중해야 한다. 이런 종류의 상관성들이 대부분 그렇듯 이 관계의 인과적 방향은 아직 확인되지 않았다.

STAC와 인지 비축 모델에서는 조절과 인지적 노화의 동적인 관계가 명확히 드러난다. 인지조절 능력의 감소는 노인들이 겪는 어려움의 원인이기도 하지만, 쇠퇴를 보완하는 원천이기도 하다. 실제로 노인들이 약해지고 있는 인지조절 능력을 사용해 약해지고 있는 다른 기능을 보완한다면, 그림 9.3과 9.4에서 볼 수 있는 전반적인 쇠퇴의 가속화를 설명하는 데 도움이 될 것이다. 다시 말해서 인지 조절 능력의 가파른 쇠퇴는 조절 체계에 의해 어느 정도 완화되지만, 이는 쇠퇴의 기울기 그 자체가 조절의 통합성에 의해 결정된다는 것을 의미한다. 다른 모든 것을 떠받치고 있는 버팀목이 갈수록 휘청거림에 따라 나이가 들수록 전반적인 하락도 가팔라진다. 그 버팀목이 무너질 때 독립성은 돌이킬 수 없이 사라진다.

다른 기능들을 보완해주는 인지조절의 긍정적인 영향을 반영하듯, 임상과학과 응용과학 분야에서 많은 연구자들이 인지조절계를 단련하는 연구에 초점을 맞추고 있다. 인지 노화와 아동 발달 두 분야 모두에서 인지조절 훈련을 목표로 삼고 있지만, 효과를 뒷받침하는 증거는 불명확하다. 이 장의 마지막 절에서는 인지조절 기능을 개선할 목적으로 설계된 훈련 개입이 현재 어떻게 연구되고 있는지를 자세히 들여다보고자 한다.

뇌 훈련은 가능한가?

지난 10년에 걸쳐 인지 훈련에 대한 대중의 관심이 눈에 띄게 증가했다. 특허를 받은 몇몇 치료 프로그램이 시장에 나와 있으며, 다양한 효과가 있다고 주장하는 프로그램이 무수히 개발되고 있다. 집중력과 기억력을 개선하는 프로그램, 수학 및 문제 해결 능력을 높이는 프로그램, 심지어 중독이나 ADHD 같은 정신의학 문제를 완화하는 프로그램까지 있다. 대부분 훈련 프로그램인데, 전문가와 일정 기간 함께 하는 프로그램도 있고, 최근에는 휴대전화에 애플리케이션을 다운받아 훈련하는 프로그램도 등장했다. 스마트폰 애플리케이션 검색창에

"뇌 훈련"을 치면 그런 프로그램이 수백 개나 뜨는데, 몇몇 프로그램은 이미 발표된 과학 연구에 토대를 두었다고 주장할 것이다. 훈련사와 함께하든 애플리케이션으로 하든 목표는 비슷하다. 뇌 훈련이라고도 불리는 특화된 정신 활동 프로그램을 통해 뇌를 더 좋게 변화시키고 인지를 개선한다는 것이다.

뇌 훈련이 이처럼 인기를 끄는 건 놀라운 일이 아니다. 노령 인구가 증가하면서 노년에도 뇌와 인지를 건강하게 지키는 방법에 수요가 몰리는 것이다. 연령 스펙트럼의 반대쪽에서는 부모들이 자녀의 성적을 끌어올릴 해결책이나 심지어는 잠재력 이상의 성과를 내게 할 묘책을 찾는다.

인지 훈련을 파는 시장은 실제로 등장했을 뿐 아니라, 엄청나게 성장하고 있다. 2016년에 10억 달러를 넘어섰고, 2016년에서 2024년까지는 연평균 성장률이 34퍼센트에 이를 것으로 전망된다.[49] 비교를 위해 인용하자면, 규모가 9000억 달러인 제약산업은 2021년에 약 6퍼센트 정도 성장할 것으로 전망된다. 따라서 뇌 훈련은 큰돈이 되는 사업이며, 해마다 거대해지는 상황이다.

여기서 나는 지나치게 냉소적으로 보지 않는 것이 중요하다고 말하고 싶다. 뇌 훈련법을 연구하는 사람들은 단지 쉽게 돈을 벌려고 그 일을 하는 게 아니다. 많은 과학자와 의사들이 정말 고상한 동기에서 인지 훈련법을 개발하고 있다. 믿을 만하고 효과적인 인지 훈련법이 정립되면 이 세계에 상당히 유익하다고 믿는 것이다. 또한 객관적인 데이터에 기초하여 인지 훈련법을 시행하는 영역들이 있다. 사실 여러분도 어떤 치료법을 이용했을 것이다. 올바로 받는다면 개입의 효과는 희망적이다.

뇌 훈련의 주요 표적은 인지조절 기능인데, 이는 우연의 일치가 아니다. 이 책에서 우리는 인지조절이 일상생활에 미치는 광범위한 영향을 보았다. 노년에도 독립적인 삶이 몇 년 늘거나 불우한 아이들이 환경으로부터 부정적인 영향을 덜 받는다면 사회가 얼마나 좋아질지 상상해보라. 우리가 인지조절과 그밖의 삶의 결과들을 긍정적으로 관련지을 수 있다면, 인지조절이 개선되어 학문의 발전에서부터 업무 성과와 개인의 건강에 이르기까지 모든 면에서 유익한 효과가 나타날 것이다.

인지조절 개선에 주목하는 사람들에게 작업기억은 뇌 훈련의 중심 표적이다. 그럴 만도 한 것이, 규칙과 과제맥락을 작업기억에 게이팅하고 유지하는 것이 인지조절의 핵심 메커니즘이기 때문이다. 또한 복합 작업기억 지속 검사에서 상대적으로 좋은 수행 성적을 올리는 것도 인지조절의 개인차와 밀접한 관계가 있다.

따라서 이런 상관관계가 인과적이라고 가정할 때, 작업기억 향상은 인지조절 능력에 폭넓은 도움을 줄 것이다. 실제로 작업기억을 단련하는 많은 프로그램이 바로 그 효과를 약속한다. 이 글을 쓰는 지금 작업기억 훈련법을 제공하는 유명 웹사이트에서는 성적이 나쁜 학생들에겐 수학과 읽기 능력의 향상을, 노인들에겐 더 많은 독립성을, ADHD 환자에겐 향상된 주의력을 줄 수 있다고 주장한다. 정말 광범위한 긍정적 효과가 아닐 수 없다! 만일 비슷한 효과의 약이 시장이 나온다면, "기적의 약"이라 부르기에 손색이 없을 것이다.

하지만 약품과 다르게 인지 개입은 시장에 나오기 전에 미국식품

의약국에서 안전성과 효능을 승인받지 않아도 된다. 그렇다면 우리는 소비자로서 인지조절 훈련이 효과적이라는 주장을 적당히 의심해야 하며, 주장이 환상적일수록 강하게 의심할 필요가 있다. 인지조절에 관해서라면, 자연이 20년 동안 세밀하게 조정해온 기능을 우리가 몇 주나 몇 달 안에 개선하려고 하는 것임을 잊지 말아야 한다. 그렇다면 이제 뇌 훈련의 증거를 더 깊이 들여다보자.

인지신경과학계에서 인지조절 훈련에 대한 열기가 뜨거운 것은 스웨덴의 토르켈 클링베르그Torkel Klingberg와 동료들이 2000년대 초에 수행한 기념비적인 연구로 거슬러 올라간다.[50] 모험적이면서도 대단히 혁신적인 이 연구의 대상은 몇 명의 ADHD 아동—실험군 7명과 대조군 7명—이었다.

아이들은 네 개의 작업기억 과제를 수행하는 훈련을 받았다. 과제를 잘 수행하면 그에 따라 난이도가 높아졌다는 점에서 그 훈련은 적응적이었다. 예를 들어 한 과제에서 아이들은 격자 속에 원들이 있는 것을 보았다. 몇 개의 원이 각기 다른 위치에서 차례로 반짝거리는 것을 본 뒤 아이들은 그 순서를 기억하고 어느 원들이 반짝거렸는지 바른 순서로 대답해야 했다. 훈련이 진행됨에 따라 원의 수가 늘어났다. 반면에 대조군 아이들은 매번 기억해야 할 원이 둘밖에 없는 쉬운 검사를 수행했다.

클링베르그의 논문은 이 적응적 훈련의 놀라운 효과를 보고했다. 무엇보다 실험군 아이들은 코르시 블록Corsi blocks 검사를 적용한 공간 작업 기억력 검사에서 대조군보다 크게 향상된 성적을 보였다. 이 검사에서 참가자는 판 위에 몇 개의 블록이 서로 다른 위치에 붙어 있는 것을 본다. 검사자는 블록을 하나씩 순서대로 만진다. 그런 뒤에는 참가자가 똑같은 블록들을 똑같은 순서로 만지고, 기억한 블록들의 최대 길이에 따라 점수를 받는다. 여러분도 알 수 있듯이, 코르시 블록과 스크린 위의 원들은 기본적으로 동일한 기능—공간 배열 기억—을 시험한다.

이 훈련의 효과를 **근전이**near transfer라 부른다. 한 검사를 훈련하면 그것과 겉보기에만 다른 또 다른 검사의 성적이 향상되기 때문이다. 근전이를 보이는 건 중요하다. 우리가 종류를 막론하고 훈련으로부터 기대하는 최소한의 일반화이기 때문이다. 하지만 근전이는 인지 훈련의 진짜 목표가 아니다. 어떤 인위적인 공간작업 기억력 검사를 더 잘 수행하려고 애플리케이션을 다운받는 사람은 없을 테니 말이다. 그보다 사람들은 현실 세계에서 과제를 수행할 때 성과를 전반적으로 높이고자 인지조절을 훈련한다. 따라서 훈련 과정을 통해 입증될 필요가 있는 효과는 **원전이**far transfer다. 원전이는 훈련받은 테스트가 아니거나 영역이 다른 테스트에서 성적이 개선되는 것이다.

클링베르그의 연구가 파장을 일으킨 까닭은 근전이와 원전이의 증거를 함께 보고했기 때문이다. 대조군과는 달리 실험군 환자 7명은 레이븐 점진행렬검사Raven's Progressive Matrices test에서도 수행이 개선되었다. 이 검사에서 참가자는 세 개의 표본을 보고 패턴을 알아낸 뒤 다음에 나올 형태를 예측해야 한다. 예를 들어, 왼쪽 위에 점이 있는 상자와 오른쪽 위에 점이 있는 상자 그리고 오른쪽 아래에 점이 있는 상자를 차례로 보면 점이 시계 방향으로 이동한다고 이해할 수 있다. 따라서 다음에 나올 형태는 왼쪽 아래에 점이 있는 상자라는 것이 옳은 대답일 것이다. 이건 작업기억 테스트가 아니라 추리력 테스트다. 이런 문제를 해결하는 능력은 유동적 지능과 밀접한 관련이 있으므로, 이 검사에서 나타난 향상은 흥미롭게도 원전이를 가리키는 증거였다.

이 집단과 그밖의 집단을 대상으로 한 추가 연구에서 연구자들은 최초의 결과를 반복했을 뿐 아니라 확대하기까지 했다. 행렬 추리가 아닌 다른 과제들에서 원전이의 증거를 발견한 것이다. 게다가 훈련 시간의 길이에 비례하여 결과가 달라지는 등 용량 반응 측면에서도 원전이가 나타났으며, 훈련에 가장 잘 반응한 대상자들이 더 좋은 전이를 나타냈다.[51] 그리고 예상할 수 있듯이, 뇌영상 연구들은 전두 및 두정 네트워크의 변화가 훈련과 관련이 있음을 입증했다.[52]

이 같은 연구들을 토대로 이 분야의 연구가 급물살을 타기 시작했다. 지금까지 설명한 행동 훈련 개입 외에도 비디오 게임을 훈련 수단으로 사용하는 방법이 등장했다. 따분한 실험실 과제보다는 비디오 게임을 할 때 사람들이 더 오래 흥미를 유지했기 때문이다.[53] 최고의 과학 전문지 〈네이처*Nature*〉에 실린 한 연구는 운전 게임을 하는 노인들에게서 원전이 효과가 나타났다고 보고했다.[54] 다른 연구자들은 훈련과 뇌 자극술을 결합하는 연구에 초점을 맞추기 시작했다. 자극을 받으면 뇌가 더 유연해지고 그래서 훈련 효과가 높아질 거라는 생각에서였다. 이 시기에 이 분야에서 증가한 연구는 지속적으로 긍정적인 반응을 얻고 있다.

하지만 이 연구들은 많은 한계를 안고 있었다.[55] 표본의 규모가 작은 것 외에도, 많은 연구가 기본적인 인지 요소를 측정하기에 부족하지 않을 만큼 다양한 인지 검사를 포함하지 못했다. 이 장의 전반부에서 언급했듯이 어떤 인지 검사도 순수하지 않으며, 따라서 유동적 지능 같은 기능의 향상을 충분히 평가하기 위해서는 행렬 추리 외에도 다른 검사를 하는 것이 중요하다. 몇몇 연구에서는 복수의 검사법을 사용했는데, 검사법에 따라 원전이가 일관적이지 않았지만 이를 설명하지는 못했다. 사실 어떤 경우에는 근전이가 나타나지 않은 채로 원전이가 관찰되었는데, 이는 일어날 수 없는 일이었다. 복수의 측정에서 불일치한 결과가 나타날 때 과학자는 두 가지 검사에서 향상처럼 보이는 것이 우연의 일치는 아니었을까 우려하게 된다.

어쩌면 측정보다 더 걱정스러운 문제는 수많은 연구가 적절한 대조군을 사용하지 않았다는 점일 것이다. 어떤 연구들은 대조군을 아예 포함하지 않았다. 다른 연구들은 매주 또는 매일 훈련에 참가한 실험군과 훈련 기간에 한 번도 모습을 보이지 않은 대조군을 대비했다. "비접촉no contact" 대조군의 문제는 훈련을 전혀 하지 않은 이 그룹과 달리 실험군이 보인 향상은 여러 요인의 효과일 수 있다는 것이다. 예를 들어, 위약효과 때문에 지각된 편익이 발생할 수 있다. 2주 동안 아무것도 하지 않아서 인지가 개선되었다고는 아무도 믿지 않는다. 이 요인들은 집단의 동기화와 평가시 수행, 양쪽에 영향을 미칠 수 있다.

하지만 발표된 모든 연구가 이 같은 한계를 보이지는 않았다. 클링베르그의 첫 연구를 포함하여 어떤 연구들은 활성 대조군을 포함한 동시에 훈련의 긍정적인 효과를 보고했다. 하지만 그 관찰 결과가 얼마나 믿을 만한지는 여전히 알기가 어려웠다. 몇몇 연구는 실험을 반복하려 했지만 효과를 발견하지 못했고, 훨씬 더 많은 연구가 반복에 실패한 탓에 발표되지 않았을 것이다. 게다가 어떤 연구도 건강 개입 신뢰도의 황금률인 사전등록-무작위-이중맹검 임상시험을 활용하지 않았다.

이 한계들을 염두에 두고, 발표된 문헌에서 추출한 다수의 훈련법 연구를 대상으로 일련의 메타분석이 행해졌다. 연구자들은 발표된 효과의 유효 범위를 분석했는데, 여러 개의 작은 표본을 통계학적으로 결합해 큰 표본을 만들고, 원전이 효과를 믿을 만하게 보고하고 있는지를 평가하는 방식을 사용했다. 우리는 7장에서 자아 고갈의 증거를 고찰하는 중에 이 방법을 만났다.

2013년에 모니카 멜비-레르바그Monica Melby-Lervåg와 찰스 흄Charles Hulme은 활성이든 비접촉이든 대조군이 포함된 무작위 실험 23건을 대상으로 한 메타분석을 발표했다.[56] 두 사람은 모든 연구에서 근전이 효과를 발견했지만, 믿을 만한 원전이 효과는 발견하지 못했다. 2년 후에 마티아스 슈바이회퍼Matthias Schwaighofer와 동료들이 발표한 또 다른 메타분석도 같은 결과를 내놓았다.[57]

3년 동안 논쟁과 결투가 계속된 후에 멜비-레르바그와 흄은 작업기억 훈련 연구 89건을 포함하는 대규모 표본으로 새로운 메타분석을 발표했다.[58] 표본의 크기는 커졌지만 이 메타분석도 다양한 검사에 걸쳐 원전이의 증거를 발견하지 못했다. 게다가 그들은 긍정적인 훈련 효과 쪽으로 치우치는 발표 편향의 증거를 발견했다. 다시 말해서, 훈련 효과가 나타나지 않은 집단보다는 효과가 나타난 집단을 발표하는 경향이 있었고, 그로 인해 발표된 증거의 신뢰도가 인위적으로 부풀려지고 있었다.

2016년에 이 메타분석이 발표된 이후로 메타분석 몇 건과 무작위 임상시험들이 진행되었다.[59] 이 글을 쓰는 시점까지 이 평가들은 멜비-레르바그와 흄의 결론에 동의하고 그들의 결론을 확대했다. 모든 연구가 훈련 프로토콜과 무관하게 원전이의 증거를 발견하지 못했다. 개별 분석들에서도 학업 능력에 대해서나[60] 소아장애 아동에 대해서나[61] 뇌 자극술에 대해서[62] 훈련 효과를 발견하지 못했다. 이 인지 훈련 문헌들을 체계적으로 검토하여 2018년에 발표된 한 문헌은 비관적인 결론으로 보고를 마무리했다. "인지 훈련 연구 프로그램은 주목할 만한 효과를 보여주지 못했다. 인지 수행을 개선하는 더 신뢰할 만한 방법을 추구해야 한다."[63] 하지만 나는 첫 문장에만 동의하는데, 아래에서 그 이유를 설명하고자 한다.

우선 여러분은 다음과 같이 물을 수 있다. 인지 훈련은 왜 효과가 없을까? 어쨌든 한동안 역기를 들면 근육이 붙는다. 그러고 나면 그렇게 붙은 근육을 정확히 같은 무게의 역기를 드는 것이 아닌 다른 모든 활동에 사용할 수 있다. 운동선수가 역기를 들면서 시간을 보냈는데도 운동 효과가 없다면, 그들은 충실히 훈련하지 않을 것이다. 왜 인지조절은 그런 방식으로 작동하지 않을까?

이 질문에는 몇 가지 답이 있다. 첫째, 인지 훈련은 효과가 있을 수 있고, 요즘 유행하는 적응적 훈련 규정을 사용해도 효과가 있을 수 있겠지만, 우리가 아직 올바른 훈련 규정을 발견하지 못했을 수도 있다. 오랜 연구에도 불구하고 우리는 인간의 마음과 뇌에 관해 아는 것이 거의 없다. 그래서 비록 훈련 규정에는 어느 정도 이론적 편향이 있지만, 구체적으로 들어가면 눈 감고 코끼리 다리 만지는 식이다. 훈련 규정을 만들 땐 작은 결정을 무수히 내려야 한다. 얼마나 오래 훈련해야 할까, 얼마나 자주 해야 할까? 사람들이 주목하고 추적해야 할 그 그림이 화면에 얼마나 오래 떠 있어야 할까? 어느 손으로 버튼을 누르게 할까? 누를 버튼이 있어야 할까? 등등. 대부분의 결정은 전적으로 직관과 추측에 따라 이루어진다. 결정에 지침이 될 공식 이론은 존재하지 않는다. 많은 선택지가 있지만, 우리는 아직 다 시도해보지 못했다. 아마 올바른 조합이 어딘가에 있을 것이다.

하지만 또 다른 답도 가능하다. 이런 구체적인 훈련 규정들은 인간의 인지조절계를 근본적으로 잘못 가정하고 설계한 것이므로 효과가 없을 것이라는 생각이다. 다시 한번 말하지만, 뇌에는 CPU, 즉 단일한 인지 제어장치가 없다. 따라서 있다면 멋지겠지만, 인지조절 능력을 높이기 위해 단련할 수 있는 단일한 근육이 없는 셈이다. 앞에서 이야기했듯이 일반적인 인지조절 요소가 있다고 해도 그 요소는 유전자의 영향을 심하게 받는 것으로 보이고, 따라서 경험에는 좌우되지 않는다. 결국 훈련할 마땅한 표적이 없는 것이다.

이와 대조적으로 인지조절의 세부적인 사항은 환경의 영향에 크게 좌우된다. 한 과제를 반복 훈련하면 그 과제에서는 수행이 개선되고 그와 밀접히 관련된 과제들에서도 수행이 향상될 수 있지만, 원전이는 일어나지 않는다. 그 이유는 훈련된 과제에서 나타난 개선은 그 과제에만 맞춰진 작은 적응과 최적화에 기초한 것이기 때문이다. 심지어 화면상 어디에 물체가 나타날지를 알거나 눈앞에 나타날 형태의 범위를 알아도 작은 개선이 일어날 수 있다. 뇌는 우리가 과제를 더 잘하고 있는지 아닌지에 신경 쓰지 않는다. 우리가 알아낸 것은 다른 상황들에도 일반화될 추상적인 방법이거나, 그 과제에만 효과가 있을 영리한 요령이기 때문이다.

이 관점에서는 만일 우리가 폭이 좁은 훈련으로 광범위한 이익을 낸다면 아주 놀라운 일이 될 것이다. 대신에 발달 그리고 추상적 조절 방침의 구축을 살펴보며 이야기했듯이, 많은 과제를 다양하게 훈련하는 것이 중요할 것이다. 물론 훈련이 다양해지면 그만큼 많은 데이터가 필요해진다. 따라서 현재로서는 어떻게 그런 훈련 프로그램을 만들어 개입법으로 전환할지 불분명하다. 그럼에도 문제는, 만일 인지 훈련이 인지조절에 광범위하게 도움이 될 수 있다면 우리는 어디로 나아가야 하는가이다.

그렇다면 우리에겐 무엇이 남을까? 우선, 우리는 작업기억이나 인지조절을 훈련해서 광범위한 이익을 거둘 수 있다는 주장에 합리적이고 충분한 의심을 품어야 한다. 심지어 "발표된 연구"를 인용했다 할지라도 강하고 엄밀한 증거가 그 프로그램의 효과를 뒷받침한다고 보기는 어렵다. 최소한 적절히 설계된 무작위 임상시험을 통해 효과가 입증되어야 한다. 이중맹검법double-blinded test을 적용하는 것이 가장 좋다. 그럴 땐 훈련을 하는 피험자와 시험을 하는 연구자 양쪽 모두 개인이 어떤 실험 조건을 받았는지 알지 못한다. 마지막으로, 연구자가 데이터를 모으기 전에 연구의 구체적인 설계, 분석 방법, 결과 예측을 사전에 등록해야 하고, 그 사전 등록이 성패에 상관없이 실험 결과를 보고해야 하는 공개된 시스템이 있어야 한다. 그런 체계의 대표적인 예가 미국 국립보건원의 국립의학도서관 웹사이트인 clinicaltrials.gov의 데이터베이스다.

이상은 필요한 증거의 최소한을 이야기한 것이다. 원전이를 충분히 측정하고 평가했는지, 분석이 엄밀한지, 용량 반응 효과를 묘사했는지, 긍정적인 효과가 지속적인지를 비롯한 여러 요인들도 중요하다. 이 차원들은 대부분 아주 기술적이라 전문가들도 평가하기가 쉽지 않지만, 그럼에도 증거 능력을 근본적으로 좌우하는 요인들이다. 발표된 연구라고 해서 이 기준들을 모두 충족한 것은 아니다. 이 글을 쓰는 지금 내가 아는 한에서, 이 같은 기술적인 면은 말할 것도 없고, 사전 등록을 거치고 최소한의 증거 능력을 갖춘 인지 훈련법은 나오지 않았다. 하지만 앞으로도 없을 거라는 뜻은 아니다. 어려운 문제는 대개 중요한 문제인데, 인지 훈련도 예외가 아니다.

결국 평가가 중요한 것은 효과 없는 훈련 게임에 시간과 돈을 낭비할 뿐 아니라 심지어 이러한 개입이 의도치 않게 해를 입힐 수 있기 때문만은 아니다. 그보다는 부풀려진 주장이나 설익은 주장들을 걸러내는 과정에서 좋은 과학이 잘려나갈 수 있기 때문이다. 그렇게 되면 인지 개입에 대한 신중한 연구가 대중의 신뢰와 지원을 잃게 된다.

하지만 내 전망은 낙관적이다. 나는 우리가 인지조절 과학의 기초를 더 잘 이해한다면, 훈련이나 뇌 자극의 형태로 삶에 적용하는 방법이 개선되고 인지조절이 향상되도록 개입하는 것이 가능하다고 본다. 그때까지 인지조절은 우리에게 다음과 같은 교훈을 준다. 우리가 인지조절을 날카롭게 유지하는 최고의 방법은 그 기능을 계속 사용하는 것이다. 비록 우리가 인지조절을 전반적으로 향상하진 못할지라도, 특수한 영역이나 구체적인 과제 유형에서는 분명히 좋아질 수 있다. 디지털 사진이나 목공 같은 새로운 기술을 배우는 일은 얼마든지

가능하고 보람 있으며, 나이가 들어갈 때 새로운 독립성과 지지의 원천이 되어준다. 물론 광고에서 말하듯이 금세 영리해지거나 멀티태스킹을 잘하게 되는 훈련법은 존재하지 않는다. 하지만 우리가 인지 체계를 끊임없이 가동한다면 건강한 정신을 유지할 수 있고 그로부터 지지와 보상과 주도성을 이끌어낼 것이다.

인지조절은 동적인 과정이라는 것이 이 장의 기본 주제다. 유년기에 조절 기능이 발달하는 메커니즘과 노년기에 조절 기능이 쇠퇴하는 메커니즘은 다르지만, 그 기능은 생애주기를 따라 계속 변한다. 또한 뇌가 처리하는 세계도 끊임없이 변한다. 우리가 사는 세계는 뇌의 조절 체계가 대응하게끔 최적화된 세계와 갈수록 멀어진다. 이때 새로운 문제들과 마주하여 부족한 면을 보완하는 것이 인지조절의 기능이다. 이렇게 인지조절의 역할은 계속 변하고, 기능 그 자체도 함께 변한다.

우리의 조절이 머릿속에 가만히 움츠려 있는 것이 아니라 끊임없이 변하면서 뇌와 세계의 상호작용을 조율한다니, 어떤 면에서는 해방감이 느껴진다. 우리는 우리가 건드릴 수 없는 곳에서 진행되는 생물학적 과정에 무조건 좌우되는 존재가 아니다. 우리는 행위자로서 우리를 끊임없이 변하게 하고 상황에 적응하게 하는 체계를 갖추고 있다. 세계와 뇌의 관계를 더 깊이 이해하고자 하는 과학자로서, 나는 인지 개입을 통해 사람들이 평생 자기 삶에 대한 주도성을 잃지 않고 살아가게 할 수 있다고 믿는다.

10장 → 후기: 우리에게 주어진 과제

On Task

→ → →

우리 뇌는 어떻게 온갖 일을 해낼까? 이 책에서 우리는 다양한 배경과 요구를 대입하여 이 질문에 답을 해보았다. 먼저 우리는 커피 한 잔의 비밀을 살펴보았다. 완전한 대답까지는 여전히 거리가 멀지만, 이 책에서 서술한 인지신경과학은 몇 가지 중요한 단서를 제공했다.

우리가 커피 한 잔을 내릴 때 우리 뇌는 목표 변환이라는 문제에 부딪힌다. 우리의 체계는 미래의 시나리오를 구체적으로 상상하고 일련의 행동을 유도하여 커피 한 잔을 탄생시킨다. 이 연속적인 행동은 학습된 반응 경로를 통해 이루어지는데, 어떤 경로는 단순하고 또 어떤 경로는 복잡하다. 하지만 체계가 이 반응 절차의 타이밍과 순서를 계속 추적할 수 있는 것은 작업기억에 담긴 과제요구가 신호를 보내기 때문이다.

중요한 것은, 커피 내리기 같은 과제를 할 때 우리는 추상화의 차원이 다르고 가동 시간대마저 다른 복수의 과제요구를 유지해야 한다는 것이다. 커피를 내릴 때 우리는 커피 내리기라는 전체적인 과제요구를 유지하면서 동시에 설탕 찾기나 물병 채우기 같은 중간 목표들을 관리한다. 게다가 이 요구가 우리 행동에 영향을 미칠 순간을 결정해야 한다. 이 결정이 부적절할 때 우리는 몸에 밴 습관으로 돌아가 커피를 따르기 전에 잔을 치우거나, 집중력을 잃고 이메일을 확인하는 등 엉뚱한 일에 집중하게 된다. 우리는 또한 이 과제요구를 사용해 기억을 목표에 맞게 유도한다. 어제 스푼을 다른 곳에 둔 걸 기억하려면 가까운 과거를 적극적으로 탐색하고, 인출 계획을 세우고, 인출된 세부 정보의 가치를 결정할 필요가 있다.

이 과정에는 기저핵과 전두-두정피질 네트워크의 상호작용으로 가동되는 작업기억 게이팅이 중요하다. 어떤 게이트는 선택적인 반면, 정지 체계 같은 게이트들은 전면적이고 신속하다. 이 게이트들은 또한 우리가 하는 일을 가치와 연결 짓는다. 우리가 설탕 찾기 같은 맥락을 마음에 유지할 수 있는 까닭은 달콤한 맛을 가치 있게 여기기 때문이다. 또한 오늘 커피에 설탕을 넣지 않을 수 있는 까닭은 건강을 더 가치 있게 여기기 때문이다. 어쨌든 우리의 조절 체계는 이 과제의 미래 이익뿐 아니라 우리가 들일 노력에 좌우된다. 실제로 우리는 결국 커피에 설탕을 넣을 수 있는데, 이는 단지 우리가 단맛을 좋아해서가 아니라 자기 자신을 조절하는 정신적 비용이 건강상 추정되는 이익의 양을 초과하기 때문일 수 있다. 결국 우리는 뇌가 어떻게 일을 해내는가에 답하기 위해, 우리가 원하는 것을 행동으로 변환할 때 우리의 조절 체계가 어떤 메커니즘으로 가동되는지를 살펴보았다.

하지만 우리가 직접 답을 내리지 않은 질문이 하나 있다. 왜 인지조절에 관심을 기울여야 하는가다. 여기까지 읽은 사람이라면 이미 어느 정도는 관심이 있을 것이다. 어쩌면 뇌나 마음에 단지 호기심을 느꼈을지 모르고, 우리가 왜 그리고 어떻게 하필 그런 방식으로 일을 처리하는지에 관해 나처럼 항상 궁금함을 느끼고 있었을지도 모른다. 실제로 자연이 이 문제를 해결하는 방법은 종종 경이로우니 말이다. 혹은 어쩌면, 인지 체계가 어떻게 작동하는지를 더 많이 알게 된다면 자신의 삶에 인지조절을 더 잘 적용해서 어려운 일들을 잘해낼 수 있으리라는 바람 때문일 수도 있다!

하지만 동기가 무엇이든 여기서 중요한 것은 이 책에 담긴 내용을 통해 우리가 우리의 삶과 사회적 존재로서 주고받는 상호작용을 새롭게 생각할 수 있었다는 점이다. 이 문제에 대해 나는 이 책의 내용에 함축된 의미가 실로 지대하다고 주장하고 싶다. 요즘 특히 문제가 되는 경우를 생각해보자.

이 책을 마지막으로 손보고 있는 지금 인류는 핵무기가 출현한 이후로 인간이 만들어낸 가장 큰 지구적 위협에 직면하고 있다. 바로 인간이 만들어낸 기후 변화다. 이미 세계가 유례없는 속도로 더워지고 있고, 이 온난화의 원인은 화석연료에서 발생하는 이산화탄소 같은 온실가스의 배출이라는 점에 과학자들의 의견이 일치한다. 하지만 그러한 합의에도 우리는 이 문제에 놀라울 정도로 나태하다.

1988년에 기후과학자 제임스 핸슨James Hansen은 미국 국회의사당에서 엄중하게 경고했다. "우리는 온실효과를 발견했습니다. 이 온실효과가 지금 우리의 기후를 변화시키고 있습니다." 그때가 1980년대였다! 말할 필요도 없이, 우리는 핸슨의 경고에 주의를 기울이지 않았다. 그 후 30년 동안 인간은 전체 대기 이산화탄소의 70퍼센트 가까이를 방출했다. 앞선 모든 시대의 방출량을 합친 것보다 2.3배 이상 많은 양이다.[1] 그로 인해 지구는 섭씨 1도 더 더워졌다. 세계적으로 이산화탄소 배출을 유의미하게 줄이지 않고 이대로 간다면 21세기 말에는 온난화 현상이 극심해져서 지구 온도가 무려 섭씨 2.4~4.7도까지 상승할 것으로 기후과학자들은 예상한다.[2] 일단 그 지점을 지나면 변화를 되돌릴 기회는 수천 년이 지나도 오지 않을 것이다.

이미 좋은 상황은 아니다. 하지만 이 책의 맥락에서 나는 기후 위기와 관련하여 인류 차원에서 요점 하나를 강조하고자 한다. 만일 우리가 결국 이 위기를 피한다면—혹은 우리가 피하지 못한 사건 속에서 용케 살아남은 종이 된다면—그 성공은 부분적으로 우리의 인지조절계 덕분일 것이다. 우리 인간이 현재 직면하고 있는 위기를 머릿속에 그리고, 우리에게 닥칠 가상의 미래를 상상할 줄 안다고 생각해보자. 인간이 상황을 바꿔 조상들이 한 번도 수행한 적 없는 새로운 행동을 전개할 수 있다면, 이는 가상의 미래를 상상할 줄 알기 때문이다. 더 나아가 우리에겐 한 번의 생애주기 안에서 자신의 환경을 변화시키는 능력도 있다. 이 놀라운 적응력과 혁신이 가능한 것은 우리에게 인지조절계가 있기 때문이다. 만일 우리가 기후 변화를 막기 위해 생활방식을 바꿔야 하거나 급격히 변한 생태계에 빠르게 적응해야 한다면, 그렇게 할 수 있는 이성의 힘은 인간의 인지 체계에 있을 것이다. 우리가 이 문제를 주도적으로 해결하고자 할 때 인지조절에 대한 이해는 필수적이다.

바라건대, 이제 여러분은 앎과 행동 사이에 큰 간극이 놓여 있다고 생각할 것이다. 마음속에 목표를 품거나 현실을 개선할 계획이나 비전을 세우는 것으로는 충분하지 않다. 조절계를 통해 그 환상을 행동과 연결하고, 진행 과정을 관찰하고, 결과를 평가하고, 우리 행동을 끊임없이 조정해나갈 필요가 있다. 인간의 뇌에서 그 연결은 작업기억을 조절하는 게이트들에 의해 이루어진다. 효율적인 조절이 이루어진다면, 그것은 우리가 좋은 게이팅 방침을 통해 안정성과 유연성을 균형 있게 유지하고, 우리와 세계의 특수한 관계에 비추어 최소 비용으로 최대 이익을 얻은 결과다.

마찬가지로, 우리 사회가 기후 변화 앞에서 혼란과 좌절을 되풀이하고, 특히 무대책으로 일관한다면, 그 중심에는 앎과 행동의 이러한 단절이 놓여 있다. 기후 변화를 둘러싼 수많은 논의에서 많은 사람이 이른바 기후 변화 부인론자를 비난한다. 기후 변화 부인론자는 과학적인 증거와 세계적인 합의를 알면서도, 기후 변화는 만들어낸 이야기라거나 어쨌든 파국에 이르지는 않을 거라고 주장한다. 특히 기후 변화를 부인하는 사람이 권력을 쥐고 있거나 당장 기득권을 누리고 있을 때 문제는 더욱 심각해진다. 당연한 얘기지만, 기후 변화 부인론자들이 현 상황의 진실을 직시하도록 설득하거나 그러지 못할 때는 공직에서 내리기 위해 우리는 엄청난 노력을 기울여왔다.

하지만 기후 변화 부인론은 이야기의 일부에 불과하다. CBS 뉴스의 2019년 여론조사에 따르면, 인간이 기후 변화를 일으켰다고 생각하는 미국인은 약 75퍼센트에 이르고 공화당 지지자 중에서는 50퍼센트에 이른다.[3] 이 조사가 정확하다면, 많은 사람이 기후 변화를 믿고, 인간이 그 원인이라고 생각하는 것이다. 그렇다면 의문 하나가 환경운동가들을 혼란스럽게 한다. "왜 어떤 사람들은 기후 변화를 믿지 않을까?"가 아니라, "왜 많은 사람이 기후 변화를 믿으면서도 아무것도 하지 않을까?"라는 의문이다.

이 역설은 앎과 행동의 단절을 구체적으로 보여준다. 사람들이 기후 변화를 알고, 그 위기를 피하거나 피하지 못하는 시나리오를 상상할 줄 안다는 것은 필요조건일 뿐 충분조건은 아니다. 교육과 매체를 통해 사람들에게 기후 변화를 알리고 회의론과 부인론을 논파하는 것도 여전히 유익하다. 하지만 기후 변화에 대해 알고 그 효과를 상상하는 것만으론 부족하다. 그 외에도 우리는 우리의 지식과 행동을 연결할 필요가 있다. 이건 조절 문제다. 우리가 이 책에서 살펴본 맞거래 중 많은 것이 기후 변화와 관련된 우리의 행동에도 적용된다. 몇 가지 예를 통해 그 방법을 알아보자.

각국 정부가 토론과 미지근한 대처에 머물러 있는 동안 환경운동가들은 기후 변화를 막기 위해 우리가 할 수 있는 개인적인 행동을 점점 더 강조하고 있다. 전기차를 타고, 비행기 여행을 줄이고, 붉은 고기를 덜 먹는 것은 개인의 탄소 발자국을 줄이는 좋은 방법이다. 모든 사람이 그렇게 한다면 세계의 이산화탄소 배출을 줄이고 최악의 결과를 막는 데 큰 힘이 될 것이다. 하지만 그렇게 행동하는 사람은 아직 많지 않고, 기후 변화를 믿는 사람보다 적다. 도대체 무엇 때문일까?

그 이유 중 하나는 개인의 삶에 변화를 일으키기가 어렵기 때문이다. 단지 돈 때문에 그런 게 아니다. 우리 사회는 모든 곳에서 화석연료를 사용한다. 산업혁명 이후로 거의 모든 사회에서 화석연료 에너지에 대한 의존도가 꾸준히 높아졌다. 개인의 온실가스 방출량을 줄이기 위해서는 삶의 습관과 일상을 근본적으로 변화시킬 필요가 있는데, 이는 결코 쉬운 일이 아니다. 7장에서 봤듯이, 굳어진 생활 패턴에 이런 변화를 들이려 할 때는 인지적 노력이 필요하다. 이 경우 안정성보다 유연성에 무게를 둘 때 재정적인 비용 외에도 정신적인 비용이 발생한다.

개인의 삶을 변화시키고자 할 때 사람들은 행동의 이익과 노력에 들어가는 비용이 긍정적으로 맞거래된다는 걸 알 필요가 있다. 어떤 사람들은 지구의 기후와 생태계가 파멸에 이르지 않을 미래에서 이익을 보고 그것이면 충분하다고 생각하지만, 그런 미래가 올 수 있음을 알면서도 많은 사람이 행동하지 않는다. 이런 상황에는 그 이상의 문제가 걸려 있다. 예를 들어, 사람들이 개인의 행동을 통해 원하는 결과에 이를 수 있다고 믿지 않는다면, 그 결과가 가치 있을지라도 내면의 불신에 근거하여 결과의 가치를 낮게 볼 것이다. 많은 사람이 비행기를 타지 않거나 채식을 하겠다는 개인적인 선택으로 지구 온난화를 막을 수 있다고 믿지 않는다. 더 나아가, 만일 필요한 행동에 더 많은 비용이 들면 사람들은 결과를 깎아내린다. 따라서 사람들에게 동기를 부여할 때는 우리가 처한 상황이 심각하다고 강조하는 것으로는 부족하다. 환경운동가들도 기후 변화를 되돌리기 위해 사람들에게 추천하는 개인적인 행동이 얼마나 효과가 있는지를 분명히 할 필요가 있다. 행동의 비용이 클수록 효과가 크다는 것을 드러낼 필요가 있다.

이 점에서 기후 변화 문제가 특별히 어려운 것은, 경제학자들이 말하는 이른바 **공유지의 비극**the tragedy of the commons을 아주 잘 보여주는 예이기 때문이다. 즉 공동의 자원—이 경우에는 지구—이 개인의 이익 때문에 망가져 결국 그 피해가 전체에게 돌아가는 것이다. 어떤 사람들은 피해를 줄이고 자원을 보존하고자 좋은 행동을 하지만, 그들이 남긴 공간에서 다른 사람들이 공동의 자원을 더욱더 착취하는 결과가 발생한다. 따라서 어떤 사람들은 온실가스를 줄이기 위해 개인적인 희생을 마다하지 않지만—이건 칭찬할 만한 일이다—결국 최종적인 해결책은 정부가 기후 변화를 되돌릴 규모로 모든 사람에게 법을 시행하는 것이다.

그래서 나는 탄소세 같은 방안이 합리적이라고 생각한다. 분명히 말하자면, 나는 공공 정책 전문가가 아니다. 내가 탄소세를 비롯해 그런 종류의 해결책에 찬성하는 것은 그 문제를 나보다 더 많이 공부한 사람들이 쌓은 믿을 만한 지식을 접한 덕분이다. 하지만 인간의 인지 조절이 처리하는 맞거래들에 관해 내가 알고 있는 지식에 근거해서도 탄소세 같은 방안은 나에게 합리적으로 여겨진다.

우리가 행동을 변화시키지 않을 때 탄소세는 그 비용을 즉시, 명확하게 부과한다. 다시 말해서 화석연료를 사용하면 더 비싼 값을 치르게 된다. 탄소세가 가격에 미치는 충격은 자동차나 비행기에 들어가는 휘발유에 머물지 않고, 제조업과 산업을 비롯한 다른 모든 분야에 퍼져나갈 것이다. 그로 인해 소비에 적정한 가격이 붙을 것이다. 그때부터 사람들은 삶을 크게 변화시키는 비용과 미래의 가상적인 이익을 양쪽에 놓고 저울질하지 않을 것이다. 이 맞거래에서 사람들은 안정성보다 유연성을 선호할 것이다. 마찬가지로 기업에서도 비용을 줄이기 위해 화석연료의 대안을 찾게 되고, 장기적으로 돈을 절약하는 쪽으로 투자할 것이다. 또한 그 과정에서 가치가 높은 대체연료 시장이 생긴다면 연료 전환이 훨씬 수월하게 이루어질 것이다. 이상을 요약하자면, 탄소세는 보상 구조를 바꿈으로써 안정성-유연성 맞거래에서 유연성에 힘을 실어줄 것이다.

물론 이 주장에서 우리는 개인이 아닌 사회의 유연성과 안정성을 이야기하고 있다. 개인의 뇌에서 일어나는 인지조절을 논의하다 사회적 차원으로 비약하는 것은 합리적일까? 나는 그렇다고 생각한다. 이 책에서 살펴본 조절의 많은 양상이 근본적이다. 안정성 대 유연성, 일반성 대 구체성, 정보성 대 정확성, 동시성 대 기회 등과 같은 맞거래는 우리 뇌는 물론이고, 고도로 일반적이고 스스로의 상태를 조절해야 하는 체계라면 어디에서나 일어난다. 인간의 문명은 분명 그런 체계에 속한다. 우리가 하나의 사회로서 기후 변화를 되돌리고 우리 자신과 이 지구를 성공적으로 구하려면, 뇌가 그러하듯 우리도 이 딜레마들에 맞서 싸우고 더 나은 미래로 가기 위해 노력해야 한다.

좋은 소식이 있다. 인지조절은 우리에게 항상 선택권이 있음을 의미한다. 인간은 놀랍고 멋진 미래를 꿈꾼다. 또한 우리 사회가 지키면 좋을 규범이나 규칙 체계를 거의 무한대로 생각해낸다. 우리 조상들은 이러한 새로운 규칙을 생각조차 하지 못했지만, 우리의 인지조절계는 그 환상을 현실로 만들 기회를 열어준다. 신종코로나바이러스 COVID-19 팬데믹에 직면하여 우리 사회가 얼마나 급속하고 철저하게 변했는지를 생각해보라. 지금 내가 말하는 개념은 자유의지지만, 우리 인간이 기본적으로 가지고 있는 물리적·생물학적 본성을 부인할 필요는 없다. 물론 우리가 발명하는 개념, 계획, 규범, 규칙 중 어떤 것들은 우리의 개인적인 본성 때문에 실현하기 어려울 것이다. 어떤 목표는 다른 목표보다 더 어려울 수 있다. 인간은 장기, 유전자, 경험이 특수하게 배열된 물리적 존재이기 때문이다. 하지만 우리는 사회적 변화를 이루기 위해 빈 서판이 될 필요는 없으며, 반대로 어떤 생각이 우리의 본성에 반한다는 이유로 그 생각을 도외시할 필요도 없다. 인지조절에 비추어볼 때 우리는 제약된 존재임에도 미래를 상상하고 그 미래를 실현할 줄 안다. 이 과제에 성공한다면, 우리가 사는 방식과 우리가 살고 싶은 방식이 하나로 연결된다. 우리는 어떤 것이든 해낼 수 있다. 무엇이 이보다 더 자유로울 수 있을까?

감사의 말

학자이자 과학자로서 이 책을 쓰는 일은 새롭고 만족스러운 경험이었다. 하지만 이 정도 범위를 가진 프로젝트는 절대로 한 사람이 해낼 수 없다. 이 책을 완성하는 과정에 직간접으로 도움을 준 많은 분께 마음 깊이 감사한다.

먼저 프린스턴 대학교의 출판팀 전원에게 감사를 표하고 싶다. 편집에서 제작까지 단계를 거칠 때마다 이 책은 초고의 거친 면모를 벗으며 꾸준히 향상되었다. 특히 편집자로 합류한 할리 스테빈스Hallie Stebbins는 전 과정에 걸쳐 초보 작가를 능숙하게 이끌어주었다. 또한 처음에 나를 설득하여 이 모험을 시작하게 한 앨리슨 캘릿Alison Kalett에게도 감사드린다. 다음으로 나의 스승이었던 존 조나이즈John Jonides, 앤서니 와그너Anthony Wagner, 마크 데스포시토, 나와 함께 연구했거나 연구하고 있는 실험실 연구원들, 오랜 공동 연구자인 마이클 프랭크, 초반 장들의 초고에 대해 힘이 되는 피드백을 해준 두 동료 애덤 애런과 로샨 쿨스에게 감사드리고, 그 외에도 이름을 열거하기에 너무나 많은 동료와 공동 연구자에게 감사드린다. 이 과학자들 덕분에 나는 오랜 세월에 걸쳐 인지조절에 대한 체계적인 생각을 구성할 수 있었고, 이 책 전반에 걸쳐 그들의 생각과 기여를 다양하게 적용할 수 있었다. 마지막으로 나의 가족에게 감사드린다. 우리 부모님은 내가 추구하는 바를 항상 지지해주고, 어려서부터 학문에 대한 사랑과 과학에 대한 호기심을 불어넣어주셨다. 또한 아내와 두 아들은 본문의 다양한 버전을 읽어주었을 뿐 아니라, 사랑, 자신감, 영감, 지원을 제공하는 등 다양한 방법으로 나를 도와주었다. 그 모든 것에 대해 진심으로 감사를 전한다.

주註

1장 아는 것과 행동하는 것

1 http://heartmindonline.org/resources/10-exercises-for-your-prefrontal-cortex.

2 James, W. (1890). *The Principles of Psychology*. New York: Henry Holt and Company.

3 Hebb, D. O. (1945). Man's frontal lobes. *Archives of Neurology & Psychiatry* 54, 10~24.

4 특히 애컬리Ackerly를 비롯한 다른 사람들은 환자의 친척들이 보고한 아주 다른 이야기를 인용하여 헵의 이야기를 논박했다. 환자가 가족과 함께 살아야 했으며 아침에 도와주지 않으면 옷 입는 일조차 하지 못했다는 것이다.

5 Penfield, W., and Evans, J. (1935). The frontal lobe in man: A clinical study of maximum removals. Brain: *A Journal of Neurology* 58, 115~133.

6 Eslinger, P. J., and Damasio, A. R. (1985). Severe disturbance of higher cognition after bilateral frontal ablation: Patient EVR. *Neurology* 35, 1731~1741.

7 Benson, D. F. (1994). *Neurology of Thinking*. New York: Oxford University

Press.
8 Burgess, P. W., Alderman, N., Evans, J., Emslie, H., and Wilson, B. (1998). The ecological validity of tests of executive function. *Journal of the International Neuropsychological Society* 4, 547~558.
9 Royall, D. R., Lauterbach, E. C., Cummings, J. L., Reeve, A., Rummans, T. A., Kaufer, D. I., LaFrance, W. C., Jr., and Coffey, C. E. (2002). Executive control function: A review of its promise and challenges for clinical research. A report from the Committee on Research of the American Neuropsychological Association. *Journal of Neuropsychiatry and Clinical Neuroscience* 14(4), 377~405.
10 Chaytor, N., Schmitter-Edgecombe, M., and Burr, R. (2006). Improving ecological validity of executive functioning assessment. *Archives of Clinical Neuropsychology* 21(3), 217~227.
11 Shallice, T., and Burgess, P. W. (1991). Deficits in strategy application following frontal lobe damage in man. *Brain* 114, 727~741.
12 Milner, B. (1964). Some effects of frontal lobectomy in man. In J. M. Warren and K. Akert (eds.), *The Frontal Granular Cortex and Behavior*. New York: McGraw-Hill, 313~334.
13 주 7을 보라.
14 Devinsky, O., and D'Esposito, M. (2004). "Executive Function and the Frontal Lobes". In *Neurology of Cognitive and Behavioral Disorders*. New York: Oxford University Press, 302~329.
15 Lhermitte, F., Pillon, B., and Serdarv, M. (1986). Human autonomy and the frontal lobes. Part I: Imitation and utilization behavior: A neuropsychological study of 75 patients. *Annals of Neurology* 19, 326~334; Lhermitte, F. (1986). Human autonomy and the frontal lobes. Part II: Patient behavior in complex and social situations: "The environmental dependency syndrome". *Annals of Neurology* 19, 335~343.
16 주 2를 보라.
17 Miller, G. A., Galanter, E., and Pribram, K. H. (1960). *Plans and the Structure of Human Behavior*. New York: Holt, Rinehart and Winston, Inc.
18 Neisser, U. (1967). *Cognitive Psychology*. New York: Meredith Publishing

Company, 279.

19 주 10을 보라.

2장 인지조절의 탄생

1 Roberts, M. A., and Parfitt, S. A. (1999). *Boxgrove: A Middle Pleistocene Hominid Site at Eartham Quarry, Boxgrove, West Sussex*. London: English Heritage.

2 Putt, S. S., Wijeakumar, S., Franciscus, R. G., and Spencer, J. P. (2017). The functional brain networks that underlie Early Stone Age tool manufacture. *Nature Human Behaviour* 6(1), 0102.

3 Wynn, T., and Coolidge, F. L. (2016). Archeological insights into hominin cognitive evolution. *Evolutionary Anthropology* 25, 200~213.

4 Vollrath, F. (2005). Spiders' webs. *Current Biology* 15(10), R365.

5 Krink, T., and Vollrath, F. (1997). Analyzing spider web-building behavior with rule-based simulations and genetic algorithms. *Journal of Theoretical Biology* 185, 321~331.

6 이 제너럴리스트 지능은 심리 측정 용어인 일반 지능, 즉 IQ와는 다르다. 나는 스페셜리스트 지능과 구분할 의도로 사용했다. IQ란 의미의 일반 지능과 인지조절의 관계에 대해서는 9장에서 논의할 것이다.

7 Kansky, K., Silver, T., Mely, D. A., Ekdawy, M., Lazaro-Gredilla, M., Lou, X., Dorfman, N., Szymon, S., Phoenix, S., and George, D. (2017). Schema Networks: Zero-shot transfer with a generative causal model of intuitive physics. In *Proceedings of Machine Learning Research*. Vol. 70: *International Conference on Machine Learning*, Sydney, Australia, August 6~11.

8 Schacter, D. L., Benoit, R. G., and Szpunar, K. K. (2017). Episodic future thinking: Mechanisms and functions. *Current Opinion in Behavioral Sciences* 17, 41~50.

9 Tulving, E. (1972). "Episodic and Semantic Memory". In E. Tulving and W. Donaldson (eds.), *Organization of Memory*. New York: Academic Press, 382~403.

10 Squire, L. R. (1992). Memory and the hippocampus: A synthesis from findings

with rats, monkeys, and humans. *Psychological Review* 99(2), 195~231.
11 Scoville, W. B., and Milner, B. (1957). Loss of recent memory after bilateral hippocampal lesions. *Journal of Neurology, Neurosurgery, and Psychiatry* 20, 11~21.
12 Ghosh, V. E., and Gilboa, A. (2014). What is a memory schema? A historical perspective on current neuroscience literature. *Neuropsychologia* 53, 104~114.
13 Zeithamova, D., Dominick, A. L., and Preston, A. R. (2014). Hippocampal and ventral medial prefrontal activation during retrieval-mediated learning supports novel inference. *Neuron* 75(1), 168~179.
14 Ghosh, V. E., Moscovitch, M., Melo Colella, B., and Gilboa, A. (2014). Schema representation in patients with ventromedial PFC lesions. *Journal of Neuroscience* 34(36), 12057~12070.
15 Moscovitch, M. (1995). "Confabulation". In D. L. Schacter (ed.), *Memory Distortions: How Minds, Brains, and Societies Reconstruct the Past*. Cambridge, MA: Harvard University Press, 226~251.
16 Schacter, D. L., Guerin, S. A., and St. Jacques, P. L. (2011). Memory distortion: An adaptive perspective. *Trends in Cognitive Science* 15(10), 467~474.
17 https://www.innocenceproject.org.
18 이 가설에 대해서는 Schacter et al. (2011)에서 더 자세히 논하고 있다. 주 16을 보라.
19 Schacter, D. L., Addis, D. R., and Buckner, R. L. (2007). Remembering the past to imagine the future: The prospective brain. *Nature Reviews Neuroscience* 8, 657~661; Buckner, R. L., and Carroll, D. C. (2007). Self-projection and the brain. *Trends in Cognitive Sciences* 11(2), 49~57.
20 Hassabis, D., Kumaran, D., Vann, S. D., and Maguire, E. A. (2007). Patients with hippocampal amnesia cannot imagine new experiences. *Proceedings of the National Academies of Sciences, USA* 104, 1726~1731.
21 Della Barba, G., Cappellatti, J. Y., Signorini, M., and Denes, G. (1997). Confabulation: Remembering 'another' past, planning 'another' future. *Neurocase* 3, 425~436.
22 Clayton, N. S., Busset, T. J., and Dickinson, A. (2003). Can animals recall the

past and plan for the future? *Nature Reviews Neuroscience* 4(8), 685~691.

23 Dally, J. M., Emery, N. J., and Clayton, N. S. (2006). Food-caching western scrub-jays keep track of who was watching when. *Science* 312(5780), 1662~1665.

24 Suddendorf, T. (2006). Foresight and the evolution of the human mind. *Science* 312(5776), 1006~1007.

25 Suddendorf, T. (2017). The emergence of episodic foresight and its consequences. *Child Development Perspectives* 11(3), 191~195.

26 Redshaw, J., and Suddendorf, T. (2016). Children's and apes' preparatory responses to two mutually exclusive possibilities. *Current Biology* 26, 1758~1762.

27 Kidd, C., Palmeri, H., and Aslin, R. N. (2013). Rational snacking: Young children's decision-making on the marshmallow task is moderated by beliefs about environmental reliability. *Cognition* 126, 109~114.

28 Gautam, S., Bulley, A., vonHippel, W., and Suddendorf, T. (2017). Affective forecasting bias in preschool children. *Journal of Experimental Child Psychology* 159, 175~184.

29 Wellman, H. M. (1990). *The Child's Theory of Mind*. Cambridge, MA: MIT Press.

30 Fein, G. G. (1981). Pretend play in childhood: An integrative review. *Child Development* 52, 1095~1118.

31 Davis, J.T.M., Cullen, E., and Suddendorf, T. (2016). Understanding deliberate practice in preschool-aged children. *Quarterly Journal of Experimental Psychology* 69, 361~380.

32 주 25에서 논의했다.

33 Stringer C. (2007). "The Origin and Dispersal of Homo sapiens: Our current State of Knowledge". In P. Mellars, K. Boyle, O. Bar Yosef, C. Stringer (eds.), *Rethinking the Human Revolution*. McDonald Institute for Archaeological Research, Cambridge; McDougall I., Brown, F. H., and Fleagle, J. G., (2007). Stratigraphic placement and age of modern humans from Kibish, Ethiopia. *Nature* 433, 733~736.

34 Coolidge, F. L., and Wynn, T. (2009). *The Rise of Homo sapiens: The Evolution*

of Modern Thinking. West Sussex, UK: Wiley-Blackwell.

35 Ibid.; Diamond, J. (1992). *The Third Chimpanzee: The Evolution and Future of the Human Animal*. New York: Harper Collins; Ramachandran, V. (2003). *The Emerging Mind*. London: Profile Books.

36 McBrearty, S., and Brooks, A. S. (2000). The revolution that wasn't: A new interpretation of the origin of modern humans. *Journal of Human Evolution* 39, 453~463.

37 Ambrose, S. H. (2001). Paleolithic technology and human evolution. *Science* 291, 1748~1753.

38 E. Trinkaus, and H. Shang, (2008). Anatomical evidence for the antiquity of human footwear: Tianyuan and Sunghir. *Journal of Archaeological Science* 35, 1928~1933.

39 T. Wynn, Coolidge, F., and Bright, M. (2009). Hohlenstein-Stadel and the evolution of human conceptual thought. *Cambridge Archaeological Journal* 19(1), 73~83.

40 Coolidge, F. L., and Wynn, T. (2005). Working memory, its executive functions, and the emergence of modern thinking. *Cambridge Archaeological Journal* 15(1), 5~26.

41 Stout, D., Apel, J., Commander, J., and Roberts, M. (2014). Late Acheulean technology and cognition at Boxgrove, UK. *Journal of Archeological Science* 41, 576~590.

42 Ólafsdóttir, H. F., Bush, D., and Barry, C. (2018). The role of hippocampal replay in memory and planning. *Current Biology* 28(1), R37~R50.

43 Jerison, H. (1977). The theory of encephalization. *Annals of the New York Academic of Sciences* 299, 146~160.

44 Striedter, G. (2005). *Principles of Brain Evolution*. Sunderland, MA: Sinauer.

45 Stephan, H., Frahm, H., and Baron, G. (1981). New and revised data on volumes of brain structures in insectivores and primates. *Folia Primatology* 35, 1~29.

46 Donahue, C. J., Glasser, M. F., Preuss, T. M., Rilling, J. K., and Van Essen, D. C. (2018). Quantitative assessment of prefrontal cortex in humans relative to nonhuman primates. *Proceedings of the National Academy of Sciences, USA*

115(22), E5183~5192.
47 Finlay, B. L. (2016). Principles of network architecture emerging from comparisons of the cerebral cortex in large and small brains. *PLoS Biology* 14, e1002556; Thiebaut de Schotten, M., Urbanski, M., Benedicte, B., Levy, R., Dubois, B., Cerliani, L., and Volle, E. (2017). Rostrocaudal architecture of the frontal lobes in humans. *Cerebral Cortex* 27, 4033~4047.
48 Sanides, F. (1972). "Representation of the Cerebral Cortex and Its Areal Lamination Pattern". In G. H. Bourne (ed.), *The Structure and Function of the Nervous System*. New York: Academic Press, 329~453; Yeterian, E. H., Pandya, D. N., Tomaiuolo, F., and Petrides, M. (2012). The cortical connectivity of the prefrontal cortex in the monkey brain. *Cortex* 48(1), 58~81.
49 Van Essen, D. C., and Dierker, D. L. (2007). Surface-based and probabilistic atlases of primate cerebral cortex. *Neuron* 56, 209~225.
50 Raichle, M. (2006). The brain's dark energy. *Science* 314, 1249~1250.
51 Rosati, A. G. (2017). Foraging cognition: Reviving the ecological intelligence hypothesis. *Trends in Cognitive Sciences* 21(9), 691~702.
52 Tomlin, D., Rand, D. G., Ludvig, E. A., and Cohen, J. D. (2015). The evolution and devolution of cognitive control: The costs of deliberation in a competitive world. *Scientific Reports* 5, 11002; Rand, D. G., Tomlin, D., Bear, A., Ludvig, E. A., and Cohen, J. D. (2017). Cyclical population dynamics of automatic versus controlled processing: An evolutionary pendulum. *Psychological Review* 124(5), 626~642.

3장 안정성과 유연성의 딜레마

1 https://www.fcc.gov/consumers/guides/dangers-texting-while-driving.
2 Cohen, J. D., Dunbar, K., and McClelland, J. L. (1990). On the control of automatic processes: A parallel distributed processing account of the Stroop effect. *Psychological Review* 97, 332~361.
3 Stroop, J. R. (1935). Studies of interference in serial verbal reactions. *Journal of Experimental Psychology* 15, 550~562.
4 주 2를 보라.

5 Miller, E. K., and Cohen, J. D. (2001). An integrative theory of prefrontal cortex function. *Annual Review of Neuroscience* 24, 167~202.

6 D'Esposito, M., and Postle, B. R. (2015). The cognitive neuroscience of working memory. *Annual Review of Psychology* 66, 115~142.

7 Fedorenko, E., Duncan, J., and Kanwisher, N. (2013). Broad domain generality in focal regions of frontal and parietal cortex. *Proceedings of the National Academy of Sciences, USA* 110(41), 16616~16621.

8 Woolgar, A., Parr, A., Cusack, R., Thompson, R., Nimmo-Smith, I., Torralva, T., Roca, M., Antoun, N., Manes, F., and Duncan, J. (2010). Fluid intelligence loss linked to restricted regions of damage within frontal and parietal cortex. *Proceedings of the National Academy of Sciences, USA* 107(33), 14899~14902; Woolgar, A., Duncan, J., Manes, F., and Fedorenko, E. (2018). Fluid intelligence is supported by the multiple-demand system not the language system. *Nature Human Behavior* 2, 200~204.

9 Tschentscher, N., Mitchell, D., and Duncan, J. (2017). Fluid intelligence predicts novel rule implementation in a distributed frontoparietal control network. *Journal of Neuroscience* 37(18), 4841~4847.

10 Woolgar, A., Thompson, R., Bor, D., and Duncan, J. (2011). Multi-voxel coding of stimuli, rules, and responses in human frontoparietal cortex. *NeuroImage* 56(2), 744~752.

11 Power, J. D., Cohen, A. L., Nelson, S. M., Wig, G. S., Barnes, K. A., Church, J. A., Vogel, A. C., Laumann, T. O., Miezin, F. M., Schlaggar, B. L., and Petersen, S. E. (2011). Functional network organization of the human brain. *Neuron* 72(4), 665~678; Yeo, B. T., Krienen, F. M., Sepulcre, J., Sabuncu, M. R., Lashkari, D., Hollinshead, M., Roffman, J. L., Smoller, J. W., Zollei, L., Polimeni, J. R., Fischl, B., Liu, H., and Buckner, R. L. (2011). The organization of the human cerebral cortex estimated by intrinsic functional connectivity. *Journal of Neurophysiology* 106, 1125~1165; Crittenden, B. M., Mitchell, D. J., and Duncan, J. (2016). Task encoding across the multiple demand cortex is consistent with a frontoparietal and cingulo-opercular dual networks distinction. *Journal of Neuroscience* 36(23), 6147~6155.

12 Duncan, J. (2013). The structure of cognition: attentional episodes in mind and

brain. *Neuron* 80(1), 35~50.

13 Chatham, C. H., Frank, M. J., and Badre, D. (2014). Corticostriatal output gating during selection from working memory. *Neuron* 81(4), 930~942.

14 Bhandari, A., and Badre, D. (2018). Learning and transfer of working memory gating policies. *Cognition* 172, 89~100.

15 Wallis, J. D., and Miller, E. K. (2003). From rule to response: neuronal processes in the premotor and prefrontal cortex. *Journal of Neurophysiology* 90(3), 1790~806.

16 Badre, D. (2008). Cognitive control, hierarchy, and the rostro-caudal axis of the frontal lobes. *Trends in Cognitive Science* 12(5), 193~200.

17 Mink, J. W. (1996). The basal ganglia: Focused selection and inhibition of competing motor programs. *Progress in Neurobiology* 50(4), 381~425.

18 Alexander, G. E., Delong, M. R., and Strick, P. L. (1986). Parallel organization of functionally segregated circuits linking basal ganglia and cortex. *Annual Review of Neuroscience* 9, 357~381; Haber, S. N. (2003). The primate basal ganglia: Parallel and integrative networks. *Journal of Chemical Neuroanatomy* 26(4), 317~330.

19 Bayer, H. M., and Glimcher, P. W. (2005). Midbrain dopamine neurons encode a quantitative reward prediction error signal. *Neuron* 47, 129~141; Arias-Carrión, O., Stamelou, M., Murillo-Rodríguez, E., Menéndez-González, M., and Pöppel, E. (2010). Dopaminergic reward system: A short integrative review. *International Archives of Medicine* 3, 24.

20 Shen, W., Flajolet, M., Greengard, P., and Surmeier, D. J. (2008). Dichotomous dopaminergic control of striatal synaptic plasticity. *Science* 321, 848~851; Surmeier, D. J., Ding, J., Day, M., Wang, Z., and Shen, W. (2007). D1 and D2 dopamine-receptor modulation of striatal glutamatergic signaling in striatal medium spiny neurons. *Trends in Neurosciences* 30, 228~235.

21 Stephenson-Jones, M., Samuelsson, E., Ericsson, J., Robertson, B., and Grillner, S. (2011). Evolutionary conservation of the basal ganglia as a common vertebrate mechanism for action selection. *Current Biology* 21, 1081~1091.

22 주 17의 Alexander, Delong, and Strick (1986)을 보라.

23 O'Reilly, R. C., and Frank, M. J. (2006). Making working memory work:

A computational model of learning in the prefrontal cortex and basal ganglia. *Neural Computation* 18(2), 283~328.

24 Braver, T. S., and Cohen, J. D. (2000). "On the Control of Control: The Role of Dopamine in Regulating Prefrontal Function and Working Memory". In S. Monsell and J. Driver (eds.), *Attention and Performance XVIII*, London: MIT Press, 713~737.

25 Wang, X. -J., Tegér, J., Constantinidis, C., and Goldman-Rakic, P. S. (2004). *Proceedings of the National Academy of Sciences, USA* 101(5), 1368~1373.

26 McNab, F., and Klingberg, T. (2008). Prefrontal cortex and basal ganglia control access to working memory. *Nature Neuroscience* 11, 103~107.

27 Baier, B., Karnath, H.-O., Dieterich, M., Birklein, F., Heinze, C., and Müller, N. G. (2010). Keeping memory clear and stable—the contribution of human basal ganglia and prefrontal cortex to working memory. *Journal of Neuroscience* 30(29), 9788~9792.

28 Frank, M. J., and O'Reilly, R. C. (2006). A mechanistic account of striatal dopamine function in human cognition: Psychopharmacological studies with cabergoline and haloperidol. *Behavioral Neuroscience* 120(3), 497~517.

29 Chatham, C., and Badre, D. (2015). Multiple gates on working memory. *Current Opinion in Behavioral Sciences* 1, 23~31.

4장 머릿속의 위계 구조

1 Titchner, E. B. (1909). *Lectures on the Experimental Psychology of the Thought Processes*. New York: Macmillan.

2 Washburn, M. F. (1916). *Movement and Mental Imagery*. Boston: Houghton Mifflin.

3 Watson, J. B. (1920). Is thinking merely the action of the language mechanism? *British Journal of Psychology* 11, 86~104.

4 Lashley, K. S. (1951). "The Problem of Serial Order in Behavior". In L. A. Jeffress (ed.), *Cerebral Mechanisms in Behavior*. New York: John Wiley and Sons, 112~146.

5 Ibid., 117.

6 Reason, J. (1990). *Human Error*. Cambridge: Cambridge University Press.
7 Botvinick, M., and Plaut, D. C. (2004). Doing without schema hierarchies: A recurrent connectionist approach to normal and impaired routine sequential action. *Psychological Review* 111(2), 395~429.
8 Desrochers, T. M., Chatham, C. H., and Badre, D. (2015). The necessity of rostrolateral prefrontal cortex for higher-level sequential behavior. *Neuron* 87(6), 1357~1368.
9 Kikumoto, A., and Mayr, U. (2018). Decoding hierarchical control of sequential behavior in oscillatory EEG activity. *eLife* 7, e38550.
10 Badre, D., Kayser, A. S., and D'Esposito, M. (2010). Frontal cortex and the discovery of abstract action rules. *Neuron* 66(2), 315~326.
11 Frank, M. J., and Badre, D. (2012). Mechanisms of hierarchical reinforcement learning in corticostriatal circuits 1: Computational analysis. *Cerebral Cortex* 22(3), 509~526.
12 Collins, A. G., and Frank, M. J. (2013). Cognitive control over learning: Creating, clustering, and generalizing task-set structure. *Psychological Review* 120(1), 190~229.
13 Duncan, J., Chylinski, D., Mitchell, D. J., and Bhandari, A. (2017). Complexity and compositionality in fluid intelligence. *Proceedings of the National Academy of Sciences, USA* 114(20), 5295~5299.
14 Badre, D., and Nee, D. E. (2018). Frontal cortex and the hierarchical control of behavior. *Trends in Cognitive Science* 22(2), 170~188.
15 주 11을 보라.
16 Koechlin, E., Ody, C., and Kouneiher, F. (2003). The architecture of cognitive control in the human prefrontal cortex. *Science* 302, 1181~1185; Badre, D., and D'Esposito, M. (2007). Functional magnetic resonance imaging evidence for a hierarchical organization of the prefrontal cortex. *Journal of Cognitive Neuroscience* 19(12), 2082~2099.
17 Badre, D., Hoffman, J., Cooney, J. W., and D'Esposito, M. (2009). Hierarchical cognitive control deficits following damage to the human frontal lobe. *Nature Neuroscience* 12(4), 515~522; Azuar, C., Reyes, P. Slachevsky, A., Volle, E., Kinkingnehun, S., Kouneiher, F., Bravo, E., Dubois, B., Koechlin,

E., and Levy, R. Testing the model of caudo-rostral organization of cognitive control in the human with frontal lesions. *NeuroImage* 84, 1053~1060.

18 Nee, D. E., and D'Esposito, M. (2017). Causal evidence for lateral prefrontal cortex dynamics supporting cognitive control. *eLife* 6, e28040.

19 Choi, E. Y., Drayna, G. K., and Badre, D. (2018). Evidence for a functional hierarchy of association networks. *Journal of Cognitive Neuroscience* 30(5), 722~736.

20 Nee, D. E., and D'Esposito, M. (2016). The hierarchical organization of the lateral prefrontal cortex. *eLife* 5, e12112; Goulas, A., Uylings, H. B., and Stiers, P. (2014). Mapping the hierarchical layout of the structural network of the macaque prefrontal cortex. *Cerebral Cortex* 24(5), 1178~1194.

21 Gogtay, N., Giedd, J. N., Lusk, L., Hayashi, K. M., Greenstein, D., Vaituzis, A. C., Nugent, T. F., 3rd, Herman, D. H., Clasen, L. S., Toga, A. W., Rapoport, J. L., and Thompson, P. M. (2004). Dynamic mapping of human cortical development during childhood through early adulthood. *Proceedings of the National Academy of Sciences, USA* 101(21), 8174~8179.

22 주 14를 보라.

23 Haber, S. N. (2016). Corticostriatal circuits. *Dialogs in Clinical Neuroscience* 18(1), 7~21.

24 Verstynen, T. D., Badre, D., Jarbo, K., and Schneider, W. (2012). Microstructural organizational patterns in the human corticostriatal system. *Journal of Neurophysiology* 107(11), 2984~2995.

25 3장 주 12에 인용된 Chatham et al. (2014)을 보라; Badre, D., and Frank, M. J. (2012). Mechanisms of hierarchical reinforcement learning in cortico-striatal circuits 2: Evidence from fMRI. *Cerebral Cortex* 22(3), 527~536; Jeon, H. A., Anwander, A., and Friederici, A. D. (2014). Functional network mirrored in the prefrontal cortex, caudate nucleus, and thalamus: High-resolution functional imaging and structural connectivity. *Journal of Neuroscience* 34(28), 9202~9212.

5장 멀티태스킹의 비밀

1 http://www.eugeneoneill.org.

2 Pew Research Center (2019). "Demographics of Mobile Device Ownership and Adoption in the United States," updated July 2019, https://www.pewresearch.org/internet/fact-sheet/mobile.

3 Leiva, L., Böhmer, M., Gehring, S., and Krüger, A. (2012). "Back to the App: The Costs of Mobile Application Interruptions". In *Proceedings of the 14th International Conference of Human-Computer Interaction with Mobile Devices and Services*. San Francisco, CA, September, 291~294.

4 Harris Interactive. (2013). "The 2013 Mobile Consumer Habits survey" Conducted on behalf of Jumio.

5 The Nielsen Company. (2016). "2016 Nielsen Social Media Report."

6 Bellur, S., Nowak, K. L., and Hull, K. S. (2015). Make it our time: In class multitaskers have lower class performance. *Computers in Human Behavior* 53, 63~70.

7 예를 들어, Adler, R. F., and Benbunan-Fich, R. (2012). Juggling on a high wire: Multitasking effects on performance. *International Journal of Human-Computer Studies* 70, 156~168.

8 주 3을 보라.

9 Watson, J. M., and Strayer, D. L. (2010). Supertaskers: Profiles in extraordinary multitasking ability. *Psychonomic Bulletin and Review* 17(4), 479~485.

10 Unsworth, N., Heitz, R. P., Schrock, J. C., and Engle, R. (2005). An automated version of the operation span task. *Behavior Research Methods* 37(3), 489~505.

11 Redick, T. S., Shipstead, Z., Meier, M. E., Montroy, J. J., Hicks, K. L., Unsworth, N., Kane, M. J., Hambrick, D. Z., and Engle, R. W. (2016). Cognitive predictors of a common multitasking ability: Contributions from working memory, attention control, and fluid intelligence. *Journal of Experimental Psychology: General* 145(11), 1473~1492.

12 Salvucci, D. D., and Taatgen, N. A. (2008). Threaded cognition: An integrated theory of concurrent multitasking. *Psychological Review* 115(1), 101~130.

13 Broadbent, D. E. (1958). *Perception and Communication*. Oxford: Oxford

University Press.
14 Treisman, A. (1969). Strategies and models of selective attention. *Psychological Review* 76, 282~299.
15 Reviewed in Driver, J. (2001). A selective review of selection attention research from the past century. *British Journal of Psychology* 92, 53~78.
16 Buschman, T. J., and Kastner, S. (2015). From behavior to neural dynamics: An integrative theory of attention. *Neuron* 88, 127~144.
17 Desimone, R., and Duncan, J. (1995). Neural mechanisms of selective visual attention. *Annual Review of Neuroscience* 18, 193~222.
18 Meyer, D. E., and Keiras, D. E. (1997). A computational theory of executive cognitive processes and multiple-task performance: Part 1. Basic mechanisms. *Psychological Review* 104, 3~65; Pashler, H. (1994). Dual-task interference in simple tasks: Data and theory. *Psychological Bulletin* 116, 220~244.
19 Dux, P. E., Ivanoff, J., Asplund, C. L., and Marois, R. (2006). Isolation of a central bottleneck of information processing with time-resolved fMRI. *Neuron* 52(6), 1109~1120.
20 Tombu, M. N., Asplund, C. L., Dux, P. E., Godwin, D. Martin, J. W., and Marois, R. (2011). A unified attentional bottleneck in the human brain. *Proceedings of the National Academy of Sciences, USA* 108(33), 13426~13431.
21 Hazeltine, E., Teague, D., and Ivry, R. B. (2002). Simultaneous dual-task performance reveals parallel response selection after practice. *Journal of Experimental Psychology: Human Perception and Performance* 28, 527~545; Schumacher, E. H., Seymour, T. L., Glass, J. M., Fencsik, D. E., Lauber, E. J., Kieras, D. E., et al. (2001). Virtually perfect time sharing in dual-task performance: Uncorking the central cognitive bottleneck. *Psychological Science* 12, 101~108.
22 Garner, K. G., and Dux, P. E. (2015). Training conquers multitasking costs by dividing task representations in the frontoparietal-subcortical system. *Proceedings of the National Academy of Sciences, USA* 112(46), 14372~14377.
23 Jersild, A. T. (1952). *In Search of Self*. Oxford, UK: Teachers College Press, Columbia University.
24 Jersild, A. T. (1927). *Mental Set and Shift*. In R. S. Woodworth (ed.), *Archives*

of Psychology, No. 89.

25 https://corporate.ford.com/articles/history/100-years-moving-assembly-line.html.

26 Spector, A., and Biederman, I. (1976). Mental set and mental shift revisited. *American Journal of Psychology* 89(4), 669~679.

27 Allport, A., and Wylie, G. (2000). "Task Switching, Stimulus-Response Bindings, and Negative Priming". In S. Monsell and J. Driver (eds.), *Control of Cognitive Processes: Attention and Performance XVIII*. Cambridge, MA: MIT Press.

28 Rogers, R. D., and Monsell, S. (1995). Costs of a predictable switch between simple cognitive tasks. *Journal of Experimental Psychology: General* 124(2), 207~231.

29 Wylie, G., and Allport, A. (2000). Task switching and the measurement of "switch costs". *Psychological Research* 63, 212~233.

30 Waszak, F., Hommel, B., and Allport, A. (2003). Task switching and long-term priming: Role of episodic stimulus-task bindings in task-shift costs. *Cognitive Psychology* 46(4), 361~413.

31 예를 들어, Derrfuss, J., Brass, M., Neumann, J., and von Cramon, D. Y. (2005). Involvement of the inferior frontal junction in cognitive control: Meta-analyses of switching and Stroop studies. *Human Brain Mapping* 25(1), 22~34; Badre, D., and Wagner, A. D. (2006). Computational and neurobiological mechanisms underlying cognitive flexibility. *Proceedings of the National Academy of Sciences, USA* 103(18), 7186~7191.

32 Rogers, R. D., Sahakian, B. J., Hodges, J. R., Polkey, C. E., Kennard, C., and Robbins, T. W. (1998). Dissociating executive mechanisms of task control following frontal lobe damage and Parkinson's disease. *Brain* 121, 815~842.

33 Cools, R., Barker, R. A., Sahakian, B. J., and Robbins, T. W. (2003). l-Dopa medication remediates cognitive inflexibility, but increases impulsivity in patients with Parkinson's disease. *Neuropsychologia* 41(11), 1431~1441.

34 Yeung, N., Nystrom, L. E., Aronson, J. A., and Cohen, J. D. (2006). Between-task competition and cognitive control in task switching. *Journal of Neuroscience* 26(5), 1429~1438.

35 Qiao, L., Zhang, L., Chen, A., and Egner, T. (2017). Dynamic trial-by-trial recoding of task-set representations in frontoparietal cortex mediates behavioral flexibility. *Journal of Neuroscience* 37(45), 11037~11050.

6장 정지와 억제

1 Plato. *Phaedrus* (sections 246a~254e).

2 https://www.businessinsider.com/habits-of-successful-ceos-2014-10.

3 James, W. (1890). *The Principles of Psychology*. New York: Henry Holt and Company.

4 Freud, "Preface and footnotes to the translation of Charcot's Tuesday Lectures," 138. Smith (1992)에서 재인용. 주 5를 보라.

5 예를 들어, Sherrington, C. S. (1925). Remarks on some aspects of reflex inhibition. *Proceedings of the Royal Society B: Biological Sciences* 97(686), 519~545; Smith, R. (1992). *Inhibition: History and Meaning in the Sciences of Mind and Brain*. Berkeley, CA: University of California Press.

6 Diamond, S., Balvin, R. S., and Diamond, F. R. (1963). *Inhibition and Choice: A Neurobehavioral Approach to Problems of Plasticity in Behavior*. New York: Harper and Row.

7 Miller, G. A., Galanter, E., and Pribram, K. H. (1960). *Plans and the Structure of Human Behavior*. New York: Holt, Rinehart and Winston.

8 Macleod, C.M., Dodd, M.D., Sheard, E.D., Wilson, D.E., and Bibi, U. (2003). "In Opposition to Inhibition". In Brian H. Ross (ed.), *The Psychology of Learning and Motivation*, vol. 43. New York: Academic Press, 163~214.

9 Milner, B. (1964). "Some Effects of Frontal Lobectomy in Man". In J. M. Warren and K. Akert (eds.), *The Frontal Granular Cortex and Behavior*. New York: McGraw-Hill, 313~334.

10 Brickner, R. M. (1936). *The Intellectual Functions of the Frontal Lobes*. New York: MacMillan.

11 Ibid., 97.

12 Stuss, D. T., and Alexander, M. P. (2007). Is there a dysexecutive syndrome? *Philosophical Transactions of the Royal Society B* 362, 901~915.

13 Moran, J., and Desimone, R. (1985). Selective attention gates visual processing in the extrastriate cortex. *Science* 229, 782~784.

14 5장의 주 17을 보라.

15 Logan, G. D., and Cowan, W. B. (1984). On the ability to inhibit thought and action: A theory of an act of control. *Psychological Review* 91(3), 295~327.

16 Aron, A. R., Robbins, T. W., and Poldrack, R. A. (2004). Inhibition and the right inferior frontal cortex. *Trends in Cognitive Sciences* 8(4), 170~177; Aron, A. R., Herz, D. M., Brown, P., Forstmann, B. U., and Zaghloul, K. (2016). Frontosubthalamic circuits for control of action and cognition. *Journal of Neuroscience* 36(45), 11489~11495.

17 Aron, A. R., and Poldrack, R. A. (2006). Cortical and subcortical contributions to Stop signal response inhibition: Role of the subthalamic nucleus. *Journal of Neuroscience* 26(9), 2424~2433; Aron, A. R., Behrens, T. E., Smith, S., Frank, M. J., and Poldrack, R. A. (2007). Triangulating a cognitive control network using diffusion-weighted magnetic resonance imaging (MRI) and functional MRI. *Journal of Neuroscience* 27(14), 3743~3752.

18 Aron, A. R., Fletcher, P. C., Bullmore, E. T., Sahakian, B., J., and Robbins, T. W. (2003). *Nature Neuroscience* 6(2), 115~116.

19 Aron, A. R., Cai, W., Badre, D., & Robbins, T. W. (2015). Evidence supports specific braking function for inferior PFC. *Trends in Cognitive Sciences* 19(12), 711~712.

20 Forstmann, B. U., Keuken, M. C., Jahfari, S., Bazin, P-L., Neuman, J., Schäfer, A., Anwander, A., and Turner, R. (2012). Cortico-subthalamic white matter tract strength predicts interindividual efficacy in stopping a motor response. *NeuroImage* 60(1), 370~375.

21 Aron et al. (2016). 주 16을 보라.

22 Wessel, J. R., and Aron, A. R. (2017). On the globality of motor suppression: Unexpected events and their influence on behavior and cognition. *Neuron* 93(2), 259~280.

23 주 22를 보라.

24 Li, C. S., Yan, P., Sinha, R., and Lee, T. W. (2008). Subcortical processes of motor response inhibition during a stop signal task. *NeuroImage*, 41(4),

1352~1363; Schmidt, R., Leventhal, D. K., Mallet, N., Chen, F., and Berke, J. D. (2013). Canceling actions involves a race between basal ganglia pathways. *Nature Neuroscience* 16(8), 1118~1124.

25 Fife, K. H., Gutierrez-Reed, N. A., Zell, V., Bailly, J., Lewis, C. M., Aron, A. R., and Hnasko, T. S. (2017). Causal role for the subthalamic nucleus in interrupting behavior. *eLife* 6.

26 Wessel and Aron (2017)에서 검토한 내용. 주 22를 보라.

27 Schacter, D. (2001). *The Seven Sins of Memory*. Boston: Houghton Mifflin.

28 Wegner, D. M., Schneider, D. J., Carter, S., and White, T. (1987). Paradoxical effects of thought suppression. *Journal of Personality and Social Psychology* 53, 5~13.

29 Frank, M. J., Gagne, C., Nyhus, E., Masters, S., Wiecki, T. V., Cavanagh, J. F., and Badre, D. (2015). fMRI and EEG predictors of dynamic decision parameters during human reinforcement learning. *Journal of Neuroscience* 35(2), 485~494.

30 Cavanagh, J. F., Wiecki, T. V., Cohen, M. X., Figueroa, C. M., Samanta, J., Sherman, S. J., and Frank, M. J. (2011). Subthalamic nucleus stimulation reverses mediofrontal influence over decision threshold. *Nature Neuroscience* 14, 1462~1467.

31 Anderson, M. C., and Spellman, B. A. (1995). On the status of inhibitory mechanisms in cognition: Memory retrieval as a model case. *Psychological Review* 102, 68~100; Anderson, M. C., and Green, C. (2001). Suppressing unwanted memories by executive control. *Nature* 410, 366~369.

32 Guo, Y., Schmitz, T. W., Mur, M., Ferreira, C. S., and Anderson, M. C. (2018). A supramodal role of the basal ganglia in memory and motor inhibition: Meta-analytic evidence. *Neuropsychologia* 108, 117~134.

33 Castiglione, A., Wagner, J., Anderson, M., and Aron, A. R. (2019). Preventing a thought from coming to mind elicits increased right frontal beta just as stopping action does. *Cerebral Cortex* 29(5), 2160~2172.

34 Frank, M. J., Samanta, J., Moustafa, A. A., and Sherman, S. J. (2007). Hold your horses: Impulsivity, deep brain stimulation, and medication in Parkinsonism. *Science* 318, 1309~1312.

35 Dalley, J. W., and Robbins, T. W. (2017). Fractionating impulsivity: Neuropsychiatric implications. *Nature Reviews Neuroscience* 18, 158~171.

7장 인지조절의 비용과 이익

1 Cairns, H., Oldfield, R. C., Pennybacker, J. B., and Whitteridge, D. (1941). Akinetic mutism with an epidermoid cyst of the 3rd ventricle. *Brain* 64(4), 273~290.

2 Cools, R. (2016). The costs and benefits of brain dopamine for cognitive control. *WIREs Cognitive Science* 7, 317~329.

3 Kahneman, D., and Tversky, A. (1979). Prospect theory: An analysis of decision under risk. *Econometrica* 47(2), 263~292.

4 Vaidya, A. R., Sefranek, M., and Fellows, L. K. (2018). Ventromedial frontal lobe damage alters how specific attributes are weighed in subjective valuation. *Cerebral Cortex* 28(11), 3857~3867.

5 Botvinick, M., and Braver, T. (2015). Motivation and cognitive control: From behavior to neural mechanism. *Annual Review of Psychology* 66, 83~113.

6 Padmala, S., and Pessoa, L. (2011). Reward reduces conflict by enhancing attentional control and biasing visual cortical processing. *Journal of Cognitive Neuroscience* 23, 3419~3432.

7 Dixon, M.L., and Christoff, K. (2012). The decision to engage cognitive control is driven by expected reward-value: neural and behavioral evidence. *PLOS ONE* 7:e51637; Etzel, J. A., Cole, M. W., Zacks, J. M., Kay, K. N., and Braver, T. S. (2016). Reward motivation enhances task coding in frontoparietal cortex. *Cerebral Cortex* 26(4), 1647~1659.

8 Schultz, W. (1998). Predictive reward signal of dopamine neurons. *Journal of Neurophysiology* 80, 1~27.

9 Montague, P. R., Dayan, P., and Sejnowski, T. J. (1996). A framework for mesencephalic dopamine systems based on predictive Hebbian learning. *Journal of Neuroscience* 16(5), 1936~47; Schultz, W., Dayan, P., and Montegue, P. R. (1997). A neural substrate of prediction and reward. *Science* 275, 1593~1599.

10 Albin, R. L., Young, A. B., and Penney, J. B. (1989). The functional

anatomy of basal ganglia disorders. *Trends in Neuroscience* 12(10), 366~375; Frank, M. J. (2005). Dynamic dopamine modulation in the basal ganglia: A neurocomputational account of cognitive deficits in medicated and nonmedicated Parkinsonism. *Journal of Cognitive Neuroscience* 17, 51~72.

11 Surmeier, D. J., Ding, J., Day, M., Wang, Z., and Shen, W. (2007). D1 and D2 dopaminereceptor modulation of striatal glutamatergic signaling in striatal medium spiny neurons. *Trends in Neurosciences* 30, 228~235.

12 Cools, R. (2008). Role of dopamine in the motivational and cognitive control of behavior. *Neuroscientist* 14(4), 381~395.

13 Watanabe, M., Kodama, T., Hikosaka, K. (1997). Increase of extracellular dopamine in primate prefrontal cortex during a working memory task. *Journal of Neurophysiology* 78(5), 2795~2798.

14 Brozoski, T. J., Brown, R. M., Rosvold, H. E., and Goldman P. S. (1979). Cognitive deficit caused by regional depletion of dopamine in prefrontal cortex of rhesus monkey. *Science* 205(4409), 929~932.

15 Cools, R., and Robbins, T. W. (2004). Chemistry of the adaptive mind. *Philosophical Transactions of the Royal Society A* 362(1825), 2871~2888.

16 Hara, K., Adams, A., Milland, K., Savage, S., Callison-Burch, C., and Bigham, J. P. (2018). A data-driven analysis of workers' earnings on Amazon Mechanical Turk. Paper No. 499 in *Proceedings of the 2018 CHI Conference on Human Factors in Computing Systems*, Montreal, April 21~26.

17 https://www.behind-the-enemy-lines.com/2008/03/why-people-participate-on-mechanical.html.

18 주 16을 보라.

19 Kool, W. and Botvinick, M. (2014). A labor/leisure tradeoff in cognitive control. *Journal of Experimental Psychology General* 143, 131~141.

20 Bettmann, S. (1892). Ueber die Beeinflussung einfacher psychologischen Vorgänge durch körperlische und geustige Arbeit. *Psychologische Arbeiten* 1, 152~208.

21 Thorndike, E. (1900). Mental fatigue. I., *Psychological Review* 7(6), 547~579.

22 Arai, T. (1912). *Mental Fatigue*. New York: Teachers College Press, Columbia University.

23 Huxtable, Z. L., White, M. H., and McCartor, M. A. (1946). A re-performance and reinterpretation of the Arai experiment in mental fatigue in three subjects. *Psychological Monographs* 59(5), 1~52.

24 https://www.vanityfair.com/news/2012/10/michael-lewis-profile-barack-obama.

25 Baumeister, R. F., Bratlavsky, E., Muraven, M., and Tice, D. M. (1998). Ego depletion: Is the active self a limited resource? *Journal of Personality and Social Psychology* 74(5), 1252~1265.

26 Kurzban, R., Duckworth, A., Kable, J. W., and Myers, J. (2013). An opportunity cost model of subjective effort and task performance. *Behavioral and Brain Sciences* 36(6), 661~679.

27 Kurzban, R., Duckworth, A., Kable, J. W., and Myers, J. (2013). Cost-benefit models as the next, best option for understanding subjective effort. *Behavioral and Brain Sciences* 36(6), 707~726.

28 Muraven, M., Shmueli, D., and Burkley, E. (2006). Conserving self-control strength. *Journal of Personality and Social Psychology* 91(3), 524~537; Muraven, M., Slessareva, E. (2003). Mechanisms of self-control failure: Motivation and limited resources. *Personality and Social Psychology Bulletin* 29(7), 894~906; Baumeister, R. F., and Vohs, K. D. (2007). Self-regulation, ego depletion, and motivation. *Social and Personality Psychology Compass* 1(1), 115~128.

29 Hagger, M. S., Wood, C., Stiff, C., and Chatzisarantis, N.L.D. (2010). Ego depletion and the strength model of self-control: A meta-analysis. *Psychological Bulletin* 136(4), 495~525.

30 Carter, E. C., and McCullough, M. E. (2013). Is ego depletion too incredible? Evidence for the overestimation of the depletion effect. *Behavioral & Brain Sciences* 36, 683~684.

31 Carter, E. C., Kofler, L. M., Forster, D. E., and McCullough, M. E. (2015). A series of metaanalytic tests of the depletion effect: Self-control does not seem to rely on a limited resource. *Journal of Experimental Psychology: General* 144, 796~815.

32 Hagger, M. S., Chatzisarantis, N. L. D., Alberts, H., Anggono, C. O., Batailler, C., Birt, A. R., Brand, R., Brandt, M. J., Brewer, G., Bruyneel, S.,

Calvillo, D. P., Campbell, W. K., Cannon, P. R., Carlucci, M., Carruth, N. P., Cheung, T., Crowell, A., De Ridder, D. T. D., Dewitte, S., Elson, M., Evans, J. R., Fay, B. A., Fennis, B. M., Finley, A., Francis, Z., Heise, E., Hoemann, H., Inzlicht, M., Koole, S. L., Koppel, L., Kroese, F., Lange, F., Lau, K., Lynch, B. P., Martijn, C., Merckelbach, H., Mills, N. V., Michirev, A., Miyake, A., Mosser, A. E., Muise, M., Muller, D., Muzi, M., Nalis, D., Nurwanti, R., Otgaar, H., Philipp, M. C., Primoceri, P., Rentzsch, K., Ringos, L., Schlinkert, C., Schmeichel, B. J., Schoch, S. F., Schrama, M., Schütz, A., Stamos, A., Tinghög, G., Ullrich, J., vanDellen, M., Wimbarti, S., Wolff, W., Yusainy, C., Zerhouni, O., and Zwienenberg, M. (2016). A multilab preregistered replication of the ego-depletion effect. *Perspectives on Psychological Science* 11, 546~573.

33 Baumeister, R. F., and Vohs, K. D. (2016). Misguided effort with elusive implications. *Perspectives on Psychological Science* 11(4), 574~575.

34 Vadillo, M. A., Gold, N., and Osman, M. (2018). Searching for the bottom of the ego well: Failure to uncover ego depletion in Many Lab 3. *Royal Society Open Science*, https://doi.org/10.1098/rsos.180390.

35 Gaillot, M. T., Baumeister, R. F., DeWall, C. N., Maner, J. K., Plant, E. A., Tice, D. M. Brewer, L. E., and Schmeichel, B. J. (2007). Self-control relies on glucose as a limited energy source: Willpower is more than a metaphor. *Journal of Personality and Social Psychology* 92(2), 325~336.

36 Dang, J. (2016). Testing the role of glucose in self-control: A meta-analysis. *Appetite* 107, 222~230.

37 Holroyd, C. (2016). "The Waste Disposal Problem of Effortful Control." In T. S. Braver (ed.), *Motivation and Cognitive Control*. New York: Routledge, 235~260.

38 Smallwood, J., and Schooler, J. W. (2015). The science of mind wandering: Empirically navigating the stream of consciousness. *Annual Review of Psychology* 66, 487~518.

39 Christoff, K., Gordon, A. M., Smallwood, J., Smith, R., and Schooler, J. W. (2009). Experience sampling during fMRI reveals default network and executive system contributions to mind wandering. *Proceedings of the National Academy of Sciences, USA*, 106, 8719~8724.

40 Marchetti, I., Koster, E.H.W., Klinger, E., and Alloy, L. B., (2016). Spontaneous thought and vulnerability to mood disorders: The dark side of the wandering mind. *Clinical Psychological Science* 4(5), 835~857.
41 Botvinick, M. M., Braver, T. S., Barch, D. M., Carter, C. S., and Cohen J. D. (2001). Conflict monitoring and cognitive control. *Psychological Review* 108(3), 624~652.
42 Botvinick, M., Nystrom, L. E., Fissell, K., Carter, C. S., and Cohen J. D. (1999). Conflict monitoring versus selection-for-action in anterior cingulate cortex. *Nature* 402, 179~181.
43 Ito, S., Stuphorn, V., Brown, J. W., and Schall, J. D. (2003). Performance monitoring by the anterior cingulate cortex during saccade countermanding. *Science* 302, 120~122; Hyman, J. M., Whitman, J., Emberly, E., Woodward, T. S., and Seamans, J. K. (2013). Action and outcome activity state patterns in the anterior cingulate cortex. *Cerebral Cortex* 23(6), 1257~1268.
44 Fellows, L. K., and Farah, M. J. (2005). Is anterior cingulate cortex necessary for cognitive control? *Brain* 128(4), 788~796.
45 Alexander, W. H., and Brown, J. W. (2011). Medial prefrontal cortex as an action-outcome predictor. *Nature Neuroscience* 14(10), 1338~1344.
46 Modirrousta, M., and Fellows, L. K. (2008). Dorsal medial prefrontal cortex plays a necessary role in rapid error prediction in humans. *Journal of Neuroscience* 28(51), 14000~14005.
47 Naccache, L., Dehaene, S., Cohen, L. Habert, M. O., Guichart-Gomez, E., Galanaud, D., and Willer, J. C. (2005). Effortless control: Executive attention and conscious feeling of mental effort. *Neuropsychologia* 43(9), 1318~1328.
48 Parvisi, J., Rangarajan, V., Shirer, W. R., Desai, N., and Greicius, M. D. (2013). The will to persevere induced by electrical stimulation of the human cingulate gyrus. *Neuron* 80, 1359~1367.
49 Shenhav, A., Botvinick, M. M., and Cohen, J. D. (2013). The expected value of control: An integrative theory of anterior cingulate cortex function. *Neuron* 79(2), 217~240.

8장 기억과 정보의 인출

1 Griffiths, T. L., Steyvers, M., and Firl, A. (2007). Google and the mind: Predicting fluency with PageRank. *Psychological Science* 18(12), 1069~1076.

2 우연하게도 이 주제를 다룬 훌륭한 책이 있다. *The Twenty-Six Words That Created the Internet* by Jeffrey Kosseff. Ithaca, NY: Cornell University Press.

3 Anderson, J. R., and Milson, R. (1989). Human memory: An adaptive perspective. *Psychological Review* 96, 703~719; Schooler, L.J., and Anderson, J. R. (1997). The role of process in the rational analysis of memory. *Cognitive Psychology* 32, 219~250.

4 Shallice, T., and Evans, M. E. (1978). The involvement of the frontal lobes in cognitive estimation. *Cortex* 14(2), 294~303.

5 Carruthers, M. (2008). *The Book of Memory: A Study of Memory in Medieval Culture*. Cambridge: Cambridge University Press.

6 Gershberg, F. B., and Shimamura, A. P. (1995). Impaired use of organizational strategies in free recall following frontal lobe damage. *Neuropsychologia* 33(10), 1305~1333.

7 Bousfield, W. A. (1953). The occurrence of clustering in the recall of randomly arranged associates. *Journal of General Psychology* 49, 229~240.

8 Hildebrandt, H., Brand, A., and Sachsenheimer, W. (1998). Profiles of patients with left prefrontal and left temporal lobe lesions after cerebrovascular infarctions on California Verbal Learning Test-like indices. *Journal of Clinical and Experimental Neuropsychology* 20, 673~684; Jetter, W., Poser, U., Freeman, R., and Markowitsch, H. (1986). A verbal long term memory deficit in frontal lobe damaged patients. *Cortex* 22(2), 229~242.

9 Stuss, D., Alexander, M., Palumbo, C., Buckle, L., Sayer, L., and Pogue, J. (1994). Organizational strategies of patients with unilateral or bilateral frontal lobe injury in word list learning tasks. *Neuropsychology* 8, 355~373.

10 Grimm, J. and W. (1812). "Little Red Cap". https://www.pitt.edu/~dash/type0333.html.

11 Reder, L. M. (1982). Plausibility judgments versus fact retrieval: Alternative strategies for sentence verification. *Psychological Review* 89(3), 248~278.

12 https://www.businessinsider.com/google-just-effectively-killed-the-im-feeling-

lucky-button-2010-9.

13 Neisser, U. (1988). "What Is Ordinary Memory the Memory Of?" In U. Neisser and E. Winograd (eds.), *Remembering Reconsidered: Ecological and Traditional Approaches to the Study of Memory*. New York: Cambridge University Press, 356~373.

14 Goldsmith, M., Koriat, A., and Weinberg-Eliezer, A. (2002). Strategic regulation of grain size in memory reporting. *Journal of Experimental Psychology: General* 131(1), 73~95.

15 Brickner (1936). 6장의 주 10을 보라.

16 Ibid., p. 166.

17 Anderson, M. C., and Neely, J. H. (1996). "Interference and Inhibition in Memory Retrieval". In E. L. Bjork and R. A. Bjork (eds.), *Memory*. San Diego: Academic Press, 237~313.

18 Öztekin, I., Gungor, N. Z., and Badre, D. (2012). Impact of aging on the dynamics of memory retrieval: A time-course analysis. *Journal of Memory and Language* 67(2), 285~294.

19 Verde, M. F., & Rotello, C. M. (2007). Memory strength and the decision process in recognition memory. *Memory & Cognition* 35(2), 254~262.

20 Postma, A. (1999). The influence of decision criteria upon remembering and knowing in recognition memory. *Acta Psychologica* 103(1-2), 65~76.

21 Badre, D., and Wagner, A. D. (2007). Left ventrolateral prefrontal cortex and the cognitive control of memory. *Neuropsychologia* 45, 2883~2901.

22 Martin, R. C., and Cheng, Y. (2006). Selection demands versus association strength in the verb generation task. *Psychonomic Bulletin and Review* 13(3), 396~401.

23 Thompson-Schill, S. L., Swick, D., Farah, M. J., D'Esposito, M., Kan, I. P., & Knight, R. T. (1998). Verb generation in patients with focal frontal lesions: A neuropsychological test of neuroimaging findings. *Proceedings of the National Academy of Sciences, USA* 95(26), 15855~15860.

24 Badre, D., and Wagner, A. D. (2007). Left ventrolateral prefrontal cortex contributions to the control of memory. *Neuropsychologia* 45, 2883~2901.

25 Barredo, J., Öztekin, I., and Badre, D. (2015). Ventral fronto-temporal

pathway supporting cognitive control of episodic memory retrieval. *Cerebral Cortex* 25(4), 1004~1019.

26 https://www.alz.org/alzheimers-dementia/facts-figures.

27 Remy, F., Vayssiere, N., Saint-Aubert, L., Barbeau, E., and Pariente, J. (2015). White matter disruption at the prodromal stage of AD: Relationships with hippocampal atrophy and episodic memory performance. *Neuroimage: Clinical* 7, 482~492; Hiyoshi-Taniguchi, K., Oishi, N., Namiki, C., Miyata, J., Murai, T., Cichocki, A., and Fukuyama, H. (2015). The uncinate fasciculus as a predictor of conversion from aMCI to Alzheimer's disease. *Journal of Neuroimaging* 25(5), 748~753.

28 Lisman, J. E., and Grace, A. A. (2005). The hippocampal-VTA loop: Controlling the entry of information into long-term memory. *Neuron* 46, 703~713.

29 Braun, E. K., Wimmer, G. E., and Shohamy, D. (2018). Retroactive and graded prioritization of memory by reward. *Nature Communications* 9(1), 4886.

30 Horvitz, J.C. (2000). Mesolimbocortical and nigrostriatal dopamine responses to salient non-reward events. *Neuroscience* 96, 651~656. 또한 주 28을 보라.

31 Shohamy, D., and Adcock, R.A. (2010). Dopamine and adaptive memory. *Trends in Cognitive Sciences* 14, 464~472; Scimeca, J., and Badre, D. (2012). Striatal contributions to declarative memory retrieval. *Neuron* 75, 380~392.

32 Dillon, D. G., and Pizzagalli, D. A. (2018). Mechanisms of memory disruption in depression. *Trends in Neuroscience* 41(3), 137~149.

9장 인지조절과 생애주기

1 Brickner (1936), pp. 94~95. 6장의 주 10을 보라.

2 Diamond, A. (2002). "Normal Development of Prefrontal Cortex from Birth to Young Adulthood: Cognitive Functions, Anatomy, and Biochemistry". In D. T. Stuss and R. T. Knight (eds.), *Principles of Frontal Lobe Function*. Oxford: Oxford University Press, 466~503.

3 Cahalane, D. J., Charvet, C. J., and Finlay, B. L. (2012). Systematic, balancing gradients in neuron density and number across the primate isocortex. *Frontiers*

in Neuroanatomy 6, 28; Finlay, B. L., and Uchiyama, R. (2015). Developmental mechanisms channeling cortical evolution. *Trends in Neurosciences* 38(2), 69~76.

4 Werchan, D. M., and Amso, D. (2017). A novel ecological account of prefrontal cortex functional development. *Psychological Review* 124(6), 720~739.

5 Hill J., Inder, T., Neil, J., Dierker, D., Harwell, J., and Van Essen, D. C. (2010). Similar patterns of cortical expansion during human development and evolution. *Proceedings of the National Academy of Sciences, USA* 107(29), 13135~13140.

6 Gogtay, N., Giedd, J. N., Lusk, L., Hayashi, K. M., Greenstein, D., Vaituzis, A. C., and Thompson, P. M. (2004). Dynamic mapping of human cortical development during childhood through early adulthood. *Proceedings of the National Academy of Sciences, USA* 101(21), 8174~8179.

7 Huttenlocher, P. R., and Dabholkar, A. S. (1997). Regional differences in synaptogenesis in human cerebral cortex. *Journal of Comparative Neurology* 387(2), 167~178.

8 Marr, D. (1982). *Vision*. San Francisco: W. H. Freeman.

9 Piaget, J. (1954). *The Construction of Reality in the Child*. New York: Basic Books.

10 Diamond, A. (1990). "Developmental Time Course in Human Infants and Infant Monkeys and the Neural Basis of Inhibitory Control in Reaching". In A. Diamond (ed.), *The Development And Neural Bases Of Higher Cognitive Functions*. New York: New York Academy of Sciences Press, 267~317; Smith, L. B., and Thelen, E. (2003). Development as a dynamic system. *Trends in Cognitive Sciences* 7(8), 343~348.

11 Smith, L. B., Thelen, E., Titzer, R., and McLin, D. (1999). Knowing in the context of acting: The task dynamics of the A-not-B error. *Psychological Review* 106(2), 235~260.

12 Chevalier, N., and Clark, C.A.C. (2018). "Executive Function in Early and Middle Childhood". In S. A. Wiebe and J. Karbach (eds.), *Executive Function: Development across the Life Span*. New York: Routledge, 29~43.

13 Anderson, P. (2002). Assessment and development of executive function (EF)

during childhood. *Child Neuropsychology* 8(2), 71~82.

14 Bunge, S. A., and Zelazo, P. D. (2006). A brain-based account of the development of rule use in childhood. *Current Directions in Psychological Science* 15(3), 118~121.

15 Zelazo, P. D. (2006). The dimensional change card sort (DCCS): A method of assessing executive function in children. *Nature Protocols* 1, 297~301.

16 Munakata, Y., Snyder, H. R., and Chatham, C. H. (2012). Developing cognitive control: Three key transitions. *Current Directions in Psychological Science* 21(2), 71~77; Blackwell, K. A., Cepeda, N. J., and Munakata, Y. (2009). When simple things are meaningful: Working memory strength predicts children's cognitive flexibility. *Journal of Experimental Child Psychology* 103(2), 241~249.

17 Verbruggen, F., McLaren, R., Pereg, M., and Meiran, N. (2018). Structure and implementation of novel task rules: A cross-sectional developmental study. *Psychological Science* 29(7), 1113~1125.

18 Amso, D., Haas, S., McShane, L., and Badre, D. (2014). Working memory updating and the development of rule-guided behavior. *Cognition* 133(1), 201~210; Unger, K., Ackerman, L., Chatham, C. H., Amso, D., and Badre, D. (2016). Working memory gating mechanisms explain developmental change in rule-guided behavior. *Cognition* 155, 8~22.

19 Miyake, A., Friedman, N. P., Emerson, M. J., Witzki, A. H., Howerter, A., and Wager, T. D. (2000). The unity and diversity of executive functions and their contributions to complex "frontal lobe" tasks: A latent variable analysis. *Cognitive Psychology* 41, 49~100.

20 Friedman, N. P., Miyake, A., Young, S. E., Defries, J. C., Corley, R. P., and Hewitt, J. K. (2008). Individual differences in executive functions are almost entirely genetic in origin. *Journal of Experimental Psychology: General* 137(2), 201~225; Engelhardt, L. E., Briley, D. A., Mann, F. D., Harden, K. P., and Tucker-Drob, E. M. (2015). Genes unite executive functions in childhood. *Psychological Science* 26(8), 1151~1163; Friedman, N. P., Miyake, A., Altamirano, L. J., Corley, R. P., Young, S. E., Rhea, S. A., and Hewitt, J. K. (2016). Stability and change in executive function abilities from late adolescence

to early adulthood: A longitudinal twin study. *Developmental Psychology* 52, 326~340.

21 Harden, K. P., Turkheimer, E., and Loehlin, J. C. (2007). Genotype by environment interaction in adolescents' cognitive aptitude. *Behavior Genetics* 37(2), 273~283.

22 Hatoum, A. S., Mitchell, E. C., Morrison, C. L., Evans, L. M., Keller, M. C., and Friedman, N. P. (2019). GWAS of over 427,000 individuals establishes GABAergic and synaptic molecular pathways as key for cognitive executive functions. bioRxiv, https://doi.org/10.1101/674515.

23 Engelhardt et al. (2015). 주 20을 보라.

24 Bhandari and Badre (2018). 3장의 주 13을 보라.

25 Unger et al. (2016). 주 18을 보라.

26 O'Reilly, R. C., and Frank, M. J. (2006). Making working memory work: A computational model of learning in the prefrontal cortex and basal ganglia. *Neural Computation* 18(2), 283~328.

27 Rougier, N. P., Noelle, D. C., Braver, T. S., Cohen, J. D., and O'Reilly, R. C. (2005). Prefrontal cortex and flexible cognitive control: Rules without symbols. *Proceedings of the National Academy of Sciences, USA* 102(20), 7338~7343.

28 Amso, D., Salhi, C., and Badre, D. (2019). Cognitive enrichment shapes cognitive control: A systematic resolution to competing influences on development through socioeconomic status. *Developmental Psychobiology* 61(2), 159~178.

29 Barker, J. E., Semenov, A. D., Michaelson, L., Provan, L. S., Snyder, H. R., and Munakata, Y. (2014). Less-structured time in children's daily lives predicts self-directed executive functioning. *Frontiers in Psychology* 5, 593.

30 Pew Research Center (2009). *Growing Old in America: Expectations vs. Reality*. https://www.pewsocialtrends.org/2009/06/29/growing-old-in-america-expectations-vs-reality.

31 Salthouse, T. A., Atkinson, T. M., and Berish, D. E. (2003). Executive functioning as a potential mediator of age-related cognitive decline in normal adults. *Journal of Experimental Psychology: General* 132(4), 566~594.

32 Swirsky, L. T., and Spaniol, J. (2019). Cognitive and motivational selectivity in

healthy aging. *WIREs Cognitive Science* e1512.

33 Hess, T. M., Germain, C. M., Swaim, E. L., and Osowski, N. L. (2009). Aging and selective engagement: The moderating impact of motivation on older adults' resource utilization. *Journals of Gerontology, B* 64, 447~456; Hess, T. M. (2014). Selective engagement of cognitive resources: Motivational influences on older adults' cognitive functioning. *Perspectives on Psychological Science* 9, 388~407.

34 Reuter-Lorenz, P. A., Festini, S. B., and Jantz, T. K. (2016). "Executive Functions and Neurocognitive Aging". In K. W. Schaie and S. L. Willis (eds.), *Handbook of the Psychology of Aging*, 8th ed. Cambridge, UK: Academic Press, 245~262.

35 Qato, D. M., Alexander, G. C., Conti, R. M., Johnson, M., Schumm, P., and Lindau, S. T. (2008). Use of prescription and over-the-counter medications and dietary supplements among older adults in the United States. *JAMA* 300(24), 2867~2878.

36 Hayase, D., Mosenteen, D., Thimmaiah, D., Zemke, S., Atler, K., and Fisher, A. G. (2004). Age-related changes in activities of daily living. *Australian Occupational Therapy Journal* 51, 192~198.

37 Leslie, V., and Giovanello, K. (2010). Executive function in daily life: Age-related influences of executive processes on instrumental activities of daily living. *Psychology and Aging* 25(2), 343~355.

38 https://www.census.gov/library/stories/2018/03/graying-america.html.

39 Raz, N., Lindenberger, U., Rodrigue, K. M., Kennedy, K. M., Head, D., Williamson, A., Dahle, C., Gerstorf, D., and Acker, J. D. (2005). Regional brain changes in aging healthy adults: General trends, individual differences and modifiers. *Cerebral Cortex* 15, 1676~1689.

40 Pfefferbaum, A., Rohlfing, T., Rosenbloom, M. J., Chu, W., Colrain, I. M., and Sullivan, E. V. (2013). Variation in longitudinal trajectories of regional brain volumes of healthy men and women (ages 10 to 85 years) measured with atlas-based parcellation of MRI. *NeuroImage* 65, 176~193.

41 Buckner, R. L. (2004). Memory and executive function in aging and AD: Multiple factors that cause decline and reserve factors that compensate. *Neuron*

44, 195~208.

42 Antonini, A., Leenders, K.L., Reist, H., Thomann, R., Beer, H.F., and Locher, J. (1993). Effect of age on D(2)-dopamine receptors in normal human brain measured by positron emission tomography and C-11 raclopride. *Archives of Neurology* 50, 474~480; Rinne, J. O., Hietala, J., Routsalainen, U., Sako, E., Laihinen, A., Nagren, K., Lehikoinen, P., Oikonen, V., and Syvalahti, E. (1993). Decrease in human striatal dopamine D2 receptor density with age: A PET study with [11C]raclopride. *Journal of Cerebral Blood Flow Metabolism* 13, 310~314.

43 Braver, T. S., and Barch, D. M. (2002). A theory of cognitive control, aging cognition, and neuromodulation. *Neuroscience and Biobehavioral Reviews* 26, 809~817.

44 Presson, N., Ghisletta, P., Dahle, C. L., Bender, A. R., Yang, Y., Yuan, P., Daugherty, A. M., and Raz N. (2016). Regional brain shrinkage and change in cognitive performance over two years: The bidirectional influences of the brain and cognitive reserve factors. *NeuroImage* 126, 15~26.

45 Velanova, K., Lustig, C., Jacoby, L. L., and Buckner, R. L. (2007). Evidence for frontally mediated controlled processing differences in older adults. *Cerebral Cortex* 17, 1033~1046.

46 Reuter-Lorenz, P. A., and Park, D. C. (2014). How does it STAC up? Revisiting the scaffolding theory of aging and cognition. *Neuropsychological Review* 24, 355~370.

47 Stern, Y. (2009). Cognitive reserve. *Neuropscyhologia* 47(10), 2015~2028.

48 Tucker, A. M., and Stern, Y. (2011). Cognitive reserve in aging. *Current Alzheimer's Research* 8(4), 354~360.

49 https://www.researchandmarkets.com/research/w66flh/global_cognitive.

50 Klingberg, T., Fossberg, H., and Westerberg, H. (2002). Training of working memory in children with ADHD. *Journal of Clinical and Experimental Neuropsychology* 24(6), 781~791.

51 Jaeggi, S. M., Buschkuehl, Jonides, J., and Perrig, W. J. (2008). Improved fluid intelligence with training on working memory. *Proceedings of the National Academy of Sciences, USA* 105(19), 6829~6833.

52 Olesen, P. J., Westerberg, H., and Klingberg, T. (2004). Increased prefrontal and parietal activity after training of working memory. *Nature Neuroscience* 7, 75~79.

53 Mishra, J., Anguera, J. A., and Gazzaley, A. (2016). Video games for neuro-cognitive optimization. *Neuron* 90(2), 214~218.

54 Anguera, J. A., Boccanfuso, J., Rintoul, J. L., Al-Hashimi, O., Faraji, F., Janowich, J., Kong, E., Larraburo, Y., Rolle, C., Johnston, E., and Gazzaley, A. (2013). Video game training enhances cognitive control in older adults. *Nature* 501, 97~101.

55 Shipstead, Z., Redick, T. S., and Engle, R. W. (2012). Is working memory training effective? *Psychological Bulletin* 138(4), 628~654.

56 Melby-Lervåg, M., and Hulme, C. (2013). Is working memory training effective? A meta-analytic review. *Developmental Psychology* 49, 270~291.

57 Schwaighofer, M., Fischer, F., and Buhner, M. (2015). Does working memory training transfer? A meta-analysis including training conditions as moderators. *Educational Psychologist* 50, 138~166.

58 Melby-Lervåg, M., Redick, T. S., and Hulme, C. (2016). Working memory training does not improve performance on measures of intelligence or other measures of "far transfer": Evidence from a meta-analytic review. *Perspectives on Psychological Science* 11(4), 512~534.

59 Hitchcock, C., and Westwell, M. S. (2017). A cluster-randomised, controlled trial of the impact of Cogmed Working Memory Training on both academic performance and regulation of social, emotional, and behavioural challenges. *Journal of Child Psychology and Psychiatry* 58(2), 140~150.

60 Sala, G., and Gobet, F. (2017). Working memory training in developing children: A meta-analysis of the available evidence. *Developmental Psychology* 53(4), 671~685.

61 Peijnenborgh, J.C.A.W., Hurks, P. M., Aldenkamp, A. P., Vles, J.S.H., and Hendriksen, J.G.M. (2016). Efficacy of working memory training in children and adolescents with learning disabilities: A review study and meta-analysis. *Neuropsychological Rehabilitation* 26, 645~672.

62 Nilsson, J., Lebedev, A. V., Rydström, A., and Lövdén, M. (2017). Direct-

current stimulation does little to improve the outcome of working memory training in older adults. *Psychological Science* 28(7), 907~920.

63 Sala, G., and Gobet, F. (2019). Cognitive training does not enhance general cognition. *Trends in Cognitive Sciences* 23(1), 9~20.

10장 후기: 우리에게 주어진 과제

1 Aron, A. (2019). The climate crisis needs attention from cognitive scientists. *Trends in Cognitive Science* 23(11), 903~906.

2 USGCRP (2018). *Fourth National Climate Assessment, Volume II: Impacts, Risks, and Adaptation in the United States*. Edited by D. R. Reidmiller, C. W. Avery, D. R. Easterling, K. E. Kunkel, K.L.M. Lewis, T. K. Maycock, and B. C. Stewart. US Global Change Research Program, Washington, DC, https://doi.org/10.7930/NCA4.2018.

3 https://www.cbsnews.com/news/cbs-news-poll-most-americans-say-climate-change-should-be-addressed-now-2019-09-15.

찾아보기

ㅂ

ㅅ

ㅈ

ㅎ

숫자

A~Z

옮긴이 김한영

서울대학교 미학과를 졸업하고 서울예술대학교에서 문예창작을 공부했다. 그 후 오랫동안 전문 번역가로 활동하며 문학과 예술의 곁자리를 지키고 있다. 『빈 서판』, 『본성과 양육』, 『마음은 어떻게 작동하는가』, 『헨리 데이비드 소로』, 『무엇이 예술인가』, 『진화심리학 핸드북』, 『하워드 가드너 심리학 총서』, 『알랭 드 보통의 영혼의 미술관』, 『이것이 우리의 마지막 팬데믹이 되려면』 등을 우리말로 옮겼다. 제45회 한국백상출판문화상 번역부문을 수상했다.

생각은 어떻게 행동이 되는가

– 목표를 세우고 성취하는 인지조절의 뇌과학

1판 1쇄 2022년 2월 14일
1판 5쇄 2023년 4월 12일

지은이 데이비드 바드르
옮긴이 김한영
펴낸이 김정순
편집 장준오 허영수 정일웅
디자인 형태와내용사이
마케팅 이보민 양혜림 정지수

펴낸곳 (주)북하우스 퍼블리셔스
출판등록 1997년 9월 23일 제406-2003-055호
주소 04043 서울시 마포구 양화로 12길 16-9(서교동 북앤빌딩)
전자우편 editor@bookhouse.co.kr
홈페이지 www.bookhouse.co.kr
전화번호 02-3144-3123
팩스 02-3144-3121

ISBN 979-11-6405-151-9 03470